材料基因组工程丛

U0185307

ELSEVIER

3

材料信息学

—— 数据驱动的发现加速实验与应用

Informatics for Materials Science and Engineering

Data-driven Discovery for Accelerated Experimentation and Application

□　Krishna Rajan 等 著

□　尹海清　张瑞杰　何 飞

　　姜 雪　张 聪　董冀媛 译

中国教育出版传媒集团

高等教育出版社·北京

图字：01-2021-6657 号

图书在版编目（CIP）数据

材料信息学：数据驱动的发现加速实验与应用／
（美）克里希纳·拉詹（Krishna Rajan）等著；尹海清
等译. -- 北京：高等教育出版社，2024.1
书名原文：Informatics for Materials Science
and Engineering：Data-driven Discovery for
Accelerated Experimentation and Application
ISBN 978-7-04-056221-7

Ⅰ. ①材… Ⅱ. ①克… ②尹… Ⅲ. ①材料科学-信息处理 Ⅳ. ①TB3

中国版本图书馆 CIP 数据核字（2021）第 113483 号

CAILIAO XINXIXUE：SHUJU QUDONG DE FAXIAN JIASU SHIYAN YU YINGYONG

策划编辑	刘剑波	责任编辑 柴连静	封面设计 王 琰	版式设计 童 丹	
插图绘制	邓 超	责任校对 刁丽丽	责任印制 沈心怡		

出版发行	高等教育出版社	咨询电话	400-810-0598
社 址	北京市西城区德外大街4号	网 址	http://www.hep.edu.cn
邮政编码	100120		http://www.hep.com.cn
印 刷	运河（唐山）印务有限公司	网上订购	http://www.hepmall.com.cn
开 本	787mm×1092mm 1/16		http://www.hepmall.com
印 张	29		http://www.hepmall.cn
字 数	560 千字	版 次	2024 年 1 月第 1 版
插 页	8	印 次	2024 年 1 月第 1 次印刷
购书热线	010-58581118	定 价	179.00 元

本书如有缺页、倒页、脱页等质量问题，请到所购图书销售部门联系调换
版权所有 侵权必究
物 料 号 56221-00

译者简介

尹海清,工学博士,北京科技大学教授,博士生导师。长期从事材料跨尺度设计和材料数据库及机器学习研究。主持和参与承担国家重点研发计划重点专项、973计划、国家科技基础条件平台建设项目、863计划、国家自然科学基金、军科委基础加强计划重点基础研究项目课题、北京市自然科学基金及国际合作科研课题等30余项。2006年入选"北京市科技新星计划"。获省部级科技成果奖一等奖2项,二等奖3项。《粉末冶金工业》《中国科学数据》《科研信息化技术与应用》《Data in Brief》及《中国科技资源导刊》编委,全国科技平台标准化技术委员会科学数据专家组成员,全国智能计算标准化工作组科学计算研究组专家组成员,粉末冶金产业技术创新战略联盟团体标准委员会分领域委员,中国材料与试验标准化委员会(CSTM)材料基因工程标准化领域委员会委员,亚洲材料数据委员会(AMDC)委员及中方联络人,材料基因工程北京市重点实验室副主任。发表学术论文100余篇,其中SCI收录90余篇,授权发明专利10余项。

张瑞杰,博士,北京科技大学副研究员。主要从事材料相变过程模拟、集成计算材料工程、机械零部件的设计与制造一体化、汽车材料轻量化等研究。近年来先后负责或参与973计划、863计划、国家自然科学基金、北京实验室建设项目、福特研发基金等10余项。在国内外期刊上发表学术论文30余篇。

何飞,博士,北京科技大学教授。主要从事流程工业大数据分析、质量管控、质量检测等研究。主持和参与国家自然科学基金、国家科技支撑计划、工信部智能制造综合标准化与新模式应用项目、高等学校博士学科点专项科研基金、企业合作横向课题等20余项。在国内外期刊上发表学术论文40余篇,参编著作2部,授权发明专利和软件著作权10余项。

姜雪，计算机学士、硕士，材料学博士，北京科技大学副研究员。主要从事材料数据库与大数据技术交叉学科研究工作，具体包括材料数据库技术、机器学习辅助材料设计与优化以及文本挖掘在材料智能设计上的应用等材料科学前沿共性技术研究。中国材料与试验标准化委员会（CSTM）材料基因工程标准化领域委员会委员。主持和参与北京材料基因工程高精尖创新中心科研业务费资助项目、国家自然科学基金青年项目、国家重点研发计划、国家自然科学基金联合重点项目子课题、军科委基础加强计划重点项目、863计划、北京市科技支撑计划、广东省重点领域研发计划以及企业合作课题等10余项。发表机器学习辅助材料设计相关研究论文40余篇，授权发明专利和软件著作权10项。

张聪，博士，北京科技大学副研究员。主要从事材料相变热力学、动力学及合金设计的研究。第三届先进结构材料实验设计与计算模拟论坛组织委员，世界粉末冶金大会（WorldPM 2018）数据分会主席团成员，东莞材料基因高等理工研究院、江西省钨与稀土研究院科研顾问。主持国家自然科学基金、博士后面上项目、国家外专局项目等，参与基础加强重点项目、工信部智能制造专项、国家重点研发计划等。在国内外期刊上发表学术论文40余篇，授权国家发明专利8项。

董冀媛，博士，北京科技大学自动化学院控制科学与工程系讲师，研究特定应有场景的特征提取方法，现主讲多门电类专业基础课。参与多项国家自然科学基金、北京市自然科学基金等科研课题。曾获省部级科技成果奖三等奖1项。指导学生参加北京市大学生集成电路设计竞赛、"西门子杯"全国大学生挑战赛获得多个特等奖和一等奖。曾获北京科技大学优秀指导教师、十佳班主任称号。作为副主编出版著作1部，在国内外期刊上发表学术论文10余篇。

前言：阅读指南

　　全书分为两部分。第一部分（第1～9章）涉及数据科学的基础方面。第二部分（第10～20章）使用"案例研究"方法提供了一组材料科学方面的应用程序。

　　第1～9章介绍了数据挖掘和机器学习（Kamath 和 Fan；Alexander 和 Lookman）、数据分析和信息学方法（Bible 等；Chakraborti；Samudrala 等；Bryden 等）以及数据管理。最后一个主题将数据管理中的两个不同问题放在一起：（a）在完成实验和/或计算后收集的数据的组织和查询（Glick）；（b）在收集数据之前对实验策略进行组织（Cawse）。这些章节中使用的信息学方法的计算框架可以链接到或交叉引用到 *Data Science Foundations* 这本书的第一部分中的章节。

　　鼓励读者使用第1～9章中介绍的背景信息来了解第10～20章中的案例研究。本书的结构便是这样，以便使专家和非专家都可以了解信息学在材料科学的各个子学科中是如何使用的。表1提供了有关两部分中各章之间一些更明显的交叉引用的指南。应该指出的是，第1～3章中提出的思想是基础，因此在本书中普遍存在。

　　我希望这将有助于突出信息学在材料科学和工程学的整个领域中的普及程度。每章都以丰富的书目结尾，为感兴趣的读者提供了有助于他们更深入地探索该主题的资源。

Krishna Rajan

表1　各章交叉引用指南

数据科学基础	材料科学应用
第2章:数据挖掘在材料科学与工程中的应用	第13章:加速沸石材料建模的高性能计算
第3章:材料科学中的统计学习新方法	第14章:应用于电子结构信息学的进化算法:用数据发现与数据搜索加速材料设计
	第15章:晶体学信息学:设计结构图
	第16章:从药物发现的QSAR到预测材料的QSPR:描述符、方法和模型的演变
	第17章:有机光伏
第4章:聚类分析:发现数据组别	第10章:工程设计中的选材
	第15章:晶体学信息学:设计结构图
	第18章:微观组织信息学
第5章:进化数据驱动建模	第14章:应用于电子结构信息学的进化算法:用数据发现与数据搜索加速材料设计
第6章:材料科学中的数据降维	第10章:工程设计中的选材
	第15章:晶体学信息学:设计结构图
	第17章:有机光伏
	第18章:微观组织信息学
	第19章:艺术与文化遗产材料:用多元分析方法回答保护问题
	第20章:数据图像增强和显微成像:多维数据的挑战
第7章:材料研究中的可视化:大数据集的展现策略	第10章:工程设计中的选材
	第15章:晶体学信息学:设计结构图
	第20章:数据图像增强和显微成像:多维数据的挑战
第8章:本体和数据库——材料信息学的知识工程	第10章:工程设计中的选材
	第11章:热力学数据库和相图
	第15章:晶体学信息学:设计结构图
第9章:组合材料化学的实验设计	第12章:基于组合实验方法的传感材料理性设计

目 录

第1章
材料信息学

Krishna Rajan

Department of Materials Science & Engineering and Bioinformatics
& Computational Biology Program, Iowa State University, Ames, IA, USA

1. 信息学的定义及意义　　　　　　　　　　　　　　　　[1]

探索全新或可替代的材料及其工艺过程优化,无论采用实验还是模拟的手段,都已经变成漫长而艰巨的任务。偶尔会有令人意想不到的发现,而每个发现都会激发起一连串的研究,以更好地理解隐藏在这些材料行为背后的基础科学。信息学已经在生物学、药物开发、天文等领域以及定量社会科学中得到广泛应用,但材料信息学仍处于发展的初期。以分析数据趋势进行预测的少数系统性努力在很大程度上没有定论,其原因不仅仅是缺乏大量规范组织的数据,更重要的是面临快速高效筛选数据的挑战。

组合化学依据化学元素周期表的少量元素可获得大量的组合方式,即使用周期表中很小一部分来定义组合化学空间,采用组合化学方法寻找所需性能新材料的过程也让人望而却步。因此,新材料的发现往往仅能够依靠经验推测。而目前数据往往局限于有限的成分范围,实验数据分散在文献中,计算得到的数据仅限于有可靠数据支撑的几个体系。即使是近年来快速发展的高性能计算,在解决新材料的晶体结构与性能的计算问题上也存在相当大的局限,因此风险与机遇并存,其中挑战来自超大的分布数据库以及大规模计算。而目前数据库和数据挖掘的知识发现形成了统计、机器学习、数据库、并行与分布式计算等思想融合的跨学科领域,成为一项独特的工具,将科学信息和材料整合在一起,来发现新的材料。数据挖掘的主要挑战是知识提取和对海量数据库的处理能力,　　[2]

表现形式为发现新模式或基于数据集进行建模,难度在于如何充分利用数据挖掘的研究进展并将其应用于材料创新的计算和实验方法上。

完整的材料信息学应该包含信息技术(information technology,IT)的成分,同时能够与经典的材料科学研究方法相结合。信息技术包括诸多功能,有助于信息学在材料研究中成为关键工具(图1.1):

1)数据仓库与数据管理。对数据的科学甄选和组织,以形成可靠的数据收集与管理系统。

2)数据挖掘。复杂、多元相关性的快速分析手段。

3)科学可视化。一个关键的科研领域,评估高维信息的优势显而易见。

[3]　　4)网络基础设施。信息技术基础设施,可以加快信息和数据的共享,以及更为重要的是,新知识的发现。

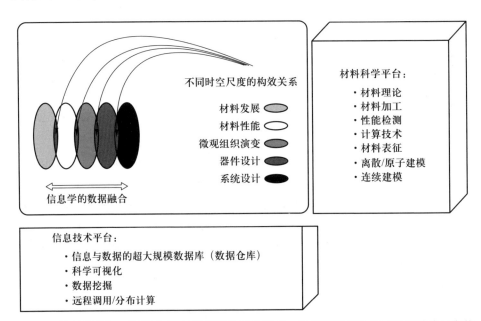

图1.1　材料科学与工程领域中,材料信息学无处不在。数据挖掘的数学工具提供跨尺度的集成材料信息的计算引擎,信息学提供跨时空尺度的数据融合和构效关系认知的快速、严格的手段(来自 Rajan,2005)

2. 从系统生物学中学习:材料设计的"组学(OMICS)"方法

生物学概念的复杂性以及如何评价分子与生物体之间的信息关联(如基因组学、蛋白质组学等),是系统生物学的基础。对系统生物学的理解为材料科学家提供了极好的范式,人们最终将会愿意将"原子应用"方法应用于材料设计。那么我们如何组织原子,构建系统结构单元并最终形成工程组件或结构呢?目前,我们需要依靠实验、计算乃至材料失效分析的大量的先验知识,来理解调控工程系统性能的材料行为的相互作用的复杂网络,但问题是,即使采用先进的实验和计算工具,材料发现的速度仍然缓慢,只是偶尔出现意想不到的发现(如超导陶瓷、导电聚合物),激发出新的研发领域。迭代法,如图 1.2 所示,在许多领域中常用于尝试建立实测与模型间的关联,在处理领域应用所面临的挑战是如何通过整合所有不同尺度的信息来构建系统行为模型。

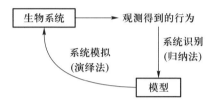

图 1.2 经典研究方法中信息流的逻辑关系和知识发现。这里举的例子展示了采用定性推理来模拟和识别代谢路径(来自 King 等,2005)

现代系统生物学的目标是从分子路径、调控网络、细胞、组织、器官乃至最终整个生物体等多个尺度来理解生理学和疾病(Butcher 等,2004)。目前使用的这一名词,"系统生物学",包含了探究生物复杂性的不同方法和模型,以及从细菌到人体的生物组织研究。材料中也存在类似的范例,如从原子到飞机(图 1.3)。 [4]

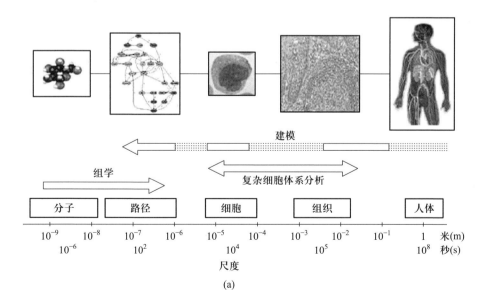

(a)

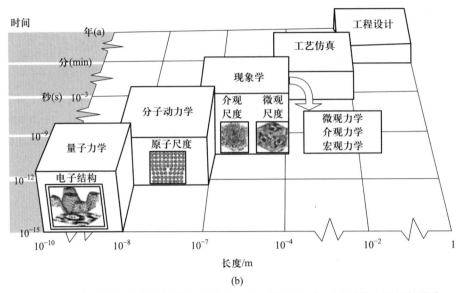

图 1.3　生命科学中的药物设计(a;来自 Butcher 等,2004)与工程科学中的材料设计
(b;来自 Noor 等,2000)在跨尺度研究上遇到的挑战的对比。请注意工程设计/
人体中的空间尺度重叠

[5]　　　正如 Butcher 等给出的恰当的描述,"组学"(自下而上的方法)的重点在于
分子组元的识别和全面检测。尽管建模(自上而下的方法)试图构建一体化(跨
尺度)的人体生理学和疾病模型,但依据目前的技术,这样的建模仍只是着重于
特定尺度的相对特定的问题,如路径或器官尺度。一种介于中间的方法有可能
建立起两者的联系,那就是从高通量实验中生成性能分析数据,实验将生物复杂
性的理念融入多个层次,即多种交互有效路径、多种互通的细胞类型和多个不同
的环境。

　　　类似的挑战同样发生在材料科学中,确定化学成分、晶体结构、显微组织、工
艺参数、组件设计和制造之间相互"沟通"的路径,最终确定服役性能。这就形
成了与生物调控网络等效的材料科学(图 1.4)。

　　　生物复杂性是系统组件数目及组件间交互作用的指数函数,在每个额外层
次上复杂性加剧(图 1.5)。对该复杂性的研究目前仅限于简单的有机体或高等
有机体中特定的最小通路(一般在非常特定的细胞和环境背景中)。材料科学
的复杂性亦是如此。

　　　即使我们具备了表征分子及其功能状态以及分子间交互作用的能力,单单计
算上的限制也会使我们无法开展分子层面上理解细胞与组织行为的研究。因此,
对信息的相关性如细胞及更高层面系统响应的生物背景和实验知识进行筛选的方
法,对于成功理解系统生物学研究中不同层面的组织,将是至关重要的。

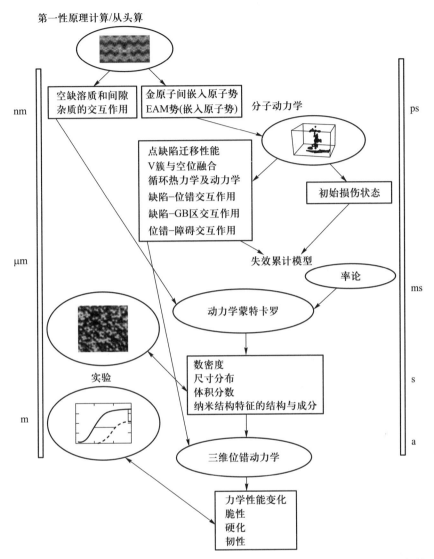

图 1.4 材料辐照效应的研究中,与多种理论和实验信息相关联的"调控网络"实例
(来自 Wirth 等,2001)

　　信息学是促进这一进程发展的有效工具,Csete 和 Doyle(2002)对生物系统与工程系统做了非常恰当的类比,可以帮助我们从材料信息学的角度认识上述研究。如图 1.6 所示为跨尺度信息整合的典型例子,图中比较了巡航速度与质量的关系,其中质量范围跨越 12 个数量级,如大到 747 和 777[①],小到果蝇。这

———————

① 波音飞机型号。——译者注

个例子告诉我们,如果可以将关键指标(数据)集成并识别,就可以知道如何构建起跨多个尺度的变量之间的函数关系。上述例子充分显示了为人熟知的一个基本参数与数据的相关性,同时对偏差给出了合理解释。

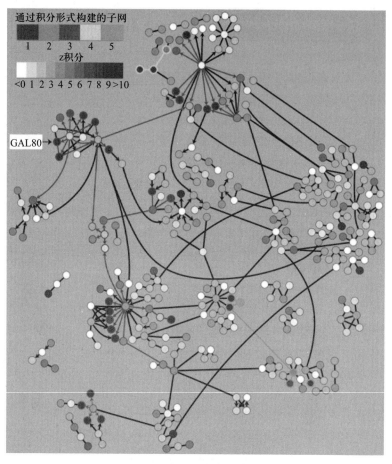

通过积分形式构建的子网

图 1.5　使用网络图形和模拟退火方法的调控路径的标识(见文后彩图)

(Ideker 等,2002;Aitchison 和 Galitski,2003;牛津大学出版社授权使用)

[6]　　　　上述理论多半与复杂性无直接关系,但对这些理论的理解会使我们得到有关的信息。图 1.6 描述的尺度理论并没有区分在大气中还是在风洞实验室中飞行,对于后者,相对简单的 777"突变体"的所有 150 000 次"飞行组"几乎都失效,但仍有大致相同的提升力、质量和巡航速度,因而(从异速生长尺度律的观点来看)不会出现有害的实验室"型"。用冗余的思路是无法解释这一发现的。实际上,该突变体已经丧失了控制系统和真实飞行所要求的鲁棒性。异速生长尺

度律强调这些 777 突变体与玩具模型（及果蝇）之间具有本质的相似点，而我们 [7]
感兴趣的是其复杂性上的巨大差异。与此相仿，最小的细胞生命需要几百个基
因，但即使大肠埃希菌也有约 4 000 个基因，其中不足 300 个基因被列为"非常 [8]
重要"。出现这一"过度的"复杂性可能的原因也是满足鲁棒性要求的复杂调控
网络的存在。在技术以及生物体上，这种鲁棒性权衡驱动了螺旋上升式复杂性
的演变。

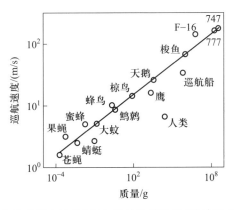

图 1.6　航空系统（生物的和人工的）行为设计的关系图（改编于 Csete 和 Doyle,2002）

3. 我们可以从哪里获得这些信息

　　你可能很自然地假设，拥有大量的数据是任何严谨的信息学研究的关键。
然而，在材料科学应用中何谓"足够"的数据，其定义可能相差很大。例如，研究
结构陶瓷时，断裂韧性的测量很难，而对于一些更复杂的材料只要几个测试数据
就已经足够有价值了。类似地，给定材料的基本常数或性能的可靠表征涉及非
常详细的测量和/或计算技术。本质上材料科学的数据集分为两大类，一类是给
定材料的机械或物理性能相关的行为的数据集，另一类是基于材料化学特性的
本征信息的数据集，如热力学数据集。

　　在材料科学领域，晶体学和热化学数据库一直是建得最好的两个数据库。
前者是解释金属、合金及无机材料的晶体结构数据的基础，后者是涉及热容和量
热数据等方面的基础热化学信息的汇编。晶体学数据库主要用作参考来源，而
热力学数据库实际上是信息学的最早期的一个例子，因为这些数据库整合到热
化学计算中可以映射二元及三元合金中相的稳定性，因此带来了计算相图的发
展，成为数据库的信息集成到数据模型中的经典示例。尽管在科学价值方面，两
类数据库彼此强烈交织在一起，但其演变独立发生。相图在温度–成分空间或温
度–压力空间映射出晶体结构的不同区域，但晶体结构数据库的构建却完全独

[9] 立。目前,材料领域中涉及每个数据库的工作都是独立开展的,因此信息采集很烦琐,涉及晶体学和热化学数据库的信息采集及数据分析解释也非常困难。研究人员只能根据个人兴趣,每次为某一特定系统单独整合信息,因此目前对这两种原本相关的数据库的行为模式的研究尚无统一方法。生物学和化学科学中确实存在一些很好的示例,可以为材料科学提供有用的模板(图1.7)。

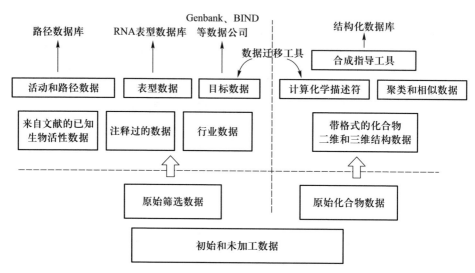

图 1.7　从基因组层面的信息发现新药的进程中将数据库整合到知识发现中的范例
(改编于 Strausberg 和 Schreiber,2003)

Ashby 是系统解决该问题的代表(图1.8,Ashby,2011),他的研究展示了通过将材料性能的唯象关系与特定材料特性的离散数据合并的方法,构建材料行为的分类模式,这种映射也成为材料性能聚类的一种手段。图1.8同时提出了建立不同类别材料的通用构效关系的方法论。然而,该方法虽然很有价值,但受限于其预测值,只是基于先验模型来构建关系。"信息学"方法则从更广的角度研究材料行为。在没有预先假设的前提下,基于对某一特定性能(或多个性能)有不同程度影响的所有类型数据,采用数据挖掘技术来构建材料[10] 行为的分类和预测评估。然而,这一工作并非单纯基于统计学原理,而是基于数据挖掘与物理驱动的数据采集相融合的角度,并通过理论计算和/或实验来验证。

数据的来源可以是实验或计算,如果实验数据来自组合芯片实验,可以采用高通量的手段筛选大量数据(图1.9)。

知识发现的材料信息学方法,是一个非线性的迭代过程,在每个"信息周期"都可以获取新的信息(图1.10)。

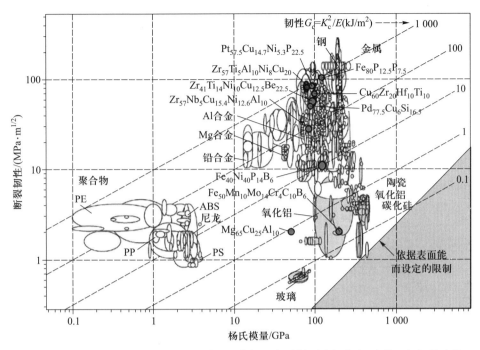

图 1.8 材料工程中描述力学性能相关性的数据整合示例:金属、合金、陶瓷、玻璃、聚合物和金属玻璃的断裂韧性及杨氏模量。轮廓线代表韧性 G_c,单位为 kJ/m²

(来自 Ashby 和 Greer,2006)

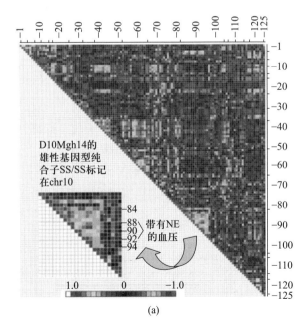

(a)

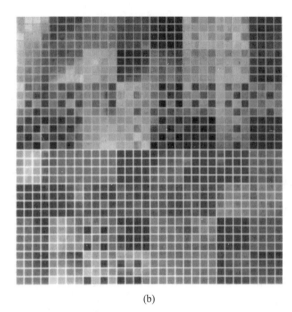

(b)

图 1.9　以微阵列的格式评估大型阵列数据的两个示例。(a)关系矩阵显示血压控制的影响（来自 Stoll 等,2001）;(b)薄膜化学实验阵列显示光学行为与化学之间的经验关系（见文后彩图）（来自 Liu 和 Schultz,1999）

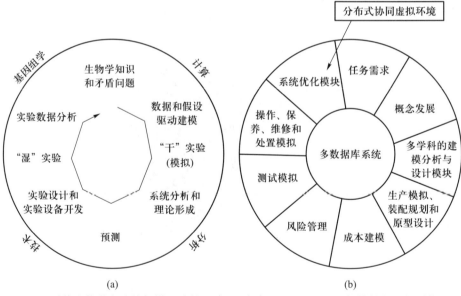

(a)　　　　　　　　　　　　(b)

图 1.10　系统生物学方法的假设驱动的思路(a;改编于 Kitano,2002)与材料发展的系统工程方法(b;来自 Noor 等,2000)的比较

如 Kitano(2002)所述,生物学研究中,一个研究周期始于有生物学重要意义

的矛盾问题的选择及模型的构建。模型可以自动或手动构建,代表一整套可计算但需要实验验证的假设和假说。类似的方法可以用于解释材料的异常行为,如二十年前在氧化物体系中发现的高温超导现象,在此之前,绝大多数(但不是全部)的研究集中在金属间化合物,而这一新发现催生了大量实验与理论研究,试图更好地理解这个重要材料行为的成因。当然这只是超导研究周期的一个部分,而假设驱动的研究已有悠久的历史。模型的计算模拟(生物学家称之为"干"实验)可以反映出模型假设的充分性。不恰当的模型会与既定的实验事实相悖,需要放弃或修改。通过了测试的模型成为系统分析的主体,通过分析获得一系列预测结果。正确模型得到的预测结果还需要进行实验验证(生物学家称之为"湿"实验)。在这一研究周期中"成功"的实验将不恰当的模型剔除,将与现有实验证据相吻合的模型保留下来。虽然这是系统生物学研究中一个理想化的过程,但希望计算科学、分析方法、测量技术以及基因组学/材料信息学等方面的研究进展可以推动系统化、假设驱动的材料研究方法的发展。

[11]

[12]

4. 数据挖掘:数据驱动的材料研究

数据挖掘技术通常有两个主要功能,即模式识别和预测,两者构成了理解材料行为的基础。基于 Tan 等(2004)的论述,模式识别在范围上更具描述性,是探索不同数据的相关性、趋势、分类、轨迹和异常的基础,对模式的解释本质上与对材料物理和化学的理解密不可分。数据挖掘很大程度上与工程材料研究中起核心作用的唯象学的结构–性能范式类似,区别在于只要我们有相关数据,就能够以更快的速度识别这些关系,且不必依赖于先验模型。而数据挖掘的预测功能可以用于分类和回归操作。

[13]

数据挖掘是统计、机器学习、人工智能与模式识别的跨学科的融合,其核心功能包括:

1) 聚类分析。对适宜相关性的数据进行分类,是物理模型和统计模型的基础。聚类分析与高通量实验结合,可以作为快速筛选组合材料库的有力工具。

2) 预测建模。构建目标(如特定材料性能)与输入参数的函数关系的模型。合理的模型也将有助于改进输入参数的有用性和相关性。

3) 关联分析。用来发现描述数据强关联特征(如特定材料性能与材料化学的关联的频率)的模式。这种基于极大数据集的分析,因高速检索算法的发展而成为可能,并可用于多因素控制的材料行为规律的研究。

4) 异常检测(anomaly detection)。与关联分析相反,异常检测常用于识别明显不同的数据或实验。识别异常值的能力在材料中至关重要,可以用来识别性能迥异的新材料(例如与绝缘陶瓷相反的超导陶瓷),或预见潜在的有害影响,改变材料失效(例如韧脆转变)后进行回顾性分析的识别模式。

[14]　　　在大多数的材料科学研究中,通常通过理论和/或经验分析来确定可能影响材料性能的变量。然而,我们很难同时从多参量数据中提取信息,尤其是当唯象关系难以解释的时候。

　　　如 Ideker 和 Lauffenburger(2003)指出的,可以使用"高级别"的计算模型来提取信息的不同组件之间的关系,确定更详细的"低级别"模型所需的关键组件、交互作用及影响。采用大规模的实验来验证高级别模型,而以有针对性的实验来测试低级别模型。"知识发现"的最终目标将通过系统集成的数据经由材料理论与实验验证的数据挖掘工具获得相关性分析而得以实现,数据可以来源于多方面,包括计算模拟、组合芯片的高通量实验、传统信息的大型数据库等。数据挖掘工具的应用可以快速处理非常大的信息库。统计学习工具(如图 1.11中所示的高级别模型)与实验和计算材料学的集成,使信息学驱动的材料设计的思路得以实施。

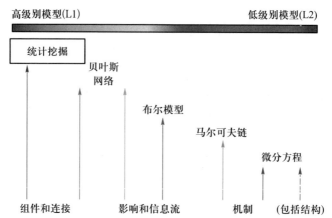

图 1.11　细胞进程的计算模型涉及多个层次的抽象。在最高一级,统计数据挖掘方法与独立和非独立变量相关联,阐明模型组件以及其潜在的相互关系。在稍低级别上,贝叶斯网络为"子"节点对"父"节点的条件依赖关系建模,从而进一步扩展模型组件间的相互关系,而布尔模型和模糊逻辑模型约束这些依赖关系的逻辑规则。最后,在相对详细的级别,马尔可夫链涉及分子种类与状态间的随机产生、损失和相互转换,以及从电子结构计算(例如薛定谔方程)到输运行为(扩散方程)的各种材料学行为的模型微分方程的复杂系统

　　　最终,构成材料发展核心的"工艺-结构-性能"范式,以理解多元相关性及其在基础物理、化学和材料工程中的演绎为基础。材料信息学可以用一种重要的方式来推进这一范式。思考以下几个关键问题将有助于材料信息学基础设施的构建:

　　　1)如何将数据挖掘/机器学习更好地用于发现决定材料特定性能的特征属

性（或属性的组合）。使用不同数据库中的信息,可以进行比较和搜索关联关系与模式,从而发现不同数据集之间信息关联的途径。

2）从现有材料科学数据中提取的最有效的模式是什么？这种模式搜索过程可以潜在地发现看似不同的数据集之间的关联,以及采用耦合方式,构建参数间的可能相关性。

3）如何利用从大量数据中挖掘出的关联关系来指导今后的实验和模拟？ [15] 如何从材料库中筛选出最有可能满足所需性能要求的化合物？数据挖掘方法应成为加速新材料应用的设计和测试方法论的一部分。例如,材料发现的试验台 [16] 可以涉及晶体结构、电子结构和热化学的海量数据库的使用,每个数据库可以提供超过千百种二元、三元和多元体系的信息。与电子结构和热化学计算相耦合,我们可以扩展数据库,并可以开展数千种组合材料化学的各类模拟。这种生成新的"虚拟"数据的大规模并行方法,如果没有数据挖掘工具,将是一项极其艰巨的任务。

在本书的第一章中,我们对一些后续章节涉及的主题做了简短总结。我们以数据挖掘工具和信息学领域词汇的概述开篇,在接下来的章节中则深入分析信息学及离散数据的信息处理是如何应用于材料科学领域的。

参 考 文 献

Aitchison,J. D. ,Galitski,T. ,2003. Inventories to insights. J. Cell Biol. 161(3) ,465−469.

Ashby,M. F. ,2011. Materials Selection in Mechanical Design. Elsevier,Burlington,MA.

Ashby,M. F. ,Greer,A. L. ,2006. Metallic glasses as structural materials. Scr. Mater. 54,321−326.

Butcher,E. C. , Berg,E. L, Kunkel. , E. J, 2004. Systems biology in drug discovery. Nat. Biotechnol. 22,1253−1259.

Csete,M. E. , Doyle,J. C. ,2002. Reverse engineering of biological complexity. Science 295, 1664−1669.

Ideker,T. ,Lauffenburger,D. ,2003. Building with a scaffold:Emerging strategies for high−to low−level cellular modeling. Trends Biotechnol. 21,255−262.

Ideker,T. , et al. ,2002. Discovering regulatory signalling circuits in molecular interaction networks. Bioinformatics 18,S233−S240.

King,R. D. ,Garrett,S. M. ,Coghill,G. M. ,2005. On the use of qualitative reasoning to simulate and identify metabolic pathways. Bioinformatics 21,2017−2026.

Kitano,H. ,2002. Systems biology:a brief overview. Science 295,1662−1664.

Liu,D. R. ,Schultz,P. G. ,1999. From generating new molecular function:a lesson from nature. Angew. Chem. Int. Ed. 38,36−54.

Noor, A. K. , Venneri, S. L. , Paul, D. B. , Hopkins, M. A. , 2000. Structures technology for future aerospace systems. Comput. Struct. 74 ,507–519.

Rajan, K. , 2005. Materials informatics. Mater. Today 8 ,35–39.

Stoll, M. , Cowley Jr. , A. W. , Tonellato, P. J. , Greene, A. S. , Kaldunski, M. L. , Roman, R. J. , et al. , 2001. A genomic – systems biology map for cardiovascular function. Science 294 , 1723–1726.

Strausberg, R. L. , Schreiber, S. L. , 2003. From knowing to controlling: a path from genomics to drugs using small molecule probes. Science 300 ,294–295.

Tan, P. –N. , Steinbach, M. , Kumar, V. , 2004. Introduction to Data Mining. Addison–Wesley.

Wirth, B. D. , Caturla, M. J. , Diaz de la Rubia, T. , Khraishi, T. , Zbi, H. , 2001. Mechanical property degradation in irradiated materials: a multiscale modeling approach. Nucl. Instrum. Methods Phys. Res. B 180 ,23–31.

第 2 章
数据挖掘在材料科学与工程中的应用

Chandrika Kamath, Ya Ju Fan

Center for Applied Scientific Computing, Lawrence Livermore National Laboratory

1. 简介

数据挖掘技术越来越多地应用于来自科学模拟、实验和观察的数据,目的是从中找到有用的信息。这些数据集通常规模较大,而且相当复杂,表现为实验模拟或图像序列的结构化或非结构化的网格数据。数据集通常是多元的,例如监测一个过程或实验的不同传感器的数据。数据可以处于不同的空间和时间尺度,例如在不同尺度上模拟材料的结果,用以理解该材料的行为。在实验和观察的情况下,数据常常有缺失值并且质量可能不高,例如对比度低的图像或是来自传感器的噪声数据。除了数据的大小和复杂性外,当以科学发现或决策为目标对数据进行分析时,可能同样面临挑战。对于前者,相应领域科学家可能无法提出想要解决的很清晰的问题,或者他们可能希望的是通过数据分析来判断从分析中是否能够获得一些启发。而对于后者,当基于分析做决策时,除了分析的结果,科学家可能还需要他们对分析结果的信赖程度的信息。

在本章中,我们对数据挖掘领域做简要的介绍,重点是对材料科学和工程应用的数据分析有用的技术。数据挖掘是一个揭示数据中模式、关联关系、异常和统计学上的重要结构和事件的过程。它借鉴和建立了众多领域的思想,包括统计、机器学习、模式识别、数学优化,以及信号、图像和视频分析。数据分析技术的文献数量巨大,解决方法通常在不同的领域被重复发现,在这些领域内可能有不同的名字。此外,利用数据的属性减少分析时间或提高分析准确性时,科学家们常常创建属于自己的解决方案。

鉴于此,我们将本章视作有兴趣通过学习数据挖掘及理解不同类型技术来解决材料科学中的数据分析问题的人群的起点。本章首先讨论在科学领域内经常遇到的分析问题的类型,之后是对分析过程的简要描述。主要内容集中在不同类别的分析算法,包括图像分析、降维,以及预测和描述模型的建立。最后对后续阅读给出一些建议。

首先,给出一些注意事项。本章是以数据挖掘者的角度写的,而非材料科学家的角度。因此,重点是算法,而非通过对这些算法的应用可能在材料科学中获得的见解。此外,由于前面提到的原因,本章仅仅简略地介绍这一广泛的多学科领域的皮毛。因此,我们建议感兴趣的读者在选择一种技术应用于其数据之前,了解更多可用于解决其问题的各类技术和方法。

2. 科学应用的分析需要

有许多数据挖掘技术用于分析科学模拟、实验以及观测的数据,这些数据涉及天文学、燃烧学、等离子体物理、风能和材料科学等诸多领域。这些领域要处理的任务常常是非常相似的,材料科学的数据分析问题常常可以通过其他不同应用领域的相关问题分析方法来解决。

对于实验数据,往往是以一维信号或二维图像的形式存储的。数据可以是多元的,例如监测过程的多个传感器的信号;或者具有时间分量,例如按照时间序列采集的一系列图像。图像形式的数据的分析常常是为了获取兴趣目标及其特征,例如天文调查中的星系(Kamath 等,2002),或是材料组织图像的区域(Kamath 和 Hurricane,2011)。分析来自监测过程传感器的流数据可以确定过程[19]是否正在按预期进行;如果预测到有异常事情即将发生,启动强制关闭;或者如果过程从一个正常状态正在向另一个正常状态转变,需要调整控制变量。数据分析技术在制造业(Harding 等,2006)、材料开发(Morgan 和 Ceder,2005)和材料智能处理(Wadley 和 Vancheeswaran,1998)中都得到了应用,这些技术集成了先进的传感器、过程模型和反馈控制概念。

对于模拟数据,可以通过分析模拟输出结果以获取被模拟现象的信息。通常的任务是识别数据的相干结构(coherent structures),并提取这些结构随时间演变的统计数据。其他任务还包括:敏感性分析(Saltelli 等,2009),以理解模拟输出对于输入改变的敏感程度;不确定度量化分析(Committee on Mathematical Foundations of Verification,2012),以理解输入的不确定性如何影响输出;而计算机实验的设计与分析(Fang 等,2005),则是采用模拟来更好地理解现象的输入空间。例如,如果我们对发现具有特定性能的材料感兴趣,我们可以通过计算机模拟生成具有相应性能的化合物,然后分析模拟的输入与输出来确定哪些输入更加敏感(因此必须更精细地采样),以建立一个数据驱动模型,通过已知输入预测输出,并在适当的输入值处添加额外采样点来构建更准确的预测模型。

在一些问题上,我们可能需要同时分析模拟与实验数据,这种情况通常是在验证环节,此时通过提取两者的统计数据来比较模拟与实验的接近程度(Kamath 和 Miller,2007)。或者我们可能想要用模拟来指导实验,或是更好地理解实验。

虽然在处理科学数据集时会有各种各样的分析任务,但是用于分析的技术往往是非常相似的。例如对于不管是手持相机或是扫描电镜获得的图像,获取图像信息的方法可以非常相似。此外,识别结构化或非结构化网格模拟输出的相干结构的技术也是相似的。我们下面将讨论一些与材料科学与工程的问题相关的分析技术。对于所有技术的详细讨论超出了本章的范围,但是,我们给出了简要描述,并提出进一步阅读的建议。

3. 科学的数据挖掘过程

[20]

科学的数据挖掘过程通常是一个多步骤过程,每个步骤使用的技术由数据的类型及分析方法的类型所决定(Kamath,2009)。在较高水平,我们可以考虑过程由五个步骤组成,如图 2.1 所示。第一步是识别和提取数据中感兴趣的对象。在一些问题上这是比较容易的,例如当对象是化合物或蛋白质时,我们有每个化合物或蛋白质的数据。而在其他情况下,情况可能会比较复杂,例如当数据为图像时,我们需要在背景中辨认并提取出研究对象(例如,天文图像中的星系)。一旦确定了对象,就需要对其用特征或描述符来描述。这些特征或描述符应该反映出分析任务。例如,如果任务关注的是对象的结构或形状,那么描述符应该分别反映结构或形状。在很多情况下,可能会提取到远超过需要的特征,这时就需要减少特征的数量或问题的维数。这些关键特征会在随后的模式识别步骤中使用,相应领域科学家会将提取的模式进行可视化,用于验证。

图 2.1 科学的数据分析:迭代和交互过程

数据分析过程是迭代和交互式的。在一个特定数据集的分析过程中,任何一步都可能使先前一步或多步改进,但不是所有的步骤。例如,在相干结构分析(Kamath 等,2009)或材料组织图像分析(Kamath 和 Hurricane,2011)这样的问题上,分析任务是提取对象及其统计数据,这只需要该过程的前两步。在其他问题上,数据集可能是用一系列特征的形式来描述的,而任务是用降维技术辨认出重要的特征。一些问题可能需要完整的端到端过程,例如在天文图像中寻找特定形状的星系。

根据我们在数据挖掘上的经验,数据分析是数据分析专家与相应领域科学家密切合作的过程,需要两者积极参与所有步骤,从数据和问题的初始描述开始,提取潜在的相关特征,模式识别必需的训练集识别,并验证每个步骤的结果。

接下来我们讨论在科学模拟、实验以及观测的数据的分析中广泛使用的各种分析技术。

4. 图像分析

在本节中,我们使用一些以前的工作来描述图像分析中的任务,研究实验获得的组织图像的分析(Kamath 和 Hurricane,2007,2011)。图 2.2(a)为一种材

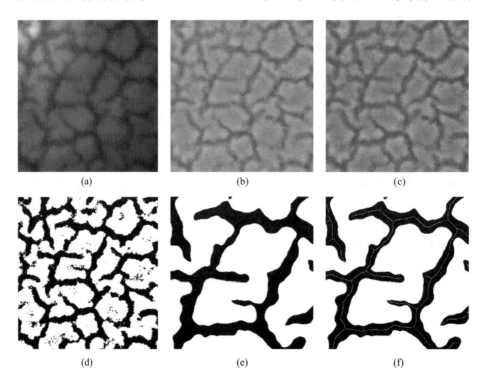

图2.2 材料组织图像的处理过程。(a)原始图像;(b)采用 Retinex 增强图像算法使亮度均匀化后的图像;(c)平滑去噪后的图像;(d)采用分割技术将图像区域从背景中分离出来后的图像;(e)分割清洗后的放大图;(f)确定间隙区域的骨架

料的组织图像的一部分,其中亮区是材料组织的小的分区,而暗区是组织区域间的间隙(相界、晶界、亚晶界等)。对图像的分析旨在获得各区域和间隙的例如区域大小及间隙长度与宽度等的统计数据。以直方图形式所描述的这些特征的分布可以对每个图像做出精确描述。 [22]

分析中使用的方法是首先于背景(即间隙)中区分出区域,然后提取区域和间隙两者的统计数据。这项工作具有挑战性,其原因在于,首先,强度上差异较大,左上角比右下区域更亮,暗区内组织的强度与亮区内间隙的强度相似。一些区域,特别是右下角,存在一定的强度波动范围。图像也相当模糊,在组织和间隙之间没有明确的分界。

为了克服上述问题,使图像分析变得简单,我们制定了一个多步骤过程。首先,采用多尺度 Retinex 算法(Jobson 等,1997)使亮度更均匀。如果 $I(x,y)$ 是二维图像,则单尺度 Retinex 算法 $R(x,y)$ 定义为

$$R(x,y) = \ln[I(x,y)] - \ln[F(x,y) \cdot I(x,y)]$$

其中,第二项表示亮度,是具有高斯滤波器 F 形式的图像卷积(K 选取为满足下面公式条件下的值):

$$F(x,y) = K\exp[-(x^2+y^2)/\sigma^2]$$

其中

$$\iint F(x,y)\,dxdy = 1$$

积分在高斯滤波上进行。高斯函数的标准偏差 σ 决定了尺度。多尺度 Retinex 算法是单尺度算法的 N 个应用的加权和。

$$MSR(x,y) = \sum_{i=1}^{N} w_i R_i(x,y)$$

其中,每个 $R_i(x,y)$ 使用不同的尺度 σ_i 获得,权重和为 1;w_i 为第 i 个尺度的权重。在数据处理上,我们使用两个相等权重的尺度,一个尺度较小($\sigma=20$),另一个较大($\sigma=80$),结果如图 2.2(b)所示。

一旦我们有亮度更均匀的图像,就可以使用标准图像分析技术(Umbaugh,2005;Sonka 等,2007)来提取感兴趣的信息。首先,通过使用简单的过滤技术降 [23] 低图像的颗粒度,使图像局部平滑,结果如图 2.2(c)所示。接下来,通过将值降到阈值以下使图像阈值化,如图 2.2(d)所示,其中代表间隙区域的黑色像素的值低于阈值。阈值的选择是基于对像素强度值的检测确定的,尽管其他方法如 Otsu 方法(Otsu,1979)也是可以的。这种将图像中感兴趣的部分从背景中分离的任务被称为图像分割,有很多方法可以实现这一点,包括从前述例子中使用过的简单方法到更复杂的方法,从适用于大范围图像的一般方法到那些研究图像特定属性的方法。

进行了图像分割后,通过去除区域中黑色像素小区域和间隙中白色像素小区域来清洗图像。我们也用形态学操作(Soille,1999)来使区域边缘平滑,结果如图 2.2(e)所示,经过处理图中显示了图 2.2(d)的一部分。这样的清洗步骤在分割之后往往是必要的,在我们的问题讨论中,图像的颗粒度与阈值化相结合来促进清洗。

我们现在可以从处理过的图像直接提取一些简单的统计数据,例如以像素数量衡量的区域和间隙的大小。为了得到间隙长度的数据,我们获取了间隙区域的骨架(Hilditch,1969),如图 2.2(f)所示,可以将其认为是一个图形,其边界的长度(骨架上节点间或交汇点间的部分)近似间隙的长度。

在本节考虑的具体例子中,提取数据中对象(即图像中的区域和间隙)的统计信息是分析的目标。在其他数据分析问题上,我们可以从识别数据中的对象开始入手,提取描述每个对象的特征或特性,然后进行如下一节所描述的进一步的分析。从数据中提取的特征常常只针对特定问题,就不在这里讨论了,见Kamath(2009)的一些例子。

5. 降维

[24] 在一些数据分析问题中,数据以表的形式呈现,其中行代表样本或对象,列代表描述每个对象的特征。例如,对象可以是基体引入杂质所形成的化合物,其特征可能是组成该化合物的各类原子的属性。在其他问题中,数据可能最初是图像或模拟输出的形式,并进行数据处理以提取对象和代表对象的特征。通常,每个对象或样本都有相关联的"输出"变量,例如化合物的性质或化合物所属的类或组的分类标签。

本节中,我们讨论降维的任务。当对象可以看作 d 维空间中的点时,描述数据集中对象的特征的数量 d 被称为问题的维数。通常,并非所有描述对象的特征都与分析工作相关,在高维空间中描述的数据也可以很自然地落在低维空间。降维时,我们需要使用在初始特征中确定一个子集的特征选择技术,或是将数据从高维空间转换到低维空间的特征变换技术,来确认是否存在数据的低维表达。接下来我们简要描述每个类别中的一些方法。

5.1 特征选择技术

特征选择技术的基本思想是选择一个在确定输出变量的值时更加相关的特征子集。这些变量可以与输出高度相关,或者能够区分不同类的对象。当数据集有一个输出变量或者一个与每个对象都相关联的类的标签时,特征选择方法是适用的。接下来我们简要描述四种特征选择方法,以说明它们与特征变换方法的差异。

- 距离滤波

这是基于特征的类可分离性,利用特征值的直方图之间的 Kullback-Leibler (KL)距离的一种直观方法。对于每个特征,其每个类有一个直方图。对于一个两类问题,如果一个特征的两个类的直方图之间具有较大的距离,那么它很可能是一个重要的特征。假设我们使用 $\sqrt{|n|}/2$ 等间隔箱方法对数字特征进行离散化,其中 $|n|$ 是数据的大小。令 $p_j(d=i \mid c=a)$ 是第 j 个特征在给定的类 a 的直方图的第 i 个箱中概率的估计值。对于每个特征 j,类的可分离性可 [25] 计算为

$$\Delta_j = \sum_{a=1}^{c} \sum_{b=1}^{c} \delta_j(a,b)$$

其中,c 是类的数量;$\delta_j(a,b)$ 即类 a 和 b 的直方图之间的 KL 距离,由下式给出:

$$\delta_j(a,b) = \sum_{i=1}^{B} p_j(d=i \mid c=a) \ln\left(\frac{p_j(d=i \mid c=a)}{p_j(d=i \mid c=b)}\right)$$

其中,B 是直方图中箱的数量。较大的距离 Δ_j 意味着特征 j 能更好地分离类。

- 卡方滤波

在这一方法中,我们首先计算列联表中每个特征的卡方统计量。这些表的行对应于每一个类标签,列则对应于特征的可能值(表 2.1,Huang,2003)。数值特征由直方图表示,所以列联表的列对应于直方图箱(bin)。

表 2.1　虚构特征 f_1 的观察和期望频率(括号内)的三个可能值(1、2 和 3)的 2×3 列联表

类型	$f_1 = 1$	$f_1 = 2$	$f_1 = 3$	总数
0	31(22.5)	20(21)	11(18.5)	62
1	14(22.5)	22(21)	26(18.5)	62
总数	45	42	37	124

特征 j 的卡方统计量是

$$\chi_j^2 = \sum_i \frac{(o_i - e_i)^2}{e_i}$$

其中,加和是 $r×c$ 的列联表中所有元素的和,r 是行数,c 是列数;o_i 代表观察值[项(item)的数量对应于列联表中 i 元素];e_i 是项的期望频率,计算为

$$e_i = \frac{总列数×总行数}{总行列数}$$

变量以其 χ^2 统计的降序进行排序。 [26]

- 树滤波

树结构是只有根节点的决策树(见本章第 6.1 节)。树滤波采用与创建根

节点同样的过程对特征排序,即根据它们的最佳不纯值测量进行排序。

- ReliefF 算法

ReliefF 算法(Robnik-Sikonja 和 Kononenko,2003)是通过计算近邻样本之间的区别程度来评估特征的质量。首先随机选取一个样本 i,分别取出与样本 i 相同类的样本组内 K 个最近邻样本(H_i),不同类样本组内 K 个最近邻样本(M_i),然后获得特征 s 的权重,对于两类数据集其定义为

$$Q_s = \sum_{i=1}^{n} \left\{ \sum_{m \in M_i} \frac{\|X_{is} - X_{ms}\|}{nK} - \sum_{h \in H_i} \frac{\|X_{is} - X_{hs}\|}{nK} \right\}$$

其中,X_{is} 是样本 i 中特征 s 的值。通过在所选点与不同类样本特征 s 的值不同时提高权重,在与同类样本特征值不同时降低权重的方法,ReliefF 算法根据特征对同类和不同类样本的辨识能力对这些特征进行排序。

5.2　特征变换技术

与特征选择技术不同,特征变换技术通过线性或非线性变换将原始数据从高维空间转换到低维空间。特征变换技术有很多种方法可以实现,接下来我们将就几种方法进行介绍,包括线性的主成分分析(principal component analysis,PCA)以及三种流行的非线性降维(nonlinear dimension reduction,NLDR)技术,即等距映射(isometric feature mapping,Isomap)方法、局部线性嵌入(locally linear embedding,LLE)方法、拉普拉斯特征映射。这些方法都是通过使用特征分解来获得数据的低维嵌入,从而保证全局优化。

[27]

- 主成分分析(PCA)

PCA(Pearson,1901)是一种在去除转换数据集相关性的同时保留数据最大方差的线性技术。数据协方差矩阵 C 的特征值问题表示为 $CM = \lambda M$。特征向量 M_d 对应 d 个有效特征值 $\lambda_i, i = 1, \cdots, d$,是使数据方差最大化,达到最佳的线性变换的基础。这种低维表示写作 $Y = XM_d$,其中,X 是原始数据,特征值用来确定低维 d。

- Isomap 方法

Isomap 方法(Tenenbaum 等,2000)使用数据之间的测地距离。该方法首先根据输入空间中每个点的邻接关系构造一个邻接连接图。这些相邻点可以是 K 个最近邻点或是一个固定半径 ε 内的点。然后,通过计算图上所有点对之间的最短路径距离来估计它们之间的测地线距离(Dijkstra,1959;Floyd,1962)。定义 $D_G = \{d_G(i,j)\}_{i,j=1,\cdots,n}$ 为矩阵的测地距离,其中 $d_G(i,j)$ 是点 i 与 j 之间的距离,然后 Isomap 在 d 维欧式空间构建嵌套,使得这个空间中点对的欧氏距离近似等于输入空间的测地距离。令 $D_Y = \{d_Y(i,j)\}_{i,j=1,\cdots,n}$ 为欧氏距离矩阵,并且 $d_Y(i,j) = \|Y_i - Y_j\|_2$,目标是最小化成本函数

$$\left\| \tau(D_G) - \tau(D_Y) \right\|_2$$

其中,τ 函数对矩阵实行双中心以支持有效的优化。最优解是通过求解函数 $\tau(D_G)$ 的特征分解而得到的,然后基于 d 个最大特征值及其对应的特征向量计算 Y 坐标。

- 局部线性嵌入(LLE)方法

LLE 方法(Roweis 和 Saul,2000)采用重构权重 w_{ij},将数据点 X_i 描述为其邻域样本 $X_j, j \in \mathcal{N}(i)$ 的线性组合,其中 $\mathcal{N}(i)$ 是点 i 的邻域样本的集合。每个 i 的最优权重通过最小化成本函数获得: [28]

$$\min_w \left\{ \left\| X_i - \sum_{j \in \mathcal{N}(i)} w_{ij} X_j \right\|^2 \, \middle| \, \sum_{j \in \mathcal{N}(i)} w_{ij} = 1 \right\}$$

LLE 假定流形是局部线性的,因此重构权重在低维空间中是不变的。LLE 的嵌套 Y 是最小化成本函数 $\sum_i \left\| Y_i - \sum_j W_{ij} Y_j \right\|^2$ 的解,其中 W 是重构权重矩阵,如果 $j \notin \mathcal{N}(i)$,则元素 $W_{ij} = 0$;否则,$W_{ij} = w_{ij}$。Y 可以由对应嵌入矩阵 $M = (I-W)^{\mathrm{T}}(I-W)$ 最小的非零特征值 d 获得,其中 I 是单位矩阵。

- 拉普拉斯特征映射

这种方法提供了一个低维表示,其中 c 邻域(或 K 个最近邻点)内一个数据点与其他数据点之间的加权距离被最小化(Belkin 和 Niyogi,2003)。相邻点之间的距离使用拉普拉斯算符($S-W$)来加权,其中

$$W_{ij} = \mathrm{e}^{-\frac{\| x_i - x_j \|^2}{t}}, \quad S_{ii} = \sum_j W_{ij}$$

这里 $t = 2\sigma^2$,其中 σ 是高斯核函数的标准偏差。目的是找到

$$\arg\min_Y \left\{ \mathrm{tr}(Y^{\mathrm{T}}(S-W)Y \mid Y^{\mathrm{T}} S Y = 1) \right\}$$

通过求解广义特征向量问题 $(S-W)v = \lambda S v$ 来计算 Y 的表示。只有对应于最小非零特征值的特征向量(v)用于嵌入。

5.3 降维方法的比较

图 2.3 显示了几种降维方法在处理风力发电数据集上的表现。在这个问题上我们利用天气条件预测滑坡事件的天数(Kamath 和 Fan,2012)。有几个天气变量可用,但不是所有的变量都能用于预测滑坡事件。首先,利用降维技术来确定变量的重要性顺序。这些特征要么是使用特征选择方法识别的原始特征,要么是使用特征变换方法识别的变换特征。接下来,使用基于决策树的集合的分类算法(见本章第 6.1 节),并评估使用前 K 个特征时得到的百分比误差。图 2.3 显示了百分比误差率随 K 值变化的情况。图中的水平线是使用所有特征的误差率。 [29]

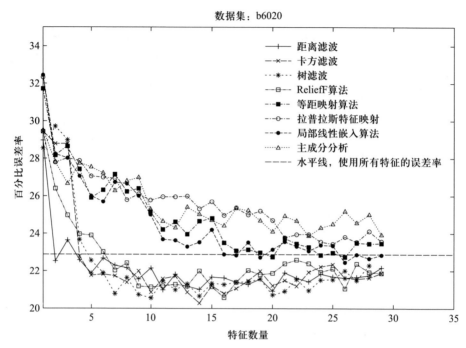

图 2.3　不同降维方法对风力发电相关天气变量与滑坡事件天数的数据集的处理性能比较。该图显示了当仅使用由每个降维方法确定的前 K 个特征(如横轴所示)时使用决策树集合分类器预测的误差变化

对于所讨论的问题,图 2.3 显示,特征选择方法的性能优于特征变换方法,甚至将误差降低到使用所有特征所获得的误差水平以下。在风力发电问题的背景下不同降维方法的比较见 Kamath 和 Fan(2012),同时对于非线性降维方法更详细的比较见 van der Maaten 等(2009)。

[30]　6. 建立预测和描述模型

构建模型的任务是许多数据挖掘工作的核心。模型可分为两大类,一类是预测,使用目前获得的数据构建一个模型,然后用于预测任务;另一类是描述,建立一个模型来描述数据。预测模型用于已经明确对象属于不同类别或种类的问题,例如分配了星系或星星标签的天文学对象,或是指定带隙类型的半导体材料。每个对象都用特征来描述。一旦建立了模型,对于以其特征集来描述的新对象,我们可以用模型为其贴上标签。而对于对象没有被分配标签的问题,我们可以创建描述模型,将类似对象组合在一起。这两种情况下的基本假设是特征可以很好地表示对象,也就是说,特征决定了一个对象与其他对象是否相似。否则,构建预测或描述模型就是不可能的。

在描述建立模型的算法之前,我们注意到,到目前为止所做的预处理基本上采用网格、图像或图像序列形式的原始数据,并将其转换为我们所关注的数据对象形式。我们通常对对象之间的模式感兴趣。预处理步骤将低水平的像素或网格点的数据转换为更高水平的对象。如果能够用反映数据模式的特征来准确地表示对象,那么我们就可以成功地建立预测和描述模型。

6.1 分类和回归

构建预测模型有两类算法:分类算法,用于分类标签为离散的情况;回归算法,用于分类标签为连续的情况。这些算法往往非常相似。本节将描述两种算法——决策树分类和局部加权回归。与之相对应的是回归树和最近邻分类器。选择这些算法的原因在于其具有易理解、快速以及可解释等特点。最终效果很重要,让我们能够了解如何从模型到结果,并在该过程中更有信心运用这些技术。

决策树具有这样的结构:要么是一个叶子表示一个类,要么是对特征(或特 [31] 征的组合)进行指定的测试,对于每个可能的测试结果都有相应的分支和子树的决策节点。决策树从所有数据的根节点开始,然后通过检查每个特征并找到可优化不纯值测量的拆分来递归划分数据,这样将数据拆分成两个子集,并对每个子集重复该过程。在满足适当条件时拆分将停止,例如节点的所有样本都具有相同的标签或是节点的样本太少使得进一步的划分失去作用。为了寻找数字特征 x 的最佳划分,将特征值排序($x_1 < x_2 < \cdots < x_n$),并使用给定不纯值测量方法,评估所有中间值$(x_i + x_{i+1})/2$ 成为划分的可能性。常用的不纯值测量方法是基尼系数法(Breiman 等,1984),其基于找到最能降低节点不纯值的划分,其中,不纯值定义如下:

$$L_{\mathrm{Gini}} = 1.0 - \sum_{i=1}^{K} (L_i / |T_L|)^2, R_{\mathrm{Gini}} = 1.0 - \sum_{i=1}^{K} (R_i / |T_R|)^2,$$
$$杂质 = (|T_L| \cdot L_{\mathrm{Gini}} + |T_R| \cdot R_{\mathrm{Gini}})/n$$

其中,$|T_L|$ 和 $|T_R|$ 是事例的数量;L_{Gini} 和 R_{Gini} 分别是划分的左侧和右侧的基尼系数。

除了决策树之外,一些常用的分类算法包括神经网络、K 最近邻分类器和支持向量机(Hand 等,2001;Hastie 等,2001)。研究表明,相比于使用单个分类器,使用分类器的集合可以获得更准确的结果,其中,每个分类器都是使用随机化法从相同的数据集中创建的。可以采用多种方法来引入随机化,以从同一个数据集创建不同的分类器,并将分类器的结果组合在一起(Rokach,2010)。

在回归算法中,一个简单的方法是局部加权回归(locally weighted

regression，LWR；Cleveland 和 Devlin，1988）。该方法结合了适用于近邻数据的局部模型。它源自全局模型的标准回归程序。全局回归模型将所有数据点拟合到一个模型中，然后用于预测新的观测值。当所选模型捕捉数据属性失败时，会出现大的预测错误，例如使用线性模型来拟合非线性函数。另外，通过对数据点与兴趣点的接近程度对数据点进行加权，LWR 适用于各种不同的回归模型。除了

[32]　回归函数，LWR 包含三个关键部分：距离函数、加权函数和平滑参数。距离函数决定兴趣点周围的应该包括在拟合中的数据。由于兴趣点附近的观测数据被认为会提供比那些远离兴趣点的数据更多的预测信息，我们对这些观测数据使用加权函数。平滑参数可用于调整加权函数的半径并减小拟合数据时的交叉验证误差。正确选择这三个要素，LWR 可以相当成功地恢复基础非线性回归函数（Atkeson 等，1997）。

6.2　聚类

数据聚类是一种尝试将同一簇的对象聚合在一起的方法，使得同一簇的对象比不同簇的对象彼此更加相似。数据聚类是为了评测对象之间的结构而分析对象之间相互关系的探索方法。

基于划分的聚类算法将数据划分为不相交的子集。K 均值（K-means）聚类是常见算法之一，该方法计算 K 个聚类中心使得从所有对象到它们最接近的中心的欧几里得距离的平方和最小化。类似于 K 均值聚类的还有 K-medians 聚类和 K-medoids 聚类。K-medians 聚类不使用平方欧几里得距离，而是考虑对象之间的 1-范数距离，并计算中值。与使用平均值或中位数来计算聚类中心不同，K-medoids 聚类试图找到 K 个存在对象作为聚类中心，使得从所有对象到其最近聚类中心的距离的和最小化。

K 均值类型的聚类可以认为是优化问题，但很难找到最优解。通常使用期望最大化（expectation-maximization，EM）算法求近似解。在给定聚类数 K 和初聚类中心的情况下，算法在期望（E）步骤和最大化（M）步骤之间变换直到找到局部最优解。在 E 步骤中，所有对象被分配到最近的中心。在 M 步骤中，通过计算几何质心或中间值，或者选在同一分类中与其他所有对象最近邻的对象，对均值（或中位数或中间值）重新评估。当簇的分配在迭代过程中不发生变化时，算法收敛。

[33]　由于采用平方欧几里得距离来计算中心，K-means 聚类对异常值更敏感。通过使用预先计算的对称距离矩阵可以用与之不同的方法表示 K-medoids 聚类，其中矩阵第 i 行和第 j 列的元素是对象 i 和对象 j 之间的距离。该矩阵用于在每次迭代中发现新的中间值。由于聚类是使用距离矩阵来分配的，因此可以灵活地选择不同的邻近度指标来容纳数据。

层次聚类并不是给出数据的单一分区,而是构建了一个广泛的聚类层次结构,这些类可以在一定距离级别上相互组合。这种结构可以用树状图来表示。该算法基于这样一种观点,即对象与附近对象的关联性大于与远处对象的关联性。

层次聚类分为两类:凝聚和划分。凝聚聚类是一种自下而上的方法。首先将每个对象考虑为一类;然后,当向上移动层次时,基于特定的距离级别合并类对。划分聚类是一种自上而下的方法,所有的观测值在开始时都在一个聚类中;当聚类过程向下移动时,这种方法会根据一定的距离级别进行分割。合并和分割的距离水平以贪婪算法来确定。该算法对于异常值而言并非有效方法,这些异常值作为额外类出现或导致其他类合并。因此,最终的分类需要从层次中适当地选择。

7. 延伸阅读

在本章中,我们简要介绍了一些可用于分析材料科学和工程中的问题的模拟和实验数据的技术。数据挖掘是一个多学科领域,它借鉴和建立在包括统计学、机器学习、模式识别、数学优化、信号和图像处理及高性能计算等众多学科的技术上。

对于每一个给定的上述领域的众多分析技术,一个短篇都不足以涉及它们的皮毛。我们下面列出一些额外的引用,使感兴趣的人可以进一步探索。

1)对于数据挖掘的一般阅读,虽然是从不同的观点出发,但 Theodoridis 和 Koutroumbas(2003)、Duda 等(2001)及 Hastie 等(2001)都提供了很好的算法概述。

2)对于图像处理,Jain(1989)及 Sonka 等(2007)的著作提供了良好的概述。

3)对于降维,Liu 和 Motoda(1998)、Zhao 和 Liu(2011)的书讨论了特征选择方法,而主成分分析是 Joliffe(2002)的书的重点。van der Maaten 等(2009)的一篇关于降维的综述有了对非线性方法更深入的见解。

4)在构建预测和描述模型领域,一般阅读中提到的书都是不错的起点。更多详细信息可在特定主题的文本中找到,例如,Breiman 等(1984)的经典著作提供了一些早期决策树工作的深入见解,而更多的集成学习的讨论见 Rokach(2010)的书。关于聚类的很好的概述见 Gan 等(2007)。

关于材料信息学的特刊 *Statistical Analysis and Data Mining*(Rajan 和 Mendez,2009)上有些数据挖掘与材料科学与工程相交叉的文章,而 Domingos(2012)的文章给机器学习技术的实际应用提供了有用的信息。最后,Kamath(2009)的书给出了科学数据挖掘的概述。该书从数据挖掘技术在各种问题领

[34]

27

域中的不同使用方式开始,然后确定这些领域分析的共同任务。本书的大部分内容都集中在这些任务上,以图像或计算网格数据的形式对数据进行预处理,提取数据中的对象和描述它们的特征,降维以及模式识别。

致 谢

本工作得到了 ARRA – funded SciDAC – e project, MINDES: Data Mining for Inverse Design 的支持,特别感谢美国能源部科学办公室。

LLNL-MI-592793:这部分工作由美国 Lawrence Livermore 国家实验室完成,工作得到了美国能源部的资助,合同号 DE-AC52-07NA27344。

[35-36]

参 考 文 献

Atkeson, C. G. , et al. , 1997. Locally weighted learning. Artif. Intell. Rev. 11, 11–73.

Belkin, M. , Niyogi, P. , 2003. Laplacian eigenmaps for dimensionality reduction and data representation. Neural Comput. 15(6), 1373–1396.

Breiman, L. , et al. , 1984. Classification and Regression Trees. CRC Press, Boca Raton, FL.

Cleveland, W. S. , Devlin, S. J. , 1988. Locally weighted regression: an approach to regression analysis by local fitting. J. Am. Stat. Assoc. 83(403), 596–610.

Committee on Mathematical Foundations of Verification, 2012. Assessing the Reliability of Complex Models: Mathematical and Statistical Foundations of Verificaiion, Validation, and Uncertainty Quantification. The National Academies Press.

Dijkstra, E. W. , 1959. A note on two problems in connexion with graphs. Numerische Mathematik 1, 269–271.

Domingos, P. , 2012. A few useful things to know about machine learning. Commun. ACM 55, 78–97.

Duda, R. O. , et al. , 2001. Pattern Classification. John Wiley, New York.

Fang, K. –T. , et al. , 2005. Design and Modeling for Computer Experiments. Chapman & Hall/CRC Press, Boca Raton, FL.

Floyd, R. W. , 1962. Algorithm 97: shortest path. Commun. ACM 5, 345.

Gan, G. , et al. , 2007. Data Clustering: Theory, Algorithms, and Applications. SIAM, Philadelphia, PA.

Hand, D. , et al. , 2001. Principles of Data Mining. MIT Press, Cambridge, MA.

Harding, J. A. , et al. , 2006. Data mining in manufacturing: a review. J. Manuf. Sci. Eng. 128, 969–976.

Hastie, T. , et al. , 2001. The Elements of Statistical Learning: Data Mining, Inference, and Prediction. Springer-Verlag, New York.

Hilditch, C. J. , 1969. Linear skeletons from square cupboards. In: Meltzer, B. , Mitchie, D. (Eds.), Machine Intelligence. University Press, Edinburgh, pp. 404–420.

Huang, S. H. , 2003. Dimensionality reduction on automatic knowledge acquisition: a simple greedy search approach. IEEE Trans. Knowl. Data Eng. 15(6), 1364–1373.

Jain, A. K. , 1989. Fundamentals of Digital Image Processing. Prentice Hall, Englewood Cliffs, NJ.

Jobson, D. J. , et al. , 1997. A multiscale retinex for bridging the gap between color images and the human observation of scenes. IEEE Trans. Image Process. 6(7), 965–976.

Joliffe, I. T. , 2002. Principal Component Analysis. Springer, New York.

Kamath, C. , 2009. Scientific Data Mining: a Practical Perspective. Society for Industrial and Applied Mathematics(SIAM).

Kamath, C. , Fan, Y. J. , 2012. Using data mining to enable integration of wind resources on the power grid. Stat. Anal. Data Min. 5(5), 410–427.

Kamath, C. , Hurricane, O. , 2007. Analysis of Images from Experiments Investigating Fragmentation of Materials. Technical Report UCRL – TR – 234578. Lawrence Livermore National Laboratory, California.

Kamath, C. , Hurricane, O. A. , 2011. Robust extraction of statistics from images of material fragmentation. Int. J. Image Graph. 11, 377–401.

Kamath, C. , Miller, P. L. , 2007. Image analysis for validation of simulations of a fluid – mix problem. In: IEEE International Conference on Image Processing, vol. III, pp. 525–528.

Kamath, C. , et al. , 2002. Classification of bent – double galaxies in the FIRST survey. IEEE Comput. Sci. Eng. 4(4), 52–60.

Kamath, C. , et al. , 2009. Identification of coherent structures in three–dimensional simulations of a fluid–mix problem. Int. J. Image Graph. 9, 389–410.

Liu, H. , Motoda, H. , 1998. Feature Selection for Knowledge Discovery and Data Mining. Kluwer Academic Publishers, Boston, MA.

Morgan, D. , Ceder, G. , 2005. Data mining in materials development. In: Yip, S. (Ed.), Handbook of Materials Modeling. Springer, the Netherlands, pp. 395–421.

Otsu, N. , 1979. A threshold selection method from gray – level histograms. IEEE Trans. on Systems, Man and Cybernetics 9, 62–66.

Pearson, K. , 1901. On lines and planes of closest fit to systems of points in space. Philos. Mag. 2 (6), 559–572.

Rajan, K. , Mendez, P. , 2009. Special issue on materials informatics. Stat. Anal. DataMin. 1(5), 286.

Robnik–Sikonja, M. , Kononenko, I. , 2003. Theoretical and empirical analysis of ReliefF and RReliefF. Mach. Learn. 53, 23–69.

Rokach, L. , 2010. Pattern Classification using Ensemble Methods. World Scientific Publishing, Singapore.

Roweis, S. T. , Saul, L. K. , 2000. Nonlinear dimensionality reduction by locally linear embedding. Science 290(5500),2323-2326.

Saltelli,A. ,et al. ,2009. Sensitivity Analysis. Wiley.

Soille,P. ,1999. Morphological Image Analysis:Principles and Applications. Springer.

Sonka,M. ,et al. ,2007. Image Processing,Analysis,and Machine Vision,third ed. International Thompson Publishing,Pacific Grove,CA.

Tenenbaum,J. B. , et al. , 2000. A global geometric framework for nonlinear dimensionality reduction. Science 290(5500),2319-2323.

Theodoridis,S. ,Koutroumbas,K. ,2003. Pattern Recognition. Academic Press,San Diego,CA.

Umbaugh,S. E. ,2005. Computer Imaging:Digital Image Analysis and Processing. CRC Press, Boca Raton,FL.

van der Maaten,L. ,et al. ,2009. Dimensionality Reduction:A Comparative Review. Technical Report TiCC TR 2009-005. Tilburg University.

Wadley,H. N. G. ,Vancheeswaran,R. ,1998. The intelligent processing of materials:an overview and case study. J. Met. 41(1),19-30.

Zhao,Z. A. ,Liu,H. ,2011. Spectral Feature Selection for Data Mining. CRC Press,Boca Raton, FL.

第 3 章
材料科学中的统计学习新方法

F. J. Alexander, T. Lookman

Los Alamos National Laboratory, Los Alamos, NM 87544, USA

1. 简介
[37]

　　统计学习理论的发展,为材料科学中提升预测材料行为、设计特定功能材料的能力提供了巨大可能性。在这一章,我们简要描述统计学习理论的几项进展,以及如何运用其解决材料科学问题。

　　统计学习,也称模式识别、计算学习或者机器学习,用于解决基于数据的预测问题,同与其密切相关的统计很相像。除了使该领域广泛而迅速发展的理论基础的进步之外,计算资源的指数级增长进一步增强了统计学习方法的作用。

　　统计学习所处理的众多问题的一大类型是回归类型的问题,例如,数字型值 x 可以是一个未知函数 F 的定义域,对应的值域为 y,有 $y = F(x)$。在回归中,我们希望推断得出其他(通常是未知的)x 值对应的(连续数值)y 值。

　　另一个问题类型是二分类问题,即训练样本集的 x 值和对应的二进制 y 值(如 $y=1$ 或 0)。给定一个新的 x,可以正确预测出它对应的 y 值是多少。即使是这样简单的问题类型也有大量且具挑战的变化形式。下面我们只关注二分类问题(例如,材料 x 有性能 $y=1$ 或者 $y=0$)。然而,下面描述的许多方法也可以用于处理其他机器学习问题,例如检测和多类分类(详见 Devroye 等,1996;Vapnik,1999)。

　　我们以下面一种情形进行解释:给定晶体结构和化学组成的一种新材料,该材料显示了压电行为(piezoelectric performance)的重要性能,如极化(polarization)特性。晶体结构可以用显微特征或者描述符来表示,例如离子半
[38]

径(ionic radii),价态(valence),可以用不同阳离子来表示的化学成分,这些共同来确定压电晶体的钙钛矿结构。我们先收集关于这种材料的已知的特征集作为向量 x,这时还没有任何实验数据。我们希望能够确切地预测该材料是否具有特定的性能 p,也就是说,在温度 T_p 和压力 P_p 条件下有特定的压电性能。然而我们没有这个新材料的实验数据,我们可能有一些其他材料的实验结果,知道这些材料的一些性能,包括压电行为,即 y 值。除了拥有其他材料的实验数据外,还有一些理论模型可用来描述新材料的行为。这些模型可能包含密度泛函理论、粗晶自由能等。这些模型描述问题材料的不同方面,并具有不同置信度级别(也具有不同的计算开销)。挑战在于如何结合已有的所有信息预测具有特征 x 的新材料是否具有性能 y,例如 $F(x) = y$。换一种说法,我们希望构建一个分类器,该分类器以所有的实验数据和理论理解,去构建函数 F,通过特征 x 将更多的材料分类。这是统计学习理论中用边缘信息的典型问题。这类问题的数学理论已经受到相当多人的重视(详见 Ben-David 等,2010;Dalton 和 Dougherty,2011)。

除了二分类问题,我们再讨论一下有监督学习,即样本包括了 x 值和对应的 y 值。依据可用的数据类型和要解决的问题,还可以考虑其他学习方法,包括无监督学习,即获取的样本只包含了 x 值,没有对应的 y 值。这样的例子在材料学中很常见,即特性 x 已知,但它产生的性能 y 未知。半监督学习是指样本中一部分数据包含了 x 值和它对应的 y 值,另一部分数据只包含了 x 值(例如,Chapelle 等,2006)。另一类问题,只有一种分类下的样本中有 x 值,也叫半监督学习(Porter 等,2011)。这可能对应于一类样本如 $y = 0$ 中有实验和训练数据,而另一类没有的情况。这种情况尤其会发生在 $y = 1$ 分类的数据很难获得时,例,我们可能只有当材料为非超导状态时的样本。当然还存在其他类型的学习问题。

[39]

然而,高维数据、异构特性数据、多尺度行为、不确定性、强非线性等因素使得这些方法在材料科学中应用时变得更为复杂。在本章中,我们将要描述这些挑战,以及应对这些挑战的方法。第 2 节提出学习问题并讨论精确误差估计(accurate error estimation)的重要性。第 3 节介绍关于如何结合边缘信息的工作,如原理和领域知识,来提高在确定假设下的误差范围。第 4 节描述一个机器学习范式,即一致性预测,其可以用来表达预测的置信度级别。理想情况下,人们更希望知道下一步进行哪个实验或者需要从什么方向入手来修改原理,以提升预测能力。第 5 节描述最优学习方法,一个解决这个问题的新范式。第 6 节描述最优不确定性量化(uncertainty quantification)。第 7 节讨论聚类或者分割策略,并解释统计物理方法如何为这些复杂优化问题提供近似解。第 8 节将以能量最小化算法发现新材料的传统方法与采用统计归纳技术的数据驱动方法进行对比。最后,我们针对材料科学如何从机器学习方法中获益提供了建议。

2. 有监督的二分类学习问题

有监督分类的目标是构建一个分类函数,将特征集(x值)作为输入集,输出集是带有 0 或 1 的分类标签。该分类函数基于现有数据(通常假设是独立同分布的)来设计,用于预测未知/新数据分类,并评估预测的准确性。对于包含大量组合特征的输入集,找到能够包含所需内容的恰当的子集十分重要,否则训练会变得漫无边际。最后,需要对构建的分类器进行出错率的评估[例如,预测具有特征 x 的新材料是否具有性能 $p(y=1$ 或 $0)$],这一个阶段是本科学方法的重要组成部分。 [40]

我们将这个问题进行如下数学表达:假设一个数据集 $\{z_i = (x_i, y_i),$ $i=1,\cdots,N\}$,服从 $P(z)$ 分布,我们设计一个函数 F,当给定一个 x_{new}(服从 $P(z)$ 分布)时,我们可以预测对应的 y_{new}。此外,我们还要评估这个函数的出错率。

然而,很多领域的数据量十分庞大,但能够用来量化预测准确性[也就是分类器的泛化误差(generalization error)]的数据却少之又少。这里以一个癌症基因的案例为例,作为材料科学的入门方法参考(Braga-Neto 和 Dougherty,2008)。泛化误差定义为对未来材料的错误分类的可能性。对这个误差的方差估计也十分重要。在进行计算时需要注意,泛化误差与实际误差并无关系。

3. 结合边缘信息

为了提高统计学习问题的能力(如降低泛化误差),我们需要引入尽可能多的领域知识。当用于学习的数据量有限,并且是高维数据问题时,用这类方法将尤为受益。这类方法可以用多种技术方法来描述,例如,利用边缘信息(side information)学习或 Universum 学习(Sinz 等,2008;Weston 等,2006),以及无样本(non-examples)学习(Sinz,2007)。用 Universum 和无样本学习可通过相同领域的相关样本来扩充可用数据,但并不需要样本来自相同的分布。在许多案例中,预测的泛化误差可通过审慎选择扩展数据而变小,但是这是一个新的研究领域,尚不清楚该如何很好地应用。我们可以尝试通过集成的材料模型,以及模型模拟得到的数据一起来提高预测能力。选择 Universum 学习还是无样本学习还有待进一步思考。 [41]

Ben-David 等(2010)开发了一个利用"不同"领域数据的学习原理,并且展示了效果。基于他们的结果,可以给出原理准确性的边界,以及做可信预测所需的数据量。

4. 一致性预测

一致性预测(conformal prediction)是基于算法随机性理论的统计学习框架。该框架因其特有的特性使其能够很好地应用到材料科学中。首先,一致性预测可以在预测中量化置信度(Gammerman 和 Shafer,2005;Shafer 和 Vovk,2008)。这个预测的可靠性从未被过高估计,所以可以基于这种预测进行选择。为了应用一致性预测的工具,我们需要有独立同分布(independent identically distribution,IID)的或者可交换的数据,然而对于现有材料数据,这是一个挑战,因为实验数据很少有独立同分布的。然而,我们可以尝试用独立同分布的计算机模拟数据进行鲁棒性检测。一致性预测可以直接应用,并且通过对现有的分类器和回归算法进行简单的封装来实现。一致性预测已经成功应用到基因和药物诊断,用于材料的定量结构–活性关系(QSAR)问题中(Eklund 等,2012)。

5. 最优学习

[42]

对于所有上述方法,我们想知道哪项信息或数据对获取下一项内容有帮助。最优学习(optimal learning)算法解决了这个问题(Powell 和 Frazier,2008;Powell 和 Ryzhov,2012)。这一梯度学习方法可以应用于许多信息收集过程中存在资源有限情况的问题,例如,最优学习已经被成功应用到了实验设计和制药行业的药品研发过程等有潜在的降低时间和经济成本需求的领域。最优学习也可以应用到材料科学,指导下一个实验设计和模拟仿真,或者指导理论家和建模者哪些理论方面需要改善和提高。

6. 最优不确定性量化

最优不确定性量化(optimal uncertainty quantification,OUQ)是严密的并可实际应用的不确定性量化方法(Owhadi 等,2011)。OUQ 为确定集的假设提供了最优的不确定边界,保证物理变量超过预定值的可能性低于某个值。OUQ 用于保证地震活动下的工程结构的安全性,例如,OUQ 可以决定结构失效可能性的最大值和最小值与地震级别的关系,问题的假设决定了优化问题,而从优化问题的解决方案中获得结果失效的可能性。OUQ 需要详细规范的假设,此假设可以以(实验或计算)数据的形式表达。OUQ 依赖于将无穷维度的非凸优化问题规约成有限维度(特别是低维)问题。OUQ 方法得出如下三个结论之一:①结构抗震的可能性大于 p;②结构不抗震的可能性为 p;③对于给定的输入,无法得出上述结论①、②中任何一种(例如不确定)。当得出不确定性结论时,结构工程师需要去获取更多的或者不同的数据,并/或做进一步假设,来得到结论性结果。我们可将 OUQ 应用于材料科学,基于给定假设、实验数据等,来预测一种材料是否有确定的性能,或者在给定的温度区间内是否具有超导特性等。

7. 包含统计物理方法的聚类分析

近些年,越来越多的研究工作喜欢利用数值型或者分析型的统计物理方法去解决复杂的优化问题(Yuille 和 Kosowsky,1994)。例如,利用借鉴于自旋玻璃理论的空腔法,在 K–SAT 问题上获得分析型的突破(Mezard 等,2002),K–SAT 问题涉及布尔变量和以 K 变量的 OR 函数形式存在的约束,由此来确定给定的实例是否适合。如果存在一个满足约束的变量赋值,那么这个实例就是适合的。类似地,以"自旋"模型为例,通过使用高性能蒙特卡罗方法测量线性响应和关联函数,识别数据点分割到相应类别中,数据或者分割聚类的问题已经被成功论证(Blatt 等,1996)。这样,这个聚类方法使用了非均匀铁磁体的物理性能,尤其是"Potts"模型。

聚类方法,即将数据分成自然类的方法,已被广泛应用到科学和工程的模式识别中,包括医学影像(Suzuki 等,1995)、图像压缩(Karayiannis,1994)、文本机器翻译(Cranias 等,1994),以及卫星图像数据分析(Baraldi 和 Parmiggiani,1995)。这类问题可以以如下方式描述:给定 N 个模式或者数据点 $x_i, i = 1, \cdots, N$,我们想将这 N 个点分割成 M 类或簇,使得同一簇中的点彼此更接近或更相似。如果我们有先验知识,例如中心位置和分布,可被纳入优化或者全局优化标准中。如果没有先验知识,那么所谓的非参数方法,即使用一个局部的准则,如数据结构的更高密度区,会更容易使用,并可应用到更广泛的聚类问题上,这类问题往往需要更少的假设。在"Potts"模型的使用中,类显示为给定温度下的直线型自旋形式,与非参数聚类相似。

一个分类 s 可定义为给每个数据点 x_i 指定一个标签或"自旋"s_i,可取值 $1, \cdots, q$。能量哈密顿(Hamiltonian)函数或者成本函数 $H(s)$ 可定义为

$$H(s) = - \sum_{<i,j>} J_{i,j} \delta_{s_i,s_j}, s_i = 1, \cdots, q$$

这里 <i,j> 指相邻点 i 和 j;$J_{i,j}$ 指 i 和 j 的有效交互,反依赖于温度,是正值,是两点间距离 $|x_i - x_j|$ 的单调递减(如指数)函数。点 i 和 j 的成对自旋通过交互耦合起来,两点离得越近,属于相同状态的可能性就越大。当交互相对较强时,自旋会形成磁性簇,它们在属于同一簇的近邻自旋间具有强耦合,但与所有其他自旋间的相互作用很弱。在低温时,这样的系统被称为铁磁性,但随着温度的升高,

该系统进入一个中间状态的"超顺磁"相,在该相中,存在着自旋顺序不同的簇(Blatt 等,1996)。

随着温度的升高,簇和子簇的序列形成。Potts 自旋的这对相关函数可作为判断一对自旋是否在同一簇中的参照。这比通过点的距离来进行聚类更为灵敏。态的数量 q 主要决定从一个相(铁磁性)向另一个相(超顺磁)转变的锐度(sharpness),对簇的数量影响相对较弱,一般设置为 20。敏感性 χ 提供了一个对系统随温度演变成不同簇的判据或者诊断。这被定义为 $\chi = N/T(<m^2>-<m>^2)$,其中 m 为磁化或者自旋的平均值,这样在低温时 χ 很小,此系统处于铁磁状态。

这个方法已被测试并应用到不同的数据集中,包括作为聚类标准基准的费希尔鸢尾花数据集,以及 Landsat 数据。这个方法在存在噪声的情况下具有鲁棒性,并且能够在不强制执行聚类操作的情况下修复数据的结构。目前非参数法(包括相互近邻域值、单链路、K 共享邻域)在处理不同密度分布和特征长度的数据时存在一定困难。这个方法的优势在于能够提供不同数据状况的信息,并以算法输出的方式给出簇的数量,当作为控制参数的温度改变时,数据簇会进行重新合并。算法的结果对初始条件、带有点数量的时间尺度,以及数据维度都不敏感(Blatt 等,1996,1997)。

[45] 据我们所知,这个算法并没有应用到材料问题中,那么将此算法与 K 均值(K-means)聚类算法、均值漂移(mean-shift)算法或者凝聚层次聚类算法进行比较,将具有很好的指导性作用。K 均值需要预估簇的数量,因此当簇的数量范围相对较小时对比的效果最好。均值漂移算法是在聚类过程中确定簇的数量,相当于根据密度梯度达到局部最大,此波谷定义为一个聚类。凝聚层次从各自的簇中的每个点开始,直到通过查看由"最相似"的簇的合并过程形成的簇之间的相似性度量,确定簇的适当数量。由簇指标指定的 K 均值聚类的解由主成分分析(principal component analysis,PCA)的主成分给出,主方向覆盖的 PCA 子空间与簇中心子空间相一致(Ding 和 He,2004)。因此说,主成分分析对 K 均值聚类是有益的放宽。

PCA 已经广泛应用于材料科学和其他领域的探索性数据分析。PCA 的目标是在保留数据集中尽可能多的变量的前提下降低数据集的维度,并确定新的有代表意义的变量。除了 PCA 之外,其他技术也可用于降低数据维度。降维技术可分为两类:线性算法,如 PCA 和因子分析(factor analysis)等;非线性算法,如基于支持向量机原理的核主成分分析等。这些方法也称为特征提取算法,广泛应用于信号处理和气象学。一般来说,聚类算法缺乏对误差分析的理解,这是一个重要的研究领域(Dougherty,2004)。

8. 材料科学中的案例：寻找新型压电材料

尽管计算材料科学和密集高通量计算的能力已取得了长足的进展，但仍存在很多领域，其基础科学仍未揭示，无法计算相关的性能，例如超导。然而，这同时需要将上述统计学习技术与不同来源和理论计算得到的数据有机结合。加速材料发现是日趋热议的主题，如材料基因组计划（Materials Genome Initiative，MGI），它对材料科学最显著的挑战是具有目标性能的新材料的预测技术的开发。这里我们对比了两种典型的方法，在公开发表的文献中这两种方法用于发现新型压电材料。 [46]

Armiento 等（2011）的方法是基于使用高通量电子结构计算来寻找 ABO_3 型钙钛矿晶体结构的压电材料新组分。元素 A 和 B 分别有 12 个和 6 个配位原子，包括元素铋在内的任一种组合情况都要考虑，但不考虑惰性气体和镧系元素。数据库有利于各种成分的筛选，降低关键特征及筛选结果分析的参数空间。第一个给定原则是带隙能的阈值，要求电子态密度足够大以确保成分是非金属的，从而避免当电势作用于材料时引起漏电现象而导致对压电性能的干扰。这种方法将 ABO_3 型可能候选组分的数量由 3 969 种降低至 99 种。第二个原则是确保在相界（形态相界，morphotropic phase boundary，MPB）处钙钛矿结构晶格畸变引起的能量差足够小。这一原则试图从物理的角度更为简单地理解好的压电材料在形态相界处的畸变，并进一步将候选组分数量降低到 49 种。接下来对能量、极化等各种性能进行计算，并开展了相关的实验。计算中所使用标准的有效性是这类方法的关键局限性所在，例如，实验发现的 $Ba(Ti_{0.8}Zr_{0.2})O_3-(Ba_{0.7}Ca_{0.3})TiO_3$ 无铅压电陶瓷（Liu 和 Ren，2009），使研究者认识到朗道自由能的研究中允许在相图的三临界点处发生各向同性极化。然而研究表明（Porta 和 Lookman，2011），这个观点并不准确。相界与大的压电系数 d_{33} 以及压电性能并没有必然的联系。另外，能量最小化算法在受限的空间中显示或隐示地搜索。

相反，Balachandran 等（2011）采用了数据驱动方法，使用实验数据和晶体结构数据，从原始数据本身提取模式和相关性，而不借助特定的高通量计算。因此，这个方法可以潜在地帮助我们理解新的物理现象的本质。通过识别晶体和电子结构相关的物理描述符与材料性能间的行为模式，来建立结构-性能关系。 [47] 从描述符和发现的模式中，抽取设计规则，使得能够识别重要关系特征，以及决定给定性能的材料描述符（如"基因"）的特定组合的确切作用。作者将搜索限制到具有 $BiMEO_3-PbTiO_3$ 结构的压电材料，其中 $ME = Sc^{3+}$，In^{3+}，Yb^{3+}，Lu^{3+}，Tm^{3+}，高居里转变温度为 T_c。运用 PCA 等降维算法来确定与 T_c 有关的关键描述符，用回归分析，如偏最小二乘，定量表达这些描述符与 T_c 的关系，并使用一个训练集以及一个单独的测试数据集去分析。这个方式可以说明,以 6 种化学描述符的形式(Armiento 等,2011)表示的容差因子比常用的原子三个半径(Goldschmidt,1929)来表示的在获取温度数据时更好。通过系统地遍历元素周期表,这个模型新发现了 4 种候选的高温压电材料,分别是 $BiErO_3$、$BiHoO_3$、$BiTmO_3$,以及 $BiLuO_3$。最后一步通过递归二分法用香农熵(Shannon entropy)构建树状分类模型。设计规则是能够形成稳定的钙钛矿型化合物。叶子结点为每一个化学标识符设置标签"yes"或者"no",来表征一个化合物是否能形成稳定的钙钛矿结构。从树状图可得到 11 个设计规则来测试钙钛矿结构的稳定性。通过将这个树状图应用到 4 种候选的高温材料,得知只有 2 种化合物即 $BiTmO_3$ 和 $BiLuO_3$ 在高温条件下具有稳定的钙钛矿结构。Balachandran 等(2011)发现的高温下具有稳定的钙钛矿结构的 2 种候选化合物,并不在 Armiento 等(2011)筛选出的 49 种结构中。

[48]　在一致性检验的手动分步操作中,Balachandran 等(2011)的数据驱动方法使用了简单、现成的降维和分类工具,接下来的工作将包括如 Armiento 等(2011)中的电子结构计算结果,以及其他性能或目标如压电系数 d_{33} 等的归纳研究。然而,未来在机器学习领域所需要的是对不断变化的输入数据集进行反馈优化的策略,这样才能够进行满足不同约束(如稳定性)的特征预测,从而进行多目标优化(高的工作温度和高的压电系数)。现有策略的主要缺陷在于缺乏反馈回路,特别是当数据库变得越来越高维和复杂时。反馈回路将迭代地提出基于当前预测的新实验和模拟方法,能够提高最需要的设计空间的某些情况的预测准确性,同时发现更接近目标性能的材料。这些机器学习算法被称作多参照物优化(multi-oracle optimization,MOO),它结合了主动学习(active learning;Settles,2009)、自适应实验设计(adaptive experimental design;Box 等,2005)的思想,以及多保真度优化(multi-fidelity optimization,MFO;Simpson 等,2008)。Armiento 等(2011)和 Balachandran 等(2011)两篇文章并没有引用他们发现的置信区间,这是用统计学方法进行材料发现的主要缺陷,因此我们需要向生物学/生物信息学的研究学习,尤其是 Dalton 和 Dougherty(2011)通过先验分布来预测置信区间的分类方法。用现象模型表达的先验知识或原理同样需要结合到统计分析过程中去,函数关系或者方程式的使用,如铁电材料的 Landau-Devonshire 自由能,不仅提供了与现有材料建模知识的连接,同时也帮助我们解决机器学习参数相关的描述符的搜索的优化问题。类似地,成分含量-温度的相图也可以通过搜集描述变化最显著或最不稳定的描述符的分类数据得到。

9. 结论

许多现有的统计学习工具并不足以解决材料科学问题。生物学和生物信息学从二十世纪九十年代开始就已经开展了机器学习的工作,但仍有待深入研究。而材料学在这方面的探索才刚刚起步。材料学在统计学习方面的探索可以参照生物信息学进行。 [49]

值得思考的是机器学习如何补充传统方法,而不是对专家和第一原理的简单替代。为了充分发挥机器学习的作用,我们需要成熟的研究对象和准确的假设。同时需要来自实验或观察的数据和专家知识的反馈辅助。这是一个开放探索的领域。

10. 深入阅读

对于有数学专业背景的读者,想要了解更多关于统计学习和误差分析的内容,我们推荐阅读 Devroye 等(1996)和 Vapnik(1999)。这些书籍是经典的,但因为材料数据的本质特征,我们相信直接将其应用到材料科学中会有很大局限性。

对于统计学习方法如想有更多了解,可以参考 Hastie 等(2009)。关于图模型和结构学习可以参考 Barber(2012)、Getoor 和 Taskar(2007)、Koller 和 Friedman(2009)、Murphy(2012)及 MacKay(2003)。关于反馈学习的方法可参考 Barto 和 Sutton(1998)、Russell 和 Norvig(2003)及 Powell 和 Ryzhov(2012)。了解如何将不同分类器的信息进行结合可参考 Schapire 和 Freund(2012)。

最后,欲获得更多关于当前统计和机器学习的关系和理解,请参考 Engel 和 van den Broeck(2001)及 Saitta 等(2011)。

致谢

感谢 E. Dougherty、J. E. Gubernatis、K. Rajan、J. C. Scovel、J. Theiler 和 D. Wolpert 与我们深入有效地探讨。

参考文献 [50−52]

Armiento, R. , Kozinsky, B. , Fornari, M. , Ceder, G. , 2011. Screening for highperformance piezoelectrics using high-throughput density functional theory. Phys. Rev. B 84,014103.

Balachandran, P. , Broderick, S. R. , Rajan, K. , 2011. Identifying the inorganic gene for high temperature piezoelectric perovskites through statistical learning. Proc. R. Soc. A 467,2271− 2290.

Baraldi, A. , Parmiggiani, F. , 1995. A neural network for unsupervised categorization of multivalued input patterns:an application to satellite image clustering. IEEE Trans. Geosci.

Remote Sens. 33(2),305-316.

Barber,D.,2012. Bayesian Reasoning and Machine Learning. Cambridge University Press.

Barto, R. S., Sutton, A. G., 1998. Reinforcement Learning: An Introduction. MIT Press, Cambridge,MA.

Ben-David, S., Blitzer, J., Crammer, K., Kulesza, A., Pereira, F., Vaughan, J. W., 2010. A theory of learning from different domains. Mach. Learn. 79,151.

Blatt,M.,Wiseman,S.,Domany,E.,1996. Super-paramagnetic clustering of data. Phys. Rev. Lett. 76,3251-3255.

Blatt,M.,Wiseman,S.,Domany,E.,1997. Data clustering using a model granular magnet. J. Neural Comput. 9,1805.

Box,G. E.,Hunter,W. G.,Hunter,J. S.,2005. Statistics for Experimenters:Design,Innovation, and Discovery. Wiley,New York.

Braga-Neto, U. M., Dougherty, E. R., 2008. Exact correlation between actual and estimated errors in discrete classification. Pattern Recognit. Lett. 31,40.

Chapelle, O., Schölkopf, B., Zien, A., et al., 2006. Semisupervised Learning. MIT Press, Cambridge,MA.

Cranias, L., Papageorgiou, H., Piperidis, S., 1994. Clustering: a technique for search space reduction in example-based machine translation. Proceedings of the 1994 IEEE International Conference on Systems,Man,and Cybernetics. Humans,Information and Technology,vol. 1. IEEE,New York,pp. 1-6.

Dalton,L. A., Dougherty, E. R., 2011. Bayesian minimum mean-square error estimation for classification error—Part I: definition and the Bayesian MMSE error estimator for discrete classification. IEEE Trans. Signal Process. 59,115.

Devroye, L., Gyorfi, L., Lugosi, G., 1996. A Probabilistic Theory of Pattern Recognition. Springer,p. 31.

Dougherty,E. R.,2004. A probabilistic theory of clustering. Pattern Recognit. 37,917.

Ding, C., He, X., 2004. K-means clustering via principle component analysis. ICML'04, Proceedings of the 21st International Conference on Machine Learning,p. 29.

Eklund, M., Norinder, U., Boyer, S., Carlsson, L., 2012. Application of conformal prediction in QSAR. In:Artificial Intelligence Applications and Innovations. Springer,pp. 166-175.

Engel, A., van den Broeck, C., 2001. Statistical Mechanics of Learning. Cambridge University Press.

Gammerman, A.,Shafer,G.,2005. Algorithmic Learning in a Random World. Springer.

Getoor, L., Taskar, B., 2007. Introduction to Statistical Relational Learning. MIT Press, Cambridge,MA.

Goldschmidt,V. M.,1929. Crystal structure and chemical constitution. Trans. Faraday Soc. 25, 253.

Hastie,T.,Tibshirani,R. J.,Friedman,J. H.,2009. The Elements of Statistical Learning:Data

Mining, Inference, and Prediction. Springer.

Karayiannis, N. B, 1994. Maximum entropy clustering algorithms and their application in image compression. Proceedings of the 1994 IEEE International Conference on Systems, Man, and Cybernetics. Humans, Information and Technology, vol. 1. IEEE, New York, pp. 337–342.

Koller, D., Friedman, N., 2009. Probabilistic Graphical Models. MIT Press, Cambridge, MA.

Liu, W., Ren, X., 2009. Large piezoelectric effect in Pb–free ceramics. Phys. Rev. Lett. 103, 257602.

MacKay, D. J. C., 2003. Information Theory, Inference, and Learning Algorithms. Cambridge University Press.

Mezard, M., Parisi, G., Zecchina, R., 2002. Analytic and algorithmic solution of random satisfiability problems. Science 297, 812.

Murphy, K. P., 2012. Machine Learning: A Probabilistic Perspective. MIT Press, Cambridge, MA.

Owhadi, H., Scovel, J. C., Sullivan, T., McKerns, M., Ortiz, M., 2011. Optimal uncertainty quantification. SIAM Rev.

Porta, M., Lookman, T., 2011. Effects of tricritical points and morphotropic phase boundaries on the piezoelectric properties of ferroelectrics. Phys. Rev. B 83, 174198.

Porter, R., Hush, D., Zimmer, B., 2011. Error minimizing algorithms for nearest neighbor classifiers. Proc. SPIE.

Powell, W. B., Frazier, P., 2008. Optimal learning. In: Tutorials in Operations Research: State-of-the-art Decision Making Tools in the Information Age. Hanover, MD.

Powell, W., Ryzhov, I. O., 2012. Optimal Learning. Wiley.

Russell, S. J., Norvig, P., 2003. Artificial Intelligence: A Modern Approach. Prentice Hall.

Saitta, L., Giordana, A., Comueljos, A., 2011. Phase Transitions in Machine Learning. MIT Press, Cambridge, MA.

Schapire, R. E., Freund, Y., 2012. Boosting: Foundations and Algorithms. MIT Press, Cambridge, MA.

Settles, B., 2009. Active Learning Literature Survey. Computer Sciences Technical Report 1648. University of Wisconsin, Madison.

Shafer, G., Vovk, V., 2008. A tutorial on conformal prediction. J. Mach. Learn. Res. 9, 371–421.

Simpson, T. W., Toropov, V., Balabanov, V., Viana, F., 2008. Design and analysis of computer experiments in multidisciplinary design optimization: a review of how far we have come–or not. 12th AIAAISSMO Multidisciplinary Analysis and Optimization Conference.

Sinz, F. H., 2007. A Priori Knowledge from Non–Examples. Diplomarbeit (Thesis), Universität Tübingen, Germany.

Sinz, F. H., Chapelle, O., Agrawal, A., Schölkopf, B., 2008. An analysis of inference with the universum. In: Advances in Neural Information Processing Systems, vol. 20. MIT Press,

Cambridge, MA.

Suzuki, M. , Shibata, M. , Suto, Y. , 1995. Application to the anatomy of the volume rendering - reconstruction of sequential tissue section for rat's kidney. Med. Imaging Techno. 13 ,195.

Vapnik, V. , 1999. The Nature of Statistical Learning Theory. Springer.

Weston, J. , Collobert, R. , Sinz, F. , Bottou, L. , Vapnik, V. , 2006. Inference with the universum. In: Proceedings of the 23rd International Conference on Machine Learning, p. 1009.

Yuille, A. L. , Kosowsky, J. J. , 1994. Statistical physics algorithms that converge. Neural Comput. 6 ,341 – 356.

第4章
聚类分析:发现数据组别

Joe Bible, Susmita Datta, Somnath Datta

Department of Bioinformatics and Biostatistics, University of Louisville, Louisville, USA

1. 简介

聚类分析是探索性数据分析的一个非常有用的工具。在生物科学、互联网、营销数据库等领域,高通量实验产生大量的数据,聚类分析成为数据挖掘者和信息专家必不可少的工具。通常,在做其他更加结构化的基于模型的数据统计分析之前,聚类分析用作理解数据的第一步。顾名思义,聚类算法用于发现数据中的自然组别,相同组别的事物具有类似的数据分布,而不同组别的事物在数据分布中存在差异。

粗略地说,大多数聚类分布是基于距离函数或相似性度量的,两个数据点在某种度量下取值较小则被划分在一起,反之亦然。这种相似性度量的例子包括欧几里得距离和成对数据向量间的相关性(或 1 减去相关性)。根据不同相似性度量的使用,如何选择这个较小的值,以及如何将一对或多对数据集划分在一组,人们可以选择相当多的聚类方法。本章中,我们将对常用的聚类算法加以介绍,并基于黄铜矿化合物的一个小的数据集来阐述使用步骤和说明。所有的这些算法可以在免费 R 软件的基础组件或者一些 R 软件自带的可下载的用户贡献软件包中使用。值得一提的是,这些算法均可很方便地从 Brock 等(2008)编写的 R 软件包 clValid 中获得。为阐述方便,本文也包含了一些 R 代码和注释。

目前已有相当多的聚类算法,因此选择一个适用于自己数据的算法可能并不容易。事实上,可能不止一个"最好的"算法可以产生最优的分组。本章中,我们将介绍一系列验证方法,通过计算可以评估聚类算法应用于一个给定数据集的聚类质量。为了使分析目标达到统一,我们还将介绍如何整合不同聚类算法得到的看似不同的结果,达到客观上形成共识的目的。在这点上,我们将采用免费的 R 软件基础工具 RankAggreg(Pihur 等,2007,2009),并再一次使用同样的黄铜矿化合物的数据集来阐述这种方法。

2. 无监督学习

无监督学习是一种数据分析方法,主要针对无测量或定义的输出结果(因变量)或者输出结果测试非主要关心的内容,也就是说,无监督方法意在揭示数据的潜在或者内在关系。而有监督方法试图寻求一组描述符(descriptor)与一个或一组确定的响应(response)间明确的关系(通常称为自变量和因变量)。聚类属于无监督学习的一类。另一个常见的无监督学习方法是主成分分析(principal component analysis,PCA),我们首先介绍此方法的原因在于高维数据的聚类分析结果可在前两个主成分维度组成的二维数据空间中可视化。

2.1 主成分分析

主成分分析(PCA)是一种数据降维技术,旨在通过一组原始数据的线性组合对数据做概括。PCA 令人满意之处在于,实际应用中能够使用相对较少的派生描述符,即主成分(principal component,PC)来解释描述符系统(a system of descriptors)中大量的原始变异。特征分解、奇异值分解(sigular value decomposition,SVD)和 PCA 是密不可分的,它们之间的区别主要体现在结果的解释重点与常见的中间步骤。

[55] 用 $X = \{x_1, x_2, \cdots, x_p\}$ 表示描述符集及其 N 个样本,数据矩阵表示为

$$X = \begin{bmatrix} x_{1,1} & \cdots & x_{1,p} \\ \vdots & & \vdots \\ x_{N,1} & \cdots & x_{N,p} \end{bmatrix}$$

其样本协方差矩阵是 $\Sigma = N^{-1}(X - \mu_X)'(X - \mu_X)$,其中 μ_X 是每一行均等于 X 的样本均值向量的矩阵。特征值分析试图寻找一系列的特征值 $\lambda = \{\lambda_1, \lambda_2, \cdots, \lambda_p\}$,每一个 λ_i 都是 $(\Sigma - \lambda I) = 0$ 的一个解。下面矩阵的解即为特征向量

$$e_i = \begin{bmatrix} e_{1,i} \\ \vdots \\ e_{p,i} \end{bmatrix}$$

其中 $\Sigma e_i = \lambda_i e_i$。实际上,当 X 是满秩时,e_i 有无穷多解,所以采用 e_i 为单位长度

的解。然而,特征值的大小正比于原始数据矩阵 X 内的变异量的情况并非显而易见的,且数据矩阵 X 由相应的线性变换 $Y_i = Xe_i$ 表征。线性组合 Y_i 被称为主成分。实际上,特征向量根据相应的特征值的大小降序排列。这样,紧接的下一个主成分比前一个主成分在原系统获得更少的变异信息。使用特征值与主成分的变化量成正比的第 i 个主成分,可以构建一个潜在的描述矩阵 $Y_{N \times q}$,其中 $q<p$,可以获得满意的包含原始描述数据集的信息量。

通过 PCA 并进行数据可视化,可以得到有用的降维结果。前二维或三维主成分占据原系统变量的变异性的80%~90%是很普遍的。这种常见的结果允许将数据画在二维空间,损失相对较少信息。为了确认描述符集内的相关性和伪群,也可以检查特征向量中每个元素的大小。

当对标准化数据[目前解释,标准化意味着缩放和中心化数据,如使得平均值 $\overline{X}_i = 0$,方差 $\mathrm{var}(X_i) = 1$,$i = 1, \cdots, p$ 的数据]进行主成分分析时,结果分析相当于在进行 PCA 时对无转换数据的相关矩阵替换协方差矩阵。利用标准化的数据得到的主成分分析的结果与使用原始数据获得的结果通常差异很大,而主成分图的可视化有一个较好表现形式,其中心位置在0,边界的区间通常在-4 和 4 之间。因此,标准化是非常普遍的,尤其是当主成分分析的目的是进行可视化时。通常来说标准化对结果的影响程度正比于原始数据偏离正态分布的程度。

[56]

Suh 和 Rajan(2004)文章的表 4 中的 30 种化合物的子集如表 4.1 所示。以上数据是报道了带隙能量预测结果的三元黄铜矿的样本。解释性分析提供了有用信息,如这些化合物间的关系。索引数字可以用来识别后续图中相应的化合物元素。

表 4.1 聚类分析中使用的 30 种化合物列表,索引号用于识别图 4.1 中可视化表示的化合物

1	2	3	4	5	6
$Cd_{0.5}Si_{0.5}As$	$AgBTe_2$	$HgSnP_2$	$HgPbBi_2$	$Be_{0.5}Sn_{0.5}P$	$BePbAs_2$
7	8	9	10	11	12
$CuInSe_2$	$BeSiSb_2$	$HgCAs_2$	$CuBPo_2$	$MgSnAs_2$	$HgSiBi_2$
13	14	15	16	17	18
$HgSnBi_2$	$Zn_{0.5}Si_{0.5}As$	$CdGeSb_2$	$CuGaTe_2$	$MgCSb_2$	$Be_{0.5}C_{0.5}Sb$
19	20	21	22	23	24
$Cd_{0.5}Sn_{0.5}P$	$AgBSe_2$	$HgGeSb_2$	$Zn_{0.5}Ge_{0.5}As$	$AuInSe_2$	$CuTlSe_2$
25	26	27	28	29	30
$MgSiN_2$	$HgSnSb_2$	$AgGaTe_2$	$BeSnP_2$	$Cd_{0.5}C_{0.5}P$	$CuInTe_2$

这些化合物的描述符集列于表 4.2 中。例如,对于化合物 $CdSiAs_2$,EN1 对应着 Cd 的电负性,EN2 对应着 Si 的电负性,ANn、MPn、PRn、VAn 分别为第 n 个元素的原子数、熔点、赝势半径、对应周期组别数。数据矩阵就是一个 30×15 的数据矩阵,其中每一行对应着相应化合物的元素描述符。

[57−58]

表 4.2 30 种化合物的描述符集

化合物	EN1	AN1	MP1	PR1	VA1	EN2	AN2	MP2	PR2	VA2	EN3	AN3	MP3	PR3	VA3
$Cd_{0.5}Si_{0.5}As$	1.4	48	594.3	2.215	12	1.98	14	1 687	1.42	4	2.27	33	1 089	1.415	5
$AgBTe_2$	1.07	47	1 235	2.375	11	1.9	5	2 365	0.795	3	2.38	52	722.7	1.67	6
$HgSnP_2$	1.49	80	234.3	2.41	12	1.88	50	505.1	1.88	4	2.32	15	317.3	1.24	5
$HgPbBi_2$	1.49	80	234.3	2.41	12	1.92	82	600.7	2.09	4	2.14	83	544.6	1.997	5
$Be_{0.5}Sn_{0.5}P$	1.45	4	1 562	1.08	2	1.88	50	505.1	1.88	4	2.32	15	317.3	1.24	5
$BePbAs_2$	1.45	4	1 562	1.08	2	1.92	82	600.7	2.09	4	2.27	33	1 089	1.415	5
$CuInSe_2$	1.08	29	1 358	2.04	11	1.63	49	429.8	2.05	3	2.54	34	494	1.285	6
$BeSiSb_2$	1.45	4	1 562	1.08	2	1.98	14	1 687	1.42	4	2.14	51	903.9	1.765	5
$HgCAs_2$	1.49	80	234.3	2.41	12	2.37	6	3 800	0.64	4	2.27	33	1 089	1.415	5
$CuBPo_2$	1.08	29	1 358	2.04	11	1.9	5	2 365	0.795	3	2.4	84	527	1.9	6
$MgSnAs_2$	1.31	12	922	2.03	2	1.88	50	505.1	1.88	4	2.27	33	1 089	1.415	5
$HgSiBi_2$	1.49	80	234.3	2.41	12	1.98	14	1 687	1.42	4	2.14	83	544.6	1.997	5
$HgSnBi_2$	1.49	80	234.3	2.41	12	1.88	50	505.1	1.88	4	2.14	83	544.6	1.997	5
$Zn_{0.5}Si_{0.5}As$	1.44	30	692.7	1.88	12	1.98	14	1 687	1.42	4	2.27	33	1 089	1.415	5
$CdGeSb_2$	1.4	48	594.3	2.215	12	1.99	32	1 211	1.56	4	2.14	51	903.9	1.765	5
$CuGaTe_2$	1.08	29	1 358	2.04	11	1.7	31	302.9	1.695	3	2.38	52	722.7	1.67	6

描述符

续表

化合物	描述符														
	EN1	AN1	MP1	PR1	VA1	EN2	AN2	MP2	PR2	VA2	EN3	AN3	MP3	PR3	VA3
$MgCSb_2$	1.31	12	922	2.03	2	2.37	6	3 800	0.64	4	2.14	51	903.9	1.765	5
$Be_{0.5}C_{0.5}Sb$	1.45	4	1 562	1.08	2	2.37	6	3 800	0.64	4	2.14	51	903.9	1.765	5
$Cd_{0.5}Sn_{0.5}P$	1.4	48	594.3	2.215	12	1.88	50	505.1	1.88	4	2.32	15	317.3	1.24	5
$AgBSe_2$	1.07	47	1 235	2.375	11	1.9	5	2 365	0.795	3	2.54	34	494	1.285	6
$HgGeSb_2$	1.49	80	234.3	2.41	12	1.99	32	1 211	1.56	4	2.14	51	903.9	1.765	5
$Zn_{0.5}Ge_{0.5}As$	1.44	30	692.7	1.88	12	1.99	32	1 211	1.56	4	2.27	33	1 089	1.415	5
$AuInSe_2$	1.19	79	1 338	2.66	11	1.63	49	429.8	2.05	3	2.54	34	494	1.285	6
$CuTlSe_2$	1.08	29	1 358	2.04	11	1.69	81	577	2.235	3	2.54	34	494	1.285	6
$MgSiN_2$	1.31	12	922	2.03	2	1.98	14	1 687	1.42	4	2.85	7	63.15	0.54	5
$HgSnSb_2$	1.49	80	234.3	2.41	12	1.88	50	505.1	1.88	4	2.14	51	903.9	1.765	5
$AgGaTe_2$	1.07	47	1 235	2.375	11	1.7	31	302.9	1.695	3	2.38	52	722.7	1.67	6
$BeSnP_2$	1.45	4	1 562	1.08	2	1.88	50	505.1	1.88	4	2.32	15	317.3	1.24	5
$Cd_{0.5}C_{0.5}P$	1.4	48	594.3	2.215	12	2.37	6	3 800	0.64	4	2.32	15	317.3	1.24	5
$CuInTe_2$	1.08	29	1 358	2.04	11	1.63	49	429.8	2.05	3	2.38	52	722.7	1.67	6

注：EN_n 为第 n 个元素的电负性，AN_n 为原子数，PR_n 为赝势半径，MP_n 为熔点，VA_n 为对应周期组别数。

[59]   标准化和非标准化下的第一和第二主成分如图 4.1 所示。在图 4.1 中,表 4.1 的化合物可利用其索引号进行识别。为了使两种方法的差异更容易辨识,对前 10 种化合物用灰色标记。需要注意的是,对于标准化的数据前两个主成分获得原系统 56% 的变异,而对于非标准化数据则占到了 95%。这样,当使用非标准化的数据时应值得注意,有可能一个变量或一组变量(拥有大的方差)携带了原始系统的大部分变异。也就是说,以不同尺度测得相同的变量时将得到与测量尺度成正比的变异贡献信息;更直白地说,测量单位从米变为厘米会导致获得更多的变异。我们关于标准化和 PCA 方面的讨论就此结束。

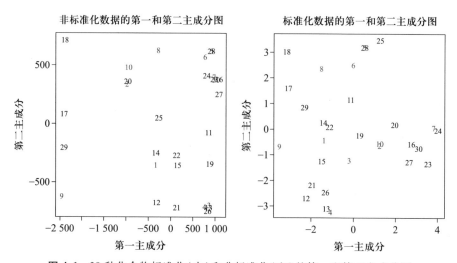

图 4.1 30 种化合物标准化(右)和非标准化(左)的第一和第二主成分图

2.2 聚类

聚类包括基于大量已发布的算法进行的一大类分析。每一个算法的目的都是相似的,即根据欧几里得、曼哈顿距离(或差异性)或描述符向量的相似性,对事物(观察、个体等)进行分类(聚类)。在深入讨论之前,值得花一点时间来解[60]释不同类型聚类算法的词汇。

层次聚类算法,顾名思义,是根据一些预定义的标准依次产生聚类,特别的配分位置自然是在与其他可能配分的同一层次结构内。层次聚类有两种类型的算法,一种是凝聚算法,从 N 个类别开始,每个对象即是一个类别,以产生拥有更多成员的类别和更少的聚类数,每一个对象先后加入其中一类别;另一种是划分算法,首先将所有对象分组到相同的类别内,然后依次划分更多的类别。非层次算法则组织性较差,需要用户提前指定聚类数。

通常情况下,使用非层次方法之前先采用层次聚类分析为其获得需要事先指定的起始参数。

3. 不同的聚类算法和在 R 软件中的实现

本节将讲述一些流行的聚类算法。具体清单摘自 Brock 等(2008)。每一个算法都将通过 R 语言来实现。R 语言是一种统计计算的语言和环境(R 语言开发核心团队,2011),拥有合适的软件包做支撑。下文用 $d(x,y)$ 来表示 x 和 y 之间的距离(欧几里得距离或其他)。$C=\{C_1,C_2,\cdots,C_n\}$ 表示拥有 n 个聚类数的数据集的具体划分,C_i 是这种划分的第 i 个类别,$|C_i|$ 是第 i 个类别 C_i 的势,$C(x_j)$ 指包含元素 x_j 的类别,$C_{nc(i)}$ 是与类别 C_i 最为相似的类别[①],$nn_j(x_i)$ 是 x_i 的第 j 个最近邻点。

3.1 凝聚层次聚类(agglomerative hierarchical)

凝聚层次聚类的实现方法有很多种。为了确定不同对象间的差异,首先需要确定使用哪种距离度量,而通常选择欧几里得距离和曼哈顿距离。距离测量方法确定后,需要考虑使用哪种方法可以让其他类别不断加入。三种最为常用的方法是单连接、全连接和组群平均(Hastie 等,2001)。每一种方法都需要计算差异性度量(dissimilarity measure)。在每一次迭代中彼此间具有最小差异性度量的对象被加入同一类别。上述三种方法分别基于以下相应的不同的差异性度量。

单连接聚类:
$$dis_{SL}(C_a,C_b)=\min_{x_i\in C_a,x_j\in C_b}d(x_i,x_j)$$

全连接聚类:
$$dis_{CL}(C_a,C_b)=\max_{x_i\in C_a,x_j\in C_b}d(x_i,x_j)$$

组群平均聚类:
$$dis_{GA}(C_a,C_b)=\sum_{u:x_u\in C_i}\sum_{v:x_v\in C_j}\frac{d(x_u,x_v)}{|C_i||C_j|}$$

单连接往往会产生链式效益的趋势,这是因为在单连接算法中仅仅依靠两个相邻的对象加入类别。因此,在实际中采用单连接算法获得的类别往往不如其他算法获得的类别紧凑。全连接通过利用明显的相似性产生类别,尽管这些类别经常与近邻类别的对象很接近。组群平均则介于单连接与全连接两者之

①　由一些特定的标准来决定。

49

间。但是,组群平均的一个缺点是它的结果依赖于在 $d(\ )$ 尺度下的划分结果,这也导致其使用备受争议(Hastie 等,2001)。上述所有方法都可通过 hclust( ) 函数在 R 软件的基础组件中实现。

3.2　K 均值(K-means)

K-means 属于非层次聚类方法,旨在最小化类内平方和。正如通常的非层次聚类方法,在寻找合适的划分的计算上十分耗时,K-means 往往始于类别中心点最初的猜测(通常通过层次方法获得),然后通过迭代搜索寻求解。假设 μ_j 为第 j 个类别所对应的中心,$\|x_i-\mu_j\|$ 表示 x_i 和 μ_j 间的欧几里得距离,则目标为最小化 J_{Mean}:

$$J_{\text{Mean}} = \sum_{j=1}^{K} \sum_{x_i \in C_j} \|x_i-\mu_j\|$$

通过将样本配置到距离某中心点最近的类别来实现上述最小化的目标。配置完成后,重新计算新的中心点,整个过程迭代循环直至满足某些条件。K-means 可以通过 R 软件组件中的 kmeans( ) 函数实现。

3.3　划分层次聚类

相比于凝聚层次算法,划分层次算法的使用不太普遍。但是,划分算法的表现有其优势。例如,当期望获得相对较少的聚类数时,划分算法不失为理想的选择(Hastie 等,2001)。DIANA 和 SOTA(见如 Datta 和 Datta,2006)就是划分层次算法的代表。在划分层次算法中,类别划分时首先选择相对于各自类别中与其他成员具有最大差异性的对象。根据父类簇与新簇的相似性,将后续对象分配到新的簇中;当父类簇和新簇间平均差异性的差值变为负数时则迭代开始。DIANA 可以通过聚类包中的 diana( ) 函数完成;SOTA 可以通过 R 软件的 clValid 包中的 sota( ) 函数完成。

3.4　依据中心点的分割算法(partitioning around medoids,PAM)

K-medoids 同 K-means 一样是一种非层次方法。正如 K-means 一样,K-medoids 根据与每个簇相关的一组对象的相似性对簇进行划分。PAM 是一种常见的 K-medoids 算法,该算法不是使用中心点来衡量簇集中趋势,而是使用每个簇中最中心的对象(中位数),且采用一个任意距离度量。以 $\dot{x}_j$ 表示第 j 个簇中最中心的对象,同 K-means 算法一样,PAM 的目标设立为最小化 J_{Mean}:

$$J_{\text{Mean}} = \sum_{j=1}^{K} \sum_{x_i \in C_j} d(x_i, \dot{x}_j)$$

有许多基于 K-medoids 方法的高效聚类的算法。这些算法在处理大数据时,通过将数据集划分为众多小的数据集从而减少相关的计算负担。PAM 可以通过 clValid( )函数实现。

3.5 模糊分析

模糊分析(fuzzy analysis,FANNY),恰如其名,允许对象同时部分属于多个类别。在模糊分析中,每个对象分配一个向量,代表它在每个类别成员中的比例。如果 μ_{ik} 用于描述第 i 个对象在类别 k 中的成员比例,r 是一个与成员惩罚相关的可调指数,那么模糊分析的目标就是要最小化

$$\sum_{k=1}^{K} \frac{\sum_i \sum_j u_{ik}^r u_{jk}^r d(x_i,x_j)}{2\sum_l u_{lk}^r}$$

模糊分析可以通过聚类包中的 fanny( )函数完成。

图 4.2 提供了聚类描述的空间表示。利用标准化描述集的前两个主成分来描绘化合物,使用颜色来表征聚类成员。我们使用以下 R 语言命令来实现:

```
#Packages necessary to produce plots.
library(utils)
library(clValid)
library(graphics)
library(cluster)
#The dataframe<exdat>contains the elemental information
for the 30 compounds indicated in Table 4.1.
#The following defines a function<clusplots>which will
produce Figure 4.2.It takes two arguments.<exdat>->the
data frame of interest and<n>->the number of clusters to
produce for each method.
clusplots<-function(exdat,n){
  index<-1:nrow(exdat)
  par(mfrow=c(3,2))
  PCAexdat<-prcomp(exdat,scale.=F)
  fpc<-PCAexdat$x[,1]
  spc<-PCAexdat$x[,2]
#plots Hier with avg linkage
  hieravg3<-hclust(dist(exdat),method="average")
  ghieravg3<-cutree(hieravg3,k=3)
```

[64]

51

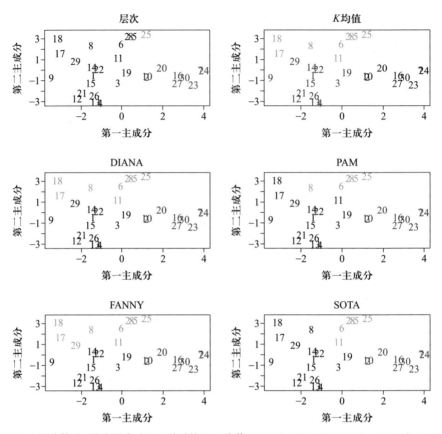

图 4.2 划分算法:凝聚层次法(组群平均)、K 均值、DIANA、PAM、FANNY($r=1.5$)和 SOTA;任何与 R 函数默认值不同的取值均在括号中给出

```
plot(fpc,spc,type="n",main="Hierachical",ylab=
expression(paste(2^nd," ","PC")),
      xlab=expression(paste(1^st," ","PC")))
text(fpc,spc,(index),col=(ghieravg3))
#plots kmeans
km3clus<-kmeans(exdat,n)
gkm3clus<-(km3clus)$cluster
plot(fpc,spc,type="n",main="K means",ylab=
expression(paste(2^nd," ","PC")),
      xlab=expression(paste(1^st," ","PC")))
text(fpc,spc,index,col=(gkm3clus))
#plots diana
di3clus<-diana(exdat)
```

```
gdi3clus<-cutree(di3clus,k=n)
plot(fpc,spc type="n",main="DIANA",ylab=expression
(paste(2^nd," ","PC")),
    xlab=expression(paste(1^st," ","PC")))
text(fpc,spc,(index),col=(gdi3clus))
#plots pam
  pa3clus<-pam(exdat,k=3)
  gpa3clus<-pa3clus$clustering
  plot(fpc,spc,type="n",main="PAM",ylab=expression
(paste(2^nd," ","PC")),
    xlab=expression(paste(1^st," ","PC")))
  text(fpc,spc,(index),col=(gpa3clus))
#plots fanny
  fa3clus<-fanny(exdat,k=n,maxit=1000,memb.exp=1.5)
  gfa3clus<-fa3clus$clustering
  plot(fpc,spc,type=" n ",main=" FANNY ",ylab=
expression(paste(2^nd," ","PC")),
    xlab=expression(paste(1^st," ","PC")))
  text(fpc,spc,(index),col=(gfa3clus))
#plots Sota
  sota3clus<-sota(scale(exdat),2)
  sota3clusts<-(sota3clus)$clust
  plot(fpc,spc,type="n",main="SOTA",ylab=expression
(paste(2^nd," ","PC")),
    xlab=expression(paste(1^st," ","PC")))
  text(fpc,spc,(index),col=(sota3clusts))
}
#A call to clusplots(),produces Figure 4.2.
clusplots(scale(exdat),3)
```

[66]

4. 聚类结果的验证

目前有几种流行的统计指标用来描述聚类分析的质量,称为验证度量。我们关心的是内部验证(internal validation)的度量。内部验证度量意在通过描述类别划分的紧密性、连通性和分离性来解释聚类的质量(Brock 等,2008)。由于紧密性与分离性呈反比关系,选择同时描述紧密性与分离性这两个指标的度量方法是非常有用的。邓恩指数(Dunn index)和轮廓宽度(silhouette width)就是两个这样的度量指标,描述如下。

4.1　邓恩指数

邓恩指数是类内最小距离与类内最大距离的比值,其定义为

$$D(\boldsymbol{C}) = \frac{\min\limits_{|x_i \in C_a, x_j \in C_b|\ \forall\ a \neq b} d(x_i, x_j)}{\max\limits_{x_u, x_v \in C_k; k; C_k \in C} d(x_u, x_v)}$$

取值介于 0 和无穷大之间,期望取较大的值。

4.2　轮廓宽度

轮廓宽度是通过平均计算每个对象的轮廓值来描述聚类划分质量的一种度量。一个对象的轮廓值是第 i 个对象到最相似类别中各元素的平均距离和其到所属类别内各元素的平均距离的差值与两个平均距离较大者的比值。对象 i 的轮廓值被定义为

[67]

$$S(x_i) = \frac{b_i - a_i}{\max(b_i, a_i)}, \quad a_i = \frac{\sum\limits_{x_j \in C(x_i)} d(x_i, x_j)}{|C(x_i)|}, \quad b_i = \frac{\sum\limits_{j \in C_{nc(i)}} d(x_i, x_j)}{|C_{nc(C(x_i))}|}$$

轮廓值介于-1 和 1,其值越接近 1,表明对象放在其所在的类别越有利;其值接近-1,表明对象放在所属类别里的置信度较低。故轮廓宽度定义为

$$SW = \frac{\sum\limits_{i=1}^{N} S(x_i)}{N}$$

它提供了一种表征划分质量的度量。值得注意的是,轮廓宽度也可以计算整个单个类别内的平均值,针对此类的研究应该也是有用的。

4.3　连通性

考虑每个对象的 K 的最近邻,连通性是另一种常见的内部验证度量。连通性定义为

$$Con(\boldsymbol{C}) = \sum_{i=1}^{N} \sum_{j=1}^{K} \frac{I_{[C(x_i) = C(nn_j(x_i))]}}{j}$$

取值介于 0 和无穷大之间,期望值越小越好。

之前描述的六个类别分析中验证度量可通过 clValid 包中的 clValid 函数来实现(Brock 等,2011)。结果总结如表 4.3 所示。下面是在 R 软件中获得这些结果的步骤:

```
#Two calls to clValid produce validation measures for
each method.
validateF < - clValid ( scale ( exdat ), 3, clMethods =
c("fanny"),
      memb.exp=1.5,maxit=1000,validation="internal",k=3)
validateE < - clValid ( scale ( exdat ), 3, clMethods =
c("hierarchical","kmeans","diana","pam","sota"),
      validation="internal",method="average")
#Produces summary tables for the six methods.
summary(validateE)$measures
summary(validateF)$measures
```

表 4.3　通过 clValid 包获得的部分验证度量值

方法	连通性	邓恩指数	轮廓宽度
层次	6. 109 1	0. 562 1	0. 267
K 均值	12. 937 3	0. 367	0. 323 5
DIANA	12. 937 3	0. 367	0. 323 5
PAM	12. 559 5	0. 368 2	0. 303 6
FANNY	15. 591 3	0. 367	0. 310 6
SOTA	11. 848 8	0. 364 3	0. 300 6

注:K 均值和 DIANA 算法获得同样的聚类划分。

　　基于内部验证度量,采用组群平均的凝聚层次聚类方法在连通性和邓恩指数表征方面获得了最理想的划分;而对于同样的数据,采用 K 均值则在轮廓宽度表征方面获得了最理想划分。 [68]

5. 聚类结果的排序融合

　　如前所述,不同的聚类算法的结果明显不同。之前所述的验证度量指标对聚类事后评价是有帮助的。然而,通常情况下,不同的聚类算法在不同的验证措施下表现不同,而且可能整体上很难达成共识。

　　Pihur 等(2007,2009)的排序融合算法,提供了一种通过组合各种不同排序列表以期获得一个整体排序的客观方法。本文中,排序列表对应于所有聚类算法在使用给定方法时的表现的排序。同时从所有成分列表中最小化特定距离(如斯皮尔曼简捷算法),这些列表融合产生整体排序。寻求这个融合列表等同于解决优化问题。

　　Pihur 等(2012)开发的 R 软件包 RankAggreg 是完成这项工作的一个便捷的工具。本章节描述了用我们的数据集采用这个工具获得的表4.3 的验证结果。

```
#Produces validation measures for the six methods for 3
clusters.
methods<-c("fanny","hierarchical","kmeans","diana",
"pam","sota")
NClust<-3
a<-matrix(rep(0,6*3),ncol=3);l<-1;
b<-matrix(rep(" ",6*2),ncol=2)
for(i in NClust){
  for(j in methods){
    if(j=="fanny")a[l,]<-t(as.matrix(clValid(scale
(exdat),(i),j,validation="internal",method="average",
memb.exp=1.5)@measures))else
      a[l,]<-t(as.matrix(clValid(scale(exdat),i,j,
validation="internal",method="average")@measures))
      b[l,1]<-j
      b[l,2]<-i
        l<-l+1
    }
}
results<-data.frame(paste(b[,1],b[,2]),a)
names(results)<-c("Par","Con","Dun","Sil")
#Loads the RankAggreg Package.
library(RankAggreg)
#Produces ordered lists.
L<-matrix(rep(0,6*3),nrow=3)
L[1,]<-rank(results[,2],ties.method="first")
L[2,]<-rank(-results[,3],ties.method="first")
L[3,]<-rank(-results[,4],ties.method="first")
RankList<-RankAggreg(L,6,distance=c("Spearman"),
seed=101)
#Returns the methods ordered by Rank Aggregation.
results[RankList$top.list,]
```

基于所述的三个验证方法,排序融合产生以下排序:K 均值、FANNY、DIANA、SOTA、层次聚类和 PAM。因此,可以看到,总体而言,对于这一数据集,K 均值是表现最好的聚类算法,其次是 FANNY,而 PAM 被判定为表现最差的算法。

6. 延伸阅读

我们可以在 Hartigan(1975)中找到很多包含理论的统计聚类分析内容。另外,更多关于聚类和其他数据挖掘技术(信息学)的资源可以在 Hastie 等(2001)和 Clarke 等(2009)的专著中发现。Venables 等(2012)提供了很好的 R 软件的介绍。寻找更多有关 R 软件(或相近的相关语言 S)的先进知识,则可以查阅 Venables 和 Ripley(2002)。其他关于聚类的验证包括外部知识的使用也都可在 Datta 和 Datta(2003,2006)的文章中找到。对聚类结果的排序融合技术感兴趣的读者可以查阅 Pihur 等(2007)。

[70]

致 谢

我们非常感谢 NSF 给予的支持(DMS-11-2599)。

参 考 文 献

Brock, G. , Pihur, V. , Datta, S. , Datta, S. , 2008. clValid, an R package for cluster validation. J. Stat. Softw. 25 ,4.

Brock, G. , Pihur, V. , Datta, S. , Datta, S. , 2011. clValid:Validation of clustering results. R package version 0. 6-4.

Clarke, B. , Fokoué, E. , Zhang, H. H. , 2009. Principles and Theory for Data Mining and Machine Learning. Springer, New York.

Datta, S. , Datta, S. , 2003. Comparisons and validation of statistical clustering techniques for microarray gene expression data. Bioinformatics 19 ,459-466.

Datta, S. , Datta, S. , 2006. Methods for evaluating clustering algorithms for gene expression data using a reference set of functional classes. BMC Bioinformatics 7 ,397.

Hastie, T. , Tibshirani, R. , Friedman, J. , 2001. Elements of Statistical Learning. Springer, New York.

Hartigan, J. A. , 1975. Clustering Algorithms. Wiley, New York.

Pearson, K. , 1901. On lines and planes of closest fit to systems of points in space. Philos. Mag. 2 ,559-572.

Pihur, V. , Datta, S. , Datta, S. , 2007. Weighted rank aggregation of cluster validation measures: a Monte Carlo cross−entropy approach. Bioinformatics 23, 1607−1615.

Pihur, V. , Datta, S. , Datta, S. , 2009. RankAggreg, an R package for weighted rank aggregation. BMC Bioinformatics 10, 62.

Pihur, V. , Datta, S. , Datta, S. , 2012. RankAggreg: weighted rank aggregation. R package version 0. 4−3.

R Development Core Team, 2011. R: a language and environment for statistical computing. R foundation for statistical computing, Vienna, Austria. ISBN 3−900051−07−0.

Suh, C. , Rajan, K. , 2004. Combinatorial design of semiconductor chemistry for band gap engineering: "Virtual" combinatorial experimentation. Appl. Surf. Sci. 223, 148−158.

Venables, W. N. , Ripley, B. D. , 2002. Modern Applied Statistics with S. Springer, New York.

Venables, W. N. , Smith, D. M. , R Core Team, 2012. An introduction to R. Notes on R: a programming environment for data analysis and graphics version 2. 15. 2.

第 5 章
进化数据驱动建模

Nirupam Chakraborti

Department of Metallurgical and Materials Engineering, Indian
Institute of Technology, Kharagpur, India

1. 序言

数据驱动建模的重要性在当前材料研究中无可比拟。数据来源可能会有所不同：可能是一些复杂的工程或科学实验的结果，或者是通过严格的模拟方法比如分子动力学（molecular dynamics, MD）、有限元法（finite element method, FEM）或计算流体动力学（computational fluid dynamics, CFD）等产生的数据。对于前者，建模的任务在于构建一个代表所研究系统的模型，后者通常需要构建一个简化的元模型，使处理模型生成数据时高效、计算量最小。然而，构建这种数据驱动模型的挑战是巨大的。首先，构建系统模型时，不直接参考该过程的物理机理，但又不允许违背相关机理。其次，在本质的科学原理尚且未知，抑或是太复杂或太琐碎而导致无法有效利用的情况下，该模型仍需非常严谨。对于特定过程至关重要的任何物理趋势都应在数据本身有所反映，而且模型应当能够捕捉到，并预测出正确的物理趋势。最后，特别是工业数据，经常伴有大量的随机和系统噪声，数据驱动模型需要有效地解决这个问题。系统噪声往往容易检测并滤除，而不同来源和各种不同原因的随机噪声则成为非常棘手的问题。在这种情况下，捕捉数据集中所有的表观趋势的行为将导致过拟合问题（Bhadeshia, 1999；Collet, 2007），即模型会从一个带有噪声的数据中获取真正的趋势，这样的模型会与训练数据紧密相关，但在同一系统的测试数据的处理上表现不佳。另一个极端情形是数据的欠拟合（Bhadeshia, 1999；Collet, 2007），模型没有任何噪声但无法获取物理趋势。一个模型的复杂性可以用其使用的参数的数量来表征。模型越复杂,过拟合可能性就越大,相反,欠拟合容易发生在低复杂性的模型中。因此,我们的任务是要提出既不欠拟合也不过拟合的合适的模型。在这一章中,两个基于遗传算法(Coello Coello 等,2010; Deb,2001)的范例,即进化神经网络(evolutionary neural network,EvoNN;Mondal 等,2011;Pettersson 等,2007,2009)和双目标遗传规划(bi‐objective genetic programming,BioGP;Giri 等,2013a,2013b),均为实现这些目标而定制。在材料领域的典型应用也将被重点介绍。近年来遗传算法(genetic algorithm,GA)和其他来自大自然灵感的方法(Chakraborti,2004),通过将问题视为仿生物学问题并进化为非生物系统的类生物的方法,在解决众多学科(Paszkowicz,2009)的科学和工程问题中取得了突破性进展。EvoNN 和 BioGP 都利用了这类方法的优势。这些算法与传统的人工神经网络(artificial neural network,ANN;Anderson,2001)和遗传规划(genetic programming,GP;Poli 等,2008)有显著差异,其差异和先进特性主要体现在通过多目标遗传算法来实现的帕累托最优概念中。这些将在下面的章节进行说明。

2. 帕累托权衡(Pareto tradeoff)概念

EvoNN 和 BioGP 均为实现两个相互矛盾目标之间的最佳权衡的方法。所谓两个相互矛盾的目标是指改进其中一个目标将损害另一个。在一个问题中存在如此矛盾的要求,没有一个目标会达到最优的个体状态。数学上,这构成了一个多目标问题,其中最优解不是唯一的,但是在相互冲突的目标之间,存在一组最可能的权衡决策实现最优,被称为帕累托最优法(Coello Coello 等,2010;Deb, 2001)。根据定义,没有可行的解决方案能够主导这个帕累托集,通常调用较弱的主导地位(Coello Coello 等,2010;Deb,2001)的解来实现。这里主导的解就所有的目标而言被作为一个可行解,至少是因为它与主导的解一样好或者严格地说更好。如果违反这条,这些解就被作为非主导型。

表达这种概念的更正式的方法如下。对于一个决策变量向量 $x=(x_1,x_2,\cdots, x_k)^T$,$x \in S$,$S$ 代表可行解空间,是决策变量向量空间 $\mathcal{R}^n$ 的子集。如果我们试图最小化目标函数相应的向量 $f(x)=(f_1(x),f_2(x),\cdots,f_k(x))^T$,其中 $k \geq 2$,而且各目标函数 $f_i:\mathcal{R}^n \to \mathcal{R}$,如果不存在其他决策向量 $x \in S$ 使得 $f_i(x) \leq f_i(\tilde{x})$ 对所有的 $i=1,\cdots,k$ 至少有一个对 $if_i(x) < f_i(\tilde{x})$ 成立的话,则决策向量 $\tilde{x} \in S$ 是帕累托最优。类似地,如果决策向量是帕累托最优,则该决策向量对应的目标向量 $\tilde{z} \in Z$ 是帕累托最优。遗传算法已经有效应用于计算帕累托最优(Coello Coello 等,

[73]

2010；Deb，2001）。

这一提法意味着可能有多个解满足帕累托最优条件，它们一起构成了帕累托最优集。这就形成了 EvoNN 和 BioGP 两算法的核心，接下来陈述具体细节内容。

3. 进化神经网络和帕累托权衡

进化神经网络（Mondal 等，2011；Pettersson 等，2007，2009）的目标是通过网络的训练误差与网络复杂性之间的帕累托权衡，进化其拓扑结构和架构，即，将网络的训练误差与网络复杂性同时最小化。在传统的前馈神经网络中，信息通过中间的隐藏层从输入层流向输出层。隐藏层中的节点从输入层接收信息，其中每个节点都赋予了单独的权重。信息通过预设的非线性函数聚合和处理，然后使用另一组权重将信息传递到输出层。信息处理过程中一般都添加偏差项。通过求解从训练数据集的输入到输出的误差最小化问题获得权重的优化值。已有的训练策略，如 BP 算法，能够快速有效地处理任务，而且遗传算法（Coello Coello 等，2010；Deb，2001）的利用也相当普遍。进化神经网络是基于多目标的遗传算法，有望超越遗传算法。 ［74］

图 5.1 所示的示意图中，训练使用了所有可能的连接节点。但在实际问题中，这样往往会导致严重的过拟合，即一个网络在训练数据中表现优良，而在测试数据中可能会惨遭失败。问题在于：先验知识难以估计出对表达系统重要的节点连接，并且给数据驱动模型分配合适的复杂性本身就很难。EvoNN 通过双目标帕累托权衡策略来解决上述问题。现对遗传算法基本步骤加以阐述。

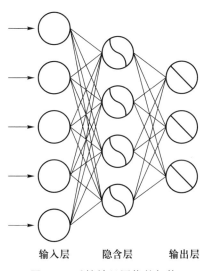

输入层　　　隐含层　　　输出层

图 5.1　反馈神经网络的架构

　　原则上,任何多目标优化程序都可以在 EvoNN 上使用,但是,该算法(Pettersson 等,2007)的第一篇论文依据的是改进的捕食者–猎物遗传算法(Li, 2003)及其实践应用(Bhattacharya 等,2009;Govindan 等,2010;Kumar 等,2012)。该算法将两个物种——捕食者和猎物,引入一个模拟森林的环形计算网格中。猎物模拟了问题的可能解决方案,如常规遗传算法的种群数量集,消灭其中弱者的责任实际上落在捕食者身上。消灭过程基于目标函数值和一定的狩猎规则,最佳的帕累托解为可击退几代捕食者攻击的一组猎物成员集。进一步的细节可在他处查阅(Mondal 等,2011;Pettersson 等,2007,2009)。

[75]

　　EvoNN 使用的双目标优化方案如图 5.2 所示,在训练误差和所述候选网络的复杂性之间计算出最佳权衡。一个简单的度量用于网络复杂性,可以用较低部分的权重总数来简单表达,这里不包括偏差。网络的拓扑结构/架构影响两个目标,而权重的数量和大小一起影响训练误差。捕食者–猎物遗传算法应用于随机生成的具有不同拓扑结构与架构的神经网络种群的下部配置。在每一代中,仅在网络的下半部分,种群成员经受一些定制交叉和突变的过程。交叉过程指调换参与运算的父类中的类似节点,如图 5.3 所示。

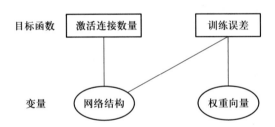

图 5.2　在进化神经网络训练过程使用的双目标优化示意

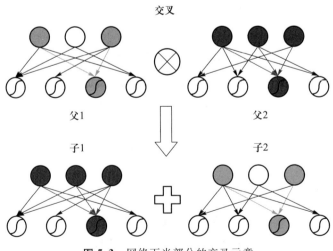

图 5.3　网络下半部分的交叉示意

当突变作用于权重时,连接输入节点 i 与隐含节点 j 的种群成员 m 的权重突变为

$$W_{ij}^{m\mu} = W_{ij}^m + \lambda \left(W_{ij}^k - W_{ij}^l \right)$$

这里突变后的权重 $W_{ij}^{m\mu}$ 是通过上标 μ 来表示的。上标 k 和 l 指的是从网络种群中随机挑选两个同时连接着输入节点 i 到隐含节点 j 的权重。用户定义的突变常量 λ 用于调节突变的强度。

突变公式第二项的目的是使其线性自调整。最初,随机创建一个具有大的多样性的种群,这项希望取值较大,有较大突变,从而为计算提供初期所需的大扰动系统。随着计算过程的收敛,随机挑选的权重的差异变小,导致变异变小。从理论上讲,在这种模式下,突变会完全停止在一个收敛种群。 [76]

在这种方法中,遗传算法仅在网络的下半部分应用。上半部分是解决线性问题的,对该问题的解决,进化方法可能没有明显优势。另外,来自网络下半部分的遗传进化输入,可以极大地提高在上半部分中使用的任意梯度求解器的性能。进化神经网络就利用了这点优势,也确保了其在数学意义上收敛。这里,网络上半部分的权重 v 可以通过线性最小二乘法进行测试。通过连接的第一层和 m 个隐含节点来传输 K 个输入向量后,隐含节点的输出 z 得以确定。这些输出存储在一个矩阵 Z 中,其中包括了第一列的输出向量(代表输出偏差)。上层权重通过求解线性问题确定(Mondal 等,2001):

$$\min_v \left\{ F = \| y - \hat{y} \|_2 \right\}$$

其中,$\| \quad \|_2$ 是欧式范数,而且

$$\hat{y} = \begin{bmatrix} \hat{y}_1 \\ \hat{y}_2 \\ \hat{y}_3 \\ \vdots \\ \hat{y}_K \end{bmatrix} = \begin{bmatrix} 1 & z_{1,1} & z_{1,2} & \cdots & z_{1,m} \\ 1 & z_{2,1} & z_{2,2} & \cdots & z_{2,m} \\ 1 & z_{3,1} & z_{3,2} & \cdots & z_{3,m} \\ \vdots & \vdots & \vdots & & \vdots \\ 1 & z_{K,1} & z_{K,2} & \cdots & z_{K,m} \end{bmatrix} \begin{bmatrix} v_0 \\ v_1 \\ v_2 \\ \vdots \\ v_m \end{bmatrix} = Zv$$

其解为 [77]

$$v = \left(Z^T Z \right)^{-1} Z^T y$$

可以通过使用正交三角分解的 Householder 变换来确定,相应内容可查阅其他文献(Golub,1965)。

同样值得高兴的是,EvoNN 不同于常规神经网络,不像反向传播策略那样调用单独的训练算法。EvoNN 通过将总数据集分割为若干个重叠的子集来整合训练和测试过程,如图 5.4 所示。对于每个分区子集单独训练网络,互相进行测试以确保该模型在数据的所有部分应用时均可取得较为满意的结果。

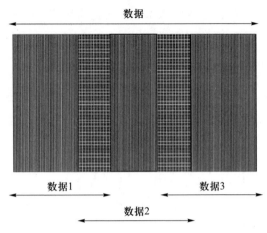

图 5.4 EvoNN 中的测试过程

4. 在 EvoNN 中选择合适的模型

[78]

图 5.5 展示了利用典型的 EvoNN 训练获得的炼铁高炉中 Si 含量的输出（Jha 等,2014）。图 5.5 中每个菱形符号表示一个不同的神经网络,有其自身结构和权重向量。如前面所讨论的,它们在一起构成了帕累托集合且各模型代表了其在复杂性和精度之间的最佳权衡。用户或决策者（decision maker,DM）可以选择这些模型中的任何一个,甚至可以提出选择模型的附加准则。在 EvoNN 使用中（Mondal 等,2011;Pettersson 等,2009）,一些数学上建立的信息准则用以模型选择。Akaike 信息准则（AIC;Hu,2007;Mondal 等,2011;Pettersson 等,2009）、

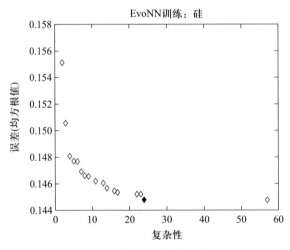

图 5.5 典型的 EvoNN 训练的结果。深色菱形表示通过 AICc 选择的网络

校正 Akaike 信息准则（AICc；Mondal 等，2011；Pettersson 等，2009）以及贝叶斯信息准则（BIC；Mondal 等，2011；Pettersson 等，2009）都被认为是合适的准则。

  对于如图 5.5 所示的帕累托集合的模型，上述每个准则都有助于确定在拟合适应度和参数数量间获得最佳权衡的模型。这些准则是以奖励拟合适应度，同时对增加复杂性进行惩罚的方式构建的。通常，我们选择信息准则取值较低的模型。

  AIC 和 BIC 的数学表达式简单地表示为

$$AIC = 2k + n\ln(RSS/n)$$
$$BIC = k\ln k + n\ln(RSS/n)$$

其中，k 表示模型中使用参数的个数，在使用神经网络的情况下，通过包括偏差项在内的网络的上半部分和下半部分的连接总数来确定；n 表示观测的数量；RSS 是模型考虑的残差平方和。 [79]

  BIC 通常更趋于惩罚参数数量，这样，相比于 BIC，AIC 常得到稍稍过参数化的模型。AICc 中考虑了这一问题，为此相关表达式变为

$$AICc = AIC + \frac{2k(k+1)}{n-k-1}$$

  利用 AICc 获得的网络预测结果与实验数据对比如图 5.6（Jha 等，2014）所示。这里应该注意的是，虽然 EvoNN 捕获了数据的主要特征，但作为一个智能算法，其倾向于省略掉大多数较大的波动，从而自然过滤掉数据集中的噪声。

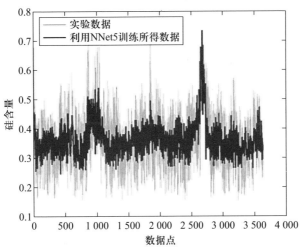

图 5.6 选自热态金属硅含量标准数据集的进化神经网络的表现

  接下来讨论传统遗传规划以及 BioGP 技术与其不同的地方。此外，介绍 BioGP 代码的一些特征。

[80]

5. 传统遗传规划

　　使用神经网络的缺点之一是无法构造一个描述自己研究系统的数学函数。这一点 EvoNN 也不例外。神经网络等同于一些明确的数学函数,但其形式和可被允许的数学运算实际上是非常严格、有限的,且需要预先确定。作为一种可供选择的进化方法,遗传规划(GP;Poli 等,2008)在构建数据驱动模型上,对神经网络构成了有力的竞争。不像神经网络,GP 不需要权重、偏差和传递函数的任何预定义的配置,且可以演变任何数学函数形式去表示正在建模的系统,当需要时也可以使用逻辑条件。GP 使用用户提供的函数集和终端集,构造连接输出和输入间的数学函数。二叉树编码仍能正常使用,将函数集的组元放在节点,而终端集的组元构成树叶。功能集提供了相关的数学运算,如加法和平方根运算,而终端集则由变量和常量组成。因此,GP 无需使用在神经网络结构中必需的相当严格的数学构造。虽然GP 中常用的二叉树编码或真实参数编码替代了树编码,但 GP 的许多方面仍类似于标准遗传算法。因此,GP 处理的是作为个体的数学函数的种群,经编码成为树。交叉发生在一对随机选择的父树之间,结果导致子树突变。树的种群的初始化方式也很重要,其过程完全不同于经典遗传算法。通常情况下,给每一个树设定一个最大深度。在完全(full)策略中,从用户定义的函数集中选择节点,直到使树达到其最大深度,随后添加终端节点。此外,也可以使用增长(grow)流程,其中同时选择函数集和终端集的节点,直到树达到最大深度,然后只在终端集中选择节点。将上述两个流程混合在一起的混合法(ramped half and half procedure),目前已经成为遗传算法中普遍使用的、在初始种群产生最大多样性的方法。这里,树的深度在2 到预先设定的最大值的区间内变化,并且同时使用完全和增长流程可以创建相

[81]　同数量的树。更进一步的细节查阅他处(Collet,2007)。

　　图 5.7 展示了通过 GP 演变得到的一个简单的数学函数 $f(x_1, x_2) = (x_2+1)/x_1$。该函数只需要使用函数集中的加法和除法。值得注意的是,在终端集中没有定

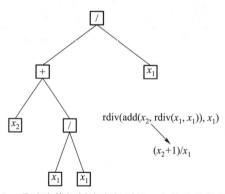

图 5.7　通过遗传规划演变得到的一个简单的数学函数

义常数,这里的常数值就演变为 $x_1 \div x_1$。

6. 双目标遗传规划

在对包含 n 个观测值的数据集进行建模时,如果第 i 个树的输出对应于函数 $f_i(X)$ 并用 Φ_i 的已知输出进行测试,那么在 GP 中的拟合程度则可通过均方差(mean square error,MSE)或均方根误差(root MSE,RMSE)进行评价,如

$$\mathrm{MSE} = \sqrt{\frac{1}{n} \sum_{i=1}^{n} (f_i(X) - \Phi_i)^2}$$

$$\mathrm{RMSE} = \sqrt{\frac{1}{n} \sum_{i=1}^{n} \left(\frac{f_i(X) - \Phi_i}{\Phi_i}\right)^2}$$

传统 GP 算法往往会通过使用标准的遗传操作如交叉、变异和选择以降低种群成员的 MSE 或 RMSE 值,后续将进一步详细说明。这样做的目的是最终产生具有最小误差的树。但是,拥有最小误差的树实际上可能导致过拟合。另外,具有较大误差的树很容易欠拟合(Collet,2007)。过拟合的树会将系统的随机噪声也考虑在内,在任何测试数据中都无法高效使用,而欠拟合的树无法捕获到系统的主要趋势,不适合做任何有意义的应用。

双目标遗传规划(BioGP)技术(Giri 等,2013a,2013b),能够解决欠拟合和过拟合的问题,其途径是在复杂性 ζ 与 GP 树的预测精度 ξ 两者上做权衡。目前该方法已成功应用于一些复杂的工业问题(Giri 等,2013a,2013b)。在 BioGP 应用中有一个细节问题,即双向准则优化问题,同在 EvoNN 中的处理方法一样,我们采用捕食者-猎物遗传算法(Li,2003)来解决这一问题,尽管原则上讲,其他任何的多目标遗传算法也均可以使用。为解决 BioGP 中的进化问题而提炼出的双目标优化问题可以描述为

$$\mathrm{minimize}\{\zeta(x_{\mathrm{GP}}), \xi(x_{\mathrm{GP}})\}, x_{\mathrm{GP}} \in X_{\mathrm{GP}}$$

其中,x_{GP} 表示 X_{GP} 不同可能的解中一个可行的 GP 树结构的实例。对于此问题,可以找到一组帕累托最优解,其中每个目标的改善都以削弱其他目标为代价。这些解可以表示为 ζ-ξ 空间中的权衡曲线,其中各成员形成一个独特的树。单独来看,权衡曲线上的任何树针对当前问题均提供了不同的优化模型,但是一个特定的树的选择,需要一些额外信息。通过应用进化方法,可以得到一个代表不同权衡的解的集合。

在 BioGP 中,线性节点作为根节点从中向外延伸的父节点(图 5.4①)。根节点的最大数量由用户在初始化时定义。每一个根代表一个树,对应着一个非线

[82]

---

① 原书似有误,应为图 5.8。——译者注

性函数。根节点将其输出传送到线性节点,线性节点对来自不同根节点的输出结果做加权和。线性节点还利用一个偏置值,偏置值通常用于神经网络,但在遗传算法中并不常用。在 BioGP 中,偏置值的使用使由下面的根节点提供的信息更加有效地聚集,并显著改善算法的性能。使用线性最小二乘法计算可以得到权重和偏置值。前期对 BioGP 的研究中(Giri 等,2013b)也曾使用类似的策略,但由于没有利用偏置项,算法的灵活性较差。

[83]

可以将模型描述为

$$y = F(x)\omega + e$$

其中

$$F(x) = \begin{bmatrix} I & f_1(x) & f_2(x) & \cdots & f_p(x) \end{bmatrix}$$

其中,p 是根节点的数量;$I \in R^n$,其中 $I = (1,\cdots,1)^T$,包含了偏置项;另外,$x = (x_1,\cdots,x_n)^T$ 代表输入向量,$y = (y_1, y_2, \cdots, y_n)^T$ 代表期望的输出向量,n 是观测值的个数。在模型中,$\omega = (\theta, \omega_1, \omega_2, \cdots, \omega_n)^T$ 是模型参数向量,θ 是到线性节点的偏置,e 是由每个观测的误差所形成的误差向量。则 ω 可以计算为

$$\omega = (F^T F)^{-1} F^T y$$

此外,F 可以正交分解为 $F = QR$,其中 Q 是一个 $n \times (p+1)$ 的矩阵,拥有正交的列向量,而 R 是一个 $(p+1) \times (p+1)$ 的上三角矩阵。

那么则有 $Q^T Q = D$,其中 D 是对角矩阵。

辅助参数 s 可以计算为

$$s = D^{-1} Q^T y$$

对于第 $(i-1)$ 个根节点 $(2 \le i \le p+1)$,误差缩小比 $[err]_i$ 可以计算为 $[err]_i = \frac{s_i^2 q_i^T q_i}{y^T y}$,其中 $s_i \equiv s$ 的第 i 个成员,$q_i \equiv Q$ 的第 i 个列向量。

误差缩小比提供了一种评价单一节点对模型性能的贡献的简单量化方法。

对于第 $(i-1)$ 个根节点,如果 $[err]_i$ 比用户定义的 $[err]_{lim}$ 小,那么该根节点被终止,倘若此时根节点的数量小于用户允许的最大值,则在线性节点(即父节点)下会生成一个新的根节点。

[84]

图 5.8 所示为一个典型 GP 树。

对于 GP 树的种群,ξ 和 ζ 均对模型的参数化有贡献,由 MSE 表达式可以很容易地确定出 ξ,ζ 则为 GP 树的最大深度 (δ_{GP}) 与相应函数节点的总数 (ϑ_{GP}) 的加权和。对于树的任何实例,代表模型复杂性的目标函数可以表示如下

$$\zeta(x_{GP}) = \lambda \delta_{GP} + (1-\lambda) \vartheta_{GP}$$

其中,λ 是一个标量,可以设 0.5 为其第一近似值,如果需要,随后通过系统的试错过程进行调整。

- BioGP 代码

本小节主要研究使用 MATLAB™ 代码执行前面章节阐述的基本概念。波兰

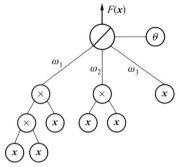

$$F(x)=\omega_1 x^3+\omega_2 x^2+\omega_3 x+\theta$$

图 5.8 在 BioGp 中使用的典型 GP 树

表示法(Poli 等,2008)用于指定树。首先,仅有 ξ 优化达到预设的误差水平,其后开始使用捕食者-猎物遗传算法(Li,2003)进行双目标优化。上述代码使用了很多 GP 的典型特征,如表 5.1 所示。进一步阐述可以在其他地方(Giri 等,2013a,2013b)查找。

表 5.1 BioGP 中使用的 GP 特征

特征	描述
自定义函数	自定义函数(automatically defined function, ADF)被认为是使遗传规划有效使用的一个重要组成部分。可以有效地作为一个子程序单独生成子树,而且有需要时由主树使用。ADF 可重复使用,主树中没有 ADF 的特定区域,需要从头重复计算,使得该算法计算低效。ADF 特征在 BioGP 中广泛使用
终端集	终端集从数据文件中获取输入变量。它可以接收任何临时随机浮点常量,正如在 GP 中的用法(Collet,2007)。在 BioGP 中含有 0 参数的任何 ADF 自动成为终端集的成员
函数集	在目前实施的遗传规划中,所有函数被定义为 ADF;因此,可以使用任何参数的函数
适应度计算	这些树从下到上解码和从左到右用于适应性评定,并通过相应的 MSE 值来确定适应性。包含有零输出的子树的树被滤除
选择操作	对于相关过程的单一标准段,采用竞技赛方式的选择操作(Deb,2001)。GP 通常比相应的遗传和进化算法需要更大的竞技数量。在目前情况下,五个竞技数量相当奏效。对于算法的双标准部分,未来一代的成员则通过捕食者-猎物遗传算法处理(Li,2003),它使用了被支配和排序的特征
交叉	在标准的 GP 算法中,代码可选择标准和 heightfair 交叉。在前者中,两个子树在参与的上层父母之间被随机互换。而后一种情况,交换发生在选定的深度

续表

特征	描述
突变	不同类型的突变,即标准的、小型的和单亲交换,被使用在 BioGP 中。在标准突变中,子树被删除然后随机增长。小型突变则指终端集被另一个代替。在终端集的数值通常是稍微改变或操作符由相同参数的另一个代替(例如,"＊"被"／"代替)。单亲交换则交换属于同一棵树中两个子树

[86]　　　　图 5.9 所示为一个化学工程问题(Giri 等,2013a)中的 BioGP 和 EvoNN 的误差与复杂性之间的权衡曲线,其中圆圈表示最优 BioGP 模型,而菱形表示最优 EvoNN 模型。换言之,在一个特定的误差和复杂性级别,即当 BioGP 和 EvoNN 的复杂性的测量不同时,圆圈表示一个优化的树,而菱形则是一种不同的神经网络。在这个特定的例子中,与 EvoNN 相比,BioGP 能够提供更多的优化模型和更低的误差水平。

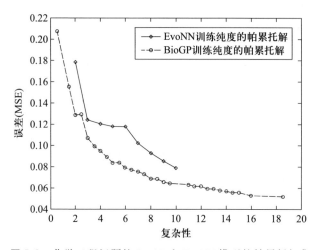

图 5.9　化学工程问题的 BioGP 和 EvoNN 模型的帕累托解集

7. EvoNN 和 BioGP 中的变量响应分析

在无论是通过 EvoNN 还是 BioGP 选定的模型中,输入变量会以一个相当复杂的方式影响输出变量。将一个特定变量的单独影响剥离出来,在数学上是相当复杂的。然而,用户经常提出信息上的需求以便有效利用模型,及满足上述需[87]　要,为此,在 EvoNN 和 BioGP 模块中都可添加一个简单而直观的后处理分析程序(Helle 等,2006)。基本的策略讨论如下。

为了分析单一变量的响应,在该后处理程序中,候选变量以一个系统的方式变化,保持其余每个输入变量在相应的数据驱动模型中恒定在一个基本水平上。对模型中的所有变量,依次重复上述过程。换句话说,任一时刻只有一个变量,以一种预定的方式如突然或逐渐地增加或减少,在基准水平上任意上下扰动,保持在基准水平的上方或下方等。相应的输出则由模型来确定。如果任何输出变量的变化方式均能准确跟踪输入变量提供的扰动特性,那么输入和输出变量被假定是正相关的;同样地,如果增加输入变量导致输出信号的降低,反之亦然,它们被认为是负相关的。这种分析模式经常得到混合特质的响应,其中响应的一部分是正相关的,另一部分则相反。另外,对于某些情况,检测结果可能是无相关响应的,此时,可能是这种简单流程无法检测到任何相关,或者可能就不存在相关。

上述过程的示意如图 5.10 所示。虚线表示一个特定变量的预定的扰动,实线表示相应的输出变量的响应。在图 5.10(a)中,输出响应的特性与输入扰动非常相似,表明是一个正相关关系。在图 5.10(b)中,趋势是相反的,表示是负相关关系。在图 5.10(c)中,则得不到任何响应关系。

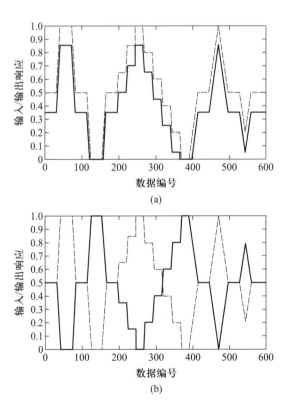

(a)

(b)

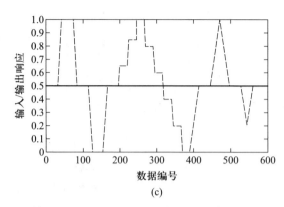

(c)

图 5.10　输入变量的响应：(a)正响应；(b)相反响应；(c)无响应

8. 在材料领域的应用

基于双目标遗传算法的建模策略,正如这里所讨论的那样,已经在材料领域中许多关于噪声数据处理的问题中得到了有效的测试(Bhattacharya 等,2009；Kumar 等,2012)。Fe-Zn 体系的系列分析作为一个典型案例,在本节中详细阐述。

国际上,在钢的表面镀 Zn 保护层,是钢铁厂的一种普遍做法,热浸镀锌处理等技术(Asgari 等,2009；Bicao 等,2008)已被广泛应用。然而,镀 Zn 层的组织不均匀,镀层是由 Fe-Zn 系中的各种金属间化合物构成的层状结构(Raghavan,2003),如图 5.11 所示。在实际应用中,钢常常承受剪切力,由于各相的晶体结构和硬度值差异非常大,各相之间的界面上剪切阻力变化很大,因此,确定能够承受最大剪切力的界面以及在失效前实际能吸收多少能量,是至关重要的。

[88]

[89]

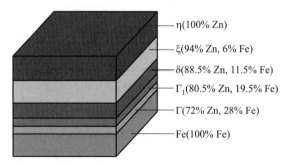

图 5.11　带有镀 Zn 层的钢中存在的相的示意图

在真实情况下位错的存在进一步增加了复杂性,这也需要解决。

有研究(Bhattacharya 等,2009；Rajak 等,2011,2012)从考虑双目标优化的视

角,提出上述问题的解决思路。研究两个相互矛盾的需求:剪切失效的能量吸收最大,但变形量最小。由于这两个需求是相互冲突的,需要以帕累托方法获得两者之间的最佳权衡。该研究的驱动力在于,在分子尺度上,采用分子动力学(MD;Rapaport,1995),设计一个 Zn 包覆 Fe 的结构,在失效时,能量吸收(ΔE)达到最大量后,剪切形变(γ)达到最小量。因此,优化的任务即为

$$\left. \begin{array}{l} \text{maximize} \Delta E_f \\ \text{minimize} \gamma_f \end{array} \right\}$$

其中,下标 f 表示预设定的失效点,方便起见取为 Zn–Zn 晶格间距以外的相对的层间位移。进一步的相关细节可在他处(Bhattacharya 等,2009;Rajak 等,2011,2012)查找。为了进行优化,首先基于 LAMMPS 软件,对 Fe–Zn 合金的多晶和单晶的剪切变形进行 MD 模拟。$\Gamma-\Gamma_1$ 系统中一个典型的结果如图 5.12 所示。这里,下部分为 Γ,其中两个最低原子层在各个方向保持固定。上部分为 Γ_1,其中最上面的两个原子层设置为在 x_1 方向匀速运动,模拟剪切载荷。 [90]

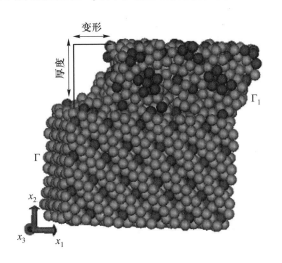

图 5.12 MD 模拟和失效时应变测量的结果

该方案主要考虑了采用周期性边界条件的 x_3 方向处于平面应变状态。如之前尝试,位错是剪切之前通过单轴拉伸变形产生的(Yamakov 等,2001)。对于每一个界面,通过改变温度、剪切速率和上层的厚度进行 MD 模拟,通过测定预设的失效点的平衡配置来获得应变能 ΔE,相应的应变 γ 值也确定下来。为实现多目标优化任务,利用 MD 进行 ΔE 和 γ 的重复计算大大增加了计算负担。为了解决这个问题,通过使用一系列 MD 模拟的输出,采用 EvoNN 方法进行了元模型的练习,元模型在随后的优化任务中得以应用。在本研究中有三个输入参数是变化的:顶层的运动速度、界面之上的层的厚度以及模拟温度,如图 5.13 所示。

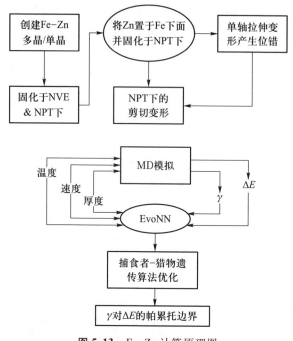

图 5.13　Fe-Zn 计算原理图

双目标优化的目的是在 Fe-Zn 系统生成一个界面,在最大化地吸收能量达到平衡后,该界面在最小量的变形下即会发生失效。为了更好地深入理解,即应该在两个相互矛盾的标准之间寻找达到最佳权衡的界面。同样重要的是,需要确定在这些目标方面具有最差性能的界面。为了提取这些信息,对所有界面的帕累托解进行合并,并用标准程序进行再次排列(Fonseca,1995)。这背后隐含的排列目的很简单。对各个界面计算的帕累托解进行自我检查,并用于在失效点的 ΔE 和 γ 之间计算总的平衡。在这种情况下,具有更多的排序为 1(即,就两个标准之间的折中而言解决方案最好的解)的解决方案的界面更稳定。相反地,在这种情况下,任何不是排序为 1 的解决方案中获得的界面性能较弱。这一分析的研究结果如图 5.14 中的排序 1~6 所示,其中提供了一些有趣的启示。显然,所有属于 ζ-η 界面帕累托解决方案中综合排序 1 的结果如图 5.10[①] 所示;在另一方面,没有得到 Fe-Γ 的帕累托解。基于这些结果,我们可以得出这样的结论,考虑的两个目标之间的最佳权衡由 ζ-η 界面提供,而 Fe-Γ 是性能最差的界面。此外,δ-ζ 界面在稳定性方面确实相当好,如排序 1 所示,并显著超出排序 2 的结果。与图 5.11 关联观察,可以了解到,面临当前环境,与相邻的 ζ

[91]

[92]

---

① 原书似有误,应为图 5.14。——译者注

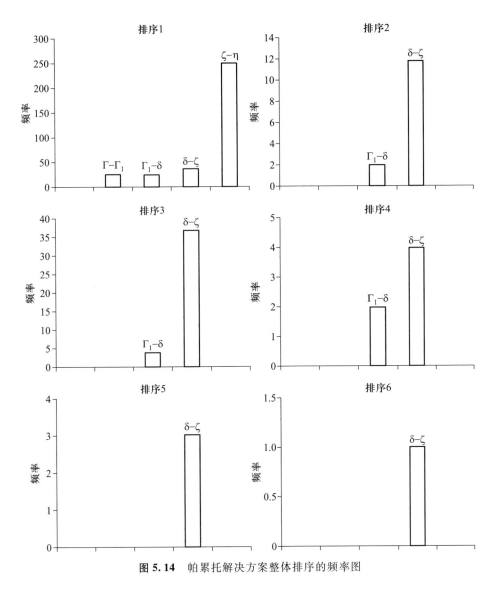

图 5.14 帕累托解决方案整体排序的频率图

相比较,η相具有极佳的稳定性。在实际应用中,这种相主要用于在环境恶化中保护涂锌钢。下一个界面(δ-ζ)十分良好的稳定性进一步增加其抗腐蚀性。对这个系统,刚度随着相变化;因此,任何作用在顶层中的高剪切力可能不会在内部达到同一水平。最小稳定的界面 Fe-Γ,在涂层内是良好的,因而通常能够免于高剪切的直接作用。长期暴露于环境后,上层可能最终失效,使 Γ 相暴露于大的剪应变,致使弱的 Fe-Γ 界面易失效。实验工作清楚地表明,锌涂层钢板的失效发生在 Γ 相层/底层界面。ζ 相的高延展性导致高能量吸收,这可以在使用中防止涂层失效。模拟计算结果也得出同样的结论;因此,在解决现实生活中的材

[93]

料相关问题中,数据驱动的进化优化方法的针对性显然得到证明。

9. 展望

材料领域的问题通常需要噪声数据的处理。本章介绍了基于遗传和进化算法的元模型,并对两种方法进行了详细讨论。两者本质相通,适用于材料涉及的大量问题。除了在正文中已经引用的参考文献,读者还可在许多综述性文章中发现关于自然灵感和进化计算的背景资料(Coello Coello 和 Landa Becerra,2009;Hartke,2011;Johnston,2003;Oduguwa 等,2005)。对于遗传规划的背景资料也可以参考 Koza(1992)的经典文本。

参 考 文 献

Anderson,J. A. ,2001. An Introduction to Neural Networks. Prentice-Hall,New Delhi.

Asgari,H. ,Toroghinejad,M. R. ,Golozar,M. A. ,2009. Effect of coating thickness on modifying the texture and corrosion performance of hot-dip galvanized coatings. Curr. Appl. Phys. 9, 59-66.

Bhadeshia,H. K. D. H. ,1999. Neural networks in materials science. ISIJ Int. 39,966-979.

Bhattacharya, B. , Kumar, G. R. D. , Agarwal, A. , Erkoç, S. , Singh, A. , Chakraborti, N. , 2009. Analyzing Fe-Zn system using molecular dynamics,evolutionary neural nets and multi-objective genetic algorithms. Comp. Mater. Sci. 46,821-827.

[94-96] Bicao,P. ,Jianhua,W. ,Xuping,S. ,Zhi,L. ,Fucheng,Y. ,2008. Effectsof zinc bath temperature on the coatings of hot-dip galvanizing. Surf. Coat. Technol. 202,1785-1788.

Chakraborti,N. ,2004. Genetic algorithms in materials design and processing. Int. Mater. Rev. 49,246-260.

Coello Coello, C. A. , Landa Becerra, R. , 2009. Evolutionary multiobjective optimization in materials science and engineering. Mater. Manuf. Process. 24,119-129.

Coello Coello,C. A. ,Lamont,G. B. ,van Veldhuizen,D. A. ,2010. Evolutionary Algorithms for Solving Multi-Objective Problems,second ed. Springer,New Delhi.

Collet,P. ,2007. Genetic programming. In:Rennard,J. -P. (Ed.), Handbook of Research on Nature Inspired Computing for Economics and Management, vol. 1. Idea,Hershey,PA,pp. 59-73.

Deb, K. , 2001. Multi - Objective Optimization by Evolutionary Algorithms. John Wiley, Chichester.

Fonseca, C. M. , 1995. Multiobjective Genetic Algorithms with Applications to Control Engineering Problems. Ph. D. thesis, Department of Automatic Control and Systems Engineering,University of Sheffield,Sheffield,UK.

Giri, B. K., Hakanen, J., Miettinen, K., Chakraborti, N., 2013a. Genetic programming through bi-objective genetic algorithms with study of a simulated moving bed process involving multiple objectives. Appl. Soft. Comput. 13(2013), 2613-2623.

Giri, B. K., Pettersson, F., Saxén, H., Chakraborti, N., 2013b. Genetic programming evolved through bi-objective genetic algorithms for an iron blast furnace. Mater. Manuf. Process. 28, 776-782.

Golub, G., 1965. Numerical methods for solving linear least squares problems. Numer. Math. 7, 206-216.

Govindan, D., Chakraborty, S., Chakraborti, N., 2010. Analyzing the fluid flow in continuous casting through evolutionary neural nets and multi-objective genetic algorithms. Steel Res. Int. 81, 197-203.

Hartke, B., 2011. Global optimization. Wiley interdisciplinary reviews. Comput. Mol. Sci. 1, 879-887.

Helle, M., Pettersson, F., Chakraborti, N., Saxén, H., 2006. Modeling noisy blast furnace data using genetic algorithms and neural networks. Steel Res. Int. 77, 75-81.

Hu, S., 2007. Akaike Information Criterion.

Jha, R., Sen, P. K., Chakraborti, N., 2014. Multi-objective genetic algorithms and genetic programming models for minimizing input carbon rates in a blast furnace compared with a conventional analytic approach. Steel. Res. Int. 85(2), 219-232.

Johnston, R. L., 2003. Evolving better nanoparticles: genetic algorithms for optimizing cluster geometries. Dalton Trans. 22, 4193-4207.

Koza, J. R., 1992. On the Programming of Computers by Means of Natural Selection. MIT Press, Cambridge, MA.

Kumar, A., Chakrabarti, D., Chakraborti, N., 2012. Data-driven Pareto optimization for microalloyed steels using genetic algorithms. Steel Res. Int. 83, 169-174.

Li, X., 2003. A real-coded predator-prey genetic algorithm for multiobjective optimization. In: Fonseca, C. M., Fleming, P. J., Zitzler, E., Deb, K., Thiele, L. (Eds.), Proceedings of the Second International Conference on Evolutionary Multi-Criterion Optimization, Lect. Notes Comput. Sci. LNCS 2632, pp. 207-221.

Marder, A. R., 2000. The metallurgy of zinc-coated steel. Prog. Mater. Sci. 45, 191-271.

Mondal, D. N., Sarangi, K., Pettersson, F., Sen, P. K., Saxén, H., Chakraborti, N., 2011. Cu-Zn separation by supported liquid membrane analyzed through multi-objective genetic algorithms. Hydrometallurgy 107, 112-123.

Oduguwa, V., Tiwari, A., Roy, R., 2005. Evolutionary computing in manufacturing industry: an overview of recent applications. Appl. Soft. Comput. 5, 281-299.

Paszkowicz, W., 2009. Genetic algorithms, a nature-inspired tool: survey of applications in materials science and related fields. Mater. Manuf. Process. 24, 174-197.

Pettersson, F., Chakraborti, N., Saxén, H., 2007. A genetic algorithms based multiobjective neural net applied to noisy blast furnace data. Appl. Soft. Comput. 7,387–397.

Pettersson,F. ,Biswas,A. ,Sen,P. K. ,Saxén,H. ,Chakraborti,N. ,2009. Analyzing leaching data for low–grade manganese ore using neural nets and multiobjective genetic algorithms. Mater. Manuf. Process. 24,320–330.

Poli,W. ,Langdon, B. ,McPhee,N. F. ,2008. A Field Guide to Genetic Programming. Lulu. com.

Raghavan,V. ,2003. Fe–Zn(iron–zinc). J. Phase Equilib. 24,544–545.

Rajak,P. ,Tewary,U. ,Das,S. ,Bhattacharya,B. ,Chakraborti,N. ,2011. Phases in Zn–coated Fe analyzed through an evolutionary meta–model and multi–objective genetic algorithms. Comp. Mater. Sci. 50,2502–2516.

Rajak,P. ,Ghosh,S. ,Bhattacharya,B. ,Chakraborti,N. ,2012. Pareto–optimal analysis of Zn–coated Fe in the presence of dislocations using genetic algorithms. Comp. Mater. Sci. 62, 266–271.

Rapaport,D. C. ,1995. The Art of Molecular Dynamics Simulations. Cambridge University Press, Cambridge.

Yamakov,V. ,Wolf,D. ,Salazar,M. ,Phillpot,S. R. ,Gleiter,H. ,2001. Length–scale effects in the nucleation of extended dislocations in nanocrystalline Al by molecular–dynamics simulation. Acta Mater. 49,2713–2722.

第6章
材料科学中的数据降维

S. Samudrala [*] ,K. Rajan [†] ,B. Ganapathysubramanian [*]

[*] Department of Mechanical Engineering

[†] Department of Materials Science and Engineering, Iowa State University, Ames, IA, USA

1. 介绍

众所周知,采用数据驱动的方法来探寻和建立结构-工艺-性能关系已经是加速材料设计和研发的手段。在数据挖掘技术产生之前,科学家使用不同的经验和图表技术(Rabe 等,1992),如 pettifor maps(Morgan 等,2003),或者有限元方法(van Rietbergen 等,1995;Langer 等,2001;Yue 等,2003;Chawla 等,2004;Liu 等,2004)来建立结构和力学性能的关系。Pettifor maps 作为最早的图形表示技术之一,非常有效,但需要对材料有十分深入的理解和认知。近年来随着计算能力的提高,更加复杂的图表——虚拟审讯技术(virtual interrogation techniques)应运而生,涉及从第一性原理到多尺度模型。这些复杂的多重物理量、统计技术和模拟促进了工具集的集成,可预测化学成分、微观结构和力学性能之间的关系(Chawla 等,2004;Langer 等,2001;Liu 等,2004;van Rietbergen 等,1995;McVeigh 和 Liu,2008;Zabaras 等,2006),并产生呈指数级增长的数据量。与此同时,实验方法,包括组合材料合成(Meredith 等,2000;Takeuchi 等,2005)、高通量实验、原子探针等,可以合成和筛选大量材料并同时产生海量的多元数据。一个重要挑战就是如何有效利用数据来获取结构、工艺与性能间的关系。数据的激增推动了数据挖掘技术在材料科学中发现、设计和制备材料和结构。在这个过程中一个十分关键的环节是降低数据维度的大小,并且要保证信息损失最小。这一过程称为数据降维,给出定义如下:数据降维(dimensionality reduction, DR)是降低给定数据点(通常是无序的)集合的维度,并抽取带有期望性能(如距离、拓扑结构等)最低维嵌入的过程(或者参数空间)。降维方法主要有主成分分析(PCA;Lumley,1967)、等距映射(Isomap;Tenenbaum 等,2000),以及 Hessian 局部线性嵌入(hLLE;Donoho 和 Grimes,2003)等。运用数据降维方法能够有利于高维数据可视化,同时可以评估不损失信息量的最优维度数目。

　　数据降维不是一个新概念。Page(2006)描述了不同的数据降维技术,以及它们在建立结构–性质关系上的应用。主成分分析(PCA;Rajan 等,2009)的统计方法和因子分析(FA;Brasca 等,2007)已在通过第一性原理和实验方法得到的材料数据上成功应用。然而,像 PCA 和 FA 这样的降维技术习惯上假设这些变量间是线性关系。通常这并不是严格有效的,数据常常依赖于一个非线性拓扑结构。非线性降维(nonlinear dimensionality reduction,NLDR)技术可用于从无序数据中解决非线性结构问题。一个实际的应用是,构建一个特征变量的低维随机表示,详见 Ganapathysubramanian 和 Zabaras(2008)的文章。另一个数据降维的应用是结合量子力学计算来预测结构(Curtarolo 等,2003;Fischer 等,2006;Morgan 等,2005)。要了解更多的关于线性和非线性的降维技术,可参考 Lee 和 Verleysen(2008)及 van der Maaten 等(2009)的研究。

　　本章解释了不同的线性和非线性降维方法背后的原理和数学方法,并讨论了不同算法的优缺点,也讨论和解决了不同输入参数的维度优化和模型简化过程的问题,例如,什么是数据依赖的拓扑流形维度优化,如何通过陡坡图反应最优维度。非线性降维的数据实现被封装在降维的可扩展工具包(SETDiR)中,它可以:① 提供用户友好的界面,将用户从错综复杂的数学模型中解放出来;② 提供简单的数据后处理;③ 用可视化的方式表示数据,并允许将输出存储为 JPG 格式,这样使得数据更有吸引力,并能够提供数据的直观理解。下面我们通过两个样例数据集进行理解。第一个是磷灰石数据集(Elliott,1994;Mercier 等,2005;Pramana 等,2008;White 和 Dong,2003;White 等,2005),通过几个结构化的描述符来描述。磷灰石($A_4^I A_6^{II}(BO_4)_6 X_2$)的结构中可以有很多种元素替代,因此可以用于解毒过程。第二个是不同工艺条件下塑料太阳能电池的形貌图片集(Wodo 等,2012),这些工艺条件与研究目标相关,即研究获得有效有机太阳能电池的最优工艺条件。本章第 2 节描述了降维的概念。第 3 节描述了每一个降维模型的算法。第 4 节使用维度评估器评估维度。软件 SETDiR 支持降维技术,详见第 5 节。第 6 节对 SETDiR 在两个材料数据集上的降维结果进行了讨论。第 7 节概述了可补充阅读的文献,并对本章进行了总结。

2. 数据降维:基本思路及分类

降维问题可以用如下形式进行表达。假设 n 个点的集合 $X = \{x_0, x_1, \cdots, x_{n-1}\}$,其中 $x_i \in R^D$,$D \gg 1$。要找到一个集合 $Y = \{y_0, y_1, \cdots, y_{n-1}\}$,使得 $y_i \in R^d$,$d \ll D$,且

$$\forall_{i,j} \, |x_i - x_j|_h = |y_i - y_j|_h$$

这里 $|a-b|_h$ 代表在降维过程中我们想保留的性能的形式表达(Lee 和 Verleysen,2008),例如,h 为我们想保留的欧式距离,这样可以得到与 PCA 等效的降维(Lumley,1967)。相似地,定义 h 为角距离(或保角距离;Bergman,1950),可以实现保留两点间夹角的局部线性嵌入(LLE;Roweis 和 Saul,2000)。一个典型的应用(Fontanini 等,2011;Wodo 和 Ganapathysubramanian,2012),x_i 代表了被分析系统的一种状态,如温度域、浓度范围等,这样的一个状态的描述可以从实验传感数据或者数字仿真结果中获得。然而,不管来源如何,原始数据都是通过高维数据表征的,也就是说,D 可达到 10^6(Guo 等,2012;Wodo 等,2012)。而 x_i 只代表了系统的单一状态,通常数据获取是建立在大量的观测值上,与系统的时间或参数演化相关(Fontanini 等,2011)。所以,集合 X 的基数 n 通常很大($10^4 \sim 10^5$)。直观地,随着数据维度的增加,信息带来的困惑也不断增加。因此,在降维过程中我们要寻找尽可能小的维度 d,满足给定的约束 $|a-b|_h$(Lee 和 Verleysen,2008)。习惯上,为了便于可视化,集合 Y 的维度 $d < 4$。 [100]

支撑数据降维的主要思想如下:对集合 X 中想要获得的信息编码,如拓扑或距离,从整体上看它包含了 X 的全部点。这个编码表示为矩阵 $A_{n \times n}$,接下来,对矩阵 A 进行正交变换 V,例如将矩阵 A 变换成它的稀疏矩阵 Λ,使得 $A = V\Lambda V^{\mathrm{T}}$,这里 $\Lambda_{n \times n}$ 是对角矩阵。所以,Λ 的 d 个输入可以获取 A 的所有信息。这 d 个输入组成了集合 Y。上述过程的前提是正交变换能够保留矩阵 A 的原始性能(Golub 和 Van Loan,1996)。注意,最开始时仍需要一种方法来构建矩阵 A,而不同方法的差异在于 A 中信息的编码方式。

在深入讨论降维方法的细节之前,对这些技术进行简单分类十分必要。降维方法可以通过多种方法去实现。

基于数据所属的不同拓扑结构,降维方法可以分为:

1)线性降维方法。线性降维方法假设数据集是线性数集。当数据集是线性的,那么线性降维是有效的;当数集是非线性的,那么线性降维方法很难恢复隐藏的结构,如 PCA、多维缩放(multi-dimensional scaling,MDS)等。

2)非线性降维方法。非线性方法对数据是否为线性进行假设。所以,不论样本空间中是线性的还是非线性的,它都可以抽取隐含的结构,如 Isomap、LLE、 [101] hLLE。

基于要保留的性能,降维方法可分为:

1)等距降维方法。它保留给定数据集中所有输入向量的成对距离,如 PCA、Isomap。

2)保留拓扑结构的降维方法。这些方法保留了数据集的拓扑结构或者连接关系。这些方法对数据拓扑结构进行拉伸或扭曲,但并不销毁拓扑结构,例如 LLE、hLLE、拉普拉斯特征映射(Laplacian eigenmaps)。

基于映射类型,降维方法可以分为:

1)显式的映射方法。显式的映射方法是如果不重新运行算法,便不能将样本空间中的新测试点映射到参数空间,如曲线距离分析(CDA;Lee 等,2002)、测地线非线性映射(geodesic nonlinear mapping,GNLM;Yang,2004)。

2)隐式的映射方法。隐式的映射方法不需要重新运行算法,就能将一个新的测试点映射到参数空间。如 PCA、Isomap 等。

3. 数据降维方法:算法、优点和缺点

我们关注的降维方法包括:① 主成分分析(PCA),线性的降维方法;② Isomap,非线性的等距的降维方法;③ 局部线性嵌入(LLE),非线性保形的降维方法;④ hLLE,保留拓扑结构的降维方法。

3.1　主成分分析(PCA)

PCA 是十分有效和流行的降维方法,简单且易实现。PCA 基于一个前提:高维数据是隐藏的低维坐标的线性变换。PCA 通过对高维空间坐标轴进行重定向,来抽取潜在的参数或低维坐标轴,这样的方式使得变量的方差最大化(Lee 和 Verleysen,2008)。

[102]

PCA 算法:

1)计算输入矩阵 X 两点之间的欧式距离矩阵 E;

2)构建一个矩阵 W^*,使其元素是欧式距离矩阵 E 中元素的平方;

3)找到一个差异矩阵 A,使得 W^*:$A = H^T W^* H$:

$$H_{ij} = \begin{cases} \left(1 - \dfrac{1}{n}\right) \ \forall_{i=j} \\ \left(-\dfrac{1}{n}\right) \ \forall_{i \neq j} \end{cases} \tag{6.1}$$

4)求解 A:$A = U\Lambda U^T$ 的前 d 个最大特征值对;

5)用特征值对构建 R^d 低维空间表达:

$$Y = I \Lambda^{1/2} U^{\mathrm{T}}$$

PCA 的局限性在于它假设数据存在于一个线性空间,所以在非线性方面 PCA 性能很差,过高评估了数据的维数。

3.2 等距映射(Isomap)

Isomap 放松了 PCA 对数据基于线性空间的假设。一个典型的非线性问题是如图 6.1 所示的瑞士卷(螺旋状的点集合)。Isomap 主要通过连续使用 PCA 映射到线性空间来消除非线性空间。这种消除方法可以直观地理解为从螺旋的尾端将其拉成直线。Isomap 通过数学方法确定变换过程中数据点之间的测地距离得以保留,从而实现了这一目标。这个测地距离是沿着曲面的距离(Lee 和 Verleysen,2008)。因为保留了测地距离,Isomap 是一个等距(保距)变换。Isomap 基于的数学理论是假设基于流形的数据空间是凸的(但不必须是线性的)。值得注意的是,PCA 和 Isomap 都是等距变换,PCA 保留了点与点之间的欧式距离,而 Isomap 保留的是测地距离。 [103]

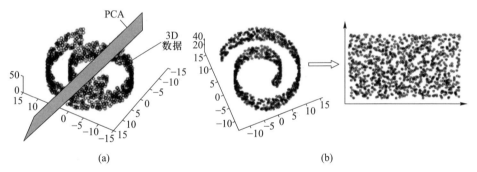

图 6.1 PCA 和 Isomap 在非线性数据集上的性能对比

(来自 Ganapathysubramanian 和 Zabaras,2008,经许可转载)

Isomap 算法:

1)计算输入矩阵 X 两点之间的欧式距离矩阵 E;

2)从距离矩阵 E 中计算 k 个最近邻点;

3)从距离矩阵 E 中计算每两个点的测地距离矩阵 G;

4)构建矩阵 W^*,使得矩阵 W^* 中的元素是测地距离矩阵 G 的元素的平方;

5)找到一个差异矩阵 A,使得 $W^* : A = H^{\mathrm{T}} W^* H$:

$$H_{ij} = \begin{cases} \left(1 - \dfrac{1}{n}\right) \ \forall_{i=j} \\ \left(-\dfrac{1}{n}\right) \ \forall_{i \neq j} \end{cases} \tag{6.2}$$

6)求解 $A : A = U \Lambda U^{\mathrm{T}}$ 的前 d 个最大特征值对;

7）用特征值对构建 R^d 低维空间表达：

$$Y = I\Lambda^{1/2} U^{\mathrm{T}}$$

数据的非线性可以通过使用测地距离矩阵去解决。如果不知道低维空间表面信息,计算测地距离几乎是不可能的,这种情况下图距离就用来近似测地距离(Bernstein 等,2000)。在图(V,E)中一对点的图距离是这两点的最短距离。计算图中两点的图距离使用 Floyd 的最短距离算法(Floyd,1962)。

〔104〕

3.3　局部线性嵌入(LLE)

对比保留了距离的 PCA 和 Isomap 方法,局部线性嵌入(locally linear embedding,LLE)保留了局部拓扑结构(或局部的方向,或两点之间的夹角)。LLE 方法认为数据所基于的非线性结构很好地逼近于 d 维欧式空间(R^d)。换言之,非线性面的局部是线性的。算法先将空间面分块,在每一个块中依据从每个点的邻居获取的信息或权重来重构每个点(例如,推导出一个点相对于它近邻点的位置),这一过程抽取了数据的局部拓扑。最后,算法通过将每个独立的块整合在一起而重构了全局结构,并找到了一个优化的、低维的表达。从数字上来说,局部的拓扑信息通过寻找每个数据点的 k 个最近邻点来构造,并通过近邻点的权重信息来重构每个点。用局部块进行全局重构,是通过由全局权重矩阵 W 同化每个权重矩阵,并且评估标准全局权重矩阵 A 的特征值来实现的。

LLE 算法:

1）对 $i = 1$ 到 n,对每一个 n 输入的向量 $X = \{x_0, x_1, \cdots, x_{n-1}\}$,这里 $x_i \in R^d$。

A. 找到输入向量 x_i 的 k 个最近邻点;

B. 构造布局协方差或者格拉姆矩阵 $G(i)$:

$$g_{r,s}(i) = (x_i - v(r))^{\mathrm{T}}(x_i - v(s))$$

这里 $v(r)$ 和 $v(s)$ 是 x_i 的邻居;

C. 权重通过解线性系统得到 $G(i) \cdot w(i) = 1$,这里 1 是 $k \times 1$ 维单位向量。

2）已知向量 $w(i)$,构建稀疏矩阵 W,如果 x_i 和 x_j 不是邻居,W 的每一行 $W(i,j) = 0$,同时通过解线性等式 $G(i) \cdot w(i) = 1$,线性系数为 1。

〔105〕

3）从 W 建立 A:$A = (I - W)^{\mathrm{T}}(I - W)$。

4）计算 A:$A = U\Lambda U^{\mathrm{T}}$ 的特征值对。

5）通过特征值对计算低维空间 R^d 的点 $Y = n^{1/2} U$。

3.4　Hessian 局部线性嵌入(Hessian LLE)

Hessian 局部线性嵌入(Hessian locally linear embedding,hLLE;Donoho 和 Grimes,2003)是在 LLE 和拉普拉斯特征映射基础上的改进(Belkin 和 Niyogi,2003)。在给定的连通图中,用 Hessian 运算(二阶导数)替换了 Laplacian 运算

（一阶导数）。hLLE 构建了分区，在每个分区上执行局部的 PCA，由此根据获得的特征向量构建全局的 Hessian，最终得到 Hessian 特征值的低维空间表达。hLLE 保留了拓扑结构，并假设拓扑空间是局部线性的。

hLLE 算法：

1）在每一个给定的点 x_i，构建一个 $k \times n$ 的近邻矩阵 $\boldsymbol{M}_i$，使得矩阵的每一行表示一个点 $x_i = x_i - \bar{x}_i$，这里 $j \in [0, N]$，并且 $\bar{x}_i$ 是 k 个最近邻点的平均值；

2）对构造出来的 $\boldsymbol{M}_i$ 矩阵进行奇异值分解，来获得 $\boldsymbol{U}$、$\boldsymbol{V}$ 和 $\boldsymbol{D}$；

3）构建 $(N \cdot d(d+1)/2)$ 局部 Hessian 矩阵 $\boldsymbol{X}^i$，使得第一列是元素全部为 1 的向量，接下来的 d 列是矩阵 $\boldsymbol{U}$ 的列，并且后面是 $\boldsymbol{U}$ 中所有 d 列的乘积；

4）在局部 Hessians 矩阵 $\boldsymbol{X}^i$ 上计算 Gram–Schmidt 正交化（Golub 和 Van Loan，1996），在后 $d(d+1)/2$ 个正交单位向量上做同样的操作，来构建全局 Hessian 矩阵 $\boldsymbol{H}$（Donoho 和 Grimes，2003）；

5）计算 Hessian 矩阵的特征值：$\boldsymbol{H} = \boldsymbol{W} \boldsymbol{\Lambda} \boldsymbol{W}^{\mathrm{T}}$；

6）根据特征值计算 R^d 空间的低维点 $\boldsymbol{Y}$：$\boldsymbol{Y} = \boldsymbol{W} (\boldsymbol{W}^{\mathrm{T}} \boldsymbol{W})^{-1/2}$。

4. 维度评估器

由数据构建低维点的关键一步是选择低维 d。PCA 和 Isomap 方法用了叫碎石图（scree plot）的技术来近似评估低维空间。我们介绍一种基于图的技术来对数据潜在的维度进行严格评估，该技术可与碎石图结合使用。 [106]

碎石图是根据重要程度降序排列的特征值的图，由 PCA 和 Isomap（等距的方法）获得的碎石图给出了对维度的评估，通过识别碎石图中的拐点建立了一个启发式的方法。一种对维度更加量化的评估方法是选择一个 δ 值来确定最小百分比变量的阈值（p_{var}）。如果 $\lambda_1 > \lambda_2 > \cdots > \lambda_n$ 是特征值的降序排列，考虑前 d 个特征值的百分比变量为

$$p_{var} = 100 \cdot \frac{\sum_{i=1}^{d} \lambda_i}{\sum_{i=1}^{n} \lambda_i} \leq \delta$$

我们使用了基于 BHH 定理（Beardwood–Halton–Hammersley theorem；Beardwood 等，1959）的降维评估器，该定理使用测地距离最小生成树长度（geodesic minimal spanning tree length，GMST）估计算法将一个无序数据集的维度表达成 GMST 的函数。特别地，通过计算增加数据点的 GMST 而构建的 log-log 图的斜率，提供了维度的评估 $d = 1/(1-m)$，这里 m 是斜率。GMST 可通过 Prim（1957）的算法计算得到。

5. 软件

这些降维技术可以打包在一个可扩展框架的模块中以方便在材料科学中使用。我们将这个软件框架称为 SETDiR（Scalable Extensible Toolkit for Dimensionality Reduction）。这个框架包含了两个主要的组成：

1）核心功能，基于 C++开发；

2）用户接口，基于 Java（Swings）开发。

图 6.2 描述了 SETDiR 中两个模块的功能范围，细节将在下面的小节中描述。

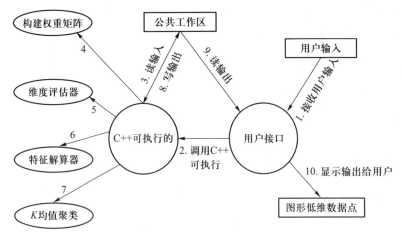

图 6.2　软件描述

[107]　5.1　核心功能

核心功能是使用面向对象的 C++编程语言进行开发的，实现了如下功能：PCA、Isomap、LLE 和维度评估器，例如 GMST 和相关维度评估器（Lee 和 Verleysen，2008）。

5.2　用户接口

用户接口（图 6.3）用 Java Swings 组件开发而成，具有如下功能和用户友好性：

1）将用户从功能和复杂的数学中解放出来。

2）结果的后处理。数据降维背后的动机是提高数据的可视化能力。SETDiR 实现了这一后处理并对数据进行了可视化表达。

3)图形化的显示结果,并使得数据的后处理更容易。

4)用户接口也使用户将图形存储成 JPEG 格式。

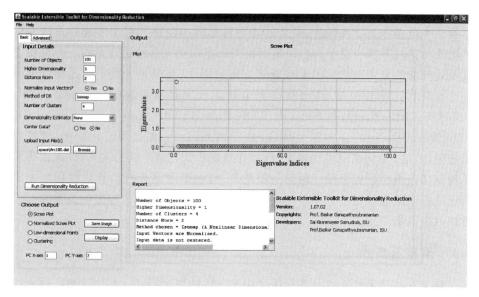

图 6.3 SETDiR 对磷灰石数据集的聚类分析截图

这个框架可以公开下载。图 6.3 展示了软件的框架和数学算法。

6. 分析两个材料科学数据集:磷灰石和有机太阳能电池 [108]

在这一节中,我们比较了两个有趣的数据集上的算法,具有相当大的技术和科学意义。数据降维为原本棘手的数据集的聚类和模式关联提供了独特的解决办法。首先我们要讲的数据集是磷灰石数据集。磷灰石可以通过改变化学成分得到不同的性能,化学成分和结构的多样性为巧妙地合成相关化合物提供了肥沃的土壤(Elliott,1994;Mercier 等,2005;Pramana 等,2008;White 和 Dong,2003;White 等,2005)。磷灰石通常用表达式 $A_4^I A_6^{II}(BO_4)_6 X_2$ 来描述,这里 A^I 和 A^{II} 是不同的晶格位置,通常被较大的一价(Na^+,Li^+ 等)、二价(Ca^{2+},Sr^{2+},Ba^{2+},Pb^{2+} 等)或三价(Y^{3+},Ce^{3+},La^{3+} 等)原子占据,X 位置被卤化物(F^-,Cl^-,Br^-)、氧化物或氢氧化物占据。建立磷灰石微观性质与宏观性能之间的关系,能够帮助我们加深对磷灰石的理解和应用。例如,磷灰石集合体的相对稳定性促进磷灰石作为铅中毒解药的应用(通过找到比铅磷灰石更稳定的一种磷灰石)。降维技术 [109] 可以用来通过不同的结构描述符来建立结构–性能关系,从而增强可视化和对数据的理解。

我们考虑的第二个数据集是不同工艺条件下获得的有机太阳能电池的微观形貌图。有机太阳能电池(或塑料太阳能电池)由有机混合物(如两种聚合物的混合物)制备而成,在低成本、快速实现等方面展现出应用太阳能的良好前景。尽管成本效益和灵活性很高,但低的光电转化效率使得其在与传统的无机太阳能电池相比时并没有竞争力。决定有机太阳能电池光电转化效率的一个重要方面是器件中两个聚合物区的形态分布。研究揭示,在制备过程中通过对有机膜层进行有效的形貌控制,显著提高光电转化效率是有可能的(Chen 等,2009;Deibel 等,2010;Hoppe 和 Sariciftci,2006;Park 等,2009;Peet 等,2009;Sean 等,2001;Wodo 等,2012)。对制备参数(蒸发率、混合比、衬底图形化频率、衬底图形化强度、溶剂)的高通量探索,可以潜在地揭示工艺和形貌的关系,以此指导工艺控制来获得更优的形貌。值得一提的是,这种高通量分析会导致数据集太大而无法直观地揭示趋势和关系在这种高通量数据中探寻工艺与形貌关系的有效方法就是数据降维。

6.1　磷灰石数据

磷灰石的典型的六方晶系晶体结构 P63/mCa$_4^I$ Ca$_6^{II}$(PO$_4$)$_6$F$_2$ 沿(001)轴上的投影如图 6.4 所示,A^{I}O$_6$ 和 BO$_4$ 的多面体结构单元可以清楚看到,Ca^{II}(粉色原子)和 F(绿色原子)占据通道位置,细黑线表示六方晶系的晶胞。

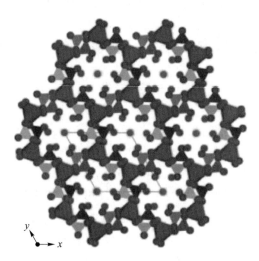

图 6.4　P63/mCa$_4^I$ Ca$_6^{II}$(PO$_4$)$_6$F$_2$ 磷灰石典型六方晶系单元的晶体结构(见文后彩图)

[110]
样本磷灰石数据集由 25 种不同的成分组成,由 29 个结构描述符描述。修改结构描述符会影响这类化学组成的晶体结构(Balachandran 和 Rajan,2012)。通过建立晶体结构与这些结构描述符的关系,并分析不同化学组成的聚类,可得

出这些晶体结构描述符(定义微观性质)如何影响宏观性能(熔点、杨氏模量等)。键长、键角、晶格常数和总能量数据从 Mercier 等(2005)的工作中得到,原子半径的数据由 Shannon(1976)得到,电负性数据基于 Pauling(1960)的工作。A^I 位置(rA^I)的原子配位数为9,rA^{II} 配位数为7(当 X 位是 F^{61})或者8(当 X 位是 Cl^{61} 或 Br^{61})。数据库描述了 Ca、Ba、Sr、Pb、Hg、Zn 和 Cd 在 A 位置,P、As、Cr、V 和 Mn 在 B 位置,F、Cl、Br 在 X 位置。本研究中的这 25 个化合物属于 P63/m 六方空间群。我们使用 SETDiR 得到下面一些结果。关于深入的解释分析请见之后出版的论著(Balachandran 和 Samudrala,2013)。

- 维度评估

SETDiR 使用碎石图来评估维度。碎石图是特征数值–特征值索引序号的图,图中拐点的出现(或特征值的锐降)给出了数据维度的评估。图 6.5 显示了 [111] 输入向量 $\{x_0, x_1, \cdots, x_{n-1}\}$ 归一化与未归一化的碎石图,并比较了 PCA 和 Isomap 的特征值。可以看到,当输入向量未归一化时,第二个特征值下滑至 0,因此说明了对输入向量归一化的重要性。当对输入向量均归一化后,比较 PCA 和 Isomap 的特征值也十分有趣:PCA,线性方法,过度评估维度为 5,而 Isomap 评估结果为 3。接下来 SETDiR 使用 GMST 算法来评估磷灰石数据的维度,给出了一个严格的评估结果 3,这与更多启发式碎石图的评估结果相符。

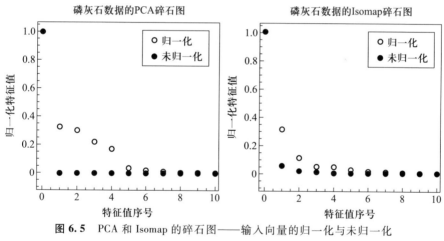

图 6.5 PCA 和 Isomap 的碎石图——输入向量的归一化与未归一化
(Balachandran 和 Samudrala,2013)

最后我们用 PCA 和 Isomap 两种方法绘制了低维数据点。图 6.6(a)显示了主成分(PC)2 和主成分 3 的 2D 点,显示这个分类映射的原因是 PC2–PC3 映射获得的图形与 Isomap 获得的主成分 1 和 2 相似。我们发现化合物中的关联确实与此相似,如图 6.6(b)所示,信息的本质通过不同方式显示出来,这主要是由于两种方法的数学原理不同,其中 PCA 是线性技术而 Isomap 是非线性技术。我们通过聚焦到三个独立的区域,进一步解释了 Isomap 分类映射的隐含信息,见后续发表的论文(Samudrala 等,2013)。

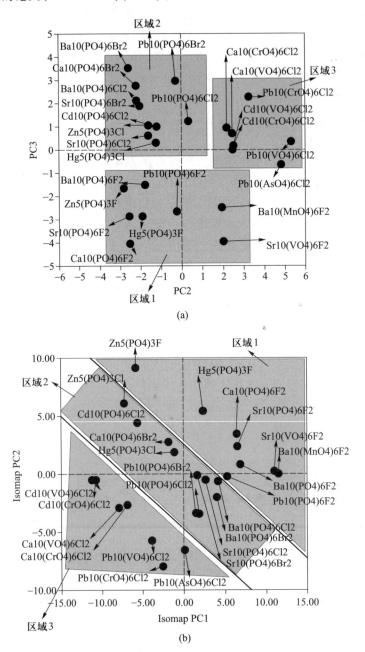

图 6.6　磷灰石的 PCA(a)和 Isomap(b)结果解释

(Balachandran,2011;Balachandran 和 Samudrala,2013)

6.2 用 SETDiR 揭示有机太阳能电池的工艺和形貌关系

我们展示了用 SETDiR 框架(并行版本)处理科学问题[①]的结果(Samudrala 等,2013),其中特别关注了使用降维方法来理解衬底图形化(图形化处理的频率和强度)对形貌演变的影响[②]。数据集由 $n = 75\,150$ 个形貌组成。每一个形貌是一个二维的截图,向量化后维度为 $D = 8\,326$。图 6.7 显示了几种具有代表性的最终形貌(Wodo 等,2012),分别通过变化了① 图形化的频率 lp,从 0.5 变为 1.5;② 吸引力/排斥力的强度 μ,从 1e-6 变为 8e-4。在所有这些情况下,基板所选区域的下表面经图形化处理后可吸引或排斥特定类型的聚合物,从而影响形貌。

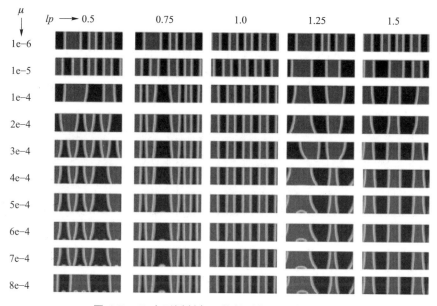

图 6.7 50 个不同制备工艺得到的显微结构照片

图 6.8 画出了数据前 10 个特征值的点。注意前三个特征值(即数据的前三个主成分)代表了全部数据信息的约 70%。因此,我们用这种三维表示法来表征每种形貌。

---

① 我们开发了一个并行的求解器将降维技术应用到 $n = 10^5$ 且 $D = 10^6$ 的数据集上,并在文章 (Samudrala 等,2013)中详细描述了并行算法和相关尺度研究。

② 纳米影印石版术的底板模式(nano-tip photolithography patterning of the substrate)为指导形貌演变显示了重要的可能性(Coffey 和 Ginger,2005)。

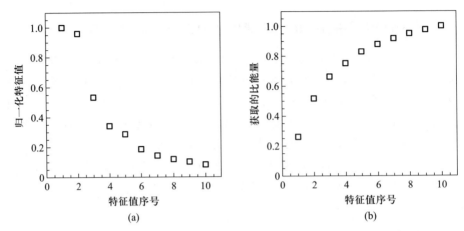

图 6.8 (a)10 个最大特征值的碎石图;(b)前 10 个特征值对应的比能量

[113] 　　图 6.9 表示了在这三维空间中所有的形貌。在图 6.9(a)中,根据图形化处理的频率不同,点的颜色不同,而在图 6.9(b)中,根据图形化处理的强度的不同,点的颜色不同。这个图表明了图形化处理的频率与强度的重要影响。

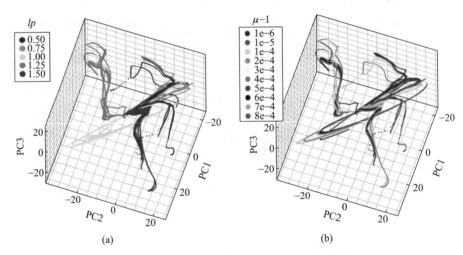

图 6.9 　三个主成分下的形貌演变,颜色分别代表:
(a)模式频率(lp);(b)模式强度(μ)(见文后彩图)

　　存在一个图形化处理频率的中央区域,这里的形貌演变与图形化处理强度无关。从制备角度看,这里隐含着一个特别重要的信息,即图形化处理的频率比强度更容易控制。对于频率超过 $lp=1$ 线的,形貌对于频率和强度的细微变化都非常敏感,如图 6.10 所示,强度上的微小变化就可以得到不同的最终形貌。我们同时注意到一个关键的问题,高强度并不一定能得到不同的形貌,这同样帮助

[114]

我们排除了更多的提高强度的相空间。最后,低维图同样说明了使用不同工艺条件得到相同形貌的能力,例如在图 6.11 中,我们标出了两种工艺条件下获得同一形貌的形貌演变。这种关联——获得相同形貌的最敏感区域、最不敏感 [115]

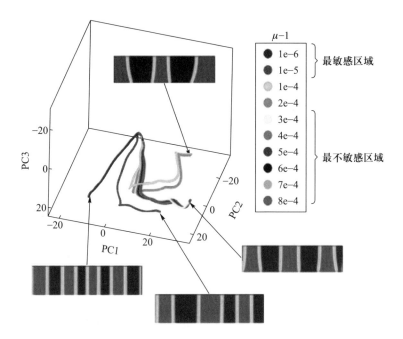

图 6.10 $lp = 1.5$ 时的形貌演变:参数空间的聚类

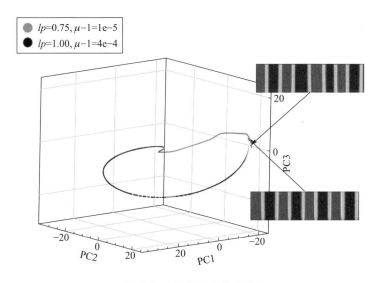

图 6.11 形貌演变的多路径

区域(图 6.10)以及相同形态下的配置,对指导我们设计获得所需形貌的工艺过程是十分有用的,这个分析说明并行的数据降维方法可以实现这个目标。

7. 深入阅读

降维方法是解决材料科学问题的必要和重要组成部分,读者可在本书的其他章节中找到更多的例子。在这一章中,我们介绍了数据降维背后的基本原理,并基于线性和非线性方法介绍了材料科学的案例。当线性方法受限时,后一种方法可以揭示新的关联,以及结构-性能的关系。这种非线性的降维策略不仅用于材料科学数据,也用于分析金融(Back 和 Weigend,1997;Ince 和 Trafalis,2007)、工程(Azzoni 等,1996;Sarma 等,2008)、生物学(Balsera 等,1996;Maisuradze 等,2009)领域中的高维数据的各种问题,如高维数据的可视化(Dawson 等,2005;Vlachos 等,2002)、图像处理(Mudrova 和 Prochazka,2005;Weinberger 和 Saul,2004)和预报模型(Muñoz 和 Felicísimo,2009)等。

[116]

特别要指出的是,在材料科学中,降维技术已经广泛用于诸多方面,通过研究高维数据来构建结构-工艺-性能的关系,如显微镜(Bonnet,1998),利用 PCA(Suh 等,2002)、FA(Brasca 等,2007)和第 1 节中提到的其他方法。

在这一章中,我们详细介绍了非线性降维的数学架构[①],来建立复杂数据集的降维模型,并讨论设计数据选择的关键问题。我们同样描述了严格的评估最优维度的技术(基于图原理的分析方法)。这项技术通过图形用户接口封装至一个模块化的、计算的、可扩展的软件框架(SETDiR)中。这个接口将数学和计算从科学应用中分离出来,增强了降维技术在科学领域中的应用。这个框架能够实现:

1)将数学方法从应用抽离出来,使降维方法在应用过程中更容易;

2)评估高维数据的最优维度;

3)获得数据所在表面的拓扑信息;

4)增加可视化,以获得对数据的原始理解;

5)可执行聚类等后处理技术。

参 考 文 献

Azzoni,P. M.,Moro,D.,Porceddu-Cilione,C. M.,Rizzoni,G.,1996. Misfire detection in a

---

[①]　如果想进一步了解数据降维,可以参考 Lee 和 Verleysen(2008)去获得非线性降维技术的数学知识。

high-performance engine by the principal component analysis approach. SAE Technical Paper 960622.

Back, A. D. , Weigend, A. S. , 1997. A first application of independent component analysis to extracting structure from stock returns. Int. J. Neural Syst. 8(4),473-484.

Balachandran, P. V. , 2011. Statistical Learning for Chemical Crystallography. PhD thesis, Iowa State University.

Balachandran, P. V. , Rajan, K. , 2012. Structure maps for $A_4^I A_6^{II}(BO_4)_6 X_2$ apatite compounds via [117-120] data mining. Acta Cryst. B 68(1),24-33.

Balsera, M. A. , Wriggers, W. , Oono, Y. , Schulten, K. , 1996. Principal component analysis and long time protein dynamics. J. Phys. Chem. 100(7),2567-2572.

Beardwood, J. , Halton, J. H. , Hammersley, J. M. , 1959. The shortest path through many points. Math. Proc. Cambridge Phil. Soc. 55,299-327.

Belkin, M. , Niyogi, P. , 2003. Laplacian eigenmaps for dimensionality reduction and data representation. Neural Comput. 15(6),1373-1396.

Bergman, S. , 1950. The Kernel Function and Conformal Mapping. American Mathematical Society.

Bernstein, M. , De Silva, V. , Langford, J. C. , Tenenbaum, J. B. , 2000. Graph Approximations to Geodesics on Embedded Manifolds. Technical Report. Department of Psychology, Stanford University.

Bonnet, N. , 1998. Multivariate statistical methods for the analysis of microscope image series: applications in materials science. J. Microsc. 190(1-2),2-18.

Brasca, R. , Vergara, L. I. , Passeggi, M. C. G. , Ferrona, J. , 2007. Chemical changes of titanium and titanium dioxide under electron bombardment. Mater. Res. 10,283-288.

Chawla, N. , Ganesh, V. V. , Wunsch, B. , 2004. Three - dimensional (3D) microstructure visualization and finite element modeling of the mechanical behavior of SiC particle reinforced aluminum composites. Scripta Materialia 51(2),161-165.

Chen, L. , Hong, Z. , Li, G. , Yang, Y. , 2009. Recent progress in polymer solar cells: Manipulation of polymer: fullerene morphology and the formation of efficient inverted polymer solar cells. Adv. Mater. 21(14-15),1434-1449.

Coffey, D. C. , Ginger, D. S. , 2005. Patterning phase separation in polymer films with dippen nanolithography. J. Am. Chem. Soc. 127,4564-4565.

Curtarolo, S. , Morgan, D. , Persson, K. , Rodgers, J. , Ceder, G. , 2003. Predicting crystal structures with data mining of quantum calculations. Phys. Rev. Lett. 91,135503.

Dawson, K. , Rodriguez, R. L. , Malyj, W. , 2005. Sample phenotype clusters in high - density oligonucleotide microarray data sets are revealed using Isomap, a nonlinear algorithm. BMC Bioinformatics 6(1),195.

Deibel, C. , Dyakonov, V. , Brabec, C. J. , 2010. Organic bulk-heterojunction solar cells. IEEE J. Sel. Top. Quantum Electron. 16(6),1517-1527.

Donoho, D. L. , Grimes, C. , 2003. Hessian eigenmaps: new locally linear embedding techniques for high-dimensional data. Proc. Natl. Acad. Sci. U. S. A. 100, 5591-5596.

Elliott, J. C. , 1994. Structure and Chemistry of the Apatites and other Calcium Orthophosphates, vol. 4. Elsevier, Amsterdam.

Fischer, C. C. , Tibbetts, K. J. , Morgan, D. , Ceder, G. , 2006. Predicting crystal structure by merging data mining with quantum mechanics. Nat. Mater. 5(8), 641-646.

Floyd, R. W. , 1962. Algorithm 97: shortest path. Commun. ACM 5(6), 345.

Fontanini, A. , Olsen, M. , Ganapathysubramanian, B. , 2011. Thermal Comparison Between Ceiling Diffusers and Fabric Ductwork Diffusers for Green Buildings. Energy and Buildings. Iowa State University.

Ganapathysubramanian, B. , Zabaras, N. , 2008. A non-linear dimension reduction methodology for generating data-driven stochastic input models. J. Comput. Phys. 227(13), 6612-6637.

Golub, G. H. , Van Loan, C. F. , 1996. Matrix Computations. Johns Hopkins University Press.

Guo, Q. , Rajewski, D. , Takle, E. , Ganapathysubramanian, B. , 2012. Constructing low-dimensional stochastic wind models from meteorology data. Wind Energy.

Hoppe, H. , Sariciftci, N. S. , 2006. Morphology of polymer/fullerene bulk heterojunction solar cells. J. Mater. Chem. 16, 45-61.

Ince, H. , Trafalis, T. B. , 2007. Kernel principal component analysis and support vector machines for stock price prediction. IIE Trans. 39(6), 629-637.

Langer Jr, S. A. , Fuller, E. R. , Carter, W. C. , 2001. OOF: an image-based finite-element analysis of material microstructures. Comput. Sci. Eng. 3(3), 15-23.

Lee, J. A. , Verleysen, M. , 2008. Nonlinear Dimensionality Reduction. Springer.

Lee, J. A. , Lendasse, A. , Verleysen, M. , 2002. Curvilinear distance analysis versus Isomap. Proc. ESANN, 185-192.

Liu, Z. K. , Chen, L. Q. , Raghavan, P. , Du, Q. , Sofo, J. O. , Langer, S. A. , et al. , 2004. An integrated framework for multi-scale materials simulation and design. J. Comp. -Aided Mater. Des. 11, 183-199.

Lumley, J. L. , 1967. The structure of inhomogeneous turbulent flows. In: Yaglom, A. M. , Tatarski, V. I. (Eds.), Atmospheric Turbulence and Radio Wave Propagation. Nauka, Moscow, pp. 166-178.

Maisuradze, G. G. , Liwo, A. , Scheraga, H. A. , 2009. Principal component analysis for protein folding dynamics. J. Mol. Biol. 385(1), 312-329.

McVeigh, C. , Liu, W. K. , 2008. Linking microstructure and properties through a predictive multiresolution continuum. Comp. Methods Appl. Mech. Eng. 197(4142), 3268-3290.

Mercier, P. H. J. , Le Page, Y. , Whitfield, P. S. , Mitchell, L. D. , Davidson, I. J. , White, T. J. , 2005. Geometrical parameterization of the crystal chemistry of P63/m apatites: comparison with experimental data and ab initio results. Acta Cryst. B 61(6), 635-655.

Meredith, J. C. , Smith, A. P. , Karim, A. , Amis, E. J. , 2000. Combinatorial materials science for polymer thin-film dewetting. Macromolecules 33(26),9747-9756.

Morgan, D. , Rodgers, J. , Ceder, G. , 2003. Automatic construction, implementation and assessment of pettifor maps. J. Phys. Condens. Matter. 15(25),4361.

Morgan,D. ,Ceder,G. ,Curtarolo,S. ,2005. High-throughput and data mining with ab initio methods. Meas. Sci. Technol. 16(1),296.

Mudrova,M. ,Prochazka,A. ,2005. Principal component analysis in image processing. In: Proceedings of the MATLAB Technical Computing Conference,Prague.

Muñoz, J. , Felicísimo, Á. M. , 2009. Comparison of statistical methods commonly used in predictive modeling. J. Vegetation Sci. 15(2),285-292.

Page,Y. L. ,2006. Data mining in and around crystal structure databases. MRS Bull. 31,991-994.

Park,S. H. , Roy, A. , Beaupre, S. , Cho, S. , Coates, N. , Moon, J. S. , et al. , 2009. Bulk heterojunction solar cells with internal quantum efficiency approaching 100%. Nat. Photonics 3,297-302.

Pauling, L. , 1960. The Nature of the Chemical Bond and the Structure of Molecules and Crystals:An Introduction to Modern Structural Chemistry,vol. 18. Cornell University Press.

Peet, J. , Heeger, A. J. , Bazan, G. C. , 2009. Plastic solar cells:self-assembly of bulk heterojunction nanomaterials by spontaneous phase separation. Acc. Chem. Res. 42(11),1700-1708.

Pramana,S. S. ,Klooster,W. T. ,White,T. J. ,2008. A taxonomy of apatite frameworks for the crystal chemical design of fuel cell electrolytes. J. Solid. State Chem. 181(8),1717-1722.

Prim,R. C. ,1957. Shortest connection networks and some generalizations. Bell Sys. Tech. J. 36(6),1389-1401.

Rabe, K. M. , Phillips, J. C. , Villars, P. , Brown, I. D. , 1992. Global multinary structural chemistry of stable quasicrystals,high-Tc ferroelectrics,and high-Tc superconductors. Phys. Rev. B 45,7650-7676.

Rajan,K. ,Suh,C. ,Mendez,P. F. ,2009. Principal component analysis and dimensional analysis as materials informatics tools to reduce dimensionality in materials science and engineering. Stat. Anal. Data Min. 1(6),361-371.

Roweis, S. T. , Saul, L. K. , 2000. Nonlinear dimensionality reduction by locally linear embedding. Science 290(5500),2323-2326.

Samudrala, S. , Zola, J. , Aluru, S. , Ganapathysubramanian, B. , 2013. Parallel framework for dimensionality reduction of large-scale datasets. Journal of Scientific Programming. Preprint.

Sarma,P. ,Durlofsky,L. J. ,Aziz,K. ,2008. Kernel principal component analysis for efficient, differentiable parameterization of multipoint geostatistics. Math. Geosci. 40(1),3-32.

Sean,E. S. , Christoph, J. B. , Niyazi, S. S. , Franz, P. , Thomas, F. , Jan, C. H. , 2001. 2.5% efficient organic plastic solar cells. Appl. Phys. Lett. 78(6),841-843.

Shannon, R. D. , 1976. Revised effective ionic radii and systematic studies of interatomic distances in halides and chalcogenides. Acta Crystallogr. A 32(5),751-767.

Suh,C.,Rajagopalan,A.,Li,X.,Rajan,K.,2002. The application of principal component analysis to materials science data. Data Sci. J. 1,19-26.

Takeuchi,I.,Lauterbach,J.,Fasolka,M. J.,2005. Combinatorial materials synthesis. Mater. Today 8(10),18-26.

Tenenbaum,J. B.,de Silva,V.,Langford,J. C.,2000. A global geometric framework for nonlinear dimensionality reduction. Science 290(5500),2319-2323.

van der Maaten,L. J. P.,Postma,E. O.,van den Herik,H. J.,2009. Dimensionality Reduction: A Comparative Review. Tilburg University Technical Report,TiCC-TR 2009-005.

van Rietbergen,B.,Weinans,H.,Huiskes,R.,Odgaard,A.,1995. A new method to determine trabecular bone elastic properties and loading using micromechanical finite-element models. J. Biomech. 28(1),69-81.

Vlachos,M.,Domeniconi,C.,Gunopulos,D.,Kollios,G.,Koudas,N.,2002. Non-linear dimensionality reduction techniques for classification and visualization. In:Proceedings of the 8th ACM SIGKDD International Conference on Knowledge Discovery and Data Mining. ACM,pp.645-651.

Weinberger,K. Q.,Saul,L. K.,2004. Unsupervised learning of image manifolds by semidefinite programming. In:Computer Vision and Pattern Recognition,CVPR 2004. Proceedings of the 2004 IEEE Computer Society Conference,vol.2. IEEE,pp.II-988.

White,T. J.,Dong,Z. L.,2003. Structural derivation and crystal chemistry of apatites. Acta Cryst. B 59(1),1-16.

White,T.,Ferraris,C.,Kim,J.,Madhavi,S.,2005. Apatite-an adaptive framework structure. Rev. Mineral. Geochem. 57(1),307-401.

Wodo,O.,Tirthapura,S.,Chaudhary,S.,Ganapathysubramanian,B.,2012. A novel graph based formulation for characterizing morphology with application to organic solar cells. Org. Electron. 13,1105-1113.

Wodo,Ganapathysubramanian,2012. Modeling morphology evolution during solvent-based fabrication of organic solar cells. Comp. Mater. Sci. 55,113-126.

Yang,L.,2004. Sammon's nonlinear mapping using geodesic distances. In:Pattern Recognition, ICPR 2004,Proceedings of the 17th International Conference,August,vol.2,pp.303-306.

Yue,Z. Q.,Chen,S.,Tham,L. G.,2003. Finite element modeling of geomaterials using digital image processing. Comput. Geotechnics 30(5),375-397.

Zabaras,N.,Sundararaghavan,V.,Sankaran,S.,2006. An information-theoretic approach for obtaining property PDFs from macro specifications of microstructural variability. TMS Lett. 3, 1-2.

第 7 章
材料研究中的可视化：
大型数据集的展现策略

Aaron Bryden[*]**, Krishna Rajan**[*,†,‡]**, Richard LeSar**[*,†]

[*] Ames National Laboratory

[†] Department of Materials Science and Engineering

[‡] Institute for Combinatorial Discovery, Iowa State University, Ames, IA, USA

1. 简介

[121]

　　了解材料是很困难的,因为材料的行为是由极大的时空尺度所决定的,其长度范围从原子尺度的亚纳米到工程构件的米;其时间范围从原子振动的皮秒到产品服役的若干年。与这些行为相关的数据也是很复杂的,具有广泛的结构和性质。要理解这些数据需要一个组合的分析工具,其中可视化扮演了一些关键角色。在这一章中,我们专注于两项:可应用于实验、建模和模拟的数据或信息可视化(Zhu 和 Chen,2005);以及离散结构的可视化,包括通过实验或者模拟得到的原子位置(Sharma 等,2003)和微观组织缺陷(Kra 等,2000)。离散结构的可视化属于通用的类别,经常被称为科学可视化(Zhu 和 Chen,2005)。

　　可视化是为了数据分析和交流而进行的信息展示。可视化的目标是利用人视觉系统的独特能力去理解数据,包括我们"识别花样、发现趋势和判别异常点"的能力,而且精心设计的可视化能够以"简单的感知推理代替认知计算,并且增强理解、记忆和决策力"(Heer 等,2010)。在某些情况下,数据或者图像能够作为认知过程的外部存储来"增强"人的能力,而可视化对此类状况非常适用。精心设计的可视化既能够帮助克服人短期记忆的局限性,又能够很好地利

[122] 用人大脑和视觉系统的大规模并行处理能力（Munzner，2009）。在这里，我们将简要讨论信息可视化和科学可视化在材料科学和材料信息学中的应用及其发展潜力。欲了解更多信息，Zhu 和 Chen（2005）对信息可视化和科学可视化之间的差异提供了一个很好的概述。

数据或信息可视化是对那些没有直接空间意义的数据进行可视化（Ware，2002）。信息可视化利用人认知和视觉系统的能力了解复杂的抽象数据集，使人能够更有效地看到和理解这些数据集。正如 Tufte 和 Graves-Morris（2001）所说："图形比传统的统计计算更精确，更具有揭示性。"图形或者可视化能够展示数据的抽象关系，使研究人员能够快速识别异常点和判定趋势，这比单纯使用统计方法要简单和高效得多。信息可视化的真正强大之处在于对海量数据集的理解。虽然一个小的数据集可以通过数字列表或口头总结来进行理解，但是包含成千上万个点的数据集只能借助于图形去理解它。

科学可视化与信息可视化的不同之处在于它主要处理具有明显空间特征的数据（Friendly 和 Denis，2001；McCormick，1988；Rosenblum 等，1994）。科学可视化的例子是多种多样的，许多不同领域都存在这样的例子。在材料研究中，大量的实体对象使可视化面临巨大的挑战，例如大尺度原子模拟里面的数以百万计的原子位置（Sharma 等，2003）。

复杂的材料数据，以及从这些数据中提取信息，给研究人员带来了许多挑战。信息可视化和科学可视化在信息提取中都起着至关重要的作用。然而，要使这些工具最有效，需要的不仅仅是显示数据的能力。正如我们将在本章中展示的，研究人员与数据的实时交互能力大大增加了可视化工具的力量。

[123] 本章的目的是对材料研究中的信息可视化和科学可视化做一个简要概述，重点是互动工具的发展如何能够在最大限度提取信息中扮演关键角色。我们不对所有类型的可视化方法或者程序进行全面的概述。为了使讨论更具体，本章将关注两个我们自己的研究实例，这两个例子主要是关于如何在材料研究中应用信息可视化和科学可视化的。一个例子展示了从庞大的组合实验数据中提取有意义的化学组分-性能关系的可视化方案（Suh 等，2009）。另一个例子基于三维原子成像和模拟，展示人们如何与复杂的可视化体系进行交互，从而提取有用的显微组织信息（Bryden 等，2013）。在这两种情况下，可视化方法的价值体现在它能够揭示一些以往很难探测到的信息。为了更深入地讨论，本章中也展示了一些文献中的其他例子。

2. 用于数据可视化的图形工具：组合实验案例研究

在这一章中，采用一篇我们早期的论文作为案例（Suh 等，2009），重点突出四种常用的数据可视化方案：热点图、平行坐标、径向可视化和符号图。我们将展示通过这些方法的组合,如何帮助确定成分与实测催化剂活性之间的关系,这导致了四种不同产品的生成,包括不同组分催化剂的成分变化区间。所有这些可视化方法能够将原始高维空间的特征在没有任何降维的情况下映射到二维空间。而在其他分析工具中就存在降维的情况,例如主成分分析(principal component analysis,PCA)。高维可视化技术也有助于快捷地判别属性的趋势,例如数据集里面的团簇点或者离群点。

在许多领域,多维数据集的信息可视化是非常重要的,包括生物技术或遗传学中多种基因的表达和描述问题。在化学方面,关于高维或者组合衍生数据的可视化,也有不少开创性的工作(Chevrier 和 Dahn,2006;Frantzen 等,2005;Mentges 等,2008;van der Heyden 等,2002);尽管材料设计与材料合成的高通量组合实验方法正在快速发展,但是对材料组合实验方法生成的科学数据的可视化仍处于早期阶段。本案例将展示如何用上面提到的四种方法来解释和提取催化剂中的成分–活性关系,即:热点图、平行坐标、径向可视化和符号图。 [124]

2.1 热点图

热点图可视化是描绘原始数据的直接映射方法。在热点图中,一组行和列的交叉点会创建一个与一组样本和属性相关联的网格(图7.1)。每个矩形的颜色对应于样本中属性的值。因此,可以将它看作一个颜色编码的数据表。行和列的顺序由聚类分析确定。通过将数据点直接映射到一个聚类分析树状图的网格上(树状图经常用来阐明聚类的设置),热点图在遗传学中经常用来可视化微阵列数据,从而快速判别关键区域和样本、变量之间的隐含关系。

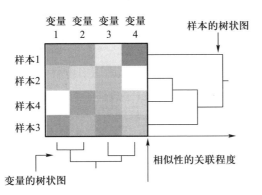

图7.1 一个直观的热点图例子。热点图将数据表显示为矩形形状的网格,并提供样本和变量(属性)之间的关联。样本1有一个很高的属性值4(变量4),而样本3有一个很低的属性值(变量3)。热点图通常包括分层次的属性聚类和树状图的应用实例。样本2和4与四个变量有着相似的关系,而变量1和2对四个样本也有着类似的行为。转载许可(Suh 等,2009)。

在图 7.2 中,成分与催化活性之间的关系被形象化为一个胞状图(即没有树状图的热点图)。由于这种胞状图不包括聚类分析的结果,行和列的顺序不因树状图而改变。因此图 7.2 是催化数据表的一个直接的、彩色编码的可视化形式。虽然在胞状图中,依据大量样本的团簇点来挑选兴趣点存在一定的问题,但是这种数据表示方法能够对催化剂的性能进行快速的目视检查。

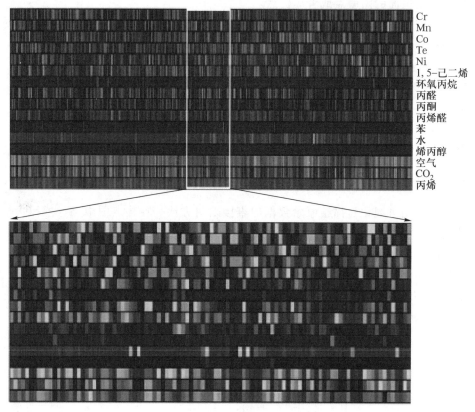

图 7.2　用热点图表示的 1 001 种催化剂样本。颜色对应于样本的成分和丙烯醛的活性。颜色编码从蓝色(低值)变为绿色再到红色(高值)(见文后彩图)。转载许可(Suh 等,2009)。版权所有(2009)美国化学会

图 7.3 所示的热点图在保持胞状图概念的基础上,进一步引入来自聚类分析的变量(五种成分和一种活性数据)和样本(催化剂)的树状图。例如,在图 7.3 中,基于热点图中的变量树状图,可以确定出丙烯醛的活性与催化剂每个组成元素之间的相关性。丙烯醛活性与元素之间的相关性次序是 Te>Co>Mn>Cr>Ni。如图 7.3 中的白框所示,催化剂活性与不同化学成分之间的关系能够通过目测来发现。例如,Mn 的含量与丙烯醛的活性呈现负的相关性,而丙烯醛的高活性区与高的 Co 含量相匹配。

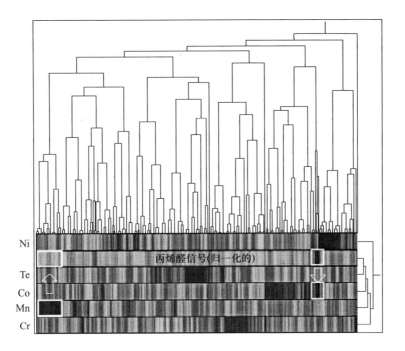

图 7.3 1 001 个催化剂的可视化热点图,该图显示的是用于丙烯醛制备的五组分催化剂成分和活性之间的关系。图中的层次聚类分析基于平均联动算法,并且使用了双向聚类方法 (对催化剂和变量都进行聚类)。本图按照"由蓝到绿再到红"的框架进行颜色编码。因此, 红色网格表示较高的值,而蓝色网格表示较低的值。丙烯醛的高活性区(右边的白框)与混 合氧化物中的高 Co 含量有关。高含量的 Mn(左边的白框)导致丙烯醛活性降低。此论证过 程也可以应用于其他元素含量与活性之间的关系。需要说明的是,行和列的顺序由聚类分析 来确定(见文后彩图)。转载许可(Suh 等,2009)。版权所有(2009)美国化学会 [126]

2.2 平行坐标

[127]

平行坐标系统通过绘制与某一显示轴相平行的 N 个等距轴,将 N 维数据空 间(R^N)映射到二维平面上(de Oliveira 和 Levkowitz,2003)。如图 7.4 所示,N 维 空间中的一个点($c_1, c_2, \cdots, c_N$)由与每个 x 轴相交的折线表示。原则上,可以用 平行坐标来完成超高维数据的可视化。然而,由于大量的样本通常会产生大量 的折线,因此交互技术对于避免平行坐标图中的数据凌乱问题是必不可少的。 通过涂刷技术可以与平行坐标产生比较基础的交互。通过选择感兴趣的折线 段,坐标轴之间的相关性可以通过涂刷后的(高亮)折线簇来方便地判定。文 献中还介绍了用于平行坐标的其他交互技术(Kosara 等,2003;Siirtola 和 Räihä, 2006)。

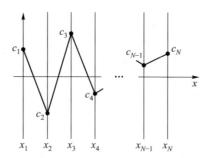

图 7.4　平行坐标中的一个 N 维数据元组。每个竖直线是一条等效于一个维度（变量）的轴，而多边折线沿着每个样本对应的维度值（$c_1, c_2, \cdots, c_N$）连接每个轴（van der Heyden 等，2002）。与热点图不同，平行坐标法主要通过创建变量之间的折线段来捕获变量之间的关联，而不是样本本身。转载许可（Suh 等，2009）。版权所有（2009）美国化学会

在图 7.5（a）和（b）中，通过把平行坐标涂刷成红色折线来分别代表高活性（50% 以上）丙烯醛和高 Mn 含量（60% 以上）。产物的活性值已经根据最高值进行了比例化，丙烯醛最佳的催化剂被设定为 100%。我们看到，丙醛、1,5－己二烯和水有利于丙烯醛的形成，而丙酮和环氧丙烷会阻碍丙烯醛的形成，如图 7.5（a）所示。高的 Co 含量导致丙烯醛的高活性。Cr 含量与丙烯醛活性之间的反比关系是很显著的。虽然这些影响也可以通过热点图确认（图 7.3），但是基于丙烯醛催化剂活性水平，平行坐标法也为判别成分－活性关系提供了简便的方法。

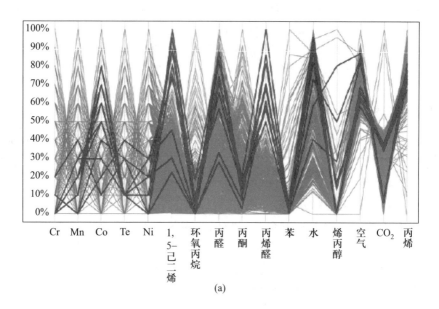

(a)

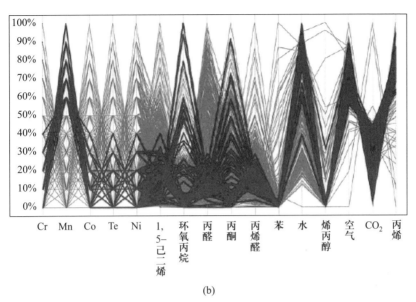

(b)

图 7.5 （a）对于高活性（50% 以上）的丙烯醛,平行坐标涂刷成红色。（b）对于高含量的 Mn [128]
（60% 以上）,平行坐标也涂刷成红色。平行坐标的涂刷技术使得影响因素之间的关联和响应
得以可视化（见文后彩图）。转载许可（Suh 等,2009）。版权所有（2009）美国化学会

2.3 径向可视化

为了把一系列多维的点映射到二维空间中,径向可视化运用了胡克定律的
概念,描述了一个弹簧的回复力 $F(x) = -kd$,其中 k 为弹簧常数,d 为位移。径向
可视化的形状类似于蹦床。当 m 个变量的数据集需要可视化时,m 个点被等距
地安排在半径为 1 的圆周上（图 7.6）。每个点被称为锚点（DA:D_1 到 D_m）,每个 [129]
锚点都与一个弹簧相连。弹簧常数 k_i 是各个维度数据的折算值。

每个数据点的位置都被设定为弹力总和为零的平衡位置。图 7.6 中 $Q_i = (X_i, Y_i)^T$ 表示 m 维空间的点在二维空间的映射（即 $R^m - R^2$）。按照 Brunsdon 等
（1998）的处理,第 i 个样本各个力的总和可以表示为

$$0 = F_{\mathrm{net},i} = \sum_{j=1}^{m} (D_j - Q_i) k_{ij} \tag{7.1}$$

Q_i 被表示为 m 个向量的加权平均值。所以

$$Q_i = \left[\sum_{j=1}^{m} k_{ij} \right]^{-1} \left[\sum_{j=1}^{m} D_j k_{ij} \right] = \sum_{j=1}^{m} w_{ij} D_j , w_{ij} = \left[\sum_{j=1}^{m} k_{ij} \right]^{-1} k_{ij} \tag{7.2}$$

对第 i 个样本,

$$\sum_{j=1}^{m} w_{ij} = 1 \tag{7.3}$$

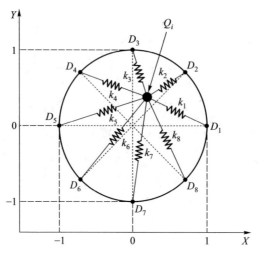

图 7.6 从八维空间到二维空间的径向可视化映射图。八维空间产生八个锚点，单个的数据点 Q_i 通过八根弹簧与每一个锚点相连接，像弹簧床一样。转载许可（Suh 等,2009）。版权所有（2009）美国化学会

[130]　　　如果 k_{ij} 的值都是非负的, Q_i 将在由 D_1 到 D_m 组成的 m 边形的凸包内。k_{ij} 的取值需要被缩放到 $0 \sim 1$ 的范围内。通常使用两个归一化方法来缩放数据集。全局归一化是被施加到整个数据集上面, 它将集合里面所有的值按照整个集合的最大值和最小值来规划到 0 和 1 之间。而局部归一化是将每个维度上的值按照该维度上的最大值和最小值重新规划到 0 和 1 之间。不同的归一化方法将导致不同的径向可视化结果（McCarthy 等,2004）。如果一个数据集包含了 m 个变量,径向可视化就创建一个 m 边的多边形。五组分径向可视化的五边形的每个顶点代表着一个单一的构成元素。

　　　正如其他文献中所描述的内容（Brunsdon 等,1998；Healey 等,1996；Leban 等,2006；Suh 等,2009）,径向可视化具有以下的一些特征:

　　　1）如果一个样本中所有变量的值相似,则样本的数据点位于圆的中心附近。

　　　2）如果变量位于相对的圆边上,并且变量的值是相近的,力几乎被抵消了,这个点位于圆的中心。

　　　3）如果某个特定变量的值远大于其他变量,则数据点被拉到该变量的锚点附近。

　　　虽然目前只考虑了高维催化数据的二维可视化,但这也是很重要的,因为它已经包含了真正实验设计时的可视化方案。将组分数据库和催化数据的高维特征结合起来是非常有用的,因为它能通过尽可能多的模拟实验来实现催化剂先导物的优化。图 7.7 展示了一个径向可视化方案中 1 001 个催化剂样本的五组分分布。颜色表示用气相色谱法测量的丙烯醛信号。由于使用五个组分的

10%增量对成分空间进行取样,所获得的径向可视化图案显示为正五边形。

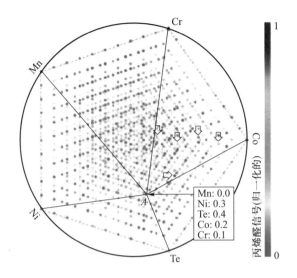

图 7.7 径向可视化中五组分的二维数据可视化。颜色代码对应于丙烯醛的活性值。虽然 *A* 点是丙烯醛的活性最高点,但是空心箭头也是丙烯醛的高活性点(见文后彩图)。转载许可 (Suh 等,2009)。版权所有(2009)美国化学会

这五个组分的分布可视化使我们能立即分析这些数据的趋势和其相关性。例如,图 7.7 中的 *A* 点是丙烯醛活性的最高点。从数据分布可以看出,图 7.7 中的空心箭头所指也是高活性点。已经证明,钴元素在反应过程中扮演着一个重要的角色,而锰元素对丙烯醛的形成没有很大的作用。图 7.8 是一个示意图, [131]

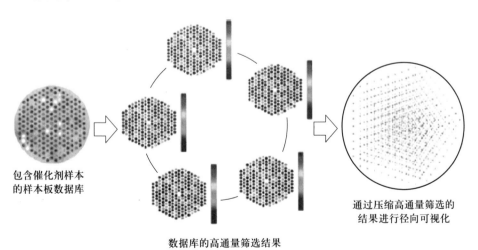

图 7.8 径向可视化和高通量实验的关联示意图。在理想情况下,样本板数据和五组分径向可视化有着相同的形状,它直接将高通量实验和可视化联系起来(见文后彩图)

[132] 说明组分分布的径向可视化可以描绘数据库的形状。虽然组分数据库在催化剂高通量实验方面有着广泛的应用，但如果这个高通量实验数据库被设计成正五边形，那么通过径向可视化来追踪催化活性趋势将变得非常直观，并且易于分析。

2.4   符号图

符号图是一种在二维或三维空间中实现高维多元数据可视化的技术。在符号图中，图形对象（符号）被放在数据集每个数据点的显式或隐式空间坐标中。所使用符号的类型取决于数据的性质。对于向量数据，箭头通常表示数据的方向以及大小；对于标量数据，可以使用球体和立方体这样的几何符号进行可视化，而高维数据集的可视化通常需要用到更加复杂的几何形体。每个数据点中的非空间值与符号图形相对应，这能帮助实验者进行预处理，使他们快速识别边界、簇、空间相关性和异常值。如图 7.9 所示（Cawse 和 Wroczynski，2003），常见的符号图形包括形状、大小、颜色、强度、取向、闪烁、运动以及结构等。

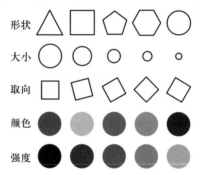

图 7.9   用于快速预处理的常用符号。转载许可（Suh 等，2009）。版权所有（2009）美国化学会

理论上，符号图可以通过符号属性的多种组合来实现高维数据的可视化。这里讨论的例子中，将催化数据投影到一个四面体上，纯元素位于四面体的顶点，二元化合物位于四面体的边上，三元化合物位于四面体的面上。球体用来表示催化剂活性，而具体的活性值由球体的颜色、尺寸和强度来表示。

[133] 催化剂数据的三维符号图如图 7.10 所示。四个元素组成被映射到一个四面体上。四面体的每个顶点代表一个纯元素，而内部数据点代表这四个元素的混合物。在这个数据集中，成分的变化范围为 10%。对于每个数据点，将球体符号放置在该数据点对应的 x, y, z 空间坐标上。对于图 7.10 的符号，三个活性值分别对应于球的三个图形属性：颜色对应于丙烯醛的活性（从蓝到红活性逐渐升高），大小对应于 1,5-己二烯的活性，强度对应于丙酮的活性。

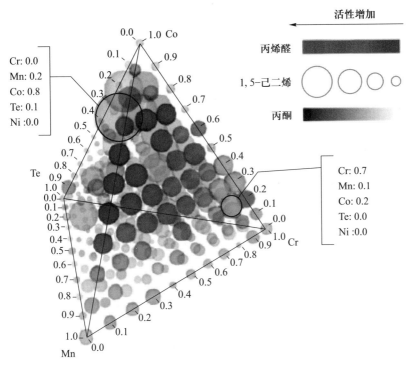

图 7.10　催化剂数据的三维符号图。四个元素(Cr、Mn、Co 和 Te)绘制在三维的四元混合物图上,而三种物质的活性分别对应于球体的三个图形属性:球的颜色对应于丙烯醛的活性,球的大小对应于 1,5-己二烯的活性,球的强度对应于丙酮的活性。通过球体强度的变化来突出丙酮的水平(见文后彩图)。转载许可(Suh 等,2009)。版权所有(2009)美国化学会

3. 交互式可视化:查询大型成像数据集

　　科学可视化是科学数据转化为视觉信息的手段。通常情况下,这些视觉信息本质上是具有空间性质的,也可能随着时间而变化,或者包含其他属性的数据(例如化学特性)。科学可视化在材料研究中的重要性正在迅速增大,因为新的实验手段和仿真技能产生了大量(有时是巨大的)数据集。这些数据集的维度可能大于三维,这取决于数据本身。由这些数据所描述的材料结构往往是很复杂的(例如微观组织特征)。如果没有一个有效的方法来直观地、交互地查询数据,就很难以有效的方式从该数据中提取信息。　[134]

　　一篇关于从三维飞行时间二次离子质谱(secondary ion mass spectroscopy,SIMS)中分析信息的文章中,作者认为主要存在以下三个问题(Reichenbach 等,2011):

1）访问大数据集。

2）多维数据交互式可视化。

3）模式识别(特征提取)。

在本节中,通过一系列的材料研究,我们将举例说明以上三个问题并不仅仅存在于 SIMS 的数据分析中。我们关注的重点是如何利用交互式可视化的作用,来帮助从大型和复杂的数据集中提取信息。然而,另外两个问题也是很重要的,在本章中我们也将简要讨论一下。

在材料研究中,数据集在规模和复杂性上都在迅速增长。现在也开发了很多新的实验工具,例如,原子探针断层扫描分析(稍后在本章讨论)、透射电镜成像(Sharp 等,2008)以及使用同步辐射 X 射线获得变形金属中晶格取向场的新方法(Li 等,2012)。一项关于在塑性力学中仿真和实验之间关联的综述性研究(Pollock 和 LeSar,2013)指出,数据集的获取和分析都需要耗费大量的时间和资金,这正是我们所面临的挑战。而且数据集可能非常大,比台式机能处理的数据集要大得多,这也是挑战的一部分。正如 Reichenbach 等(2011)所说,我们最关键的需求是能够以一种有效的方式来压缩/解压数据,以便使数据可用于进一步的分析。对于某一类型的数据,可能会需要对它开发特有的数据分析方法。

一旦数据是可访问的,并且对该数据进行了可视化,那么从该数据中提取数据特征也是非常重要的。例如,在材料研究中,该数据可能是一个复杂的三维微观组织。人们正在开发新的工具来帮助分析这些数据信息,如 DREAM 3 - D 软件包。其他的数据特征可能涉及一些更具体的信息。正如 Reichenbach 等(2011)所说,模式识别也是很重要的,这仍然是一个活跃的研究领域。

[135] 我们本章的重点是数据的可视化。在材料研究中很重要的一点就是用新的计算资源实现各种材料数据的可视化,例如 ParaView。本章的重点在于扩展图形功能并为用户提供交互式的体验方法。我们觉得这是问题的关键,因为这才能使研究人员更好地理解数据中的固有信息。我们将用三个例子来解释这些观点:SIMS 数据分析(Reichenbach 等,2011),一个关于原子探针断层扫描分析数据的可视化研究(Bryden 等,2013),以及可视化在分析模拟数据中的应用(Bryden 等,2012;Sharma 等,2003)。

3.1　具有空间-谱学特征的 SIMS 的三维数据交互式可视化

飞行时间二次离子质谱(SIMS)是一种分析原子和分子空间分布的技术:用一离子束冲击样本表面,可以检测到样本表面的二次离子束,利用飞行时间质谱检测系统,能够确定二次离子的质量/电荷比(质荷比)的分布。通过使用两个初级离子束能进行深度控制,用一束离子去溅射一定深度的小坑,用另一束对材料进行探测。结合深度信息和离子飞行时间可以确定出材料中离子所在的空间位置。这些数据是很复杂的,包含多层的深度信息以及大范围的飞行数据。让如此复杂的数据变得有意义将是一个挑战(Reichenbach 等,2011)。

Reichenbach 等(2011)为 3D SIMS 开发了一个交互式的可视化窗口,可以对相同数据提供多个视图,每个视图都能展现数据的不同方面或者属性。此外,他们的平台还包括分析工具,能显示特定空间和数据的光谱特征,例如一个细胞核的特定空间,或者反映高浓度特定分子的部分质谱数据。

SIMS 可视化平台的一个重要特点,就是它通过模型-视图控制器(model-view controller,MVC)系统结构使得研究者能够直接与数据进行互动。MVC 系统结构将信息的表示与交互分开,允许对同一数据进行多个视图分析。在 SIMS 案例中,该模型包括数据以及特定的分析功能,视图组件可实现特定类型的可视化,如二维和三维的空间投影和二维空间切片。视图还可以更改颜色、透明度等参数。 [136]

在图 7.11 中,我们给出了研究人员可用的数据类型。原始数据对应三维空间中的一系列质谱数据。在三维表示中,每一个点都按照质谱数据进行着色,这可以由观察者控制。这种视图重点突出了特定的离子。图 7.11(a)显示了完整的三维数据集切片,并且这个切片平面可以由观察者选取。颜色表示质荷比,用户能控制配色方案,并且可以操纵切片的视角。图 7.11(b)是质谱数据在三维空间里的可视化,这使得观察者能够更容易地区分各种离子的位置。

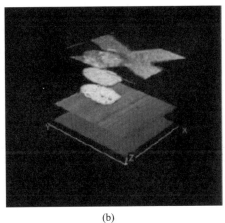

(a)　　　　　　　　　　　　　　　(b)

图 7.11　空间质荷比的三维数据集的可视化。(a)数据进行空间切片,用颜色来显示质谱数据;(b)与(a)是相同的数据,但质谱数据是在三维空间中显示的(见文后彩图)(Reichenbach 等,2011)。获 John Wiley 转载许可

3.2　原子探针断层扫描分析数据的交互式可视化

在原子探针断层扫描分析(atom-probe tomography,APT)中,通过连续蒸发

材料,原子层将逐步地从样本中剥离。这些剥离的原子会被一个具有位置敏感探测器的飞行时间质谱仪检测到,使得能够创建出与原子化学特性相耦合的三维原子位置构型(Kelly 和 Larson,2012;Kelly 和 Miller,2007;Miller 等,2012;Miller,1996,2000)。APT 技术的限制因素有两个:一个是样本的尺寸,针尖半径被限制为 100 nm;另一个是检测器,目前只能检测到大约一半的原子。APT 的数据集可能很大,包含了数以百万计的原子空间位置和每个原子的一系列实验属性,例如飞行时间、质荷比等。

[137]

通常有许多种方法从原子探针的数据中提取信息。在这里,我们专注于科学可视化在原子探针分析中的作用。和前面讨论 SIMS 的数据分析类似,与 APT 数据进行实时交互的能力对于快速分析和理解数据是至关重要的。然而直到最近,APT 数据的交互式可视化还只能是将小部分数据(0.5% ~ 1.0%)以亮球的形式显示出来。虽然足以满足某些目的,但是这些方法无法呈现一个完整的 APT 数据集,或者一个特定的切片,或者以完全保真度显示出所有单个原子。这些正限制着研究人员进一步的深入研究。

我们(Bryden 等,2013)开发了一种用于蛋白质可视化的绘制技术,称为球形替代渲染,能将适当大小的 APT 数据集中的所有点交互绘制成亮球的形式(当前图形卡上有超过一千万个原子)。相对于以前的 APT 数据中只能实现单个原子位置的可视化,这是一个巨大的飞跃。这种方法使得研究人员能够实现大型数据集的可视化,并在屏幕上实时地调整数据的显示。

这项渲染技术是 APT 数据可视化新平台的基础(Bryden 等,2013)。该平台是高度互动的,用户能够根据数据的属性对图形进行实时的过滤和着色。该平台需要包含所有的数据属性,因为许多测量参数将最终决定原子的位置和质荷比。此外,通过检验所有的数据属性,可以更好地理解材料的一些额外的性能和结构。例如,在某些情况下,样本中的原子会成团发射,而不是单一发射。知道了这些现象在整个样本中是如何分布的,将可以揭示样本的许多性能。但是如果只知道原子的位置和质荷比,就不一定能完全解释这些特性。

能够在屏幕上互动性地改变原子的规格,并根据所选择的属性实时地对原子进行着色,这对于我们去理解数据是至关重要的。我们在论文(Bryden 等,2013)中介绍的渲染技术速度是足够快的,可以对 APT 数据集视图进行实时操作,这意味着我们可以在很短的时间内改变或可视化视图。

[138]

我们的论文(Bryden 等,2013)讨论了一个用户界面的示例,其中负责给数据进行修饰和着色的主变量是基于一个给定了原子分布范围的直方图。用户沿着直方图移动滑块来选取参数。此界面在台式计算机和平板计算机上都可以使用。

在分析 APT 数据(或其他由大量稠密对象组成的数据,如原子)时存在的一个挑战是:系统内部的原子可能被位于其前面的其他原子所遮挡。下面我们将讨论处理遮挡问题的方法。我们注意到,遮挡问题只是众多有待解决问题中的一个,解决好这些问题才能推动科学可视化向前发展。这些挑战和问题的解决在其他地方有更详细的论述(Johnson,2004;Sharma 等,2003)。

我们用在硅尖沉积铜膜的实验数据集作为例子,来展示交互式可视化的作用以及其面临的一些挑战。我们将看到,在样本内部有一个内部界面(一个晶界)。如果没有高保真的交互式可视化工具来观察所有原子,那么这个晶界就可能不会被检测到。

晶界可以用多种方法进行识别。由于上述 APT 技术的缺点,其不能以足够的精度来确定原子位置,从而进行进一步的标准晶体学分析。然而,晶界上的原子要比周围的固体疏松。这表明,通过寻找局部密度的变化,可能会提供一种使用 APT 数据来寻找内部晶界的方法。APT 实际上会从固体的致密区域对大量原子进行成像。因此,要确定一个晶粒边界需要寻找 APT 数据中的密集区域。局部密度可以用多种方法确定。在这里所展示的例子中,我们采用 Delaunay 三角剖分法进行确定。

内部原子的互相遮挡是一个主要挑战。一个直接的方法是使用切片法,这样就不会显示出那些对视图有遮挡的原子。最常见的做法是首先形成各种切片视图,然后以一种静态的、连续的方法去检测数据。还可能需要根据数据的某些属性对一些阻碍数据进行过滤或去除,这可以通过上面讨论的可视化平台来实现。虽然使用了上述高度交互式的用户界面,但是这种静态方法可能还是有些 [139] 缓慢和麻烦,不过它可以快速地筛选可视化选项。

在图 7.12 中,我们给出了铜/硅体系 APT 数据的一个简单的分析结果。在这个案例中,我们绘制了一系列切片上面的原子示意图,并根据它们的局部密度对其进行着色,而这些切片都是穿过晶界的。虽然视图中晶界是清楚可辨的,但是还很难确定一些重要的参数,如晶界的宽度和其确切位置。将这些实验数据通过一系列连续的切片表示出来,就可以看出样本边界的结构。我们再次注意到,拥有一个包含界面的快速可视化平台,使用户能够实时更改显示的信息,对于快速扫描数据至关重要。事实上,我们扫描了数据的很多属性,才发现最佳显 [140] 示晶界的局部密度。

虽然图 7.12 显示了边界的切片,但我们可以基于某些原则过滤掉一些原子,使边界更加清晰。在这个案例中,我们基于局部密度来过滤原子,局部密度由上面提到的 Delaunay 三角剖分法确定。过滤后的结果如图 7.13 所示,其中铜原子根据其局部密度进行显示和过滤。在不太致密的样本区域中 APT 数据最为密集,当仅显示最密的原子时,晶界应该更加清晰。图 7.13 显示了这样的情况。同样,当改变屏幕中数据的属性时能实时进行数据的可视化,这对快速确定

界面的位置是至关重要的。此外,能够实时地操纵数据视图的角度,使我们能够
分析晶界的结构。需要强调的是,拥有一个能够全真的可视化所有原子的平台
是我们确定晶界的一个重要组成部分。晶界分析的更多细节将在其他地方讨论
(Kosara 等 ,2012)。

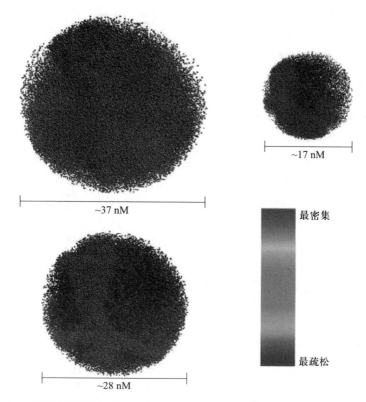

图 7. 12 包含晶界的数据集切片,以矩阵的形式排列。根据局部密度着色的数据集的内部切
片。因为切片按照空间上的切片体积的顺序排列,所以使用多个视图能让我们注意到晶界的
形状如何沿着体积变化

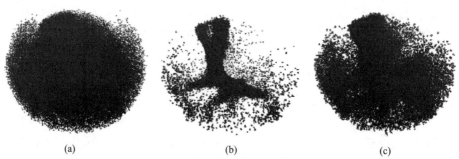

图 7. 13 基于局部密度在晶界数据集里面过滤原子的几种不同层次 : (a) 全是铜原子 ;
(b) 铜原子密度占 10% ; (c) 铜原子密度占 50%

在本章第 2 节中,我们已经展示了对相同数据采用多种表示方法可以加深对数据的理解。科学可视化同样如此,经常需要对数据采用许多不同的可视化表示,例如基于视图或显示的属性来获得对该数据的更全面的理解。在可能的情况下,把科学可视化和信息可视化组合起来使用可以更好地理解数据(Kosara 等,2012)。

3.3 模拟可视化

模拟的结果也需要使用先进的可视化方法进行分析。例如,在分子动力学模拟中,样本中原子的位置和速度可以通过求解牛顿方程实时跟踪。了解材料中的微观组织发展,以及它们如何随着时间的推移而变化,对于理解材料的行为至关重要。在 APT 数据中,由于其他原子对缺陷的遮挡,任何缺陷的识别都相当具有挑战性。如何在不同方面解决这一问题也在这里(Sharma 等,2003)进行了讨论。

在图 7.14 中,我们展示了铜中冲击波的分子动力学模拟结果,用嵌入原子模型势描述原子间的相互作用。图 7.14 只显示了那些偏离面心立方一定量的原子,即只显示了缺陷。因此,通过对数据进行适当的过滤,可以避免非缺陷区原子遮挡的问题。我们采用了与 APT 研究中相同的可视化方案,使我们能够实时操作三百万个原子的显示,如图 7.14 所示。通过将数据以三维的形式在一个直径 3 m 的巨大显示器上显示,与图像的交互处理相结合,我们能够在样本中"遨游",从而确定关键的缺陷结构。这种可视化使我们对数据有更加透彻的理解,并为定量分析提供了可能。

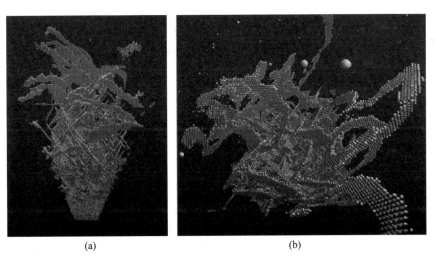

(a)   (b)

图 7.14 由原子经验势函数描述的被冲击铜的两种视图。视图中只显示了偏离局部结构的原子。(a)大角度俯视样本,图的顶部是受冲击部位。(b)原子冲击处的放大图,其中的缺陷结构包括两个部分位错之间的堆垛层错面(T. C. Germann,美国 Los Alamos 国家实验室提供的模拟数据)

最后一个例子是关于蛋白质柔性仿真研究的一个实例(Bryden 等,2012)。在该方法中,正态分析被用来识别蛋白质如何相对于彼此移动和改变其形状。这些信息对于理解蛋白质在大的生物系统中扮演的角色至关重要。可视化过去常用来帮助理解蛋白质分子是如何实现协调运动的。在我们以前的工作中(Bryden 等,2012),我们使用聚类和原子团的运动模型来简化蛋白质柔性分析的结果,使得蛋白质大量复杂的运动能够以一种清晰简洁的形式表现出来。图 7.15 给出了这种可视化的示例。不同组的原子团用不同的颜色表示,并用箭头表示原子团可能的运动路径。这种简洁明了的表示方法能使其他研究人员快速、有效地了解蛋白质分子不同的潜在运动路径(Bryden 等,2012)。

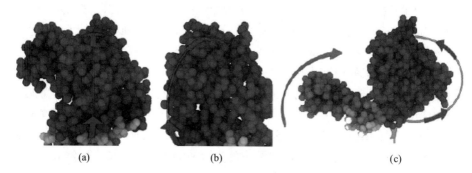

(a)　　　　　　　　　(b)　　　　　　　　　(c)

图 7.15　腺苷酸激酶(PDB:4ake)同一可能运动的三个不同视图。(a)以红色短箭头表示小移动量的最大协调原子团的前视图。(b)(a)中原子团的侧视图。(c)整个蛋白质的视图,可以看出三个不同的原子团沿着不同的路径移动。绿色原子团是蛋白质中移动量最大的部分,因为其箭头最长。红色原子团的运动由一条长带表示,较短的箭头表明和绿色原子团相比其运动较少(见文后彩图)

4. 进一步阅读的建议

本章探讨了用来表示或呈现材料科学数据的不同方法。读者应该在本专题的众多其他章节的基础上来阅读本章,讨论映射高维数据的数学表示。多维数据的可视化探索对处理复杂的多维数据集是必要的。为了使可视化探索可行,已经开发了许多不同的信息可视化的方法来处理多维性。正如 Groller(2002)所说,人类视觉感知最显著的特征之一就是能快速吸收和分析视觉信息。他的论文讨论了可视化技术的重要性,并举例说明了可视化技术如何帮助研究者洞察数据特性。正如我们在本章中所提到的,可以使用可视化方法来筛选复杂的信息,而这仅仅是可视数据挖掘领域的一个例子。在这个领域存在许多论文和观点,并已应用于许多领域,例如生物医学数据(Hagen 等,2000;Inselberg,2002;Kelm,2002;Tejada 等,2003)。Felice Frankel 的工作(Frankel,2004;Frankel 等,

2005；Frankel 和 Whitesides，2008；Frankel 和 DePace，2012）为科学和信息可视化的学术深度和广度的需求，描画了创建引人入胜的科学图像的路线图。Edward Tufte 的书 *Visual Explanations*（1997）、*The Visual Display of Quantitative Information*（2001）、*Beautiful Evidence*（2006）和 *Envisioning Information*（1990）都是这个领域的经典著作，并为科学和抽象数据的可视化提供了合理的建议。Colin Ware 的书 *Information Visualization：Perception for Design*（2002）为感知研究中的信息可视化起到了很好的指引作用。

致谢

A. B. 的工作由美国能源部的国家能源技术实验室和基础能源科学办公室资助。美国能源部根据合同号 DE－AC02－07CH11358 支持 Ames 实验室的工作。R. L. 的工作部分由美国能源部基础能源科学办公室资助。R. L. 也感谢 Gleason 教授跨学科工程的支持。K. R. 的工作得到了 NSF－CDI Ⅱ型计划（PHY 09－41576）、NSF－ARI 计划（CMMI 09－3890182）、美国太平洋空间和海军作战系统中心（SPAWAR）发布的国防部高级研究计划局（DARPA）N/MEMS S&T 基础计划项目（N66001－10－1－4004）的支持。K. R. 也感谢 Wilkinson 教授的跨学科工程的支持。

参 考 文 献

Brunsdon, C., Fotheringham, A. S., Charlton, M. E., 1998. In：Joint Information Systems Committee, ESRC, Technical Report Series 43, pp. 55－80.

Bryden, A., Phillips, G. N., Gleicher, M., 2012. Automated illustration of molecular flexibility. IEEE Trans. Vis. Comput. Graph. 18, 132－145.

Bryden, A., Broderick, S., Suram, S. K., Kaluskar, K., LeSar, R., Rajan, K., 2013. Interactive visualization of APT data at full fidelity. Ultramicroscopy（accepted for publication）.

Cawse, J. N., Wroczynski, R., 2003. In：Cawse, J. N. （Ed.）, Experimental Design for Combinatorial and High Throughput Materials Development. John Wiley, Hoboken, NJ, pp. 109－127.

Chevrier, V., Dahn, J. R., 2006. Production and visualization of quaternary combinatorial thin films. Meas. Sci. Technol. 17, 1399－1404.

de Oliveira, M. C. F., Levkowitz, H., 2003. From visual data exploration to visual data mining：A survey. IEEE Trans. Vis. Comput. Graph. 9, 378－394.

Frankel, F., 2004. Envisioning Science：The Design and Craft of the Science Image. MIT Press, Cambridge, MA.

Frankel, F. C., DePace, A. H., 2012. Visual Strategies：A Practical Guide to Graphics for

Scientists and Engineers. Yale University Press, New Haven, CT.

Frankel, F. , Whitesides, G. M. , 2008. On the Surface of Things: Images of the Extraordinary in Science. Harvard University Press, Cambridge, MA.

[145-146] Frantzen, A. , Sanders, D. , Scheidtmann, J. , Simon, U. , Maier, W. F. , 2005. A flexible database for combinatorial and high throughput materials science. QSAR Comb. Sci. 24, 22-28.

Groller, E. , 2002. Insight into data through visualization. In: Mutzel, P. , Jünger, M. , Leipert, S. (Eds.), GD 2001, LNCS 2265. Springer, Berlin, pp. 352-366.

Hagen, H. , Ebert, A. , van Lengen, R. H. , Scheuermann, G. , 2000. In: Wilhelm, R. (Ed.), Informatics. 10 Years Back. 10 Years Ahead, LNCS 2000, pp. 311-327.

Healey, C. G. , Booth, K. S. , Enns, J. T. , 1996. High-speed visual estimation using preattentive processing. ACM Trans. Human Comput. Interact. 3, 107-135.

Heer, J. , Bostock, M. , Ogievetsky, V. , 2010. A tour through the visualization zoo. Comm. ACM 53(6), 59-67.

Inselberg, A. , 2002. Visualization and data mining of high-dimensional data. Chemometric. Intell. Lab. Syst. 60, 147-159.

Johnson, C. , 2004. Top scientific visualization research problems. IEEE Comput. Graph. Appl. 24, 13-17.

Kelly, T. F. , Larson, D. J. , 2012. Atom probe tomography 2012. Annu. Rev. Mater. Res. 42, 1-31.

Kelly, T. F. , Miller, M. K. , 2007. Invited review article: Atom probe tomography. Rev. Sci. Instrum. 78, 031101-031120.

Kelm, D. , 2002. Information visualization and visual data mining. IEEE Trans. Vis. Comput. Graph. 8, 1-8.

Kosara, R. , Hauser, H. , Gresh, D. , 2003. In: Proc. Eurograph. , pp. 123-137.

Kosara, R. , Sahling, G. N. , Hauser, H. , 2012. Linking scientific and information visualization with interactive 3D scatterplots. In: Proceedings of the 12th International Conference in Central Europe on Computer Graphics, Visualization and Computer Vision(WSCG2012).

Kra, M. V. , Mangan, M. A. , Spanos, G. , Rosenberg, R. O. , 2000. Three-dimensional analysis of microstructures. Mater. Charact. 45, 17-23.

Leban, G. , Zupan, B. , Vidmar, G. , Bratko, I. , 2006. VizRank: Data visualization guided by machine learning. Data Min. Knowl. Discov. 13, 119-136.

Li, S. F. , Lind, J. , Hefferan, C. M. , Pokharel, R. , Leinert, U. , Rollett, A. D. , Suter, R. M. J. , 2012. Three-dimensional plastic response in polycrystalline copper via nearfield high energy X-ray diffraction microscopy. J. Appl. Crystallogr. 45, 1098-1108.

McCarthy, J. F. , Marx, K. A. , Hoffman, P. E. , Gee, A. G. , O' Neil, P. , Ujwal, M. L. , Hotchkiss, J. , 2004. Applications of machine learning and high-dimensional visualization in cancer detection, diagnosis, and management. Ann. N. Y. Acad. Sci. 1020, 239-262.

McCormick, B. H. , 1988. Visualization in scientific computing. ACM SIGBIO Newsl. 10, 15-21.

Mentges, M. , Sieg, S. C. , Schröter, C. , Frantzen, A. , Maier, W. F. , 2008. Centralized data management in materials research projects with several partners at different locations. QSAR Comb. Sci. 27,187−197.

Miller,M. K. ,1996. Atom Probe Field Ion Microscopy. Oxford University Press,Oxford.

Miller,M. K. ,2000. Atom Probe Tomography. Kluwer Academic/Plenum,New York.

Miller, M. K. , Kelly, T. F. , Rajan, K. , Ringer, S. P. , 2012. The future of atom probe tomography. Mater. Today 15(4),158−165.

Munzner,T. ,2009. Fundamentals of Computer Graphics,third ed. A. K. Peters,London.

Pollock,T. M. ,LeSar,R. ,2013. The feedback loop between theory,simulation and experiment for plasticity and property modeling. Curr. Opin. Solid State Mater. Sci. 17,10−18.

Reichenbach,S. E. ,Tian,X. ,Lindquist,R. ,Tao,Q. ,Henderson,A. ,Vickerman,J. C. ,2011. Interactive spatio−spectral analysis of three−dimensional mass−spectral($3D \times MS$) chemical images. Surf. Interface Anal. 43,529−534.

Rosenblum, L. , Earnshaw, R. , Encarnacao, J. (Eds.), 1994. Frontiers in Scientific Visualization:Advances and Challenges. Academic Press,Waltham,MA.

Sharma, A. , Kalia, R. K. , Nakano, A. , Vashishta, P. , 2003. Large multidimensional data visualization for materials science. IEEE Comput. Sci. Eng. 5,26−33.

Sharp,J. H. , Barnard, J. S. , Kaneko, K. , Higashida, K. , Midgley, P. A. , 2008. Dislocation tomography made easy:A reconstruction from ADF STEM images obtained using automated image shift correction. J. Phys. Conf. Ser. 126,012013.

Siirtola, H. , Räihä, K. ,2006. Interacting with parallel coordinates. Interact. Comput. 18,1278−1309.

Suh,C. ,Sieg, S. C. ,Heying, M. J. ,Oliver,J. ,Maier, M. ,Rajan, K. ,2009. Visualization of high−dimensional combinatorial catalysis data. J. Comb. Chem. 11,385−392.

Tejada,E. ,Mingham,R. ,Nonato, L. G. ,2003. On improved projection techniques to support visual exploration of multidimensional data sets. Inform. Vis. 2,218−231.

Tufte,E. R. ,1990. Envisioning Information. Graphics Press,Cheshire,CT.

Tufte,E. R. ,2006. Beautiful Evidence. Graphics Press,Cheshire,CT.

Tufte, E. R. , Graves−Morris, P. , 2001. The Visual Display of Quantitative Information, second ed. Graphics Press,Cheshire,CT.

Tufte, E. R. , Weise Moeller, E. , 1997. Visual Explanations: Images and Quantities, Evidence and Narrative. Graphics Press,Cheshire,CT.

van der Heyden, Y. , Pravdova, V. , Questier, F. , Tallieu, L. , Scott, A. , Massart, D. L. , 2002. Parallel co−ordinate geometry and principal component analysis for the interpretation of large multi−response experimental designs. Anal. Chim. Acta. 458,397−415.

Ware,C. ,2002. Information Visualization:Perception for Design,third ed. Morgan Kaufmann, Amsterdam.

Zhu,B. ,Chen,H. ,2005. Information visualization. Ann. Rev. Inform. Sci. Technol. 39,139−177.

第 8 章
本体和数据库——
材料信息学的知识工程

Joseph Glick

President, R&D Lead, Expertool Paradigm LLC

1. 简介

信息学的本质是将数据和信息转化为知识和应用,无论我们更倾向哪一种定义。信息学在生物医学中出现是作为转化医学的工具,将基础研究的成果转化为医学知识的存储库。这些存储库可以反过来被医学院、制药厂、健康系统供应商使用,来推动方法和技术的发展。同时希望这个"转化"框架可以变成循证医疗协议和政策的平台。基因组学研究的进展,特别是人类基因组图谱计划,使人们对转化医学寄予了厚望。根据美国风险投资协会(2011)的统计数据,2000年生物基因相关研究的投入达到了1亿美元,但是到2002年下降了近80%,并在之后的十年基本保持这个水平。

期望值和结果之间的差距催生了生物信息学计划,尽管资助程序在推动应用上已经开展了有限的尝试,如图 8.1 所示。

报告中引用的少量结果与材料科学和信息学应用有关,因为白宫科技政策办公室提出的材料基因组计划(Materials Genome Initiative)的撰写过程中已经开展了与生物基因组学类似的相应研究及期望。对材料信息学项目的架构和开发是势在必行的,将转化医学的手段应用到识别必需的关键问题和成功因素上去,
通过创建解决方案和平台,来有效地将材料科学研究的成果转化成对产品创新和工程应用有用的知识库。

转化架构的关键因素是数据库和本体,尽管这两个词频繁地同时出现(因为本章的标题),但这是两个截然不同、存在很大差异的概念。理解数据库和本体

的差异对有效开发这个转化架构是必需的。其最核心的差别是目的不同：

1）数据库是用于获取、存储、管理和共享数据和信息的；

2）本体是用支持应用的上下文结构来实现内容管理、存储、数据管理和知识共享的。

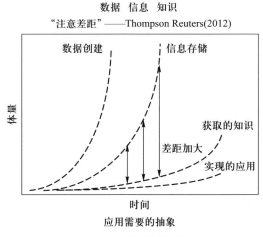

图 8.1 "注意差距"

信息是一种有用结构的数据。因为数据和信息在数据库中获取、管理和存储，图 8.1 中的前两个曲线描述了目前数据库的现状。数据和信息的指数级增长并不意外，因为它们是基于自然科学和技术的。如图 8.1 印证的，基于数据库的方法是最简单也是最短程的获得可评测结果的方法，但并不一定是最有价值的。

图 8.1 下面的标语说明缩小差距需要运用抽象方法。如周期表的预测能力一样，从信息到知识的转化效果依赖于抽象方法的精度和准确度，而不是可用的数据体量或者研究的速度。有效的抽象是巨大的挑战，尤其在计算环境下，这将在第 2 节深入讨论。

知识是信息在有用的上下文中的呈现。获取、保管和存储知识是各种本体工程计划的研究对象，但如图 8.1 所示，计算信息和知识之间的差距是应用的最主要障碍，这一差距的主要影响因素是语义网本体在前述的本体工程计划中的主导地位，因为这些语义网本体关注的是所定义的概念的标准化词汇，而非在上下文中的科学含义。

总而言之，我们将提出对本体的基本思考，讨论基于信息学的本体应用、相关的挑战，以及已经应用于材料科学中的一些样例方法。此外，我们将在"大数据"环境下来评论数据库的角色和局限性，因为"大数据"已经占据了今天信息思维空间的最大份额。最后的结论部分，我们将对运用本章讨论的方法的一些先进的本体工程计划加以总结，包括一个材料科学的案例。

[149]

2. 本体

术语"本体"一直被亚里士多德归为哲学的范畴,认为本体是理解事物的本质,直到语义网技术出现,人们才对本体有了新的理解。语义网严重依赖于结构化的词汇(一般指本体)来定义概念和关系。这些本体通常是面向应用的,这些应用需要正确的关于术语和概念结构关系的定义,来解释用户的自然语言输入,这方面的研究早些年已在医药学领域获得很多经费资助。营销创新的出现成为语义网工程蓬勃发展的主导驱动力,搜索引擎和社会媒体网站及其应用的快速发展已经扩大了参与者的范围。

[150]

语义网技术和方法的标准由 W3C 提出,如 W3C 网站的解释:

关于"词汇"和"本体",并没有明确的分割。"本体"用于描述更为复杂、更为正式的术语集合;而"词汇"一般在并不需要十分正式的场合或者只是不太敏感的场合使用,词汇是语义网技术中推理的基本构件。

这个定义上的缺陷并不是语义网技术上的核心问题,但是对于材料科学家来说,这是一个具有深远影响的复杂问题,绝不仅仅是冒险在证据(科学)(Rajan,2011)或是共识(协商或投票标准)之间给出一个界定。材料科学信息学既需要本体也需要词汇来解决工程问题,以获取材料和表征的相关知识。然而,本体和词汇必须完成精确数组的一个或多个角色的准确定义,每一个角色需要适合的优化的架构支撑,这样才能够完成所需的架构。

2.1 本体、词汇和材料信息学

如美国白宫科技政策办公室推动的材料基因组计划所述,在通过应用新材料来解决和减少环境和健康问题上取得的经济发展,引发了研究兴趣和投资热情。为解决这些需求问题,材料信息学本体可以定义为三个具体的目标:

1)将有用的数据和信息翻译成有用的知识,不仅对材料科学家有用,对应用工程师、环境工程师、监管者和其他用户也有用。

2)创建知识库,以保证与不断出现的科学研究和发现,以及跨领域和产业界的应用开发和工程创新同步发展。

3)用一个灵活的架构来呈现知识,支持基于多种规则指导结果,使每个用户群体都能够正确理解本体的使用及其价值。

[151]

信息是以有用的结构获取和存储的数据,知识是以有用的上下文呈现和建模的信息。因此,将材料数据和信息翻译成有用的知识需要对科学上下文概念进行定义和建模,以支撑在各种环境和应用下多维度结构-性能关系的探索和预测。一个概念的科学上下文需要包含概念的定义和分类属性(词汇和分类标准），但是实现预期的预测能力还需要结构和行为属性的建模和定量化，以及不同概念和属性之间潜在的交互关系。另外，为了辅助基于模型的实验和发现，本体需要与一系列模型兼容，每一个模型都是一个独立的代理，这些模型可能迄今未知，或者这些模型间至少是模糊的和随机的交互关系。

上述计算环境，可能许多科学家或信息学的实践者并不熟悉，因为他们熟悉的工具和系统都是基于数据和信息的。然而，他们都将承认，基于实验和发现的本体架构的概念描述正是我们每天与之较劲的真实世界问题。

我们以药品安全为例。作为风险评估处理的一部分，美国食品药品监督管理局（FDA）药品评估与研究中心（Center for Drug Evaluation and Research, CDER）需要计算不同模型中嵌入的不确定性。基于已知系统生物学和药理学，CDER 将考虑是否存在对药物与安全信号关联的合理的生理学解释。他们在网站上说道：

生物学上看起来越是合理的冒险，越是需要在安全问题上优先并多加考虑。我们需要假设三个模型来分析不确定性：①预测指定参数对应结果的动态模型；②描述不同个体人口变化的层次模型；③描述观测过程（包括误差产生过程）的测量模型。我们并不确定描述三个模型以及描述这些模型的参数。

在现实世界中，用于支持分析的独立开发的各种模型，在模型及属性层面上都是相互依赖的，这是一个系统复杂性的例子，将在本章第 2.2 节详细描述。然而，对隐含在 FDA 的评估描述中的复杂交互的建模能力，是将现实世界中的数据和信息转化为现实世界的知识的基础。 [152]

理论上，计算机系统应该模拟真实的世界，但计算场景是完全不同于真实世界的场景，这或许会为理解"为什么信息和知识之间的差距还在继续增长"提供一个线索。如果我们想开始缩小日益扩大的这种差距，科学与商业的信息学需要补充现有的以数据为中心和以信息为中心的计算环境，该计算环境包括以知识为中心和以应用为中心的计算体系结构和技术。管理知识库有自己的特殊需要，包括但不限于：

1）包含研究数据、标准化词汇，以及其他需要开发和维护的相关内容的源数据库的注册。

2）需要开发源数据库和本体之间的架构的连接和/或更新过程。

3）需要设计更新、分析、审查实现流程，以及资源和技术自动化许可。

我们给出一个多词汇表准确定义角色的例子。在这个用例——管理你的知识库中，词汇表经开发、管理并存储在材料科学信息学本体架构之外，而且在大多数情况下这些词汇不是材料科学词汇。然而，既然科学都不是存在于真空中的，即使研究人员的兴趣非常窄，本体中建模的概念的科学含义也将包括并依赖于其他学科的知识构成。

我们以用于药物输送系统的纳米材料开发为例。物理化学特征含义将包括物理和化学数据库的信息,药理表征含义将包括制药、生物医学和生化数据库的信息。在每一个相关的数据库中,使用学科专有词汇和分类法对信息进行定义和分类。潜在相关词汇与材料科学本体的核心词汇之间的映射需要维护,以便支持第二、三个过程。

[153]　　应用需要知识以普遍可用的形式呈现,使其潜在用户能找到相关内容,正确解释内容,并有效地加以利用。虽然有许多潜在的表示方法,但提供明确的定制输出的关键要素是包含用户群(词汇表的特定角色的另一个例子)常用的词汇,并在本体中将它们映射为材料科学词汇。导航用例允许用户直观地识别他们的学科和问题域参数,因为他们是在用自己的语言导航,内部引擎会执行传输定制输出所需的相关性计算。

很明显,满足上述目标的传输颇具挑战性,因此很容易看到为什么信息存储和有用的知识之间的差距还在继续增长。

然而,目标并非遥不可及。第一步是制定一个合适的解决方案架构,如图 8.2 所示的本章稍后讨论的纳米信息学先导计划的知识工程的例子。

主要知识引擎组件支持内容领域的核心抽象,这些组件,如图 8.2 中齿轮上面的数字表示如下。

1:科学本体——上下文建模概念、属性和交互。

2:词汇和映射——基于应用范围的核心和关系。

3:分析、实验和呈现规则——包括用户导航和用户案例。

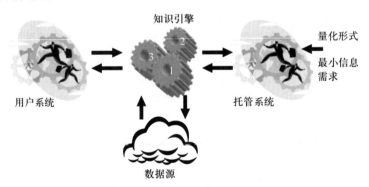

图 8.2　解决方案架构

[154]　　在引言部分,信息和知识图的差距下的信息展示了抽象作为弥合差距的解决方案的一个关键要素。上述架构同时基于本质(即知识、术语和规则)和目的(即计算上下文、翻译含义和启用用例)对内容进行抽象,结果不仅保留着从证据中习得的科学与基于共识确定的词汇之间的区别,而且也保留了与实施方法分离的上述两个内容的群组,其中的实施方法因具体项目需求的不同而不同。

这种抽象方法的演变将在本章第 3.2 节讨论,其中也包含了一个材料科学实施架构的实现细节。本章第 2.2 节将讨论更重要的计算挑战,以及解决这些问题的新方法的示例。因为材料信息学以外的大多数的描述方法已经得到发展,基于以最通用的方法来说明的思路选择示例,目的是促进对可应用于材料信息学工具和应用的基础原理的理解。

2.2 挑战和方法

信息存储和知识库之间差距的规模和持续性表明需要克服的障碍很多。此处提出的填补这一差距的挑战并不详尽,因为存在社会、学术、经济和其他问题,而这些问题显然超出了本书的范围。

信息学的上下文中,知识的获取、管理和共享是主要目标,因此,我们用于分析差距带来的挑战和寻找解决方案所使用的主要观点是知识工程。这个学科,植根于计算机科学创新与认知科学发现的集成,利用经过验证的工程方法将知识集成到计算机系统,来解决通常需要高水平专业技能的复杂问题。这是一个新兴学科,在学术上已有很多引用,但现在也已经有了实际的应用,见本章第 3.2 节中的一些例子和本章的结论。

从知识工程的角度来看,挑战主要有三个: [155]

1)复杂性;

2)相关性计算;

3)获取人的专业技能并自动化。

我们将单独讨论每一个挑战,并研究在一定程度上成功处理这些问题的方法。

● 复杂性

在构建计算解决方案时,术语"复杂性",虽非准确但频繁地用于三种常见情况:

1)数学复杂性。从计算机科学的角度上看,是指定义数据的扩展驱动计算资源需求扩展的方式的规则。数学复杂性直接依赖于数据的体量,由于人们对大数据处理平台的宣传和期望,其成为今天跨学科和领域的一个占主导地位的主题。我们将在下面第 3 节的大数据部分综述该技术的发展现状,包括它在材料信息学中能做什么和不能做什么。

2)设计复杂性。从解决方案架构角度上看,是实现和扩展高度灵活且动态的处理相关的挑战。特别是作为计算方法不精确使用时,复杂性通常指当系统和/或组件集成到一起带来的并发、错误和低效性,而不重视问题分析或解决方案架构和流程再造。

3)系统复杂性。从现实世界建模的角度来看,是指在物理、生物和社会系统跨学科的无序和随机交互。系统复杂性由于在全球金融危机中的角色重要性,在技术圈中有了一些恶名。

上述三个问题对信息转化为知识十分重要,解决这些问题用到的方法通过知识工程学科知识来开发。然而,由于系统复杂性是与材料科学本体工程最相关的,所以建模的系统复杂性超出了数学复杂性和设计复杂性的范畴,我们将从系统复杂性的角度来看这个问题。

[156]

科学家在对环境和生物系统建模的过程中已经意识到了这个问题,但是他们通常使用的计算工具和技术在解决系统复杂性问题时十分有限,导致产生了一系列不同的知识库,每个又受限于支撑技术的可扩展性。尽管在实施例如 WolframAlpha、NanoHub 这样的教育软件时可以实现公认的应用,但知识库之间缺乏动态交互成为更广泛、更关键的研究问题的突破和发现目标实现的重大障碍。即使当科学家们自己编码时,他们也依赖技术供应商提供他们需要的工具,这时,对解决扩展系统复杂性的常用工具的局限性的认识才刚刚开始。为避免此现象,并重视系统复杂性管理问题,美国国防部高级研究计划局(DARPA)在 2005 年设立了"真实世界推理(Real-World Reasoning,内部称为 Get Real)"项目。相关报告在 *Computer World*(Anthes,2005)上刊登如下:

2005 年 12 月 5 日——这是史上最令人印象深刻的 PowerPoint 幻灯片之一,这是一张图,纵轴的最小数值是 10^{17},表示从现在到太阳烧尽所需要的秒数,接着是 10^{47},表示地球上原子的数量,之后,数字就变得特别大,达到标尺的最高 $10^{301\,020}$。这张来自美国国防部高级研究计划局的图,显示了一个活动范围可能结果的指数级增长,从一个简单的 100 个变量的汽车引擎诊断到一百万个变量的战争游戏(这是 $10^{301\,020}$ 所代表的)。DARPA 正在尝试解释现实世界推理工程,也就是计算机永远不能够穷尽检查复杂活动的可能结果,莎士比亚的作品永远不可复制。

在现实世界中,当问题领域充满了明显的复杂性和不确定性,不论是政府、企业、军队还是利他组织,人的判断和专业知识规则都倾向于将最高权力和补偿给予有效决策者。2008 年在接受 DARPA "Real-World Reasoning"授权展开这个领域的研究后,IBM 公布:"今天的计算机可以进行大量计算,但不能用来处理模棱两可的、或将来自多个来源的信息集成的事情。"

[157]

DARPA 倡议的组合复杂性问题推动了 IBM 和五个共同获得资助的学术合作伙伴开发一种神经元芯片,它抛弃传统的硅芯片设计来获得更加仿生的结构。这个目标并没有那么容易实现,但也扩展了当前组合计算的能力。MIT 的研究人员采取了一个不同的方法,使用 400 个传感器对单个突触活动进行建模来模拟大脑的可塑性。对致力于改善分析能力的技术主管来说,或者对致力于开发下一代信息学平台的科学家和工程师来说,从研究的角度,这两项工作都十分有意义,都为解决前面遇到的挑战献策。最重要的挑战是思考什么样的数据和信息结构可以用来支持仿生处理体系结构和技术。

- 系统复杂性建模方法

既然上述计划达成的共识是系统复杂性建模时需要仿生学方法,那么借助认知科学和仿生设计方法来了解真实推理是如何表示复杂系统的,就是合理的。在本小节,我们专注于系统复杂性建模的四种主要方法——认知架构、人的专业技能元素的获取和自动化处理、相关性计算,以及使用"代理模型"。这里的"代理模型"是一个基于代理的建模方法,其中每个模型及其组件作为独立的代理,具有处理无序和随机行为的能力。

认知架构

认知架构的开发和使用是通过大脑扫描技术获取人大脑的信息架构。从认知科学的角度,对复杂领域进行有效表达的需求可被充分理解(Cheng,2002),这些需求包括:

1)抽象层的整合——这似乎是个很显然的需求,但其实并非如此。

2)将全局同构与局部异构的概念表达相结合。 [158]

3)整合领域可替代的观点。

4)表达式的支持可扩展操作。

5)有简洁的程序。

6)有统一的程序。

为了进行抽象层的整合,建模人员首先需要对领域范围内的所有抽象层进行识别,并确保它们可以被精确区分和表达。例如,可以直观地将领域的系统和结构识别为子领域,但是不同领域间的行为分类需要与领域间交互作用的性能相关联。

将全局同构与局部异构的概念表达相结合的一个实例,是对象导向的继承方法,其是建模系统中非常有用的工具,目的是定义一个简单的概念结构,使得所有高抽象层的成员可以很好地适应。如果通过努力,这个目标仍然很难达到,那就需要对这个领域建立更高的抽象层。

整合领域可替代的观点意味着创建一个上下文表达结构,使得基于上下文的驱动、参数、概念可以翻译成不同的内容,模型元素可以执行不同的行为。上下文引擎的设计和构建很重要,一个关键的成功因素是足够稳健的假设层,它可动态地将领域元素的性能、值以及外部的交互场景进行整合。

表达式的支持可扩展操作的能力是必要的,这样可以使上下文结构更加灵活,因为表达式中的方法和值需要根据不同的驱动场景进行变化。一些获取灵活类型的特殊方法如下:

1)包含依赖于数据和更新的表达式变量。

2)包含规则引擎的表达式输出的计算变量。

3）基于计算上下文处理过程创建的表达式库。

4）运行时允许用户能够创建上下文输入和进行决策。

[159]　简洁的程序能够支持程序库的创建,程序库由上下文引擎管理,因此允许在运行时根据驱动器输出和用户选择需求,进行程序动态组装。

统一的程序能够支持工程技术的使用,进而优化程序和表达式的共享和重用。这个方法除了支持性能提高和维护简化之外,还使得算法架构更加精准和新颖。

认知架构的核心原则是人的知识需要抽象成基础的三类:语义的、情节的和程序的。为了提高可用性,需要使用用户思维模式进行分配计算,科学本体中每一个概念类应该有一个认知状态(语义的、情节的或程序的)。例如,概念"抑制"可以应用到:

1）一个质点对目标的影响,或质点所处的环境——语义的。

2）环境数据,或艺术之上的专利——情节的。

3）一个生物学路径,或实验过程——程序的。

每个关键词和认知状态的统一结合都是一个独特的类。概念类的认知状态在创建时定义,进而成为概念相关计算的输入。

人的专业技能

由于专家和受过教育的新手解决问题方法之间存在显著差异,获取人的专业技能就需要大大偏离现有的"知识管理"工具和技术方法。

物理、计算机科学和医学领域,对高学历毕业生与公认专家在问题分析和解决方案方面存在语法、语义、原理和战略的差异的研究,揭示了以下常见的特征:

1）快速和省力地识别问题和异常现象。

2）使用连接观察和输入的心理模型。

3）基于上下文操纵大量信息集。

4）抽象地分析和计划,并考虑多个替代方案。

[160]　例如,能下盲棋(不看棋盘上的物理棋子)的专家并不需要有超凡的记忆(像计算机一样),而是有一个拥有更广泛场景的存储库,以及基于相关上下文锚点"必须"填入棋子的相关规则。

上述领域的专业新手的认知行为恰好相反,因此,专家的认知行为需要一个抽象的建模环境来定义他们解决问题的上下文,以及定义对与上下文相关的离散的、共存的场景的判定能力。这一专业技能需要传授给初学者以帮助他们解决问题。

专家认知行为的建模需要的软件不应将专家限制在应用设计者对世界的看法中,专家们需要有这样的权力,即定义定性的、灵活的上下文,以及根据上下文对信息进行翻译的框架和规则。传统的软件和数据架构不能满足这项挑战,因为高度约束的数据结构和确定的用例驱动算法不具有实现上述的认知架构或下述的相关性计算需求的能力。这些限制的关键技术原因将在本章第 3 节讨论。

由于人需要利用输出,知识的利用有赖于用户心理模型下的输出序列,尤其是当处理对象是决策质量和学习时。认知研究已证明:

1)学习对象的定义不仅基于知识的准确性,也基于所需知识利用的主观性和上下文。

2)人能够接纳多种假设,并且不仅通过修改单一存在假设进行学习,也通过对假设集合的结合进行学习。

上述结论是直观的,并且如适用于学习一样适用于决策,但是应用的问题常常被忽略,这是用户需求与系统功能设计之间普遍缺乏联系的主要原因。

相关性计算

相关性分析与计算显示了组合的复杂性,因为它是真实推理的基础。几十 [161] 年来,认知研究人员已经认识到,由上下文和主观相关性过程创建的灵活的心理模型,使得专家与受过教育的新手相比,具有了优越的分析和决策能力。此外,研究表明,当被要求对现实世界现象的描述进行排序时,物理科学的新生主要按领域排序,而专家主要按因果分类排序,强调有效的相关性分析将程序和情节知识与领域分类受限的语义方法整合在一起。结果我们从另一个角度可以看到,为什么严格的语义本体对获取科学知识是不够的,因为因果关系对于行为和交互的理解和可预测性至关重要。

上述结论是直观的,如适用于学习一样适用于决策,但是正如前面所提到的,利用率的问题经常被忽视,这是用户需求和系统功能脱节最主要的原因。因此,应对利用率的挑战包含以下技术能力:

1)上下文架构。支持多种假说和抽象方法的定义和同时交互。

2)相关性计算引擎。将假设的性能和属性连接到跨领域和跨抽象级别的数据上。

3)由信息更新、计算和管理员或用户的动态输入的组合驱动的跨上下文和假设层的分析和维护过程。

上下文架构显然应该是一个多维结构,这应该是一个科学本体设计的核心元素。维度应该包括但不限于:

1)领域;
2)问题;
3)范围;
4)规模;
5)性能;

6）性能值；

7）方法；

8）行为；

9）形式；

10）模型。

[162] 　　上下文架构的构建可能对主机系统处理算法复杂性的能力构成威胁,因为这种工作将在建模环境中占据重要的复杂性。分阶段处理将通过分阶段和每个阶段的计算过滤相关性来抵消威胁,并且仅计算相关的路径,从而最大限度地减少所需的计算资源。上下文架构越精确和细化,阶段相关性计算将获得越高的效率,从而形成结构和算法相关性方法之间的协同关系。

代理模型

　　为了与上述的现实世界中的复杂性建模需求和方法相一致,知识工程解决方案需要能够以一种方式接收专家意见,从而在目标语义领域和跨目标语义领域获取他们的相关心理模型,以及程序组件和情节(历史)数据关联的上下文和主观联系。获取的思维模式作为确定性和随机相互作用的代理,形成真实世界推理网络的基础,能够协助应对上面描述的关键挑战。

　　在代理模型方法中,用神经网络的方法对交互系统、结构、场景,及其属性和行为的数据点进行建模。这些场景驱动了相关性计算,并且:

1）由语义的、程序的和情节的元素构成；

2）适用于跨系统和跨结构(场景共享系统和结构的行为)；

3）可能是系统和结构的应急行为(场景共享系统和结构的属性)。

　　场景属性包括关系的、层次的、非结构化的和随机的数据。场景元素计算相关性,并且可抽象为:

1）本体；

2）分类；

3）范式(Chomsky)；

4）代理(包括外部模型)；

5）规则。

　　整体环境可以用图形的方式说明,如图 8.3 所示。系统、结构和场景的属性被定义为跨关系、层次、非结构、随机数据源的分类映射,系统、结构和场景的行

[163] 为被定义为包括静态或动态变量和操作的表达式。

　　真实世界推理方法能够整合不同元素和信息源的模型的构建,用于探索和发现,这是传统信息架构不能满足的。

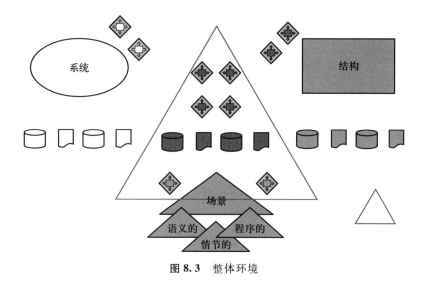

图 8.3 整体环境

3. 数据库

我们假定读者在学习或工作过程中已经使用过或者创建过一系列的数据库,本章的目的不是教计算机科学基础,因此,我们在本章首先回顾数据库技术,以及从分析和信息学的角度说明数据的限制。近年来,文献中与"大数据"相关的研究备受关注,如市场和专业活动已经在学术研究、商业和政府活动中主导了计算机思维的共享。因此,在本章中我们将更多地关注当前新兴的技术、架构和分析方法,以及哪些适合信息学的填补信息和知识鸿沟的目标。

3.1 角色

信息是以有用的结构存在的数据,这意味着结构允许计算机算法以设计好的程序可实现的方式访问数据。数据库的基本功能是具有数据读取、写入和编辑功能的数据存储。商业数据库产品提供了一些结构上附加的功能,使得设计人员能够容易将人类语义映射成数据库能够解读的方式。附加的功能包括但不限于多用户访问能力的过程和工具、访问控制、安全、配置、集成、定制、管理和终端用户调用的程序。数据库产品所有权总成本(total cast of ownership,TCO)中的绝大部分,如架构、管理和维护等,都取决于这些附加的功能以及企业级应用需求的设计。信息学需求与企业级计算并不一致,我们将在下面大数据的部分中进行说明。因此一个数据库能够扮演的角色可总结为:

1)存储数据。

2)维护数据。

[164]

　　3）保证用户和程序能够访问数据。

　　• 局限性

　　目前可用的商业数据库产品都是关系型数据库结构。然而从科学的角度来看可能会产生误导,尤其是当人们总是在同样的语言环境下提数据库和本体,即使术语"本体"的使用局限于语义网的结构化词汇中时。这种情况下对连接概念间语义关系进行定义就十分有意义。一个关系型数据库结构允许开发者定义数据表之间的联系,通过定义主键字段和其他表中与这些主键字段的链接来实现,但是这些链接不能提供表之间的现实世界的真实关系。

　　这里所创建的链接是在各表中执行算法或者查询的潜在的路径,而这也是关系型数据库在数据分析和信息学方面最关键的限制。这些路径与为机动车行驶设计的高速和公路类似。它们提供了点 A 到点 B 的标准交通工具,但是这个路径并不总是地理上最直接的,你也不能行驶到没有路的目的地去。以相同的

方式,关系型数据库的最基础的限制是当把信息转变为知识时:

　　1）对数据进行抽象、处理和查询的方法受限于数据库模式。

　　2）没有给出明确定义的数据元素之间的关系在算法中也不可见。

　　当只处理一个单独的数据库时,这些限制的影响是只能以数据库设计者预知的方式使用数据,只能按所存在的去进行查询。然而,当多个数据源整合到一个信息架构中时,结果是要创建一个能够进行知识获取和发现的信息仓库。

　　这恰恰是数据库驱动的搜索技术和搜索引擎开发的限制。然而,搜索的效果也高度依赖于搜索人员准确描述想要搜索内容的能力。高级搜索引擎越是尝试进行相关性分析,开发人员就越需要改善语义推理引擎。

　　从信息学的角度,搜索引擎是科学本体的终端用例,它结合了语义的、程序的和情节的上下文计算,也可以用来指导目标问题和用户组的搜索参数。

　　• 大数据

　　根据维基百科(Wikipedia),"在信息技术中,大数据是大量复杂数据集的集合,用现有的数据库管理工具很难处理。挑战包括获取、管理、存储、搜索、共享、分析和可视化。"在撰写本书的时候,用谷歌搜索"big data"能够得到 20 亿个结果。IBM 声称,"每天,我们创建 2.5QB(quintillion bytes)的数据,今天世界上超过 90% 的数据都是在这两年产生的。"

　　因此,毫不奇怪,科学、商业和政府都在应对将快速扩展的大数据存储转化为基于证据的、可操控的智能的艰巨挑战。龙头企业迄今为止取得的有限成就和尚未实现的期望凸显了跨学科知识整合的障碍,这对于知识的发现和价值十分重要。

　　如本章简介中讨论的,信息学专家将指数级增长的数据转化为信息和应用时只取得了非常有限的成功。事实上,预算比科学家多得多的全球企业发现自己陷入了同样的困境,这一事实凸显了本章简介中讨论的问题的严重性。我们回顾了

传统数据库技术的局限性,并且知道了这些约束不仅限制了知识的获取和发现,也影响集成环境的信息仓库的建立,这是大数据环境面临的重要问题,因为填入大量并行处理平台的操作系统的数据在集成系统中需要经历多种转化。

商业智能(business intelligence, BI)供应商也同样意识到了这些局限性,由于他们中许多都是数据库产品开发者。目前,他们正在寻找利用沙箱(sandbox)数据架构(已被地理定位软件有效使用)的方法来实现复杂的跨平台的查询应用。主要的策略包括在内存分析工具中结合沙箱架构来突破通过传统系统结构实现过程中的障碍。通过开发新的产品和服务作为架构的附加层来实现跨信息仓库的查询,而不是开发任何新技术。然而,上述方法通过从多个数据集结合数据获取知识以及进行查询的过程中仍然存在局限性:

1)上述方法没有解决在上面语义复杂性部分提出的组合问题的复杂性。

2)查询对知识获取与发现的能力有很大的限制。

复杂性影响

为了减少复杂性影响,沙箱架构在相关性计算方面十分重要,因为数据结构对通过算法和查询工具从多数据源获取全局数据十分重要。然而,上下文引擎需要实现相关性计算的认知方法,需要访问更多存储在神经沙箱中的数据。在 [167]
神经结构中,多源数据不仅能够全局存储和访问,也能从多个维度中抽离出来,包括跨数据类型分类的创建,以及依赖于公式和输出的动态分类。

创建上述数据环境能够有力地减轻分阶段进行相关性计算的计算复杂性。随着数据体量的增长,组合的复杂性可通过神经网络的使用来减少数据点和内容的冗余,使得连接、关系、形式和其他组件可重用。分析引擎可在各阶段中进行计算,并在每个阶段对相关性进行过滤,从而使得接下来只需计算那些有关联的路径,因此降低了对计算资源的需求。这个方法能够在终端用户分析能力架构(详情请见下面知识获取和发现部分)和大量并发处理架构方面产生重要结果。

在大数据场景下,这个方法可按如下方法使用: [168]

1)为神经沙箱定义一个统计上有效的源数据集和输出的示例。

2)在示例数据上执行分阶段的相关性计算,并确定相关性路径。

3)创建可导入的输出性文件,或者大量并发数据平台的相关性路径(如 Hadoop 集群)来更有效地处理可用数据,或者提高数据处理的可行范围。

这个方法的价值在于衡量了数据的复杂性,因为并发处理需要将数据分片,使用数据架构来有效创建信息仓库。如果数据是均匀的,问题并不是很大。然而,在更多典型场景中,如图 8.4 所示,数据的复杂性需要更多分析活动的迭代,因为每个处理节点都只处理数据的一小部分子集。

为了帮助处理多个数据源和数据类型,一些供应商建立了一个映射引擎。上述方法能够用来改善映射的准确性和简化映射的维护。

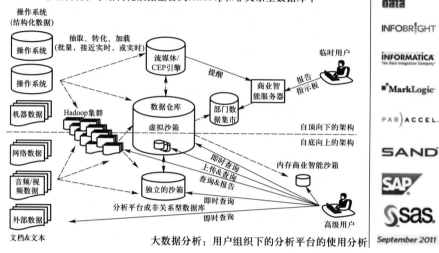

图 8.4　内存分析工具中的沙箱架构

知识获取和发现

正如大型数据库供应商了解他们产品的局限性一样,他们同样认为当进行知识获取和发现时,查询工具也具有限制性。Jill Dyché,SAS 公司的思维引导的副总裁,写道:

在许多有前景探索的大数据上运行的通用线程就是发现。传统数据库查询需要一些层面的假设,但是大数据挖掘揭示了我们并不知道的关系和模式。这些模式太特殊和随机以至于很难指定,分析人员只能进行不断的猜测游戏来指出数据库中所有可能的模式。相反,专业的知识发现软件工具能够找出模式,并且告诉分析人员这些模式是什么、在哪里。

然后她引用了一个例子。斯坦福大学的研究人员正在对肺癌细胞数据进行挖掘,期待能够在细胞增殖速率上看到趋势。但是,令他们吃惊的是,他们发现非癌细胞周围组织也促进了癌细胞的生长。获得此项发现的研究人员并不知道需要观察非癌细胞,但是通过这项低假设的探索,他们发现了上述结果。

[169]

十分清楚地,传统数据库查询并不足够,但上述引用的例子表明简单的识别模式并不是获取知识或发现。寻找模式是一种观察,这只是科学方法的第一步。这种观察导致需要通过实验和分析来测试和迭代地改进理论(例如相关性和因果关系),并且,我们的计算环境越是推进这一过程,就越能实现更真实的知识获取和发现。

另外,在计算机内存环境中分阶段进行相关性计算,这使分析人员能够做比观察模式更多的事情。此工作过程如下:

1）为分析师提供导航选项,这些选项反映了上下文架构,允许专家去指定什么跟他们的问题领域有关。

2）这些选项被翻译成相关的分析路径,并传递给 Hadoop 集群。

3）相关的数据进行组装,并输出到神经沙箱。

4）专家动态地定义场景,并操纵所有相关的数据,测试模式的值和可用性,并探索因果关系,不只是内容的相似性。

大数据中相关性计算的关键因素

当详尽的计算也无法处理数据的容量和复杂性时,计算相关性的作用就显现出来了。然而,相关性计算不仅是处理大量数据的一个让步,而且通常是有效解决方案的关键路径。例如,在讨论大数据问题和观点时经常会提到"实时决策支持"这个表述,但是在真实世界中确实是一个矛盾体。实时信息只能在如下情况下可操作:

1）这个事件是已知的,并且被分析过。

2）响应的策略是存在的(例如已经采取过决策)。

3）响应过程存在。

4）响应资源已被分配。

目前研究发现,向移动商业智能(BI)用户传输可操作的信息将平均决策时间从 190 h 减少到 66 h。尽管这一改善十分重要,但结果显示,在接受信息之后,用户仍然需要投入大量时间和精力来实现应用,即做决策,我们目前还没有用户决策频率的数据。 [170]

相关性分析是问题分析的核心元素,这均与是否问了正确的问题有关,所以如果考虑一个实时的解决方案,那么第一个问题是:我们是不是在寻找精明的决策,或者自动实现已经做过的决策？ 如果涉及大量且复杂的数据的存储,决策支持和事件管理的解决方案通常是关键任务,并且是昂贵的命题,因此相关性分析是关键成功因素。

相关关键性的影响包括:

1）用于发现(研究、事件跟踪等)和分析(决策支持、计划等)的信息利用率与上下文架构的粒度和精度成正比。

2）所有权总成本(TCO)与嵌入在相关性分析过程中人的专业技能成反比。

因此,就精确构建上下文和正确进行相关性计算来说,它提高了输出的价值和利用率,并降低了 TCO。这是十分可能的,因为问题分析成为操作和维护过程的嵌入式驱动力,不只是项目开始阶段的高层经验。系统架构师了解启发式的错误成本:在需求阶段错误未被检测出来而带来的损失是在设计和构建阶段发现并修补的 10 倍,是在测试阶段的 100 倍。定义需求来解决错误问题能增加这一现实的数量级,但是相关性分析是确保带有错误数据和方法的解决方案将信息转化为知识,将知识转化为应用的关键路径。

应对复杂性、专业知识、可动态扩展的挑战需要一个新的范式,因为正像爱因斯坦所说,"你无法用提出问题的思维去解决问题"。

3.2 最新观点

[171] 白宫科技政策办公室(OSTP)将材料科学作为努力刺激经济复苏的一个潜在关键对象,推动创造了许多材料基因组计划的颁布和实施。然而其中的大部分都将自己限制在了数据和信息领域,除了纳米信息学协会(Nanoinformatics Society)立项的纳米信息学知识工程(Knowledge Engineering for Nanoinformatics Pilot,KENI),以及 Iowa State University 主持的协同材料基因模型方法计划(collaborative Materials Genome Modeling Methodology initiative)。

- 纳米信息学知识工程

由美国国家科学基金会资助的纳米信息学协会为了将多学科的专家聚集到一起探讨纳米技术的信息学,在 2010 年 9 月主办了第一次会议,其中一个工作组负责在大量潜在用户中调研纳米技术相关的数据和信息的效用。小组决定,该项目不会对定义和映射方法进行协商一致的仲裁。相反,他们的目标是将经过验证的学科知识和领域专业变得可理解和可计算,这样使各学科专家能够方便获取和重用跨学科价值。实现这个目标需要定义一个认知框架和信息架构,这些与学科和技术偏见无关。KENI 试验者通过可计算上下文表达(computable context representation,CCR)来满足这项要求。

CCR 是一种革新的方法,KENI 试验者用 CCR 基于不同输入(用户类型、专业领域、分析目的、类型和范围)和输出(本体工程架构、相关数据和来源、参数、定量方法等)数据对复杂和动态的关系建模(Rajan,2011)。

主要革新价值驱动由以下组合而成:

1)定义定性和定量概念的网络,它们的相关性通过用户的输入计算得到。

2)可能的情况下,概念之间交互的形式化和定量化。

3)扩充认知架构和原理来引导网络设计和相关性计算。

最初,此方法用于连接化学成分、结构和生物数据集来进行毒性的预测。这些工作仍在进展中。

[172] 然而所有知识工程的工作是寻找认知科学的关键因素,CCR 革新的一个主要方面是认知架构的驱动角色,由合适的信息架构支撑。表 8.1 总结了已选择的方法,并标出了认知焦点。

表 8.1 应对信息挑战的技术策略

缓解措施	混沌	不透明性	Silo	复杂性	不确定性
神经建模	×		×	×	
规则推理		×		×	

缓解措施	混沌	不透明性	Silo	复杂性	不确定性
相关性推理	×		×	×	
交互模拟	×	×	×	×	×
认知架构	×			×	×
概念合理化	×		×	×	
场景自动化				×	×

KENI 是一个便携的可扩展的架构,可以应用到现存的架构中,它加速了路径的利用和价值的实现,而不是架构为中心的解决方案。有很多方案用来填补大量而高速增长的数据存储与潜在数据价值之间的巨大差距,试验者团队对可用的方案(IBM Watson、LarKC 和 WolframAlpha)做了总结,并将方法与 KENI 试验者所用的 Expertool 知识工程方法做了对比(表 8.2)。

表 8.2　人工智能知识计算方法的对比

	IBM Watson	Expertool	LarKC	WolframAlpha
计算	答案	相关性	选择的处理结果	答案
方法	统计上的匹配; 计算能力(85 000 W)	上下文解析; 概念量化; 关系发现	大规模、分布式和不完整的推理实验室	句法分析; 规划可计算的知识

截止到 2011 年,KENI 试验者发展势头明显,他们吸收了其他一些研究团队的活动,并将其分为了三个子项目,包括聚焦材料科学的定量结构–活性关系(QSAR)子项目。后者的成果来自 Iowa State University,将在下面章节详细描述。 [173]

- 概念模型的材料科学证明

在这一部分,我们将提供我们本体工程架构的简单案例,这个案例基于第 6 章介绍的晶体学数据库,Rajan 及其同事通过信息学的方法创建的一个新的磷灰石晶体化学成分映射。对化合物和化合物晶体对称性(空间群)的选择所参考的文献包括 Shannon 和 Prewitt(1976)、Rabe 等(1992)、Leon – Reina 等(2003,2005)、Sansom 等(2005)、Kendrick 和 Slater(2008a,2008c)、Pramana 等(2008)和 Orera 等(2011)。

每个化合物的输入数据如下:

1)三个位置[镧(La)、锗(Ge)和氧(O)],四个性能(Zunger 赝势核心半径总和、Martynov–Batsanov 电负性、价电子数和 Shannon 离子半径),每个化合物共有 11 个测量值(其中性能 Shannon 离子半径没有应用到氧的位置中)。

2)晶体结构的定性分类(P–1,P63/m,或者没有磷灰石)。

每个化合物的数据按行整理成数据表,每个测量值是一列,晶体结构和文献是文本列,具体见表 8.3。

[174−181]

表 8.3　化合物数据

| 化合物 | La | | | Ge | | | O | | | La,Shannon 离子半径 | Ge,Shannon 离子半径 | 晶体结构 | 文献 |
	Zunger赝势核心半径	Martynov-Batsanov电负性	价电子数	Zunger赝势核心半径	Martynov-Batsanov电负性	价电子数	Zunger赝势核心半径	Martynov-Batsanov电负性	价电子数				
1　$La_{9.5}Ge_{4.5}Al_{1.5}O_{25.5}$	2.926	1.283	2.85	1.589	1.903	3.75	0.439	3.136	5.667	1.155	0.39	没有磷灰石	Leon-Reina 等
2　$La_{9.5}Ge_{5.0}Al_{1.0}O_{25.75}$	2.926	1.233	2.85	1.579	1.932	3.833	0.443	3.166	5.722	1.155	0.39	没有磷灰石	Leon-Reina 等
3　$La_{9.5}Ge_{5.5}Al_{0.5}O_{25.85}$	2.895	1.269	2.82	1.57	1.951	3.917	0.445	3.179	5.744	1.143	0.39	没有磷灰石	Leon-Reina 等
4　$Nd_{9.33}Ge_6O_{26}$	3.723	1.12	2.799	1.56	1.99	4	0.448	3.197	5.778	1.085	0.39	P-1	Orera 等 (2011)
5　$Pr_{9.33}Ge_6O_{26}$	4.18	1.026	2.799	1.56	1.99	4	0.448	3.197	5.778	1.1	0.39	P-1	Orera 等 (2011)
6　$La_8Sr_2Ge_6O_{26}$	3.106	1.306	2.8	1.56	1.99	4	0.448	3.197	5.778	1.235	0.39	P63/m	Pramana 等 (2008)
7　$Nd_8Sr_2Ge_6O_{26}$	3.834	1.186	2.8	1.56	1.99	4	0.448	3.197	5.778	1.192	0.39	P63/m	Orera 等 (2011)
8　$Pr_8Sr_2Ge_6O_{26}$	4.226	1.106	2.8	1.56	1.99	4	0.448	3.197	5.778	1.205	0.39	P63/m	Orera 等 (2011)
9　$La_8Ba_2Ge_6O_{26}$	3.144	1.296	2.8	1.56	1.99	4	0.448	3.197	5.778	1.267	0.39	P63/m	Kendrick 和 Slater
10　$La_{9.5}Ge_{5.5}Al_{0.5}O_{26}$	2.9215	1.283	2.85	1.57	1.961	3.917	0.448	3.197	5.778	1.155	0.39	P63/m	Leon-Reina 等

续表

化合物	La Zunger 赝势核心半径	La Martynov-Batsanov 电负性	La 价电子数	Ge Zunger 赝势核心半径	Ge Martynov-Batsanov 电负性	Ge 价电子数	O Zunger 赝势核心半径	O Martynov-Batsanov 电负性	O 价电子数	La,Shannon 离子半径	Ge,Shannon 离子半径	晶体结构	文献
11	La9.33Ge4Ti2O26	2.874	1.26	2.799	1.9	1.947	4	0.448	3.197	5.178	1.135	0.4	P63/m	Sansom 等 (2005)
12	La10Ge4Ga2O26	3.08	1.35	3	1.605	1.893	3.667	0.448	3.197	5.778	1.216	0.417	P-1	Kendrick 和 Slater
13	La8Ba2Ge4Ti2O26	2.804	1.188	2.6	1.9	1.947	4	0.448	3.197	5.778	1.12	0.4	P63/m	Sansom 等 (2005)
14	La8.67BaGe4Ti2O26	3.011	1.278	2.801	1.9	1.947	4	0.448	3.197	5.778	1.201	0.4	P63/m	Sansom 等 (2005)
15	La8Y2Ge4Ga2O26	3.052	1.362	3	1.605	1.893	3.667	0.448	3.197	5.778	1.188	0.417	P63/m	Kendrick 和 Slater
16	La9.33Si2Ge2Ti2O26	2.874	1.26	2.199	1.853	1.943	4	0.448	3.197	5.778	1.135	0.357	P63/m	Sansom 等 (2005)
17	La9.33Ge3Ti3O26	2.874	1.26	2.799	2.07	1.925	4	0.448	3.197	5.778	1.135	0.405	没有磷灰石	Sansom 等 (2005)
18	La9.6Ge5.5Al0.5O26.15	2.957	1.296	2.88	1.57	1.961	3.917	0.45	3.215	5.811	1.167	0.39	P63/m	Leon-Reina 等
19	La8.4Ba1.6Ge6O26.2	3.132	1.307	2.84	1.56	1.99	4	0.451	3.222	5.822	1.257	0.39	P63/m	Kendrick 和 Slater
20	La8Y2Ge4.4Ga1.6O26.2	3.052	1.362	3	1.596	1.913	3.733	0.451	3.222	5.822	1.188	0.411	P63/m	Kendrick 和 Slater

续表

序号	化合物	La			Ge			O			La,Shannon 离子半径	Ge,Shannon 离子半径	晶体结构	文献
		Zunger赝势核心半径	Martynov-Batsanov电负性	价电子数	Zunger赝势核心半径	Martynov-Batsanov电负性	价电子数	Zunger赝势核心半径	Martynov-Batsanov电负性	价电子数				
21	La10Ge4.5Ga1.5O26.25	3.08	1.35	3	1.594	1.918	3.75	0.452	3.228	5.833	1.216	0.41	P-1	Kendrick和Slater
22	La9.67Ge5.5Al0.5O26.25	2.978	1.305	2.901	1.57	1.961	3.917	0.452	3.228	5.834	1.176	0.39	P-1	Leon-Reina等
23	La9.52Ge6O26.28	2.932	1.285	2.856	1.56	1.99	4	0.453	3.231	5.84	1.158	0.39	P63/m	Leon-Reina等
24	La9.54Ge6O26.31	2.938	1.288	2.862	1.56	1.99	4	0.453	3.235	5.847	1.16	0.39	P63/m	Leon-Reina等
25	La8.55Y1Ge6O26.33	2.927	1.295	2.865	1.56	1.99	4	0.453	3.238	5.851	1.147	0.39	P63/m	Kendrick和Slater
26	La6.55Y3Ge6O26.33	2.899	1.307	2.865	1.56	1.99	4	0.453	3.238	5.851	1.119	0.39	P63/m	Kendrick和Slater
27	La9.56Ge6O26.34	2.944	1.291	2.868	1.56	1.99	4	0.454	3.239	5.853	1.162	0.39	P63/m	Leon-Reina等
28	La9.58Ge6O26.37	2.951	1.293	2.874	1.56	1.99	4	0.454	3.243	5.86	1.165	0.39	P63/m	Leon-Reina等
29	La9.75Ge5.5Al0.5O26.37	3.003	1.316	2.925	1.57	1.961	3.917	0.454	3.243	5.861	1.186	0.39	P-1	Leon-Reina等
30	La9.6Ge6O26.4	2.957	1.296	2.88	1.56	1.99	4	0.455	3.246	5.867	1.167	0.39	P63/m	Leon-Reina等

续表

| | 化合物 | La | | | Ge | | | O | | | La,Shannon 离子半径 | Ge,Shannon 离子半径 | 晶体结构 | 文献 |
		Zunger势核心半径	Martynov-Batsanov电负性	价电子数	Zunger势核心半径	Martynov-Batsanov电负性	价电子数	Zunger势核心半径	Martynov-Batsanov电负性	价电子数				
31	La8.8Ba1.2Ge6O26.4	3.119	1.318	2.88	1.56	1.99	4	0.455	3.2%	5.867	1.246	0.39	P63/m	Kendrick 和 Slater
32	La8Y2Ge4.8Ga1.2O26.4	3.052	1.362	3	1.587	1.932	3.8	0.455	3.2%	5.867	1.188	0.406	P63/m	Kendrick 和 Slater
33	La8.63Y1Ge6O26.45	2.952	1.306	2.889	1.56	1.99	4	0.456	3.252	5.878	1.157	0.39	P63/m	Kendrick 和 Slater
34	La7.63Y2Ge6O26.45	2.938	1.312	2.889	1.56	1.99	4	0.456	3.252	5.878	1.143	0.39	P63/m	Kendrick 和 Slater
35	La6.63Y3Ge6O26.45	2.924	1.318	2.889	1.56	1.99	4	0.456	3.252	5.818	1.129	0.39	P63/m	Kendrick 和 Slater
36	La9.8Ge5.5Al0.5O26.45	3.018	1.323	294	1.57	1.961	3.917	0.456	3.252	5.878	1.192	0.39	没有磷灰石	Leon-Reina 等
37	La9.66Ge6O26.49	2.975	1.304	2.898	1.56	1.99	4	0.456	3.257	5.887	1.175	0.39	P-1	Leon-Reina 等
38	La9SrGeO26.5	3.093	1.328	2.9	1.56	1.99	4	0.456	3.259	5.889	1.225	0.39	P-1	Pramana 等 (2008)
39	La10Ge5Ga1O26.5	3.08	1.35	3	1.583	1.942	3.833	0.456	3.259	5.889	1.216	0.403	P-1	Kendrick 和 Slater
40	La9BaGe4Ti2O26.5	3.112	1.323	29	1.9	1.947	4	0.456	3.259	5.889	1.241	0.4	P63/m	Sansom 等 (2005)

续表

编号	化合物	La Zunger赝势核心半径	La Martynov-Batsanov电负性	La 价电子数	Ge Zunger赝势核心半径	Ge Martynov-Batsanov电负性	Ge 价电子数	O Zunger赝势核心半径	O Martynov-Batsanov电负性	O 价电子数	La,Shannon离子半径	Ge,Shannon离子半径	晶体结构	文献
41	La9BaSi2Ge2Ti2O26.5	3.112	1.323	2.9	1.853	1.943	4	0.456	3.259	5.889	1.241	0.357	P63/m	Sansom 等(2005)
42	La9.68Ge6O26.52	2.981	1.307	2.904	1.56	1.99	4	0.457	3.261	5.893	1.177	0.39	P-1	Leon-Reina 等
43	La9.7Ge6O26.55	2.988	1.31	2.91	1.56	1.99	4	0.457	3.265	5.9	1.18	0.39	P-1	Leon-Reina 等
44	La8.71Y1Ge6O26.57	2.977	1.317	2.913	1.56	1.99	4	0.458	3.267	5.904	1.167	0.39	P63/m	Kendrick 和 Slater
45	La7.71Y2Ge6O26.57	2.963	1.323	2.913	1.56	1.99	4	0.458	3.267	5.904	1.153	0.39	P63/m	Kendrick 和 Slater
46	La6.71Y3Ge6O26.57	2.949	1.329	2.913	1.56	1.99	4	0.458	3.267	5.904	1.138	0.39	P63/m	Kendrick 和 Slater
47	La9.72Ge6O26.58	2.994	1.312	2.916	1.56	1.99	4	0.458	3.268	5.907	1.182	0.39	P-1	Leon-Reina 等
48	La9.2Ba0.8Ge6O26.6	3.105	1.328	2.92	1.56	1.99	4	0.458	3.271	5.911	1.236	0.39	P63/m	Kendrick 和 Slater
49	La8Y2Ge5.2Ga0.8O26.6	3.052	1.362	3	1.578	1.951	3.867	0.458	3.271	5.911	1.188	0.401	P63/m	Kendrick 和 Slater
50	La9.74Ge6O26.61	3	1.315	2.922	1.56	1.99	4	0.458	3.272	5.913	1.184	0.39	P-1	Leon-Reina 等

续表

化合物	La Zunger势核心半径	La Martynov-Batsanov电负性	La 价电子数	Ge Zunger势核心半径	Ge Martynov-Batsanov电负性	Ge 价电子数	O Zunger势核心半径	O Martynov-Batsanov电负性	O 价电子数	La,Shannon离子半径	Ge,Shannon离子半径	晶体结构	文献
51 La9.75Ge6O26.625	3.003	1.316	2.925	1.56	1.99	4	0.459	3.274	5.917	1.186	0.39	P-1	Leon-Reina等
52 La7.55Y2Ge6O26.33	2.913	1.301	2.865	1.56	1.99	4	0.459	3.275	5.918	1.133	0.39	P63/m	Kendrick和Slater
53 La8.79Y1Ge6O26.69	3.001	1.328	2.937	1.56	1.99	4	0.46	3.282	5.931	1.176	0.39	P63/m	Kendrick和Slater
54 La7.79Y2Ge6O26.69	2.987	1.334	2.937	1.56	1.99	4	0.46	3.282	5.931	1.162	0.39	P63/m	Kendrick和Slater
55 La6.79Y3Ge6O26.69	2.973	1.34	2.937	1.56	1.99	4	0.46	3.282	5.931	1.148	0.39	P63/m	Kendrick和Slater
56 La9.48Ba0.6Ge6O26.7	3.099	1.334	2.94	1.56	1.99	4	0.46	3.283	5.933	1.231	0.39	P63/m	Kendrick和Slater
57 La9.6Ba0.4Ge6O26.8	3.093	1.339	2.96	1.56	1.99	3.933	0.462	3.295	5.956	1.226	0.39	P-1	Kendrick和Slater
58 La8Y2Ge5.6Ga0.4O26.8	3.052	1.362	3	1.569	1.971	4	0.462	3.295	5.956	1.188	0.395	P63/m	Kendrick和Slater
59 La8.87Y1Ge6O26.81	3.026	1.338	2.961	1.56	1.99	4	0.462	3.297	5.958	1.186	0.39	P63/m	Kendrick和Slater
60 La7.87Y2Ge6O26.81	3.012	1.344	2.961	1.56	1.99	4	0.462	3.297	5.958	1.172	0.39	P63/m	Kendrick和Slater

续表

化合物	La Zunger 赝势核心半径	La Martynov-Batsanov 电负性	La 价电子数	Ge Zunger 赝势核心半径	Ge Martynov-Batsanov 电负性	Ge 价电子数	O Zunger 赝势核心半径	O Martynov-Batsanov 电负性	O 价电子数	La,Shannon 离子半径	Ge,Shannon 离子半径	晶体结构	文献
61　La6.87Y3Ge6O26.81	2.998	1.35	2.961	1.56	1.99	4	0.462	3.297	5.958	1.158	0.39	P63/m	Kendrick 和 Slater
62　La8.95Y1Ge6O26.93	3.051	1.349	2.985	1.56	1.99	4	0.464	3.311	5.984	1.196	0.39	P63/m	Kendrick 和 Slater
63　La7.95Y2Ge6O26.93	3.037	1.355	2.985	1.56	1.99	4	0.464	3.311	5.984	1.182	0.39	P63/m	Kendrick 和 Slater
64　La6.95Y3Ge6O26.93	3.023	1.361	2.985	1.56	1.99	4	0.464	3.311	5.984	1.168	0.39	P63/m	Kendrick 和 Slater
65　La10Ge6O27	3.08	1.35	3	1.56	1.99	4	0.465	3.32	6	1.216	0.39	P-1	Pramana 等 (2008)
66　Nd10Ge6O27	3.99	1.2	3	1.56	1.99	4	0.465	3.32	6	1.163	0.39	P-1	Orera 等 (2011)
67　Pr10Ge6O27	4.48	1.1	3	1.56	1.99	4	0.465	3.32	6	1.179	0.39	P-1	Orera 等 (2011)
68　La8Yb2Ge6O27	3.182	1.3	3	1.56	1.99	4	0.465	3.32	6	1.181	0.39	P63/m	Orera 等 (2011)
69　La8Gd2Ge6O27	3.246	1.3	3	1.56	1.99	4	0.465	3.32	6	1.194	0.39	P-1	Orera 等 (2011)
70　La8Sm2Ge6O27	3.292	1.32	3	1.56	1.99	4	0.465	3.32	6	1.199	0.39	P-1	Orera 等 (2011)

续表

序号	化合物	La			Ge			O			La.Shannon 离子半径	Ge.Shannon 离子半径	晶体结构	文献
		Zunger 赝势核心半径	Martynov-Batsanov 电负性	价电子数	Zunger 赝势核心半径	Martynov-Batsanov 电负性	价电子数	Zunger 赝势核心半径	Martynov-Batsanov 电负性	价电子数				
71	La8Nd2Ge6O27	3.262	1.31	3	1.56	1.99	4	0.465	3.32	6	1.205	0.39	P-1	Orera 等 (2011)
72	Nd8Y2Ge6O27	3.78	1.242	3	1.56	1.99	4	0.465	3.32	6	1.145	0.39	P-1	Orera 等 (2011)
73	Pr8Y2Ge6O27	4.172	1.162	3	1.56	1.99	4	0.465	3.32	6	1.158	0.39	P-1	Orera 等 (2011)
74	La6Y4Ge6O27	3.024	1.374	3	1.56	1.99	4	0.465	3.32	6	1.16	0.39	P-1	Orera 等 (2011)
75	La9.83Ge5.5Nb0.5O27	3.028	1.327	2.949	1.66	1.993	4.083	0.465	3.32	6	1.195	0.398	P63/m	Orera 等 (2011)
76	La9.83Ge5.6Nb0.4O26.95	3.028	1.327	2.949	1.64	1.993	4.067	0.464	3.314	5.969	1.195	0.396	P63/m	Orera 等 (2011)
77	La9.83Ge5.7Nb0.3O27	3.028	1.327	2.949	1.62	1.992	4.05	0.463	3.308	5.978	1.195	0.395	P63/m	Orera 等 (2011)
78	La9.83Ge5.8Nb0.2O27	3.028	1.327	2.949	1.6	1.991	4.033	0.462	3.302	5.967	1.195	0.393	P63/m	Orera 等 (2011)
79	La9.83Ge5.9Nb0.1O27	3.028	1.327	2.949	1.58	1.991	4.017	0.462	3.295	5.956	1.195	0.392	P63/m	Orera 等 (2011)
80	La10Ge5.5T0.5O27	3.08	1.35	3	1.645	1.979	4	0.465	3.32	6	1.216	0.393	P-1	Orera 等 (2011)

续表

化合物	La			Ge			O			La,Shannon 离子半径	Ge,Shannon 离子半径	晶体结构	文献
	Zunger 赝势核心半径	Martynov-Batsanov 电负性	价电子数	Zunger 赝势核心半径	Martynov-Batsanov 电负性	价电子数	Zunger 赝势核心半径	Martynov-Batsanov 电负性	价电子数				
81　La8Y2Ge5Ti1O27	3.052	1.362	3	1.73	1.968	4	0.465	3.32	6	1.188	0.395	P63/m	Kendrick 和 Slater
82　La10Ge4.5Ti1.5O27	3.08	1.35	3	1.815	1.958	4	0.465	3.32	6	1.216	0.398	P63/m	Orera 等 (2011)
83　La9Y1Ge6O27.005	3.066	1.356	3	1.56	1.99	4	0.465	3.32	6	1.202	0.39	P63/m	Kendrick 和 Slater
84　La8Y2Ge6O27.005	3.052	1.362	3	1.56	1.99	4	0.465	3.32	6	1.188	0.39	P63/m	Kendrick 和 Slater
85　La7Y3Ge6O27.005	3.038	1.368	3	1.56	1.99	4	0.465	3.32	6	1.174	0.39	P63/m	Kendrick 和 Slater
86　La10Ge5.9W0.1O27.1	3.08	1.35	3	1.58	1.987	4.033	0.467	3.332	6.022	1.216	0.391	P63/m	Orera 等 (2011)
87　La10Ge5.8W0.2O27.2	3.08	1.35	3	1.599	1.983	4.067	0.468	3.345	6.044	1.216	0.391	P63/m	Orera 等 (2011)
88　La10Ge5.7W0.3O27.3	3.08	1.35	3	1.619	1.98	4.1	0.47	3.357	6.067	1.216	0.392	P63/m	Orera 等 (2011)
89　La10Ge5.6W0.4O27.4	3.08	1.35	3	1.638	1.977	4.133	0.472	3.369	6.089	1.216	0.392	P63/m	Orera 等 (2011)
90　La10Ge5.4W0.6O27.6	3.08	1.35	3	1.678	1.97	4.2	0.475	3.394	6.133	1.216	0.393	没有磷灰石	Orera 等 (2011)

续表

	La			Ge			O			La,Shannon 离子半径	Ge,Shannon 离子半径	晶体结构	文献
化合物	Zunger 赝势核心半径	Martynov-Batsanov 电负性	价电子数	Zunger 赝势核心半径	Martynov-Batsanov 电负性	价电子数	Zunger 赝势核心半径	Martynov-Batsanov 电负性	价电子数				
91 La10Ge5.3W0.7O27.7	3.08	1.35	3	1.697	1.967	4.233	0.477	3.406	6.156	1.216	0.394	没有磷灰石	Orera 等 (2011)
92 La10Ge5.2W0.8O27.8	3.08	1.35	3	1.717	1.963	4.267	0.479	3.418	6.178	1.216	0.394	没有磷灰石	Orera 等 (2011)
93 La10Ge5.4Nb0.6O27.3	3.08	1.35	3	1.68	1.994	4.1	0.47	3.357	6.067	1.216	0.399	没有磷灰石	Orera 等 (2011)
94 La10Ge5.35Nb0.65O27.3	3.08	1.35	3	1.69	1.994	4.108	0.471	3.36	6.072	1.216	0.4	没有磷灰石	Orera 等 (2011)
95 La10Ge5.3Nb0.7O27.3	3.08	1.35	3	1.7	1.995	4.117	0.471	3.363	6.078	1.216	0.401	没有磷灰石	Orera 等 (2011)
100 La10Ge5.5W0.5O27.5	3.08	1.35	3	1.658	1.973	4.167	0.474	3.381	6.111	1.216	0.393	P63/m	Orera 等 (2011)

数据集建模的第一步是指定公式,以动态计算每个晶体对称结构类别内每次测量的最大值和最小值,以及全部样本或用户选择的样本子集的最大值和最小值。由于计算是自动进行的,最大值和最小值会随着数据源值的改变和数据的新增而动态更新。

最大值和最小值计算的输出使用户能够寻找与全部样本相比范围很小的结构/测量值对。这表明了结构分类的预测器与定量测量的一致性。

[182]

构建模型之后的一步是列出结构、位置和测量值的每一种组合,以及每个组合对应的结果分类。

最后定量的一步是计算结构分类落在指定测量值范围内的每一个结构/测量值对的化合物数量占全部样本的化合物总量的比例,以说明结构分类预测器与定量测量是否一致。

为了促进数据的读取和分析,结果分类中化合物及其相关参考文献分别输出到额外的窗口中。创建模型查看导航窗口,用户通过设置导航配置属性来以两种方式浏览结果:

1)结构驱动。选定一个结构,可显示 11 个测量值的结构分类的最大值和最小值、全部样本的最大值和最小值、在最后定量步骤中的比例(图 8.5)。

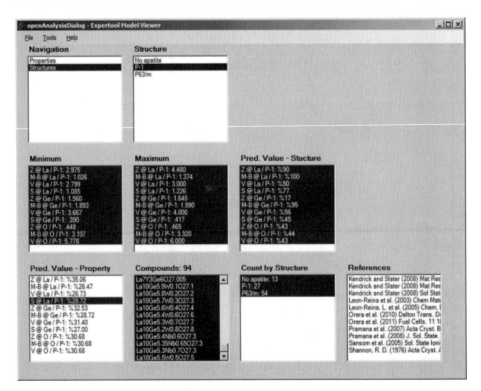

图 8.5　结构驱动的导航窗口

2）性能驱动。选定一个位置和性能,对每一个结构分类同样显示上述信息（图8.6）。全部样本中选中的测量值的最大值和最小值只显示一次。

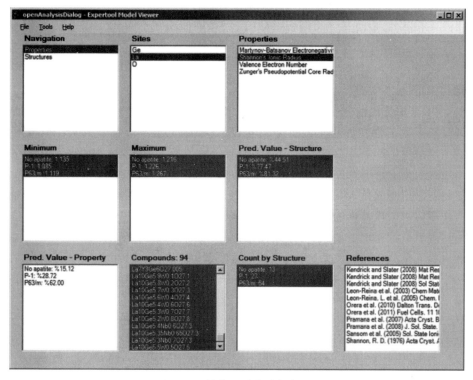

图8.6 性能驱动的导航窗口

"Pred.Value-Structure"窗口显示了给定结构的性能变化范围占总体样本中该性能总体范围的比例。范围越小,这个性能的结构越可预测。

"Pred.Value-Property"窗口显示了给定结构的化合物数量占性能落在这个结构对应的性能范围内的化合物数量的比例。比例越大,这个结构的性能越可预测。

更为先进的分析是选择一个结构化的分类和多个测量值,计算这个分类中化合物数量与所有测量值中化合物数量的比值。这能够显示出两个或者多个测量值共同作为结构的预测值。这个分析方法的候选方法是结构可作为这两个或多个测量值的预测器。目前这个模型的样本数据并没有这样的候选。

[183]

上述概念模型的证明很容易,下面解释前面提到的三个关键挑战(复杂性、相关性计算、获取人的专业技能并自动化)如何通过材料和组学建模平台（Materials and Omics Modeling Platform）使用本章描述的Expertool全局知识建模平台（Expertool Universal Knowledge Modeling Platform）中实现的方法进行处理。

1）数据库方面。输入数据创建表是一个简单的数据库,但是从方法论的角度其代表了潜在的在线和离线数据来源的数组。

2）本体方面。数据导入到 Expertool 神经沙箱结构,每个数据点作为一个概念或一个属性,取决于一个分析引擎的上下文如何分类。

3）相关性计算方面。本体中的每个概念都有一个相关状态(是、否,或可能),根据定义的链接、可用的数据和用户输入实时计算得到。每个概念有个定量的状态,被相关性计算引擎使用。

[184]

4）获取人的专业技能方面。在这个简单模型中,人的专业技能首选通过认知科学家界定的数据集获取,然后由知识工程师通过建模方法和公式计算得到。这个模型可用作更复杂模型的组件或与其他模型交互的代理。

这个概念证明数据的范围是有限的,但它可以抛开架构的局限性进行扩展,如将行添加到初始表,或添加内容相关的其他表,定义不能推导获得的关系和相互作用。可以推导出的关系可通过软件获得。

随着数据维度的增大,可通过使用神经网络降低组合复杂性,以减少数据点和内容冗余,使链接、关系、公式和其他组件重用。Expertool 引擎分阶段计算,在每个阶段进行相关性过滤,只计算相关的路径,这样就减少了对计算资源的需求。

[185]

如上述第 3 节所述,在"大数据"场景下,这个方法可用来处理统计学可用的数据样本,并识别相关路径,通过多节点处理平台(如 Hadoop 集群)来有效处理数据,提高数据可访问性。

模型中获取的知识可通过显示接口动态浏览,如图 8.5 和图 8.6 所示,或者通过 API(应用程序接口)被外部系统访问,基于接收的参数集指导输出。这个模型由 CoSMIC 和 Expertool 创建,用于创建一个动态交互环境,以便使用前面描述的模型作为代理方法进行研究和发现。

4. 结论和深入阅读

材料科学与大数据相关的前景推动了对解决复杂问题的期望。然而,这些期望的实现依赖于通过获取知识和知识工程应用来创造价值,而不是简单地积累更大数据存储。读者有兴趣可进一步参考关于介绍复杂性、挑战和战略信息管理的文献(Chomsky,1957;Alexander 等,1986;Senge,1990;Mayer,1992;Ashenhurst,1996;Butler 等,1997;Behringer,2001;Berners-Lee 等,2001;Pfeifer 和 Scheier,2001;Baader 等,2003;Schieritz,2003;Sica,2006;Chickowski,2008;Matsuka 等,2008;Spivak,2011;Gromiha 和 Huang,2012;Rottman 等,2012)。

为实现这一价值,信息学实践者需要数据库和本体。数据库是以一种可访问的结构将数据转换成信息的工具,而本体则是在一个有用的上下文将信息转化为知识的建模工具。因此,数据库不是知识获取和发现的平台,而是知识平台的输入源,包括本体和应用的引擎。

不像基于词汇的语义网本体建模支持搜索和推理引擎,科学研究和本体发现还需要: 〔186〕

1）定义概念的科学上下文建模。

2）语义的、程序的、情节的抽象建模以反映人的知识,包括全局环境中的定量和定性元素。

3）原理模拟和测试过程中,概念和属性层面能够无序和随机交互。

虽然上述方法与研究现状有重大偏离,但它不是基于新的理论,而是一个结合计算科学、认知科学、复杂性理论、工程学科等多学科和谐交融的知识工程的新兴学科。

参 考 文 献

Alexander, J. H. , Freiling, M. J. , Shulman, S. J. , Staley, J. L. , Rehfus, S. , Messick, S. L. , 1986. Knowledge level engineering: Ontological analysis. In: Proceedings of AAAI - 86, Proceedings of the 5th National Conference on Artificial Intelligence. Morgan Kaufmann Publishers, Los Altos, pp. 963 - 968.

Anthes, G. H. , 2005. Catches on. Computerworld 39(44), 39 - 41.

Ashenhurst, R. L. , 1996. Ontological aspects of information modeling. Minds and Mach. 6, 287 - 394.

Baader, F. , Calvanese, D. , McGuinness, D. L. , Nardi, D. , Patel - Schneider, P. F. (Eds.), 2003. The Description Logic Handbook: Theory, Implementation and Applications. Cambridge University Press, Cambridge.

Behringer, R. , 2001. Augmented reality. In: Kent, A. , Williams, J. G. (Eds.), Encyclopedia of Computer Science and Technology, vol. 45, no. 30. Marcel Dekker, pp. 45 - 57.

Berners - Lee, T. , Hendler, J. , Lassila, O. , 2001. The semantic web. Scientific American 285 (5), 34 - 43.

Butler, P. , Hall, E. W. , Hanna, A. M. , Mendonca, L. , Auguste, B. , Manyika, J. , Sahay, A. , 1997. A revolution in interaction. McKinsey Q. 1, 4 - 23.

Cheng, P. C. -H. , 2002. Electrifying diagrams for learning: principles for effective representational systems. Cogn. Sci. 26, 685 - 736.

Chickowski, E. , 2008. Understanding Semantic Web Technologies. Published online.

Chomsky, N. , 1957. Syntactic Structures. Mouton.

Gromiha, M. M. , Huang, D. -S. , 2012. Introduction: Advanced intelligent computing theories and their applications in bioinformatics. BMC Bioinformatics 13(Suppl. 7),I1.

Kendrick,E.,Slater,P. R.,2008a. Synthesis of hexagonal lanthanum germanate apatites through site selective isovalent doping with yttrium. Mater. Res. Bull. 43,2509−2513.

Kendrick,E.,Slater,P. R.,2008b. Synthesis of Ga−doped Ge−based apatites:Effect of dopant and cell symmetry on oxide ion conductivity. Mater. Res. Bull. 43,3627−3632.

Kendrick,E., Slater, P. R., 2008c. Investigation of the influence of oxygen content on the conductivities of Ba doped lanthanum germanate apatites. Solid State Ionics 179,981−984.

[187−188] Leon−Reina, L., et al., 2003. Crystal chemistry and oxide ion conductivity in the lanthanum oxygemanate apatite series. Chem. Mater. 15,2099−2109.

Leon−Reina,L.,et al.,2005. High oxide ion conductivity in Al−doped germanium oxyapatite. Chem. Mater. 17,596−601.

Matsuka, T., et al., 2008. Toward a descriptive cognitive model of human learning. Neurocomputing 71,2446−2455.

Mayer,R.,1992. Thinking,Problem Solving,Cognition. Freeman.

Orera,A.,et al.,2011. Strategies for the optimization of the oxide ion conductivities of apatite−type germinates. Fuel Cells 11,10−16.

Pfeifer,R.,Scheier,C.,2001. Understanding Intelligence. MIT Press.

Pramana,S. S.,et al.,2008. A taxonomy of apatite frameworks for the crystal chemical design of fuel cell electrolytes. J. Solid State Chem. 181,1717−1722.

Rabe,K. M.,et al.,1992. Tc ferroelectrics and high Tc superconductors. Phys. Rev. B 45, 7650−7676.

Rajan,K.,2011. Ontology Engineering:Computational Informatics for an ICME Infrastructure.

Rottman,B. M., et al., 2012. Causal systems categories:Differences in novice and expert categorizations of causal phenomena. Cogn. Sci. ,1−14.

Sansom,J. E. H.,et al.,2005. Synthesis and conductivities of the Ti doped apatite−type phases $(La/Ba)_{10-x}(Si/Ge)_{6-y}Ti_yO_{26+z}$. Solid State Ionics 176,1765−1769.

Schieritz, P. M., 2003. Modeling the forest or modeling the trees:A comparison of system dynamics and agent − based simulation. In:21st International Conference of the System Dynamics Society,New York.

Senge,P. M.,1990. The Fifth Discipline:The Art and Practice of the Learning Organization. Doubleday Currency.

Shannon,R. D.,Prewitt,C. T.,1976. Effective ionic radii in oxides and fluorides. Acta Cryst. A 32,751−767.

Sica,G.(Ed.),2006. What is Category Theory? Polimetrica S. A. S.,Monza,Italy.

Spivak,D. I.,2011. Ologs:A categorical framework for knowledge representation.

第9章
组合材料化学的实验设计

James N. Cawse

Cawse and Effect LLC, Pittsfield, MA, USA

1. 引言 [189]

组合材料化学的实验设计(design of experiments, DOE),在过去的二十多年间从提出(Hanak,1970)到真正成形(Briceño 等,1995;Xiang 等,1995),持续发展并不断取得突破(Cawse,2001,2007)。

在混合设计、预测模型、动力学实验以及多维检索上已经开展了一些新颖而有趣的研究,梯度设计使材料研究的维度远超过传统的三元体系,复杂统计方法已经变成了更为复杂的裂区设计、革命性的方法以及映射。

这一领域显然已经超越了简单的"命中目标",朝着为理性的材料设计生产新知识的方向发展。Fogg 和他的同事总结认为,更多的进展主要集中在新化学(意想不到的反应或产物)的发现以及"通过从多孔板上获取数据用其来深度理解并优化手边的化学反应,扩充基础知识来拓宽视野,从而驾驭 HTE 来对机械数据进行有效编译"。

2. 标准实验设计(DOE)的方法

标准(如阶乘和响应曲面)DOE(Box 等,2005)通常在高通量仪器上运行。传统地,在实验昂贵的情况下,通常运行全因子的相对小的部分。设计的优化通常在于确定主效应,其次是二阶交互,然后是曲率,通常忽略高阶交互。与传统研究方法相比,高通量实验(high-throughput experimentation, HTE)的研究更为全 [190]

153

面,这将涉及复杂相互作用和曲率的更完全的分解或更彻底的复制与研究。

Serna 等(2008)提出了全因子 HTE 设计的例子。他们在高通量设备上进行了 6^2 次(36 次)完全析因设计,用以确定 Ti/Si 和 SiM$_3$ 的含量变化时催化剂响应的详细概述 (图 9.1),作为对烯烃与脂肪酸酯氧化催化剂深入研究的一部分内容。然后,这些数据与测试催化剂及其他类似催化剂的结构信息整合,作为神经网络方法的输入,对催化剂进行全进程的优化。神经网络方法将在第四章[①]详细介绍。

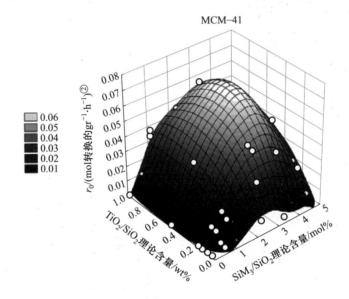

图 9.1　随 Ti 与 SiM$_3$ 理论含量变化的 6^2 次完全析因设计的催化剂响应建模
(转载得到 Serna 等,2008,Elsevier 许可)

McWilliams 等(2005)在研究硝基芳香腈的化学选择性催化还原时,采用了对压力、温度和催化剂负载的三因素面心响应曲面实验。在 Freeslate 并行压力反应器 (parallel pressure reactor,PPR) 的单次过程中运行了 18 次设计(八个角、六个星、四个中心点)。在 PPR 上的实验设计布局需要适应每个模块单一压力的硬件要求,以及模块内温度调节的自动操作能力。实时监测反应气相吸收的能力对于确定反应速率和反应终点,以及动力学分析是非常有用的。

使用 HTE 功能,标准 DOE 可以扩展成为“设计的设计”。Lauterbach 及其同事(Hendershot 等,2007)用 16 通道平行反应器(本章第 7 节),研究反应条件和

[191]

① 原书似有误,应为第五章。——译者注
② 1 gr≈64.798 9 mg。——编者注

154

催化剂组成对 NO$_x$ 存储催化剂的影响规律。在催化剂组成的全三因素中心复合设计的每个点,在(四种气体和温度)反应条件下进行 32 次一半分数中心复合设计(图 9.2)。这样需要进行 480 个以上的反应,对于常规设备来讲通常是非常不合理的。Lauterbach 等对数据进行了分阶段建模,通过仅与反应条件进行建模,对每种催化剂的实验数据分别进行处理,这样给出了气体组成和温度的模型方程。然后将模型截距和系数与催化剂组成数据相拟合,得出通用模型,进行实验测试运行以验证模型的有效性。他们得出的结论是:"这里使用的嵌套①实验设计方法,能够确定简单的线性趋势,如温度的影响,以及复杂的趋势,如还原剂与催化剂组成的相互作用。"

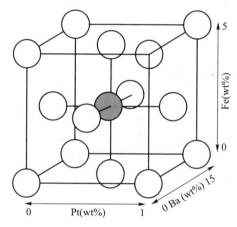

图 9.2 中心复合设计中合成的催化剂的名义重量载荷。实心圆表示中心点催化剂,共合成了四次以验证其可重复性(转载得到 Hendershot 等,2007,Figure 1,Elsevier 许可)

3. 混合(配方)设计 [192]

在组合化学中,最常见的实验设计是配方设计的某个变量。毕竟,大多数化学涉及制备各类"物质"的混合物!传统配方 DOE 直接明确,需要相对较少的点,因为平滑响应空间可以用小的简单形建模(图 9.3;Cornell,2002)。采用高通量 DOE 是要寻找在很窄的浓度范围内性能发生重要变化的新区域(Cawse,2001)。这就需要更多的运行空间,频繁使用紧密网格(图 9.4)。高通量软件如 Freeslate 软件,通过简单的"拖放"工具,优化生成该类型的三元网格。

当混合设计中组分的范围受到约束时,实验空间的形状就从简单形变为复杂多面体。标准 DOE 软件[如 Design-Expert(DX8,Stat-Ease)或 JMP 软件]可 [193]

---

① 这里所指的术语"嵌套设计"必须区分于标准统计中的"嵌套设计"一词,即也被称为"裂区(split-plot)"设计的设计(Cawse,2001)。

以计算多面体的形状,但选择合适的实验点则需要理论与技术支撑。JMP 软件定位顶点、边中心和整体质心（图 9.5），这是一个过多地强调空间边缘的结果。DX8 软件定位了这些点,加上其他几个点（图 9.6）。所示的集合有用但不是最优的,因为存在实际上重叠的点的集合。这些点随后可用作最优设计的备选。最后,可以生成空间填充的点集,然后选择一个满足约束条件的子集（图 9.7）。这些情况在三元体系中应用时较为容易,但在高维时就变得复杂得多。

[194]

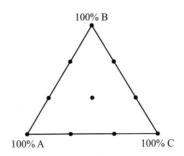

图 9.3　分辨率足够高的三组分的 10 点简单形,用以构建混合物的相互作用模型

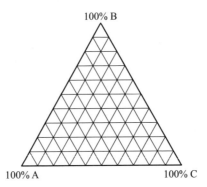

图 9.4　66 点的三元网格

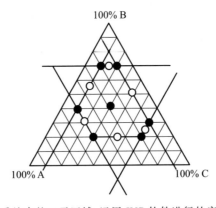

图 9.5　在受约束的三元区域,运用 JMP 软件进行的实验设计示范

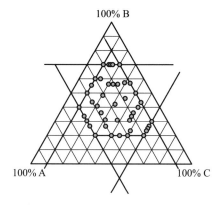

图 9.6 在受约束的三元区域,运用 DX8 软件进行的实验设计示范

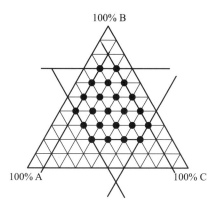

图 9.7 在受约束的三元区域,运用网格间距方法进行的实验设计示范

在四组分的情况下,材料设计变得更加复杂,因为四元混合物无法映射到一个平面上。例如,Freeslate 软件使用拖放方法生成四元梯度（图 9.8 和图 9.9）,即从正方形的角或边开始,但两者都无法完整覆盖混合物空间（图 9.10 和图 9.11）。要实现完整覆盖面,需要在 Freeslate 软件中插入一个外部生成的设计（图 9.12）。这样的高维混合物系统设计可以使用高级 DOE 软件实现,但如前所述的三元体系中的最佳定位点的问题就变得更为重要。

高维混合设计中还需要关注的是在简单形的边上运行的优势。当组分的浓度范围从零开始时,对于 n 维简单形的研究变得非常容易,因为即使所有 n 个组分都存在,运行量也很少（图 9.13）。需要注意的是,在这一 35 次设计中,只有四种混合物是真正的四元共混物。

配方设计的可视化相对较难实现,因为这些设计都是简单形(三角形、四面体等)的形式。大多数 DOE 软件(如 DX8、JMP10)能够正确画出三角形状的简

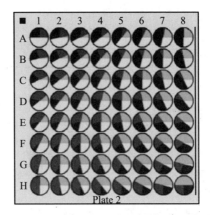

[195]　　　　图 9.8　采用 Freeslate 软件进行的四元实验设计,各组分从正方形的角加入

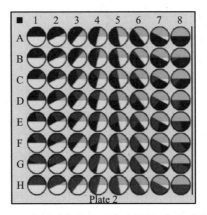

图 9.9　采用 Freeslate 软件进行的四元实验设计,各组分从正方形的边加入

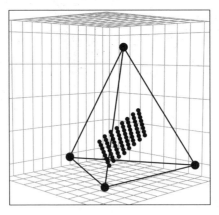

图 9.10　由图 9.8 的设计产生的四元空间的真实点

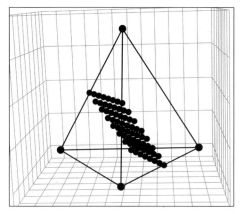

图 9.11 由图 9.9 的设计产生的四元空间的真实点

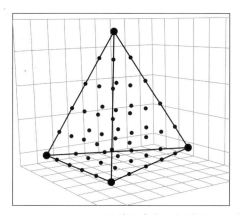

图 9.12 四元设计的真实空间填充

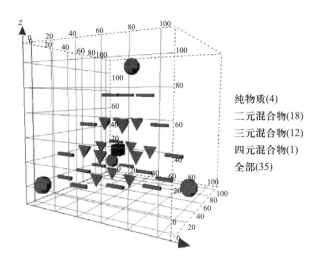

纯物质(4)
二元混合物(18)
三元混合物(12)
四元混合物(1)
全部(35)

图 9.13 四组分、35 次设计中实际的组分分布

159

单形,但在 Excel 中无法正确作图,除非通过转换生成适当的坐标。这种情况下,没有哪个商业软件能够对四元的四面体设计(图 9.12)进行可视化。采用从 4D 空间到四面体空间的矩阵变换,然后对得到的数据坐标用 3D 绘图软件进行可视化。也有一些关于内部软件包的报道,这些软件包对四元体系的可视化效果很好(Chevrier 和 Dahn,2006;Suh 等,2009;Zarnetta 等,2010)。

[196]

随着组分数量的增加以及混合物体系复杂性的加大,需要更加复杂的混合设计。Kang 等(2011)报道了“混合物的混合物”实验,其中一些主要组分本身就可以是混合物,或组分可分为不同类型,而每一类型可称为一个主要组分,由一些次要组分组成。上述情况在例如均质催化剂的设计中不难发现,其中一个主要组分是支持体的配方,另一个是活性催化剂的配方。上述实验可以构成体系上的“主要-次要 D-最优设计(major-minor D-optimal design)”。在这一设计中,主要组分和次要组分的设计需要分别构建不同的模型,然后再将这些模型组合在一起。

[197]

Borkowski 和 Piepel (2009)报道了另一种高约束混合实验的方法。当组分数很大(10 个或更多)时,组合的问题就显得非常关键,而且如此复杂的体系往往是高约束的,导致得到的实验空间变得极其不规则,组合问题很可能变成数学上的病态问题。最优设计“倾向于将大多数实验点放在实验空间的边界上,尽量避免在实验空间内部有设计点”。他们提出“基于数论的混合设计”,可以产生一致的混合设计,采用有效统一的方式填充实验空间。

[198]

Raade 和 Padowitz (2011)报道采用“custom software tools”(软件工具)对四元、五元以及更高维体系的约束实验进行快速设计,这些工具曾用于熔盐热传输流体的高维混合实验设计。他们还开发了专有软件,用于将这些系统可视化为三元相图阵列。

JMP 软件中的“Custom Designer”模块已升级,能够提供对高通量混合实验有吸引力的功能。它可以处理带有制备参量及存在混合空间任意数量的不等式约束的混合实验。该软件还使用 I-optimal 方法,对设计区域的平均预测误差进行最小化处理。为此,将更全面地对实验空间进行采样。

4. 复合设计

当高通量方法应用于真正复杂的系统时,存在大量问题值得探索。实验空间可能需要同时考虑如下问题:

1)原料的选择,可能涉及几个大类;

2)这些原料的混合空间,可能作为上述混合设计的混合;

3)将材料转化成最终产品的制备参量。

在数据分析阶段,这些数据可能会与原料性能数据库融合在一起,形成一个巨大的回归问题。

Muteki 等（2006）开展了一个复杂聚合物配方的研究项目,使用的方法是将含有原料性能、原料成本、混合比、混合物性能和工艺条件等数据的一个数据库集（图9.14）组合成一个组合数据结构（图9.15）,用来构建一个偏最小二乘法（PLS）模型,把原料性能考虑进去,然后进行优化。他们使用"理想的混合规则"来简化原料性能矩阵 X 和混合比矩阵 R 组合的问题。这个"理想的混合规则"表示为 [199]

$$X_{mix} = R \cdot X$$

他们使用这一方法设计了 111 种混合物,每种混合物由 13 种橡胶材料、1 种油和 4 种聚丙烯组成,测量了每种混合物的七种性能,采用 D-最优设计方法筛选混合物配比。

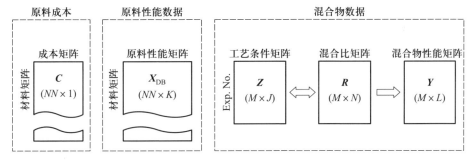

图 9.14　工业混合设计的数据库,表示为一组矩阵
（转载得到 Muteki 等,2006,美国化学会许可）

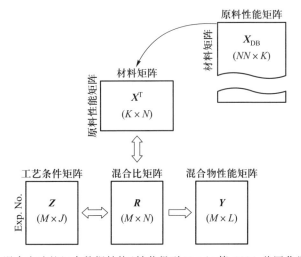

图 9.15　混合实验的组合数据结构（转载得到 Muteki 等,2006,美国化学会许可）

[200]　　研究实际工业生产过程,需要考虑大量的原料和工艺过程参量,有些连续,有些属于不同类别,有不同的级别数,参量之间以未知的方式交互作用。要研究所有组合的话需要运行的次数过高。处理该情况的一个策略就如古老的谜语所说的那样,"如何吃掉一头大象"的答案当然是"一次咬一口"。在这种情况下,项目组成员(包括指导)把影响因素的总量降到 14 个,7 个是原料相关的,另 7个是工艺过程相关的。用两级和三级影响因素,总的实验空间的运行次数是419 904。

　　从实验设计的角度考虑问题,这 14 个因素可能潜在地生成如表 9.1 列出的数据。

表 9.1　14 因素设计的潜在影响及交互作用

主要影响	参数数量
双向交互作用	91
三向交互作用	364
四向交互作用	1 001
五向交互作用	2 002

　　这些数字实际上是低估了交互作用的结果,因为三级分类因素产生更复杂的交互作用。识别所有四向和五向交互作用所需的实验数目远超过项目预算;另外,检测这种高级的交互作用的信噪比总是存在问题。

　　上述策略的下一阶段是检查原料和工艺过程因素的分离(图 9.16)。如图 9.16 所示,逻辑上,实验分成了三部分,分别为原料、工艺过程及工艺过程/材料的交互作用。每个第一部分都有 648 次的实验空间;采用一特定的双向交互作用模型,48 次或更多次的 D–最优设计令人满意。对前两部分的理解将允许减少总体设计数量,并对构建合适的工艺过程/材料交互作用模型提供指导。

　　Pedrosa 和 Bradley (2008) 用多配方级和工艺参量,研究了非常复杂的墨水
[201] 配方(表 9.2)。采用 MODDE 软件(Umetrics),从 864 次可能的运行中生成 79个筛选实验;而这涉及 40 个配方,每个都被进行实验复制。MODDE 软件通常用 D–最优设计来处理复杂筛选问题。筛选实验允许减少或扩展第二个五因素32 次运行筛选设计的因素的范围;允许进一步简化到最终的两因素 12 次运行响应面设计,用以优化系统。

	因素	级别	类型	稳定剂类型	稳定剂水平	添加的气体	预处理	气氛温度	水	催化剂水平	催化剂序列	溶剂	催化剂温度	保温温度	气氛	基底比例
原料	稳定剂类型	2或3	范畴的	×												
	稳定剂水平	3	连续的		?											
	添加的气体	3	连续的			?										
	预处理	2	范畴的				×									
	气氛温度	2	连续的					×								
	水	2?	连续的						×							
工艺过程	催化剂水平	3	连续的							?						
	催化剂序列	2	范畴的?								×					
	溶剂	3	范畴的									×				
	催化剂温度	2	连续的										×			
	保温温度	2	连续的											×		
	气氛	3	范畴的												×	
	基底比例	3	连续的													?
原料反应		15														
工艺过程反应		21														
配方/工艺过程反应		42														
?势曲线		3														

图 9.16 14 因素实验中的配方、工艺因素及可能的交互作用

表 9.2 墨水配方实验的影响因素

影响因素	影响因素类型	级别	级别范围
二甘醇	混合物-组分	6	5,10,15,20,25,30(wt%)
甘油	混合物-组分	2	5,10(wt%)
福林-465	混合物-组分	4	0.5,1,1.5,2(wt%)
电压	工艺过程	3	80,90,100(V)
脉冲宽度	工艺过程	3	30,35,40(ms)
频率	工艺过程	2	60,120(Hz)

5. 有限随机化、裂区及相关设计

[202]

在高通量的范畴中,成功的实验策略要求协调实验程序的统计规划与机器人工作站资源有效利用的工作流程的优化间的矛盾。具有固定格式的该类系统导致了所谓的 Procrustes 问题(图 9.17),即实验的统计最优方案与机器人工作站的固定格式通常都匹配得不是很好。要解决这个问题,可以从两个方向出发:使用裂区设计生成统计学上的正确的设计和分析,或审慎决定统计理论的选择或放弃,从而

设计出一套可以在机器人工作流程上运行顺畅的有意义的实验。

图 9.17　在希腊神话中,Procrustes 是来自阿提卡(Attica)的强盗,其摧残人的方式是拉扯或切断人的双腿,使人的身长适合铁床的大小

　　Castillo(2010)在高压催化剂研究中使用了裂区设计方法,他设计了一个 4 模块×8 孔的反应器,每个模块独立控制,但每个模块中压力和温度为固定值("很难改变")。催化剂种类和浓度是"很容易改变的"。另外也使用了两个机器人注射器,经处理后其操作参数很容易改变。

　　实验者进一步添加了一个四级的洗涤变量,从而使实验的设计变成了双重裂区设计。"一旦确定了一个特定的洗涤变量(整个区),不同的模块(亚区)中温度和压力的组合就是固定的,模块中不同孔的催化剂类型和浓度(亚区)的水平是随机分配的。"对上述情况的分析需要非常谨慎而合理地分配主效应和交互作用的均方差。由于反应动力学建模的重要性,在这一特定应用中,发现过程因素和合成因素之间的三级交互作用是很关键的。对于这种复杂系统的处理,强烈推荐使用专业统计服务。

　　Cawse(2012)在一个复杂的搜索程序(表 9.3)中使用了选择性放弃的统计原理,该程序计划在 100～200 个 48 孔的工作站上运行。

[203]

表 9.3　催化实验的影响因素与级别

影响因素	级别
配位体	240
金属	15
前驱体	2
共催化剂	2
温度	2
所有组合	28 800

表 9.4 考虑了可能的交互作用并做了优先化处理。基于该优先顺序,采用包括了主效应和第一、二优先级交互作用的模型,生成了一个优先性–优化设计。如果我们考虑统计学上的"理想"的下一步,那么 48 孔系统中的每个单元格应包含五因素中每个因素的随机选择(图 9.18)。阻塞的问题就会立即显示:每 48 个单元格的阵列是等温的,所以系统必然受阻于该因素。

表 9.4　催化剂实验中的优先效应

影响类型	名称	优先性
主要影响因素	金属	I
主要影响因素	配位体	I
主要影响因素	前驱体	I
主要影响因素	活性	I
主要影响因素	温度	I
双向交互作用	金属–配位体	I
双向交互作用	金属–活性	I
双向交互作用	金属–前驱体	II
双向交互作用	金属–温度	II
双向交互作用	配位体–活性	I
双向交互作用	配位体–温度	II
…	另外四种双向交互作用	III
三向交互作用	金属–配位体–活性	II
…	另外九种三向和五种四向交互作用	III

L115 M6 P1 C1 T1	L83 M10 P1 C0 T0	L33 M7 P1 C1 T1	L111 M6 P0 C0 T1	L211 M0 P1 C1 T0	L105 M12 P0 C0 T0	L27 M1 P1 C0 T0	L108 M4 P1 C1 T0
L1 M5 P1 C1 T0	L144 M12 P1 C1 T0	L234 M0 P1 C0 T0	L195 M9 P1 C1 T0	L233 M13 P1 C1 T0	L116 M2 P1 C1 T1	L34 M9 P1 C1 T1	L91 M5 P0 C1 T1
L158 M1 P1 C1 T0	L121 M0 P1 C0 T0	L157 M2 P1 C0 T1	L229 M8 P1 C1 T0	L227 M14 P1 C1 T1	L8 M8 P1 C0 T1	L60 M3 P0 C0 T0	L112 M1 P0 C0 T1
L113 M9 P1 C0 T1	L27 M10 P0 C1 T1	L103 M13 P1 C0 T1	L32 M3 P1 C0 T0	L193 M5 P1 C0 T0	L173 M7 P1 C0 T0	L5 M11 P0 C0 T0	L211 M9 P0 C1 T0
L84 M12 P0 C1 T0	L50 M7 P0 C0 T0	L13 M12 P0 C0 T1	L18 M3 P1 C1 T0	L134 M4 P1 C0 T1	L151 M4 P0 C0 T0	L49 M5 P1 C1 T0	L125 M13 P0 C0 T0
L141 M9 P0 C1 T0	L211 M6 P0 C0 T0	L224 M10 P0 C1 T1	L234 M4 P1 C0 T0	L47 M5 P1 C1 T0	L160 M5 P0 C0 T0	L151 M12 P1 C0 T1	L109 M13 P1 C1 T1

说明

配位体
金属–前驱体
共催化剂
温度

图 9.18　四个多因素随机分配到 48 孔板的设计和执行操作所需的机器人的反应

一个更为复杂和微妙的问题是机器人操作运动的经济性。当每个单元格唯一时,每一组分必须独立添加到每一单元格中,由此产生极大量的机器人操作,将消耗过多的时间和资源。相反,必须设计一个工作流程,尽量减少机器人运行(图9.19),这将涉及例如可供多个子板(配位体)克隆的母板,或在金属板上使用变量的单一一级,或对于不同的物理处理(温度)而进一步设计更多的子板(daughter plate)。

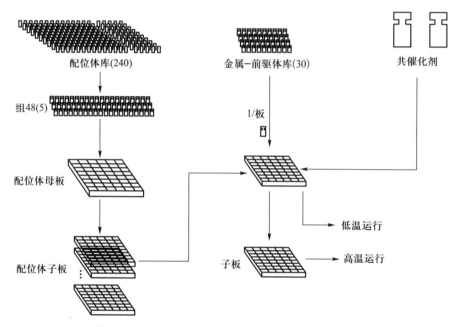

图 9.19　用于机器人操作运动最小化的工作流程设计

上述简化的每个阶段都对实验结果的统计有效性具有重要影响。无论是有限随机化、阻塞、模型降阶还是复制的损失,都必须考虑后果,以保证实验上确实可以产生那些值得我们在设计和实验上花大气力的结果。

[204]
6. 进化设计

遗传算法(genetic algorithm, GA)在高通量方法(Cawse, 2001)的发展过程中一直被认为是寻找组合空间的合乎逻辑的选择,在材料领域(参见第四章)已经开[205]展有大量相关工作。然而,Farrusseng(2008)在总结了遗传算法在多相催化剂上的应用现状后指出,"到目前为止,仅有有限的一些学术团体应用了该方法。"

Holeňa 等(2008)确定了遗传算法的一个关键特征,正是因为该特征的存在,化学家们"无法接受"遗传算法。标准遗传算法要求化学变量的编码转换成低阶数据类型,如实数和二进制串的数组。然而,真正的化学问题是"具有以下特征的复杂优化任务,其中特征包括:① 高维度(30～50 个变量是很平常的);② 连续变量和离散变量混合;③ 约束;④ 目标函数,即催化剂(如产量、行为或转换)优化后的性能指标无法明确描述,其值必须凭经验获得"。他们提出先自动生成一个遗传算法,然后根据问题量身定制实施方案。该方法使用一种催化剂描述语言,严格正规地描述催化剂(Holeňa,2004),包括组分(类型、层级和数量)、比例、混合约束、制备方法、反应条件以及遗传算法的特定参数。他们发现,优化任务只需考虑线性约束,这样可以得到一套多面体解决方案。对这些多面体可以做非空检查和对离散变量进行第一次优化,随后做标准线性约束优化(Holeňa 等,2011)。

Caschera 等(2010)报道了一种实验的进化设计新方法。该方法采用迭代循环耦合计算以及高通量实验(图 9.20)的统计建模来探索高维空间。操作过程中,先从实验空间中的稀疏随机样本入手,这一点同遗传算法一样,然后由数据生成一个统计模型并使用该模型来选择构建样本空间的位置。统计建模、预测算法和实验紧密耦合,该过程不断重复。 [206]

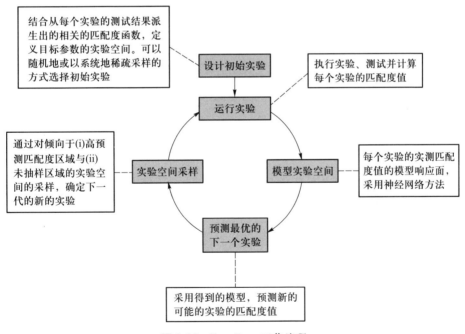

图 9.20　Evo-Devo 工作流程

当实验空间大而采样点稀疏时,空间的大部分区域都不可避免地缺少数据,任何预测模型都具有严重的统计不确定性。统计的不确定性问题,可以采用自助抽样方法(bootstrapping)处理,以确保模型不会过于复杂,基于模型的预测与倾向于

[207]

空间欠采样区域的随机抽样相结合。这一方法也许可以看作"exploration-exploitation tradeoff"方法（Pucci de Varias 和 Megiddo，2005）的一个示范应用，可以认为是地质统计学的"kriging"方法的高维扩展（Cawse，2007；Diggle 和 Ribeiro，2007）。该方法用于寻找药物配方空间（两性霉素），大致上是 2×7 阶乘与 2^2 阶乘的交叉影响，约束多级固定因素与三元约束混合物的交互作用（图 9.21）。在这种情况下，所用的模型是前馈、单隐藏层的人工神经网络。通过测试一组有 90 种配方的初始集，以及 60 种配方的 6 个第二代，系统迅速得到了优化，确定了 82 950 个可能性中的 450 个。"这一处理过程是一种实验的进化设计，基于遗传算法的前期工作而构建……该方法的不同之处主要表现为不仅基于随机变化，而且基于统计建模来设计选择新的实验。"优化空间复杂，最容易用 Excel 热点图的可视化形式来显示各区域。该方法的应用已经延伸到蛋白质合成工具包（Caschera 等，2011a）和可进化人工细胞（Caschera 等，2011b）的优化。

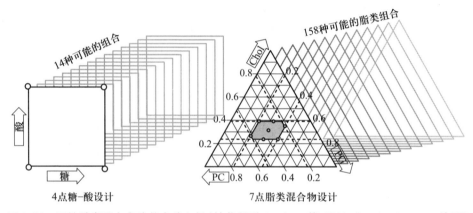

图 9.21　两性霉素配方实验的实验空间（转载得到 Caschera 等，2010，Creative Commons 许可）

遗传算法的一个新进展是多目标进化优化。多目标进化优化问题包括组成因素的多维向量以及响应的多维向量，而不再采用典型遗传算法的单一响应函数。响应向量的元素可独立地被最大化或最小化处理。遗传算法的目标就是要找出一套非支配性的帕累托解，可以通过多目标遗传法（MOGA）或非支配排序遗传算法（NGSA）来完成（Zitzler 等，2000）。

[208]

Sharma 等（2009）采用 NGSA 通过帕累托排序将总数分成组，第一组在遗传算法（GA）上具有最高的匹配度，随后的 GA 一代使总数向最高匹配度区域（以一种帕累托方式）演化。在这种情况下，组成因素的向量是磷光体中的六种金属及其含量；响应向量则由磷光体的光度和不一致性组成。

Schüth 及其同事也采用多目标方法同时优化丙烷脱氢催化剂的转化率和选择性，并与单目标优化产量（Llamas-Galilea 等，2009）进行了比较。结果发现，多目标方法优化的结果显著优于单目标方法。他们的结论是，"单目标方法只优化某一方面,而多目标方法同时优化所有目标,并能够使每个目标保持最优极限。一般来说,多目标方法应该优于单目标方法,因为当其执行产量优化时至少与单目标方法同样有效,另外,该方法更有可能发现更多有趣组合,如选择性和转化率同时优化。"

7. 用于确定动力学参数的设计

通过高通量方法能否确定动力学参数,很大程度上取决于是否能够获取到有关反应物和产物的时间分辨层次上的数据信息。最强大的方法仍然是 Lauterbach 的多谱数据立方体(Cawse,2007),即从存储于千兆字节的"高谱数据立方体"的多个催化剂的气体流中并行收集傅里叶变换红外(Fourier transform infrared,FTIR)光谱数据。Lauterbach 及其同事继续采用该方法研究氨分解机制(Pyrz 等,2008)。

对于液相系统,Fogg 及其同事指出,"到目前为止,获得时间分辨层次上信息的最可靠方法是通过高通量淬火方法(图 9.22),该方法将一块 96 孔板设计成一个按时间序列的系列实验集"(Blacquiere 等,2008;Monfette 等,2011),这就变成了单点实验的阵列。如果我们要测量正在进行的反应,我们就像"抓住空中飞翔的小鸟"一样。从以信息为中心的出发点看,反应过程大致可以细分为三个区域(图 9.23): [209]

1)没有发生反应。要么是在反应开始阶段的诱导期,要么是反应结束阶段所有的反应物都耗尽。对两者中任一情况,一个实验点就足够,多于一个就是资源浪费。

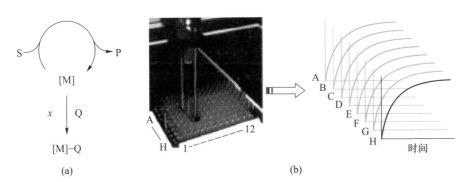

(a)　　　　　　　　　　(b)

图 9.22　在一个高通量实验中八个动力学特征的同时编译。(a)淬火介质 Q 使催化剂去活化,导致有机成分不发生变化(S 是衬底;P 是产物)。(b)以时间间隔 x,自动增加 Q。分析给出了动力学特征,曲线代表整个板的输出(转载得到 Blacquiere 等,2008,Figure 1,John Wiley and Sons 许可)

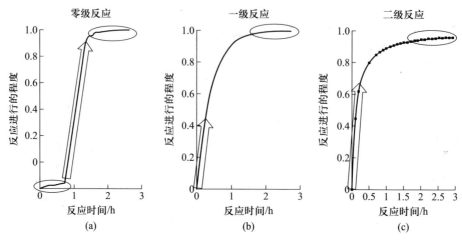

图 9.23　三种类型动力学反应的反应特征。椭圆圈出的是基本上没有发生反应的区域；箭头显示的是反应快速、信噪很差的区域

2）反应发生得太快。反应物或产物的浓度变化非常迅速，导致采样时间上很小的误差都将引起测量结果的很大误差波动。

3）反应发生得很慢（足够慢）。此时，可以得到合理而准确的测量结果，因为在取样时间波动范围内浓度变化相对较小。

[210]　动力学特征或过程的速率定律将决定这些区域。化学反应可以是任何从零到第一与第二或更高阶的反应。反应可以是有诱导期的，或是一个多步反应过程，这些都将大大影响获得质量可靠的数据、时间步长分配合理的实验点数量的选择。图 9.23(b) 中椭圆区域（几乎）没有数据，而箭头区域可能反应太快，使高精度测量结果很难获得。Rothenberg 等（2003）将这一过程描述为一个"时间分辨层次上的鸡与蛋的问题"：直到你把实验做完，才知道在哪里取点！他们从信息增益率的角度对该问题进行分析，信息增益率是预测基于已有数据的一项规定的测量方法可以得到的信息量。当然，这样的分析需要足够的采样量和分析速度以保证良好的反馈。

当体系中具有变化的诱导时间和零阶动力学时，问题是最糟糕的。由于诱导时间的下限为零，诱导时间的变化有可能不满足正态（高斯）统计，相反，有可能满足有明显"长尾"分布的对数正态分布，这将导致数据差异很大。

一旦获得了数据，需要有足够的化学第一性原理知识，才有可能把高通量实验数据转换成理论模型。同 D-最优设计的迭代寻优（Box 和 Tidwell，1962）相结合，独立变量的 Box-Tidwell 转换可以用于解释模型的非线性本质，并转换为一个非线性参数估计问题。表面催化反应往往遵循 Langmuir-Hinshelwood 动力学（Pilling 和 Seakins，1996），其中速率定律是比例函数，所以非线性估计是必然

[方程（9.1），其中 K_1 和 K_2 是两种气体分子的吸附常数，C_A 和 C_B 是这两种气体的浓度，C_S 是吸附质的总表面积，K 是实际反应速率常数]：

$$r = kC_S^2 \frac{K_1 K_2 C_A C_B}{(1 + K_1 C_A + K_2 C_B)^2} \qquad (9.1)$$

估算速率定律的算法是有必要的（Cropley，1978）。

8. 其他方法

[211]

Baumes（2006）指出："催化的典型输出分布表现为不平衡的数据集，几乎无法进行有效的处理，而有意思但不常用的数据集往往不被认可。"他开发了一种叫做 MAP 的新算法，用以发现不同"类"的催化剂并为今后优化提供明确的边界。

该算法使用映射（mapping）技术，而不是以搜索最优解作为策略。以实验空间的随机抽样（实际上分层随机抽样）为出发点，尝试将空间划分成常见催化行为的区。采用迭代方式，这些区就会被确定为"稳定"区（包含一致的行为）和"奇异"区（有许多不同种类的性能）。为了更好地描述空间结构，在奇异区中选取更多的样本。

机器学习方法，如神经网络方法，可以用于分区。图 9.24 所示为这种空间的最终结构。Reetz（2008）发表了使用单齿配位体的混合物发现有用的催化剂体系的工作。他发现，在配位体动态组合中，所有可能的异类和同类组合都有可能形成，因此催化剂的分散性可以很高。例如，20 个配位体可能形成 20 种同类催化剂，但 2 个不同的配位体/金属的组合可能形成另外 190 种异类催化剂。对于 50 个配位体的情况，就变成了 50 种和 1 225 种，而且配位体的数量越大，这些数字就越大。因此，阵列中每个实验测试的既有同类组合，也有异类组合。这些方法在控制对映–、非对映–和区域选择性上显得尤为有效。在一项实验中使用 14 个配位体（91 种可能的异类组合），仅测试了 31 种，但 ee 为 97% 的结果在 N–乙酰氨基丙烯酸酯的不对称氢化中被发现。这一概念的吸引人的特征是通过混合配位体，可以获得结构多样性，而不需要合成任何新的化合物。

[212]

Tompos 及其同事一直使用全息设计技术发展、优化和可视化新的催化剂（Tompos 等，2005，2006，2007，2010）。尤其是目前将人工神经网络（artificial neural network，ANN）与遗传算法串联使用，已用于水煤气转化变换反应的 12 组分催化剂体系的筛选。一种三阶 12 因素的全因素设计包含了 531 441 可能的点。一套 225 个真实实验（主要是对角线偏移 10 组分的 14 个两因素面的低水平或高水平因素）用于训练神经网络，然后生成完整的 531 441 点的全集，并使用全息图进行了可视化（图 9.25）。组分在 x 轴和 y 轴上的位置的排列可产生12!（479 001 600）个不同的图像，但是采用简单规则，就可以有效的方式将数据表达出来,如"变量位置设计为,效果最显著的组分有最低的频率,而所有无关紧要的组分都有高频率"(Tompos 等,2010)。

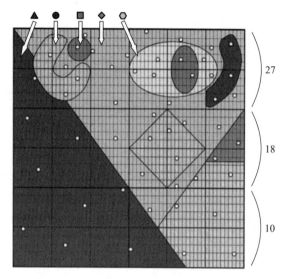

图 9.24　MAP 算法的最终一代(转载得到 Baumes,2006,美国化学会许可)

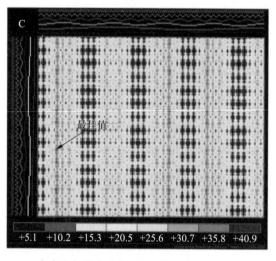

图 9.25　12 组分、531 441 个点空间的全息扫描(转载得到 Tompos 等,2010,Springer LLC 许可)

[213] ## 9. 梯度扩散设计

　　梯度扩散设计在过去的二十年间已经变得相对标准化了。关于梯度扩散的大部分研究工作是在日本的组合材料开发与技术(COMET)小组开展的。他们组织的学术研讨会上报道了相关材料,关于组合方法与高通量方法的学术研讨会每两年召开一次,安排在材料研究学会(MRS)秋季大会中,会上很多关于梯度扩散的结果发表出来(如 2011 MRS Fall Meeting,2012)。Ludwig 小组也有关于该领域的大量工作的报道(如 Löbel 等,2008)。

　　高维混合阵列的梯度扩散新方法已出现。Chevrier 和 Dahn（2006）介绍了一种四维薄膜制备方法,采用一套复杂几何形状的溅射掩模,得到切过四元四面体的一系列曲面(图 9.26)。Zarnetta 等（2010）提出了一种改进薄膜三元扩散方法,通过添加第四种元素（Ti）中间层,形成四元扩散的"切片"(图 9.27)。

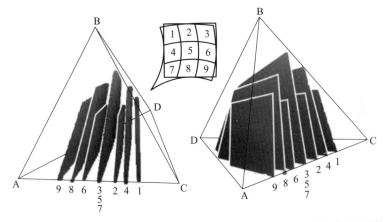

图 9.26　组合薄膜方法所涉及的成分空间。两个四面体是相同数据集的不同视图
（转载得到 Chevrier 和 Dahn,2006,IOP Science 许可）

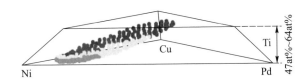

图 9.27　四元成分空间中一个区域内的四元 TiNiCuPd 薄膜连续成分分布图
（转载得到 Zarnetta 等,2010,John Wiley and Sons 许可）

10. 展望

　　我相信,我们现正实现如我前面回顾（Cawse,2007）的结论中所表达的希望的关键时期:基于描述符的设计与建模将很快成为材料科学中的优势研究方法。最有希望的迹象就是关于均质催化反应预测建模的一篇综述（Rothenberg 和 Burello,2006）和一本教程（Maldonado 和 Rothenberg,2010）。

[214]

在上面提到的教程中,作者雄辩地将催化剂发现问题重新定义为三个多维空间,如图 9.28 所示,空间 A 包含催化剂结构,空间 B 为催化剂描述符,空间 C 为催化反应的优点(结果)的图。问题就变成了"仅仅"是应用定量结构−活性关系(QSAR)和定量结构−性能关系(QSPR)模型,对有关空间 B 和 C 的抽象问题。模型的关键在于寻找空间 B 的合适的描述符。

我乐观地预测,关于此领域的下一个综述一定会有大量的进展。

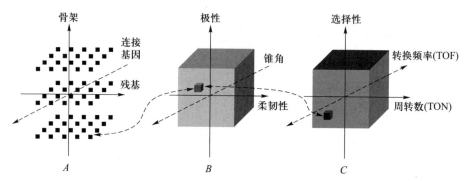

图 9.28　由三个多维空间组成的催化剂系统,其中包括催化剂(空间 A)、描述符值(空间 B)和优点图(空间 C)

参 考 文 献

Baumes,L. A. ,2006. MAP:an iterative experimental design methodology for the optimization of catalytic search space structure modeling. J. Comb. Chem. 8,304−314.

Blacquiere,J. M. , Jurca, T. , Weiss, J. , Fogg, D. E. ,2008. Time as a dimension in high−throughput homogeneous catalysis. Adv. Synth. Catal. 350,2849−2855.

Borkowski, J. J. , Piepel, G. F. , 2009. Uniform designs for highly constrained mixture experiments. J. Q. Technol. 41,35−47.

Box, G. E. P. , Tidwell, P. W. , 1962. Transformation of the independent variables. Technometrics 4,531−550.

Box, G. E. P. , Hunter, J. S. , Hunter, W. G. , 2005. Statistics for Experimenters. Wiley−Interscience,Hoboken,NJ.

Briceño,G. ,Chang,H. ,Sun,X. ,Schultz,P. G. ,Xiang,X. −D. ,1995. A class of cobalt oxide magnetoresistance materials discovered with combinatorial synthesis. Science 270,273−275.

Caschera,F. ,Gazzola,G. ,Bedau, M. A. ,Bosch Moreno, C. ,Buchanan, A. ,Cawse,J. ,et al. , 2010. Automated discovery of novel drug formulations using predictive iterated high throughput experimentation. PLoS ONE 5,e8546.

Caschera,F. ,Bedau, M. A. ,Buchanan, A. ,Cawse,J. , de Lucrezia, D. ,Gazzola, G. ,et al. ,

[215−218]

2011a. Coping with complexity: machine learning optimization of cell-free protein synthesis. Biotechnol. Bioeng. 108, 2218-2228.

Caschera, F., Rasmussen, S., Hanczyc, M., 2011b. Machine learning optimization of evolvable artificial cells. Procedia Comput. Sci. 7, 187-189.

Castillo, F., 2010. Split-split-plot experimental design in a high-throughput reactor. Q. Eng. 22, 328-335.

Cawse, J. N., 2001. Experimental Design for Combinatorial and High Throughput Materials Development. Wiley-Interscience, Hoboken, NJ.

Cawse, J. N., 2007. Experimental Design in High-Throughput Systems: Combinatorial Materials Science. Wiley-Interscience, Hoboken, NJ, pp. 21-50.

Cawse, J. N., 2012. Experimental strategy for high throughput materials development. MRS Proc. 1425.

Chevrier, V., Dahn, J. R., 2006. Production and visualization of quaternary combinatorial thin films. Meas. Sci. Technol. 17, 1399-1404.

Cornell, J., 2002. Experiments with Mixtures. Wiley-Interscience.

Cropley, J. B., 1978. Heuristic Approach to Complex Kinetics. In: Weekman Jr, V. W., Luss, D. (Eds), Chemical Reaction Engineering. American Chemical Society, Washington, DC, pp. 19.

Diggle, P. J., Ribeiro, P. J., 2007. Model-Based Geostatistics. Springer, New York.

Farrusseng, D., 2008. High-throughput heterogeneous catalysis. Surf. Sci. Rep. 63, 487-513.

Hanak, J. J., 1970. The "multi-sample concept" in materials research: synthesis, compositional analysis and testing of entire multicomponent systems. J. Mater. Sci. 5, 964-971.

Hendershot, R. J., Vijay, R., Snively, C. M., Lauterbach, J., 2007. Response surface study of the performance of lean NOx storage catalysts as a function of reaction conditions and catalyst composition. Appl. Catal. B: Environ. 70, 160-171.

Holeňa, M., 2004. Present trends in the application of genetic algorithms to heterogeneous catalysis. In: Hagemeyer, A., Strasser, P., Volpe, A. F. (Eds.), High-Throughput Screening in Chemical Catalysis. Wiley-WCH, Weinheim, Germany, pp. 153-172.

Holeňa, M., Cukic, T., Rodemerck, U., Linke, D., 2008. Optimization of catalysts using specific, description-based genetic algorithms. J. Chem. Inf. Model. 48, 274-282.

Holeňa, M., Linke, D., Rodemerck, U., 2011. Generator approach to evolutionary optimization of catalysts and its integration with surrogate modeling. Catal. Today 159, 84-95.

Kang, L., Roshan Joseph, V., Brenneman, W. A., 2011. Design and modeling strategies for mixture-of-mixtures experiments. Technometrics 53, 125-136.

Llamas-Galilea, J., Gobin, O. C., Schüth, F., 2009. Comparison of single- and multiobjective design of experiment in combinatorial chemistry for the selective dehydrogenation of propane. J. Comb. Chem. 11, 907-913.

Löbel, R. , Thienhaus, S. , Savan, A. , Ludwig, A. , 2008. Combinatorial fabrication and high-throughput characterization of a Ti-Ni-Cu shape memory thin film composition spread. Mater. Sci. Eng. A 481-482,151-155.

Maldonado, A. G. , Rothenberg, G. , 2010. Predictive modeling in homogeneous catalysis: A tutorial. Chem. Soc. Rev. 39,1891-1902.

McWilliams, J. , Sidler, D. , Sun, Y. , Mathre, D. , 2005. Applying statistical design of experiments and automation to the rapid optimization of metal-catalyzed processes in process development. J. Assoc. Lab. Autom. 10,394-407.

Monfette, S. , Blacquiere, J. M. , Fogg, D. E. , 2011. The future, faster: Roles for high-throughput experimentation in accelerating discovery in organometallic chemistry and catalysis. Organometallics 30,36-42.

2011 MRS Fall Meeting, 2012. Symposium UU, Combinatorial and High-Throughput Methods in Materials Science. MRS, Boston, MA.

Muteki, K. , MacGregor, J. F. , Ueda, T. , 2006. Rapid development of new polymer blends: The optimal selection of materials and blend ratios. Ind. Eng. Chem. Res. 45,4653-4660.

Pedrosa, J. M. L. , Bradley, M. , 2008. A high-throughput and design of experiment mediated optimization of pigment-based ink formulations. Pigment and Resin Technol. 37,131-139.

Pilling, M. J. , Seakins, P. W. , 1996. Reaction Kinetics. Oxford Science Publications.

Pucci de Varias, D. , Megiddo, N. , 2005. Exploration-exploitation tradeoffs for expert algorithms in reactive environments. In: Touretzky, D. S. (Ed.), Advances in Neural Information Processing Systems. MIT Press, Cambridge, MA, pp. 1-8.

Pyrz, W. , Vijay, R. , Binz, J. , Lauterbach, J. , Buttrey, D. , 2008. Characterization of K-promoted Ru catalysts for ammonia decomposition discovered using high-throughput experimentation. Top. Catal. 50,180-191.

Raade, J. W. , Padowitz, D. , 2011. Development of molten salt heat transfer fluid with low melting point and high thermal stability. J. Solar Energy Eng. 133 (3),031013.

Reetz, M. T. , 2008. Combinatorial transition-metal catalysis: Mixing monodentate ligands to control enantio-, diastereo-, and regioselectivity. Angewandte Chemie International Edition 47,2556-2588.

Rothenberg, G. , Burello, E. , 2006. In silico design in homogeneous catalysis using descriptor modelling. Int. J. Mol. Sci. 7,375-404.

Rothenberg, G. , Boehlens, H. F. , Iron, D. , Westerhuis, G. , 2003. Monitoring the future of chemical reactions. Chimica Oggi 21,80-83.

Serna, P. , Baumes, L. , Moliner, M. , Corma, A. , 2008. Combining high-throughput experimentation, advanced data modeling and fundamental knowledge to develop catalysts for the epoxidation of large olefins and fatty esters. J. Catal. 258,25-34.

Sharma, A. K. , Kulshreshtha, C. , Sohn, K. , Sohn, K.-S. , 2009. Systematic control of experimental inconsistency in combinatorial materials science. J. Comb. Chem. 11,131-

137.

Suh, C. , Sieg, S. C. , Heying, M. J. , Oliver, J. H. , Maier, W. F. , Rajan, K. , 2009. Visualization of high-dimensional combinatorial catalysis data. J. Comb. Chem. 11, 385-392.

Tompos, A. , Margitfalvi, J. L. , Tfirst, E. , Végvári, L. , Jaloull, M. A. , Khalfalla, H. A. , et al. , 2005. Development of catalyst libraries for total oxidation of methane: a case study for combined application of "holographic research strategy and artificial neural networks" in catalyst library design. Appl. Catal. A: Gen. 285, 65-78.

Tompos, A. , Margitfalvi, J. L. , Tfirst, E. , Végvári, L. , 2006. Evaluation of catalyst library optimization algorithms: Comparison of the Holographic Research Strategy and the Genetic Algorithm in virtual catalytic experiments. Appl. Catal. A: Gen. 303, 72-80.

Tompos, A. , Végvári, L. , Tfirst, E. , Margitfalvi, J. L. , 2007. Assessment of predictive ability of artificial neural networks using holographic mapping. Comb. Chem. High Throughput Screening 10, 121-134.

Tompos, A. , Margitfalvi, J. , Végvári, L. , Hagemeyer, A. , Volpe, T. , Brooks, C. , 2010. Visualization of large experimental space using holographic mapping and artificial neural networks. Benchmark analysis of multicomponent catalysts for the water gas shift reaction. Top. Catal. 53, 100-107.

Xiang, X. - D. , Sun, X. , Briceño, G. , Lou, Y. , Wang, K. - A. , Chang, H. , et al. , 1995. A combinatorial approach to materials discovery. Science 268, 1738-1740.

Zarnetta, R. , Takahashi, R. , Young, M. L. , Savan, A. , Furuya, Y. , Thienhaus, S, et al. , 2010. Identification of quaternary shape memory alloys with near - zero thermal hysteresis and unprecedented functional stability. Adv. Funct. Mater. 20, 1917-1923.

Zitzler, E. , Deb, K. , Thiele, L. , 2000. Comparison of multiobjective evolutionary algorithms: Empirical results. Evol. Comput. 8, 173-195.

第 10 章
工程设计中的选材

Michael Ashby [*] ,Elizabeth Cope[†] ,David Cebon[‡]

[*] Emeritus Professor, Cambridge University Engineering Department, Cambridge, UK

[†] Granta Design Limited, Cambridge, UK

[‡] Cambridge University Engineering Department, Cambridge, UK

1. 引言

    材料的属性会影响产品的服役性能。为了实现最优的且具有创新性的工程设计,需要系统的流程和信息学来辅助我们选择材料。这不仅是简单地根据材料特定的属性进行排序,而是系统地评估材料的所有属性,从而最优化地利用材料。在这里,性能意味着材料成本在可接受的范围内及对环境的影响尽可能最小。

    本章介绍了一种优化材料选择的系统性方法,并得到了信息学的支持。起点是对成分或者子体系的一组技术要求。这些要求被转换为材料属性或者属性组合的一组极限值或目标值("材料指标")。如果给定一个相关材料及其属性的综合数据库,那么就可以根据这些标准来筛选材料,通过最大化一个或多个目标指标对筛选通过的材料进行排序,最后参考其他相关记录,做出最佳的决定(图 10.1)。下一节将详细说明这些步骤。

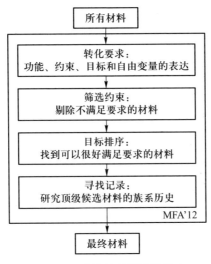

图 10.1 系统性材料选择策略

2. 系统性选材步骤

2.1 转化

任何工程零件都具有一个或多个功能,如承重、耐压、传热等。这些都是在一定约束条件下进行的:某些尺寸是固定的;该部件必须满载而且不发生故障或过度偏移;需要隔热、绝缘或者导热、导电;在一定温度范围内或者给定的环境中服役等。

在设计零件时,设计人员会追求一个或多个目标,如使其尽可能便宜,或轻质,或环保,或者是这几者的随意组合。此外,设计人员可以调整某些参数以优化零件,如调整无约束要求的零件尺寸,并且最重要的是,能够自由选择材料的成分和成形过程。我们将这些称为自由变量。

约束、目标和自由变量(表 10.1)定义了材料选择的边界条件,以及在承重情况下,零件的横截面形状。

[220]

表 10.1 功能、约束、目标和自由变量

[221]

概念	含义
功能	零件是干什么的?
约束	材料必须满足哪些必要条件?
目标	哪些方面的性能要最大化或最小化?
自由变量	哪些参数是设计师可以自由改变的?

179

重要的是要明确约束和目标之间的区别。约束是必须满足的基本条件,通常表示为对材料或者加工过程的限制。例如,零件必须承载 10 kN 的负载,而不会出现故障。目标是寻求极值(最大或最小),通常是成本、质量或体积,也可能是其他因素(表 10.2)。

表 10.2　常见的约束和目标

常见的约束	共同的目标
达到目标值:	**减少:**
刚度	成本
强度	质量
断裂韧性	体积
导热系数	对环境的影响
电阻率	热损失
磁滞	
光学透明性	**最大化:**
成本	储能
质量	热流量

转化步骤的输出结果是确定必要的属性及其必须满足的约束列表。因此,将设计要求与材料属性相关联的第一步就是要阐述功能、约束、目标和自由变量。

2.2　筛选

约束是门槛:满足,通过;不满足,出局。筛选(图 10.1)的工作就是剔除掉根本不能完成这项工作的候选材料,因为它们的一个或多个属性超出了约束的限制。例如,“零件必须在沸水中工作”或“零件必须是透明的”的要求,对候选材料必须满足的最高工作温度和光学透明度施加了明显的限制。我们将这些称为属性约束。

[222]　2.3　排序

为了对筛选后的材料进行排序,我们需要一个明确的标准。它们可以在材料指标中找到,这些材料指标可以判断通过筛选的候选材料如何符合我们的要求(图 10.1)。零件的服役有时受到单个属性的影响,有时却受到多个属性的限制。因此,对漂浮来说,最好的材料是密度(ρ)最低的物质;绝热最好的材料是热导率(λ)最小的物质;当然,它们同时也必须满足设计时所施加的其他约束。有时最大化或最小化单个属性即可实现材料服役性能的最大化。但是在通常情况下,它不是一个属性,而是一组相互关联的属性。因此,用于轻型刚性拉杆的最佳材料是比刚度(E/ρ)值最大的材料,其中 E 是杨氏模量。弹簧的最佳材料是 σ_y^2/E 值最大的材料,其中 σ_y 是屈服强度。对于一个设计来说,能够使性能最大化的一个或者一组材料属性被称为其材料指标。有许多这样的指标,每个指标都与材料某方面的性能最大值相关联。它们给出了明确的标准,在特定的应用中能够根据材料的能力来对材料进行排序。

综上,筛选能够选出满足要求的候选材料;排序可以确定候选材料中最适合的材料。

2.4 记录

通过上述步骤得到了一个有关最佳候选材料的排序表,这些候选材料能够满足约束,并且能够按照需求把评价指标最大化或者最小化。你可以只选择排序最高的候选材料,但它可能有哪些隐藏的弱点? 它的优点是什么? 有很好的跟踪记录吗? 为了进一步研究,我们需要每个材料的详细信息,即记录(图 10.1,底部)。

记录采用什么形式? 通常,它是描述性的、图形的或图画的,例如,该材料之前使用过的案例研究;它在特定环境中腐蚀过程的细节;可获得程度以及价格;环境影响或毒性的警告。这些信息可以在手册、供应商的数据表、期刊论文、数据库和高质量的网站中找到。记录有助于缩小最终名单以供最终选择,从而实现设计要求、材料和加工性能之间的准确匹配。

[223]

2.5 为什么需要这些步骤?

有了这么多的材料可供使用,进行每个新工程设计时的候选池都是巨大的,文档的数量是超级多的。在这么巨大的候选池中,希望能够随意地碰上一个好材料,但常常会一无所获。不过一旦通过筛选和排序确定了少数潜在的候选材料后,便可以为这些材料寻找详细的文档记录,从而使任务变得可行。

3. 材料指标

约束条件在材料属性方面进行了限制。目标定义了材料指标,在此指标下我们能获得材料性能的极值。当目标与约束不匹配时,材料指标仅仅是简单的材料属性。相反,当它们互相耦合时,材料指标就变为一组如上所述的特殊材料属性。但是它们从哪里来呢?

想象一下最简单的机械零件。零件上的载荷通常可以分解为轴向张力、弯曲、扭转和压缩的某几种组合。但几乎总是某一个模式占主导地位。因此常见的是,零件的名称基本上就描述其承载的方式,例如,连杆承受拉伸载荷;梁和面板(或板或壳)承受弯矩;轴主要承受扭矩;柱子承受轴向压缩载荷。词语"连杆""梁""轴""板"和"柱子"等都各自隐含着某个功能。在这里我们研究约束、目标和其中一些所得到的材料指标。

运输系统里全生命周期的能源和排放主要受期间所消耗燃料的控制。系统制造得越轻,消耗的燃料越少,碳排放量越少。所以质量最小化是一个很好的设计出发点。当然还要面临一些其他的必要约束,最重要的是与刚度和强度有关。我们日常通用的一些零件(如连杆、板、梁)及其受载方式如图 10.2 所示。

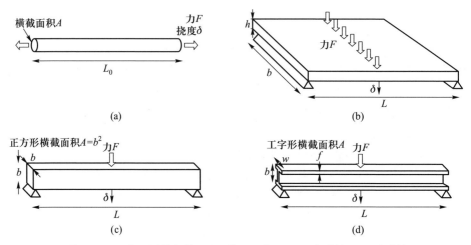

图 10.2　一些通用的组件。(a)带;(b)板;(c)正方形梁;(d)异形梁

3.1　质量最小化:轻质高强连杆

我们来考虑一种设计,要求连杆承受拉力 F^* 而不失效,并且质量尽可能小[图 10.2(a)]。长度 L 是确定的,但是横截面积 A 可以变化。这里,"性能最大化"是指能够安全承载 F^* 的同时,尽可能地减小质量。设计要求和转化列于表 10.3。

[224]

表 10.3　对轻质高强连杆的设计要求

功能	连杆
约束	长度 L 被限定(几何约束)
	连杆必须支持轴向拉伸载荷 F^* 而不失效(功能约束)
目标	最小化连杆的质量 m
自由变量	横截面积 A
	材料的选择

我们先用一个方程来描述质量的最大化或最小化。这里 m 是连杆的质量，它是我们要寻求的最小值。这个方程被称为目标函数：

$$m = AL\rho \tag{10.1}$$

其中，A 是横截面积；ρ 是材料的密度。长度 L 和力 F 是规定的，是固定量；横截面积 A 是可变的。我们可以通过减小横截面的面积来减小质量，但是存在一个约束：截面积 A 必须足以承载拉伸载荷 F^*，要求

$$\frac{F^*}{A} \leq \sigma_f \tag{10.2}$$

[225]

其中，σ_f 是破坏强度。由上述两个方程消除 A 得到

$$m \geq (F^*)(L)\left(\frac{\rho}{\sigma_f}\right) \tag{10.3}$$

注意这个结果的形式。第一个括号包含指定的载荷 F^*，第二个括号包含指定的几何尺寸(连杆的长度 L)，最后一个括号只包含材料属性。在可以安全承载 F^*[①]的条件下，最轻的连杆是由具有最小 ρ/σ_f 值的材料制成的。我们可以将其定义为该问题的材料指标，来寻求它的最小值。但是在处理特定属性时，更常见的是用寻求最大值的形式。因此，我们把方程(10.3)中的材料属性项进行倒置，并把它定义为材料指标 M_t(下标"t"指连杆)，即

$$M_{t1} = \frac{\sigma_f}{\rho} \tag{10.4}$$

能够承载 F^* 而不失效的最轻连杆是比强度指标达到最大值的材料。对于质量较轻的刚性连杆(指定的是刚度 S，而不是强度 σ_f)，类似计算得到材料指标：

$$M_{t2} = \frac{E}{\rho} \tag{10.5}$$

其中，E 是杨氏模量。这次的指标是比刚度。材料属性组合(而不是单个的属性)在两种情况下都作为指标出现，目标和一个约束相耦合，即最小化质量 m 和承载负载 F^* 没有失效或偏移太多。

3.2 质量最小化：轻质刚性板

板是一个平板，像桌面。在许多设计中，其长度 L 和宽度 b 是指定的，但其厚度 h 是自由变量。它通过某些组合负载作用而弯曲。在图 10.2(b)中，这些被表现为中心力 F。然而，如我们所见，加载的细节不影响最终最优材料的选择。刚度约束要求偏转不能大于 δ。例子中的目标是以最小化质量 m 来实现

[226]

---

① 实际上，安全系数总是包含在这样的计算中，因此方程(10.2)的等式部分变为 $F^*/A = \sigma_f/S_f$。如果对每种材料赋予相同的安全系数，则其值不会影响材料筛选。因此，为简单起见，省略安全系数。

的。表 10.4 总结了其设计要求。

表 10.4　轻质刚性板的设计要求

功能	板
约束	抗弯刚度 S^* 指定（功能约束）
	指定的长度 L 和宽度 b（几何约束）
目标	最小化板的质量 m
自由变量	厚度 h
	材料的选择

板质量的目标函数与连杆的相同，即

$$m = AL\rho = bhL\rho$$

其弯曲刚度 S 不能小于 S^*，即

$$S = \frac{C_1 EI}{L^3} \geqslant S^* \tag{10.6}$$

其中，C_1 是一个只取决于负载分布的常数，我们不需要它的值［可以在 Ashby（2011）中找到］。矩形截面积的二次矩 I 为

$$I = \frac{bh^3}{12} \tag{10.7}$$

我们可以通过减少 h 来减小质量，但只是在刚度约束满足条件的情况下。

使用方程（10.6）和（10.7）来消除目标函数中的 h 得到

$$m = \left(\frac{12S^*}{C_1 b}\right)^{1/3} (bL^2)\left(\frac{\rho}{E^{1/3}}\right) \tag{10.8}$$

该方程具有与方程（10.3）相同的函数形式，即"（功能）（几何参数）（材料属性）"的形式。

参数 S^*、L、b 和 C_1 都是特定的；唯一可以自由选择的是材料。该指标是一组材料的属性，我们将它们转换，以寻求最大值，即轻质刚性板的最好的材料是那些该指标具有最大值的材料，即

［227］

$$M_{p1} = \frac{E^{1/3}}{\rho} \tag{10.9}$$

用强度而不是刚度的约束重复计算，得到指标：

$$M_{p2} = \frac{\sigma_y^{1/2}}{\rho} \tag{10.10}$$

这些与之前的指标 E/ρ 和 σ_y/ρ 没有太大的不同，但它们是导致不同选材的重要因素，我们将在稍后讨论。

现在对于另一个弯曲问题，形状选择的自由度比板更大。

3.3　质量最小化：轻质刚性梁

梁有多种形状：实心矩形、圆柱形管、工字形等。其中一些具有太多的自由几何变量而不能直接应用上述方法。然而，如果我们将形状限制为自相似（使横截面的所有尺寸在我们改变整体尺寸时成比例地改变），则问题再次变得易于处理。因此，我们分析梁时分为两个阶段：确定具有一定简单形状的轻质高强梁的最佳材料；通过一个更有效的形状，我们探讨相同强度时材料能够有多轻质。

横截面为 $A=b{\times}b$ 的梁的尺寸可能不同，但保持横截面为正方形。它在具有中心负载 F、固定长度 L 的跨度上受到了弯曲载荷［图 10.2（c）］。刚度约束再次要求，载荷为 F 时偏转不得大于 δ，目标是使梁尽可能轻。表 10.5 总结了设计要求。

表 10.5　轻质刚性梁的设计要求

功能	梁
约束	长度 L 指定（几何约束）
	横截面形状正方形（几何约束）
	梁必须支撑弯曲载荷 F 而不偏转太多，意味着弯曲刚度 S 被指定为 S^*（功能约束）
目标	最小化梁的质量 m
自由变量	横截面积 A
	材料的选择

如前所述，质量的目标函数为

$$m = AL\rho = b^2 L\rho$$

梁的抗弯刚度 S 必须至少为 S^*，即

$$S = \frac{C_2 EI}{L^3} \geq S^* \tag{10.11}$$

其中，C_2 是一个常数，取决于负载和约束条件。方形截面梁的面积的二次矩 I 为

$$I = \frac{b^4}{12} = \frac{A^2}{12} \tag{10.12}$$

对于给定长度 L，通过调整方形截面的尺寸来调节刚度 S^*。现在，质量目标函数消除 b（或 A）得到

$$m = \left(\frac{12S^*L^3}{C_2}\right)^{1/2} (L) \left(\frac{\rho}{E^{1/2}}\right) \tag{10.13}$$

其中，S^*、L 和 C_2 都是指定的或恒定的数值，具有最大指标 M_b 值的材料是轻质刚性梁的最佳材料，其中

$$M_{b1} = \frac{E^{1/2}}{\rho} \tag{10.14}$$

采用强度而不是刚度来重复计算时,得到指标:

$$M_{b2} = \frac{\sigma_y^{2/3}}{\rho} \tag{10.15}$$

[229]　　虽然该分析是针对方形梁的,但事实上,只要材料形状保持恒定,该结果适用于任何形状的材料。这是方程(10.12)的结果:对于给定形状的材料,面积的二次矩 I 总是可以表示为一个常数乘以 A^2,所以改变形状仅改变方程(10.13)中的常数 C_2,而不改变最终的指标。

　　如上所述,实际梁的截面形状可以提高其抗弯效率,在相同的刚度要求下,使得需要的材料更少。通过成形横截面,可以在不改变 A 的情况下增加 I。这些可以通过使梁的材料尽可能远离中性轴线来实现,如采用薄壁管或工字梁[图 10.2(d)]。一些材料比其他材料更易于制成更有效的形状。因此,基于 M_b 中的指标比较材料需要注意:具有较低指标值的材料可以通过制成更有效的形状来"赶上"。读者可参考 Ashby(2011)获得更多细节。

3.4　材料成本最小化:低成本的连杆、板和梁

　　当设计目标是成本最小化而不是质量最小化时,指标将再次发生变化。如果材料价格是 $C_m(\$/kg)$,制造质量为 m 的材料的成本为 mC_m。然后,连杆、板或梁的材料成本 C 的目标函数变为

$$C = mC_m = ALC_m\rho \tag{10.16}$$

　　如前所述,致使方程(10.4)、(10.5)、(10.9)、(10.10)、(10.14)和(10.15)中 ρ 替换为 $C_m\rho$。因此,对于有一定强度要求的连杆,在最小化材料成本的情况下,选材的指标为

$$M = \frac{\sigma_f}{C_m\rho} \tag{10.17}$$

其中,C_m 是每千克材料的价格。一个便宜板的材料指标为

$$M_{p1} = \frac{E^{1/3}}{C_m\rho} \tag{10.18}$$

　　以此类推其他公式。(值得注意的是,材料成本仅是成形部件的一部分成本,还有制造成本,如成形、连接和抛光成本。)

[230]　　材料属性图上有材料属性或材料指标在坐标轴上的展示,通过显示通过筛选和未通过筛选的材料,使得论证过程变得简便易懂。接下来介绍它们。

4. 使用图表探索材料性能

　　材料属性图的出发点是工程材料的每个属性值都具有一定的范围——很多

在五倍或者几十倍范围内变化。材料的属性对或指标对可以通过图形显示,如图 10.3 所示,其中每个白色(无阴影)的圈代表一种材料。在该图中,通过一个属性(在该图中为杨氏模量 E)相对于另一个属性(密度 ρ)作图。[这样的图表,连同适当的性能指标,可以使用 CES Selector 软件(2012)生成。]

从最轻、最脆弱的泡沫到最重、最坚硬的金属材料,坐标轴的变化选择范围很大,需要用对数坐标。模量跨越了七个数量级[①],从 0.000 1 GPa(低密度泡 [231] 沫)到 1 000 GPa(金刚石)。随后发现一个特定材料体系(如聚合物)的数据能够聚集在一起;在所有的例子中,在一个材料体系内,该属性的变化范围比整个属性图所有的范围要小得多。例如,陶瓷是一个非常硬的材料体系,金属的硬度稍低一些——但没有一个模量小于 10 GPa。相比之下,聚合物的硬度全部聚集在 0.8 ~ 8 GPa 范围内。密度跨度 2 000 倍(三个数量级),从小于 0.01 Mg/m³ 跨至 20 Mg/m³。一个材料体系的数据可以被包含在一个属性范围轮廓里面,如图 10.4 所示。

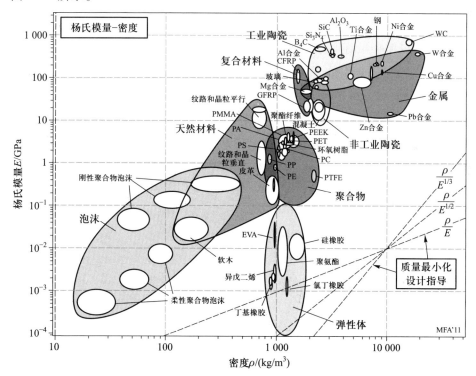

图 10.3 杨氏模量–密度图,显示了如何将特定"系列"的工程材料分组包含到一个属性范围轮廓之内

---

① 密度非常低的泡沫和凝胶(可以认为是分子尺度的充满流体的泡沫)会具有更低的模量。例如,明胶的模量约为 10^{-5} GPa。泡沫和凝胶的强度和断裂韧性也会低于图示的下限。

这一切都很简单,只是绘制数据的一种有效方式。但通过适当选择坐标轴和刻度,可以添加更多数据。最明显的就是使用这些图形来显示材料的其他属性,这些属性本身就取决于坐标轴上所展示的属性值。例如,固体中的声速取决

于 E 和 ρ;如纵波速度 v 为

$$v = \left(\frac{E}{\rho}\right)^{1/2}$$

或取对数得

$$\ln E = \ln \rho + 2\ln v$$

对于一定的声速值 v,通过该方程式绘制斜率为 1 的直线,如图 10.4 所示。从而,我们可以在图上添加一系列恒定波速的直线:这些是一系列平行于对角的直线,其纵波以相同的速度传播。速度从小于 50 m/s(软弹性体)变化到略大于 10^4 m/s(刚性陶瓷)。我们注意到,虽然低密度的铝和玻璃的模量低,但它们的波速却很高。由于泡沫的模量很低,人们可能认为其波速也低,但是泡沫的低密度几乎补偿了其波速低的不足。波在木头里传播,横穿纹理时波速低,但沿着纹理时波速很高(大致和钢里面波速相同),这一特点被应用到了乐器设计中。因此,图表可以用来帮助我们探索和了解材料。

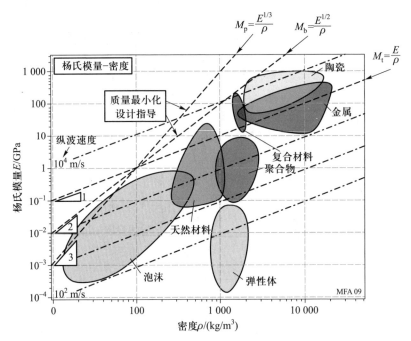

图 10.4　杨氏模量–密度图,显示了材料体系的属性范围轮廓,波速图和选材的一些指南

大多数常见的材料属性图上可以显示这种基本关系。但是,当我们认识到材料指标也能以这种方式可视化时,这些图表的功能将变得更加强大。它们也

可以被绘制为图表上的一些区域轮廓。例如,杨氏模量-密度图有助于解决质量最小化的选材问题。对应于三种常见承载方式的材料指标如图 10.3 和图 10.4 所示。这些可用于排序和选材,如下所述。

通过绘制其他的属性组合,可以探索不同的设计工况。图 10.5 显示了强度-密度图。这个图的一个重要用途是选择轻质和有强度要求的材料。在该图中显示了连杆、柱、梁和板的最小重量设计中的选材指南,以及受惯性力影响较大的运动部件的屈服极限设计。

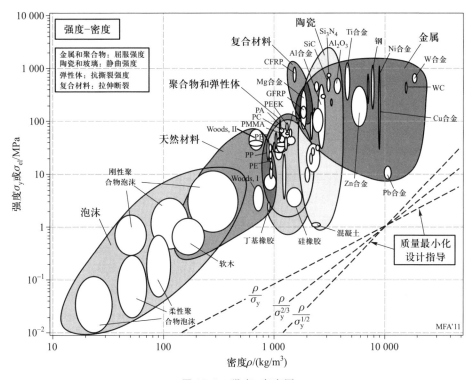

图 10.5 强度-密度图

虽然固体的模量具有一个确定的值,但强度一般不是,强度取决于材料所经历的热和机械处理过程,以及微观组织内部的缺陷。因此,"强度"一词需要进一步定义。对于金属和聚合物,它是屈服强度,但是由于材料范围包括以其他方式加工或硬化的材料,以及通过退火而软化的材料,所以范围大。对于脆性陶瓷,这里绘制的强度是断裂模量,即弯曲情况下的破坏极限。它略高于拉伸强度,但远小于压缩强度。对于陶瓷,它比拉伸强度大 10～15 倍。对于弹性体,强度是指拉伸撕裂强度。对于复合材料,它是拉伸断裂强度(由于纤维的扭曲,纤维复合材料的抗压强度可以降低高达 30%)。尽管涉及不同的失效机制,这些都可以绘制在相同的图上以进行一阶的比较。

[233]

工程材料的强度范围和模量的范围类似,跨度为多个数量级:从小于 0.01 MPa(泡沫,如包装和能量吸收系统中使用的泡沫)到 104 MPa(钻石的强度,如金刚石砧压机)。

[234]这些图和在它上面绘制的高性能组合在很多方面都有帮助。它们把大量的信息汇集成一个紧凑且易于获取的形式;它们揭示了材料属性之间的相关性,有助于检查和估算数据;它们成为选材的工具,这种工具可以被用于研究加工工艺对性能的影响;它们用于论证什么形状可以提高结构效率。事实上,正如我们将在第 7 节看到的,商业需求的明确评估与材料属性图的结合,可以突显出新材料研发的重点。首先,我们看看这些图表如何用于筛选、排序及现实生活中的选材和替代。

4.1　筛选:图表中的约束

正如我们所看到的,设计要求对零件的材料施加了不可协商的要求("约束")。这些限制可以绘制成材料属性图上的水平线或垂直线。图 10.6 显示了杨氏模量–密度图的一个应用例子,与我们在图 10.4 中使用了相同的属性图。现在假设设计要求模量>10 GPa 和密度<3 000 kg/m³,如图 10.6 所示。极限窗口里面的所有材料均满足这两个约束,标记为"搜索区域"。

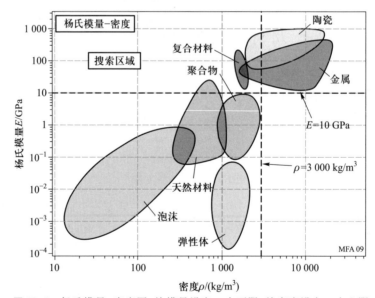

图 10.6　杨氏模量–密度图,给模量设定一个下限,给密度设定一个上限

[235] ## 4.2　排序:图表中的指标

材料指标衡量材料的性能;它们可以对符合设计要求的材料进行排序。我

们以轻质刚性零件为例;其他材料指标也可以使用相似的方法。可以用对数坐标来描述之前的三个指标 $M=\rho/E$、$\rho/E^{1/3}$ 和 $\rho/E^{1/2}$,然后绘制在图 10.4 中的模量-密度图上:

$$M = \frac{\rho}{E} \qquad\qquad (10.19)$$

取对数得

$$\ln E = \ln\rho - \ln M \qquad\qquad (10.20)$$

对于给定的 M 值,这是在 $\ln\rho$-$\ln E$ 图上斜率为 1 的直线。

同样

$$M = \frac{\rho}{E^{1/3}} = C \qquad\qquad (10.21)$$

其中,C 是常数。取对数得 [**236**]

$$\ln E = 3\ln\rho - 3\ln C \qquad\qquad (10.22)$$

这是另外一条直线,它的斜率为 3(也画在图 10.4 上)。经检验,第三个指标 $\rho/E^{1/2}$ 将绘制为一条斜率为 2 的直线。

在图 10.7 中,我们看到了这些选择指示线如何给出该指标平行线的例子(在这个例子中 $M=\rho/E^{1/3}$),每一条直线和不同的 M 指标值相对应。

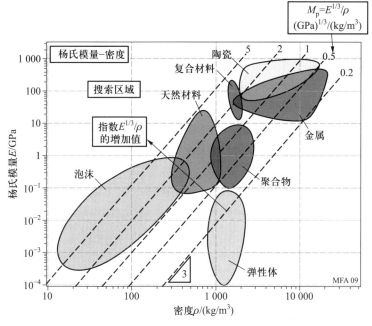

图 10.7 绘制在杨氏模量-密度图上的指标 $M=\rho/E^{1/3}$ 的等值线

读取材料的子集很直接简单,这些材料可以使每种加载几何体的性能最大化。例如,所有位于常数 $M=\rho/E^{1/3}$ 线上的材料在一个轻质刚性板上的表现相同。线上方的材料的表现效果更好,线下方的效果更差。因此,此图可以通过最大化或最小化指标的能力来排序材料。

5. 实际材料的选择:权衡方法

[237]　实际上,材料的选择几乎总是要在相互冲突的目标中达成一个妥协。一个能非常满足某个目标的材料通常不能很好地满足其他的目标。例如,最轻的材料通常不是最便宜的或者碳排放量最少的材料。为了能在这种情况下有所进展,设计者需要一个权衡方法来同时控制成本和碳排放的问题。

材料属性图可以再次提供帮助。通过结合材料的属性,有可能绘制一幅图,每个坐标轴代表一个最大化或最小化的材料指标。图 10.8 就是一个在限定刚度的车身面板中,取得质量和材料成本之间权衡的示意图。正如之前解释的,板的质量和 $\rho/E^{1/3}$ 成正比:

$$M_{质量}=\rho/E^{1/3}$$

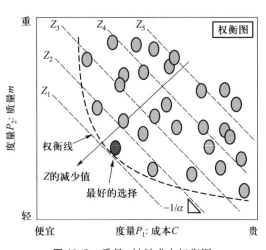

图 10.8　质量–材料成本权衡图

成本和 $\rho/E^{1/3}$ 成正比:

$$M_{成本}=C_{m}\rho/E^{1/3}$$

其中,C_{m} 是每千克材料的成本。材料可以放置在由 $M_{质量}$、$M_{成本}$、权衡线组成的图上(材料放置在 $M_{质量}$ 和 $M_{成本}$ 组成的图上,并绘制权衡线)。权衡线上或权衡线附近的点(或"Pareto 集")为最佳;其余的都可以排除。

通常,这样做足以确定一个备选名单,可以用直觉来排序,但是也有可能做得更好。假设我们现在设置一个惩罚函数:

$$Z = M_{成本} + \alpha M_{质量} \tag{10.23}$$

其中,α 是节省 1 kg 质量的价格,或额外增加 1 kg 质量的成本。插入以下等式:

$$M_{质量} = -\frac{1}{\alpha}(M_{成本} - Z) \tag{10.24}$$

对于任何一个选中惩罚函数 Z 值,$M_{质量}$ 和 $M_{成本}$ 的线性关系正如图 10.8 所示,Z 的等高线可以画在权衡图上。最靠近某条等高线 Z 和权衡线交点的材料是最好的选择,它最小化了 Z 值。更多关于惩罚函数的细节见 Ashby(2011)。

这样的方法拓展了材料属性图和性能指标的使用,方便了设计人员根据不同的指标快速算出不同选材的相应优势,如材料价格、燃料费和政府有关环境保护的立法等指标。但是在最普通的情况下,如果一个产品已经投入使用,成本、材料或立法将驱动一个材料替代项目。

6. 材料替代

[238]

6.1 利用指标进行缩放

环境因素是材料替代项目的一个关键驱动因素。环境影响最小化的目标已经开始在主流商业材料选择中占有一席之地。如今大部分投入使用的产品都把成本、服役性能和安全性作为设计的主要目标。这些产品的生态审计或者生命周期评估(life-cycle assessment,LCA)能够分析出造成大量环境破坏的阶段。同时还表明,用较轻、或更强、或具有较低展现能量、或更易于回收的一系列替代材料将减少生态负荷。

但是替代并不是那么简单。虽然直接替代可以改善环境性能,但它通常具有一些技术(性能相关的)上的影响,需要改变设计以满足要求。经济可行性问题也同样存在。

例如,让我们思考一下,改变汽车车身面板使用的金属(图 10.9)将如何影响环境、技术和经济性能。这种情况已经被讨论过,例如 Ribeiro 等(2008)通过详细计算评估了选择不同材料的相对优点。

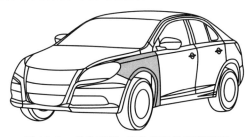

图 10.9　车身面板,替代材料的案例研究

在这种情况下,性能指标的作用体现在它们可以被用于快速计算。这里,我们论证了在汽车车身面板中,如何为铝代替钢提供一个缩放比例。

铝的密度是钢的三分之一,所以你可能认为铝制白车身(body-in-white,BiW)的质量是钢制白车身的三分之一。但铝的刚度不到钢的一半,强度约为钢的一半(根据合金和热处理工艺的不同而不同)。如果白车身在替代之后其性能与之前一样,则必须增加铝部件的截面厚度以补偿其较小的属性值。厚的截面比较薄的更重,因此质量的减少并不像初次预估的那么大。还值得注意的是,每千克铝的成本大约是钢的三倍,替代后成本增加。那么,用另外一种材料替代该材料后,缩放比例是多少? 当包含了属性补偿时,生态性能的收益是多少? 对于这些疑问,材料指标都能说明。

通过材料替代,在相同刚度或相等强度下来改变连杆、梁或板的质量,新材料指标与旧材料指标的关系如表 10.6 所示。对于特定的材料取代,这可以对其优势进行快速、定量的评估。

表 10.6　对于限定刚度和强度设计的缩放比例

	配置	体积	质量	材料成本
刚度极限设计	连杆	$\left(\dfrac{E_0}{E_1}\right)$	$\dfrac{\rho_1}{\rho_0}\cdot\left(\dfrac{E_0}{E_1}\right)$	$\dfrac{C_{m,1}\rho_1}{C_{m,0}\rho_0}\cdot\left(\dfrac{E_0}{E_1}\right)$
	梁	$\left(\dfrac{E_0}{E_1}\right)^{1/2}$	$\dfrac{\rho_1}{\rho_0}\cdot\left(\dfrac{E_0}{E_1}\right)^{1/2}$	$\dfrac{C_{m,1}\rho_1}{C_{m,0}\rho_0}\cdot\left(\dfrac{E_0}{E_1}\right)^{1/2}$
	板	$\left(\dfrac{E_0}{E_1}\right)^{1/3}$	$\dfrac{\rho_1}{\rho_0}\cdot\left(\dfrac{E_0}{E_1}\right)^{1/3}$	$\dfrac{C_{m,1}\rho_1}{C_{m,0}\rho_0}\cdot\left(\dfrac{E_0}{E_1}\right)^{1/3}$
强度极限设计	连杆	$\left(\dfrac{\sigma_{y,0}}{\sigma_{y,1}}\right)$	$\dfrac{\rho_1}{\rho_0}\cdot\left(\dfrac{\sigma_{y,0}}{\sigma_{y,1}}\right)$	$\dfrac{C_{m,1}\rho_1}{C_{m,0}\rho_0}\cdot\left(\dfrac{\sigma_{y,0}}{\sigma_{y,1}}\right)$
	梁	$\left(\dfrac{\sigma_{y,0}}{\sigma_{y,1}}\right)^{2/3}$	$\dfrac{\rho_1}{\rho_0}\cdot\left(\dfrac{\sigma_{y,0}}{\sigma_{y,1}}\right)^{2/3}$	$\dfrac{C_{m,1}\rho_1}{C_{m,0}\rho_0}\cdot\left(\dfrac{\sigma_{y,0}}{\sigma_{y,1}}\right)^{2/3}$
	板	$\left(\dfrac{\sigma_{y,0}}{\sigma_{y,1}}\right)^{1/2}$	$\dfrac{\rho_1}{\rho_0}\cdot\left(\dfrac{\sigma_{y,0}}{\sigma_{y,1}}\right)^{1/2}$	$\dfrac{C_{m,1}\rho_1}{C_{m,0}\rho_0}\cdot\left(\dfrac{\sigma_{y,0}}{\sigma_{y,1}}\right)^{1/2}$

注:下标"0"指原材料;下标"1"指替代材料。

7. 材料研发向量

7.1　材料性能空间中的空白区域

到目前为止,我们已经看到了绘制材料属性和服役性能指标来指导选材(或

替代)的力量。但是我们可以再进一步思考,虽然本章中所有材料图都含有填充 [240]
材料的区域,但它们也都包含不在材料性能空间中的空白区域(图10.10)。由
于原子的大小和结合力的性质不同,图中的某些区域无法得到访问。原则上,其
他领域即使是空白的,但也可以被填补。

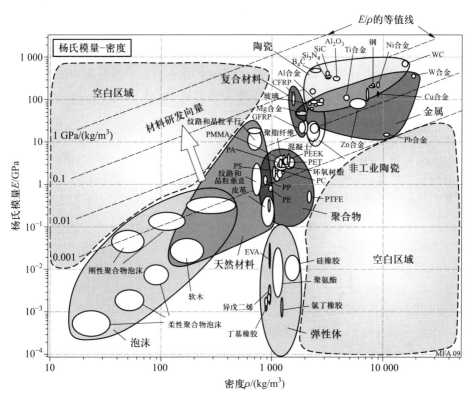

图10.10 模量密度空间中的空白区域包含了比模量的区域轮廓。沿着箭头方向
(材料研发向量)延伸,经过区域里面,那些材料比任何当前材料具有更大的比刚度

通过研发位于这些空白区域中的材料(或材料组合)是否会有所收获? 材
料指标显示这是可以的。在图10.10中绘出了一个指标 E/ρ 的等值线。如果填
充区域可以沿箭头的方向(即更大的 E/ρ 值)膨胀,则它将能够制造更轻、更硬
的结构。箭头垂直于这些指标线,它定义了材料研发向量。

在性能空间中,填充空白区域的方法是开发新合金、新聚合物以及玻璃和陶 [241]
瓷的新组合物等,以便扩展填充区域。另一种方法是组合两个或多个现有材料,
实现其性能的叠加,简而言之,构建一个混合体。碳和玻璃纤维增强的复合材
料,以及泡沫材料在另一个材料中的混合等,这些在填充性能空白区域方面取得
了惊人的成功,鼓励着人们去探索设计这样的混合体。对于高性能部件,如航空
航天工程,使用这种方法来指导创新有望实现高回报(Arnold 等,2012)。

7.2　混合材料:驱动开发填补空白

混合材料是两种或多种材料的组合,或材料和空间的组合。以这样的方式组装,其具有任何一种材料所不能单独提供的性能。颗粒和纤维增强复合材料是一类混合材料的实例,但是还有许多其他的,如夹层结构、晶格结构、分段结构等。这些新变量扩展了设计空间,提供了创建"新材料"轮廓的可能,并可以提高材料的性能。基体、增强物、填充物和构型的可用组合的数量是巨大的。通过计算一系列可行混合体系的理论性能,并将它们绘制在整个材料属性图上,可以去探索它们。Ashby 等(2010)描述的"混合合成器"做到了这一点。

7.3　混合合成的例子:夹层结构

夹层结构,如图 10.11 所示,具有面内和整体厚度性质。重要的面内属性是弯曲模量和强度、比热及面内膨胀。同样重要的是贯穿整个厚度的热导率(因为[242]这是设计的一个重要因素)、贯穿整个厚度的电阻率(原因同上)和介电常数。

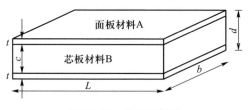

图 10.11　夹芯板例子

夹芯板(图 10.11)的等效密度 $\tilde{\rho}$ 为

$$\tilde{\rho} = f\rho_f + (1-f)\rho_c \tag{10.25}$$

其中, $f = 2t/d$ 是面板材料的体积分数; ρ_c 是泡沫芯板的密度; ρ_f 是面板的密度。

夹芯板的等效弹性模量 $\tilde{E}$ (在"面内"加载)为

$$\tilde{E} = fE_f + (1-f)E_c \tag{10.26}$$

其中, E_f 和 E_c 是面板和芯板的模量。

在弯曲方面,给出弯曲模量 $\tilde{E}_{\text{flex}}$:

$$\frac{1}{\tilde{E}_{\text{flex}}} = \frac{1}{E_f\left\{(1-(1-f)^3) + \dfrac{E_c}{E_f}(1-f)^3\right\}} + \frac{B_1}{B_2}\left(\frac{d}{L}\right)^2\frac{(1-f)}{G_c} \tag{10.27}$$

对于各种混合结构(夹层、多层、泡沫、晶格、微粒或纤维复合材料、铺层等)的等效机械、热和电性能等,更多这样的计算由 Ashby 等(2010)提出。

针对一系列芯板和面板厚度运行"混合合成器"工具,为每个组合生成材料性能(机械、热和电)。图 10.12 绘出了弯曲模量[方程(10.27)]和密度[方程(10.25)]。这里选择夹层结构,其中 PVC 泡沫作为芯板,6061 铝作为面板。曲线很好地延伸到未被现有材料所占据的空间,突出了这种类型的结构在轻质刚度要求方面的应用优势。

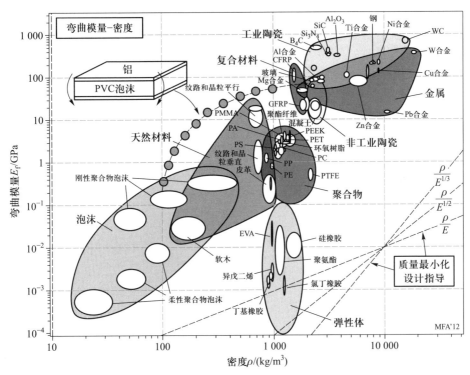

图 10.12 弯曲模量-密度图,显示了夹芯板的性能属性如何部分填充性能空间中的空白区域

8. 结论和进一步阅读建议

本章展示了材料属性图如何帮助我们以直观的方式了解不同材料在各种应用中的优势和劣势,设计选择最优材料,以及定义新材料研发向量。

[243]

一旦将设计标准转化为功能、约束、目标和自由变量的明确表达,就可以推导出材料指标(特定应用的卓越标准),并绘制在最适当的材料属性图以辅助选材。约束可以用于筛选材料,而目标可以用于对其余材料进行正式排序。将材料指标与权衡面和惩罚函数相结合,可以在多个目标存在的情况下进行系统的、可重复性的选择。

当然,还有一个需要进一步考虑的方面:对于特定的材料,鉴于工艺选项、抛光或者可获得性等,广泛的使用记录对最终的选材影响很大。系统性选择方法确保在这一阶段可以考虑到少量优质的候选材料,从而确保收集和考虑此类文档的任务是可管理的。

[244] 　本章提供了例子来展示这些过程有什么作用,例如,在质量必须最小化的应用中的选材问题。我们已经知道,基于与特定几何对应的性能指标,如何在材料属性图上叠加并指导最佳选材。随后,我们转向更多现实中的应用,在解决选择替代材料问题之前,权衡潜在的冲突目标。

本章通过展望未来而得出结论。随着我们继续推动材料接近其性能的极限,对于材料性能空间中"空白区域"的新材料或材料组合的需求正在增长。我们演示了如何考虑新的混合材料的等效材料性能,使其可以与现有工程材料进行比较,以及性能指标如何帮助提供新材料研发向量。

参考文献中的资料,特别是 Ashby(2011),提供了这些领域的进一步的阅读材料。

参 考 文 献

Arnold,S. M. ,Cebon,D. ,Ashby,M. ,2012. Materials selection for aerospace systems,NASA/
　　TM-2012-217411.

Ashby,M. F. ,2011. Materials Selection in Mechanical Design,fourth ed. Butterworth
　　Heinemann,Oxford.

Ashby,M. F. ,Cebon. D. ,Bream,C. ,Cesaretto,C. ,Ball,N. ,2010. The Hybrid Synthesizer—A
　　White Paper. Granta Design,Cambridge,UK.

CES Selector Software,2012. Granta Design Limited,Cambridge.

Ribeiro,I. ,Peças,P. ,Silva,A. ,Henriques,E. ,2008. Life cycle engineering methodology
　　applied to material selection,a fender case study. J. Clean. Prod. 16,1887-1899.

第 11 章
热力学数据库和相图

S. K. Saxena

Professor and Director, Center for the Study of Matter at Extreme Conditions, College of Engineering and Computing, Florida International University, Miami, FL, USA

1. 引言

新的热物理和热化学数据并不是近几年的热门研究对象,这使得实验数据框架仍留有许多空白。而且,这些数据之间的关联性、比较和解释并不完善。

E. F. Westrum

工业上很大程度依赖于热力学来计算相平衡和模拟生产过程以促进实用材料的开发及合成。本章概括性描述了热力学数据库在计算相平衡和相图中的使用现状,包括从工业生产到行星环境及内核等系统。这是通过考虑冶金和化学数据库中已有的大量材料,并将其与常规环境至极端条件下的实验数据相集成而实现的。任何新的数据库必须兼容复杂的多组元固体和流体。考虑到目前在诸如 FactSage 和 Thermo-Calc 等软件中采用的计算方法及工具,以及常规环境至高温高压环境下的相平衡研究,对热力学数据库和热力学软件评估的必要性是显而易见的。

基于数十年相平衡实验和量热测定结果的评估而构建的热力学数据库是所有工业和科研检索的核心。利用测定相平衡信息的实验过程中所产生的热化学(量热)数据可以评估(建立)内部一致性的热力学数据库,其目标是在量热测定结果和实验误差的数据集中获得令人满意的匹配。热力学是一个重要的工具,它在工程、材料科学、物理、化学和地球科学等众多领域中都被广泛使用。热力学关系要求我们通过实验获取的物理数据能够证实热化学和热物理学之间存在的关系。这种数据的内部一致性使我们有信心对任何工业系统建模,甚至包括行星表面和内部。美国国家航空航天局(NASA)的一个主要目标就是了解我们行星系统的起源。对星云凝结和吸积的热力学分析以及后续行星体胚核的演化实现了这一目标,并有助于我们在宇宙中寻找其他类似现有热力学环境的地方。

当今有一些可用的数据库,其中大多数是为特定任务而设计的。当评估热力学数据时,往往可以发现有许多个人、团队以及科研中心为构建全球通用的数据库而坚持不懈地努力着。这在近期被学者(Westrum)很恰当地表述为:

从几十年前的 CODATA 开始,热力学数据一直是一个不间断的问题,并且许多课题组致力于促使热化学和热物理数据复苏。热力学从来都不简单,该领域中数据库的发展经常冠以座右铭:"如果能够开展热力学,那么就可以开展任何科学。"

2. 热力学数据库

2.1 数据库的现状

对于许多系统,相组成的复杂性以及温度和压强等物理条件的极端性,使得研究任务变得尤为艰巨。得益于热化学家和热力学建模者的努力,我们已经目睹了许多进展,可以有效地实现数据的系统化和组织化。冶金和陶瓷数据库及相关软件在计算平衡系统方面做出了杰出的成果。

2.2 数据库的内部一致性

[247] 热力学是困难的,因为许多参量之间存在关联,并且需要根据自洽的数据创建表格,其中涉及一组特有的基本常数及标准值。当从几个表中收集的数据被随意地组合而不注意整体一致性时容易发生混乱,特别是利用网络仅搜索最相关的数值并通过计算机来求解其热性质时。因此,需要在量热数据和相平衡实验数据之间寻求内部一致性。该过程称为数据评估。

评估通常基于同时评测所有反应并提取内部一致的数据集,包括 ΔH^0(标准形成焓)、S^0(第三定律熵)、压强(P)-温度(T)-体积(V)数据(热膨胀系数、压缩系数)和符合量热法实验的 C_P(热容)等。借鉴 Thermo-Calc 中的描述:"评估的热力学数据库由模型参数组成,这些模型参数尽可能准确地描述二元、三元和高阶体系的实验数据。"这些模型基于物理规则,这使得它们可以外推到具有商业价值的多元体系中。从若干个已评估的低阶体系进行外推要求这些体系具备内部一致性，这需要时间和精力才能实现。目前，一些具有商业价值以及科学挑战的材料已经收录到数据库中，但其中大部分是收费的。

2.3 数据库存在的问题

现有的数据库中存在一些重大缺陷，如下所述。

• 吉布斯自由能

在研究中，各相的吉布斯自由能描述为温度、压强和成分相关的函数。在一定压强 P 和温度 T 下，单相和固溶体端际组元的吉布斯自由能（G）表示为

$$G(P,T) = H_{298}^0 + \int_{298}^T C_P dT - T\left(S_{298}^0 + \int_{298}^T \frac{C_P}{T} dT\right) + \int_1^P V dP$$

其中，H_{298}^0 是焓；S_{298}^0 是熵；热容 C_P 为

$$C_P = a + bT + cT^{-2} + dT^2 + eT^{-3} + fT^{-0.5} + gT^{-1}$$

多项式的形式确定了固相在高于熔化温度的热容外推，这在数据库中需要用到超高温和（或）超高压下的平衡计算。如图 11.1 所示，外推可以采取不同路径，其中一些是不满足实际物理的（Brosh，2008）。　　[248]

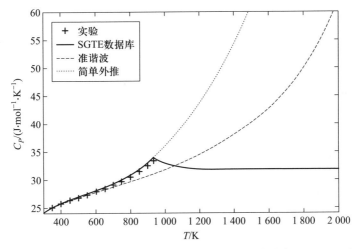

图 11.1 超过熔点 C_P 的各种外推方法的比较（图片取自 Brosh，2008）

• 溶体模型

对于双亚点阵物质，Hillert（1998）和 Ansara 等（1994）提出了亚点阵模型的概念。用于离子固相的亚晶格模型又称为化合物能量模型。溶体相的吉布斯自由能可依据亚点阵模型表述为

$$\Delta G^{mix} = \sum_i \sum_j \sum_k Y_i^s Y_j^t Y_k^u G_{ijk} + RT \sum_s \alpha_s \sum_i Y_i^s \cdot \ln Y_i^s + \Delta G^{ex}$$

其中,Y_i^s 是组元 i 在亚点阵 s 中的点阵分数;α_s 是每摩尔分子相中亚点阵 s 的点阵数量;ΔG^{ex} 是过剩混合吉布斯自由能,其表达式为

$$\Delta G^{ex} = \sum_s \sum_i (Y_i^s) \cdot L_{ijk}^{stu}$$

$$L_{ij}^s = \sum_n (Y_i^s - Y_j^s)^n \cdot L_{ij}^n$$

其中,L_{ij}^s 是二元交互作用参数。若给出更复杂的过剩自由能项,则可以引入更高阶的交互作用参数。虽然亚点阵模型在热力学上是严谨的,但随着组元数量的增加,其愈发烦冗,这种现象出现在许多氧化物和硅酸盐上。亚点阵模型中的许多组元必须是"虚构的",并且无法确定其相关数据。

[249]

FactSage 和 Thermo-Calc 软件中当前采用的亚点阵模型需要许多参数和虚构组元。在目前评估的数据库中许多固相(端际组元)的性质取决于所采用的溶体模型,而溶体模型中的任何变化都需要重新评估相关的端际数据,这是亚点阵模型的一个主要弊端。规则固溶体模型和准化学模型可以适应亚点阵模型,但可能需要新的数据评估。Pelton、Eriksson 及其同事发表的几项工作(Eriksson 等,1993,1994,1996;Pelton,2006;Pelton 等,1993)为处理多组元溶体奠定了坚实的基础(模型的例子可参考 Pelton,2000a,2000b,2001,2005,2006;Pelton 和 Wu,1999)。

没有任何数据库在所有方面都是完善的,所以为了应用于行星系统,必须利用他人的数据来扩展核心数据库。这是一个困难和耗时的任务,并且需要大量的资源。

- 评估的软件和原则

目前国际上已开发了一些用于优化热力学数据的通用计算机软件,这些软件可以同时考虑体系中所有可用的实验信息。有多种软件可供热力学数据评估,例如 Thermo-Calc(Sundman 等,1985)和 ChemSage/FactSage(Bale 等,2002)。Thermo-Calc 软件(Sundman 等,1985)及 Eriksson 和 Pelton(1993a,1993b)开发的 ChemSage 软件可利用总吉布斯自由能最小化原则来计算相图。与这些数据相关的参考文献为 Wu 等(1993)和 Jung 等(2005)。内部一致的数据集可通过评估多种类型的实验信息获得,例如相平衡数据、量热数据、电化学数据、体积以及热物理性质等,该过程通常被称为相图计算方法(Lukas 等,2007)。相图所包含的信息与各相精准的热力学性质关联密切,在量热数据的误差范围内变化一个相的吉布斯自由能有可能导致相图的剧变。仅使用相平衡实验数据进行评估可能会得出误差范围之外的量热数据,同时对高阶体系的外推性较差。利用直接测量得到的热力学性质和相图数据进行优化可实现数据库的内部一致性。数据评估的步骤可参考许多已发表的工作(Bale 等,2002;Eriksson 和 Pelton,1993a,1993b;Eriksson 等,1993,1994;Jung 等,2005;Lukas 等,2007;Pelton,

[250]

2000a,2000b,2001,2005,2006;Pelton 和 Wu,1999;Pelton 等,1993;Sundman 等，1985;Wu 等,1993)。本质上,这涉及实验数据与相关系计算结果的拟合及数据的优化。例如,图 11.2 展示了 $CaSiO_3$–$MgSiO_3$ 二元体系中的实验数据以及计算得到的曲线(Jung 等,2005)。在理想情况下,贝叶斯算法可用于热力学数据计算值与热化学实验数据之间偏差的最小化。

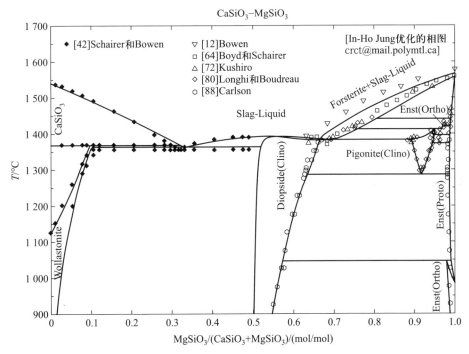

图 11.2 利用相图计算方法结合相平衡实验数据优化热力学数据
(修改自 Bale 等,2002,实验数据见图中参考文献)

- 高压下的金属和陶瓷

如前文所述,对于吉布斯自由能计算中结合 P–V–T 数据的基本方法,有必要进行重新评估:各相的吉布斯自由能描述为温度、压强和成分相关的函数。在一定压强 P 和温度 T 下,单相和固溶体端际组元的吉布斯自由能(G)表示为 [251]

$$G(P,T)=H_{298}^0+\int_{298}^T C_P\mathrm{d}T-T\left(S_{298}^0+\int_{298}^T\frac{C_P}{T}\mathrm{d}T\right)+\int_1^P V\mathrm{d}P$$

其中,H_{298}^0 是焓;S_{298}^0 是熵;热容 C_P 为

$$C_P=a+bT+cT^{-2}+dT^2+eT^{-3}+fT^{-0.5}+gT^{-1}$$

使用三阶 Birch–Murnaghan 方程(Birch,1947,1964)可以表达压强–体积(P–V)关系,其形式为

$$P_{\text{B-M}} = \frac{3}{2} K_{T,0} \left[\left(\frac{V_0}{V} \right)^{7/3} - \left(\frac{V_0}{V} \right)^{5/3} \right] \left\langle 1 - \frac{3}{4}(4 - K'_{T,0}) \left[\left(\frac{V_0}{V} \right)^{2/3} - 1 \right] + \cdots \right\rangle$$

其中，$K_{T,0}$ 和 $K'_{P,0}(=[\delta K_T/\delta]_T)$ 是其在 298 K 的等温体模量及其压强偏导；K_0 和 K' 是温度相关的函数。基于此，当 C_P 和 C_V 与热膨胀系数和压缩系数之间的内部一致性不能维持时会遇到问题。这可能是由于固体的 $P-V-T$ 数据非常少以及对温度效应的建模不完善。Fabrichnaya 和 Sundman（1997）利用 Thermo-Calc 软件评估了 $MgO-FeO-Al_2O_3-SiO_2$ 体系的热力学数据，在该例子中，Murnaghan（1967）方程将摩尔体积的描述限定为压强和温度的函数：

$$V(P,T) = V(1,T) \left(1 + \frac{K'_P P}{K_T} \right)^{-1/K_P}$$

其中，K_T 是等温体模量，描述为

$$K_T = 1/(b_0 + b_1 T + b_2 T^2 + b_3 T^3)$$

而 K'_P 是体模量的压强偏导，其在一些情况下具有温度依赖性：

$$K'_P = K'_{P,T_r} + K'_{P,T}(T - T_r) \ln(T/T_r)$$

[252]　其中，K'_{P,T_r} 是体模量在 $T_r = 298.15$ K 下的压强偏导；$K'_{P,T}$ 是体模量的温度偏导。1 bar 压强下的摩尔体积表示为温度的函数：

$$V(1,T) = V^0_{1,T_r} \exp \left[\int_{T_r}^T \alpha(T) \, dT \right]$$

其中，V^0_{1,T_r} 是 1 bar 和 $T_r = 298.15$ K 下的摩尔体积；$\alpha(T)$ 是温度相关的热膨胀系数，可表示为

$$\alpha(T) = a_0 + a_1 T + a_2 T^{-1} + a_3 T^{-2}$$

VdP 的积分必须作为压强和温度的函数来评估。一个主要问题是各种能量贡献之间应该有内部一致性。这可以通过使用 Mie-Gruneisen 模型来实现，其涉及模型导出变量的相互依赖性（Anderson，1995）。对于诸如 Birch-Murnaghan 等半经验模型，我们需要使用大量的实验数据来确保外推多项式的合理性。

原子和分子之间力的研究对于解释状态方程（equation of state，EOS）以及物质的热力学性质是必要的。例如，Vinet 通用 EOS（Vinet，1989；Vinet 等，1987）建立基于固体结合能和分子间距之间的普遍关系。从原子理论对这些力进行精准评估是量子理论和波动力学中最困难的问题之一（可参考 Anderson，1995 或者 Hoffmeister 和 Mao，2003）。因此，在一些通用的 EOS 中使用了不同的简化模型和近似处理，例如 Murnaghan（1967）、Birch、Vinet 等、Kumari 和 Dass（1990）以及 Holzapfel（2003）。Murnaghan EOS 不能在非常高的压强中使用；Kumari-Dass EOS 的最大有效体积压缩为 0.7，因此也不能拓展到高压范围。我们需要探索其他 EOS 的可行性，例如 Fang（1998）及 Kuchhal 和 Dass（2003）。Brosh（2008）考虑了简化 Mie-Gruneisen EOS 的温度效应，并通过极限压强下准谐波模型的反

向积分来评估任意压强下的吉布斯自由能。

这样的工作需要扩展物理条件范围内的压强−体积−温度数据,此类例子如图 11.3 所示。 [253]

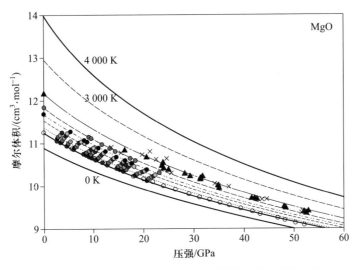

图 11.3 MgO 的压强−体积−温度实测数据及其理论外推

3. 相图示例

有大量的文献报道不同类型的相图及其计算。相图可以是纯组元、二元的,也可以是三元及多元体系的截面,其轴变量为温度、压强、体积、成分、活度和化学势等状态函数的组合。通过引入多种变量,我们可以绘制各种经典相图,例如纯组元的温度−压强相图、二元体系的温度−成分相图以及三元等温等压截面图等。在多元体系的二维截面中,轴变量可以是压强、温度、体积、活度、化学势等变量的多种组合。

3.1 硅化物

过渡族金属硅化物是具有明确定义的化合物种类。来自元素周期表第 III − XI 族的金属(包括 Ti、V、Cu、Y、Mo、W、Pt 等元素)与 Si 组合后,其至少 39 对元素可形成大约 69 种室温稳定的硅化物。硅化物在工程中的应用较广,其使用范围可从炉体加热元件中的高温硅化物到航空航天工业,其中如 $MoSi_2$ 和 SiC 晶须增强衍生物等材料被用于高温领域。这些材料适用于工程是由于其表层 SiO_2 的形成能够提高材料的抗氧化性,它可以阻碍空气对硅化物的进一步氧化,使得 Si 成为用于制造集成电路的高价值原料。在硅上沉积钨是电子器件和集成电路 [254]

中形成栅极和互连金属化的有效手段,其在高温条件下的高拉伸强度和高稳定性使其成为极端条件下服役的理想化合物。如后所述,尽管这些材料很重要,我们仍然缺乏许多相关二元相图的重要热力学信息。信息的缺乏性最早可从相图中看出,对于硅化物,有至少 24 对元素的相图信息是不完整的,而余下的二元相图则是未知的。

- Mn–Si 相图

最完整的硅化物数据体现在 Mn_aSi_b 化合物中,如表 11.1 和图 11.4 所示。虽然其中一些温度值是通过估量和外推获得的,但是不确定的信息是最少的。

表 11.1　Mn 和 Si 及其已知合金的数据

相	组成	数据库
LIQUID	Mn 或 Si	SGTE2004
FCC_A1	Mn	SGTE2004
BCC_A2	Mn	SGTE2004
DIAMOND_A4	Si	SGTE2004
CBCC_A12	Mn	SGTE2004
CUB_A13	Mn	SGTE2004
MSI	MnSi	SGTE2004
M3SI	Mn_3Si	SGTE2004
M5SI3	Mn_5Si_3	SGTE2011
MN3SI5(ST)	Mn_3Si_5	SGTE2011
MN5SI2(ST)	Mn_5Si_2	SGTE2011
MN6SI(ST)	Mn_6Si	SGTE2011
MN9SI2(ST)	Mn_9Si_2	SGTE2011

- W–Si 相图

二硅化钨(WSi_2)在非常大的温度范围内不发生相变,并且其四方晶空间群(D17 4h)在该区间内保持不变(图 11.5)。该材料在温度高达 2 300 K 时保持稳定,于 2 337 K 左右熔化,并已证实是一种优异的工程材料。

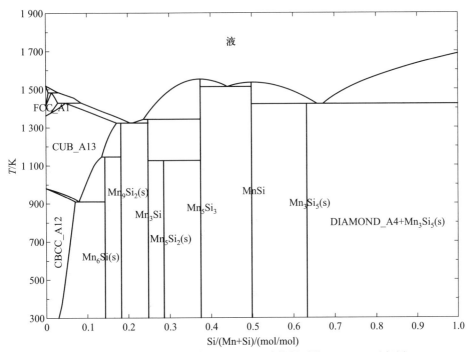

图 11.4 基于 SGTE 数据库和 FactSage 计算得到的 Mn-Si 二元相图

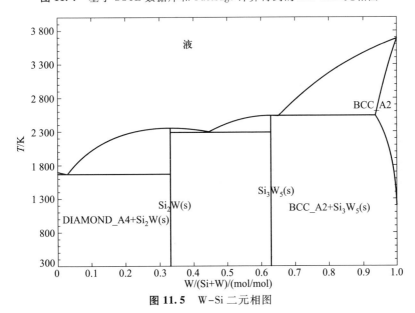

图 11.5 W-Si 二元相图

[256]

3.2 相图的原位信息

在冶金领域中采用原位技术来表征样品并构建相图并不常见,这里可以将

Fe-Al 二元系的研究作为例子,如图 11.6 所示(Fang,1998)。他们选取了两种合金成分,在加热样品的过程中利用 X 射线进行分析,该设备如图 11.7 所示。

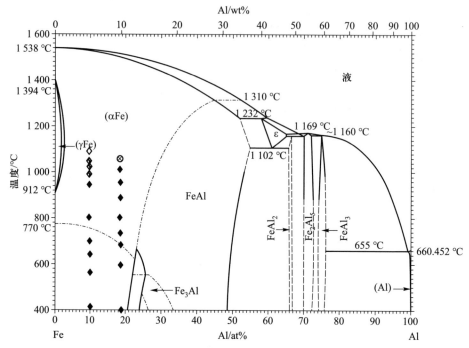

图 11.6　当使用原位 X 射线表征时,发现最初确定的 FCC 相区被扩大
(Dubrovinskaia 等,1999;Fe-Al 相图取自 Kattner,1990)

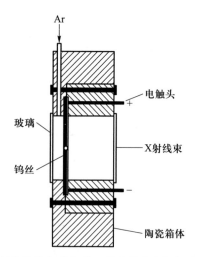

图 11.7　带有电加热钨丝的陶瓷加热组件。样品放在中间的小孔中,中心区域用 50 μm 的光束进行 X 射线照射

3.3 相组成图

为了利用相图展示完整的组成和相稳定性信息,我们可以将如图11.8所示 [257]
的二元相图与相含量随成分及温度的变化进行组合。

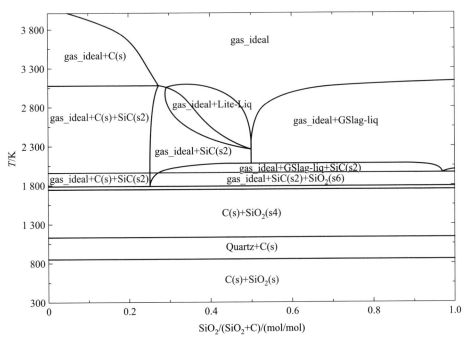

图 11.8 二氧化硅的碳热还原

● 二氧化硅的碳热还原

二氧化硅的碳热还原可以用三种类型的相图表述。图11.8是温度-成分作
为轴变量的二元相图。图11.9是在2 700 K的恒温条件下绘制的,代表该相图
的水平截面。图11.10是恒定成分下的变温垂直截面。

● Mg-H_2O 体系

我们可以考虑二元相图 Mg-H_2O,在图11.11中值得注意的是水与镁可以
通过反应直接形成氢化镁。我们可以绘制相应的温度-产物图以显示不同温度
下产物的形成量。

● NaOH-CH_4 体系

该体系的意义在于它阐释了天然气和苛性钠之间的反应如何用于产生氢气
而不排放碳。氢氧化物反应可以生成碳酸盐:$2NaOH+CH_4 \longrightarrow Na_2CO_3+2H_2$。 [258-260]
我们可以绘制与图11.9和图11.10类似的图,并将产物质量与恒定组成下

的温度变化或恒温下的成分变化建立关联(如图 11.11 和图 11.12 所示)。
图 11.13 显示了伪二元相图中碳酸盐、石墨和氧化物之间的形成关系。

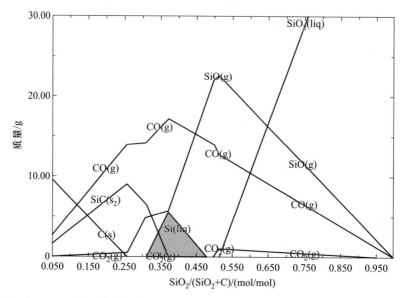

图 11.9　在 2 700 K 恒温条件下随成分变化而得到的产物,其中阴影部分是熔体稳定的区域

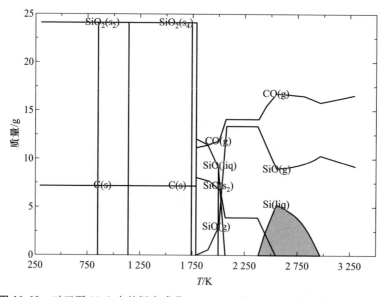

图 11.10　对于图 11.8 中的恒定成分 40% SiO_2 和 60% C(总质量为 31.2 g),
其随温度变化而得到的相组成,其中阴影部分是熔体稳定的区域

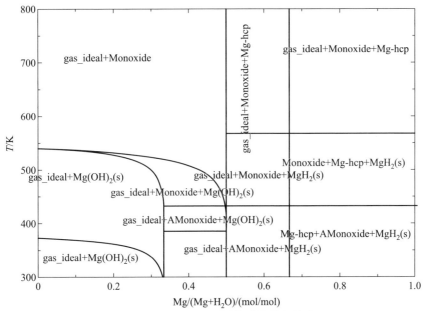

图 11.11 Mg–H_2O 二元体系中的相关系

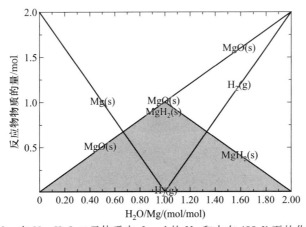

图 11.12 在 Mg–H_2O 二元体系中，2 mol 的 Mg 和水在 400 K 下的化学反应。
阴影部分是氢化物的稳定区域

3.4 高温高压相图

[261]

- 铁的相图

在室温室压下，铁以体心立方（body–centered cubic，BCC）相的形式出现。随着温度的升高，铁转变为面心立方（face–centered cubic，FCC）结构，然后在熔点（1 808 K）以下又转变为 BCC 结构。行星科学家对于铁的高压相图极感兴趣，因为它适用于行星核心的形成。图 11.14 显示了将加压至 200 GPa 的纯铁

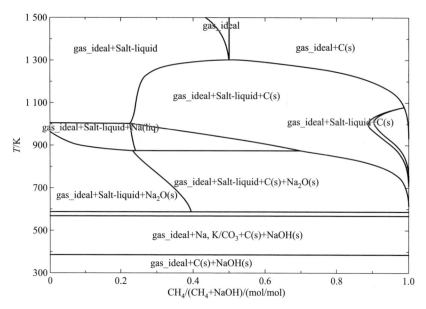

图 11.13　NaOH−CH₄ 伪二元体系中的反应

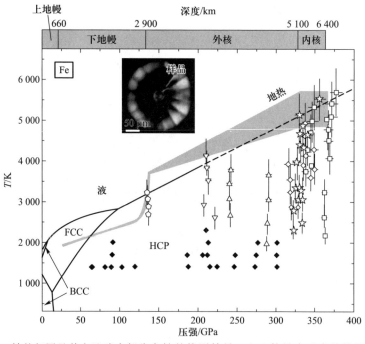

图 11.14　铁的相图及其在地球内部稳定性的推测结果。空心符号表示当前结果（不同的符号表示不同的实验循环），实心菱形表示前人的实验数据。低压固−相转变边界和熔化曲线来自 Boehler,1993。该图中的插图为 DAC 中 335 GPa 的样品照片（Tateno 等,2010）

样品进行激光加热来测定其 BCC、FCC 和密排六方（hexagonal close-packed, HCP）相的熔化曲线（Boehler，1993）。Belonoshko 等（2008）通过计算确定了第三种 BCC 结构在极限岩心压强下是可以稳定的。Tateno 等（2010）的新数据展示了 HCP 铁在极端岩心压强和温度下的稳定性，其在用纯铁的实验中没有发现 BCC 结构。

3.5　地球化学相图

[262]

- 太阳气体冷凝物

Lord（1965）、Fegley 等（1987）以及 Grossman（1972）的一些先驱性研究已经证实了热力学计算在理解行星过程中的强大功能。Lodders（2003）很好地综述了若干研究成果，并估计了太阳的元素丰度及其冷凝温度。这些研究揭示了热力学计算的功能，以及它们在太阳系演变过程中所提供的宝贵见解。下面以太阳气体相图（图 11.15）作为例子，其平衡计算结果列在表 11.2 中。应当强调的是，该计算所使用的数据库尚未实现内部一致性（即热化学数据是从许多来源收集的）。

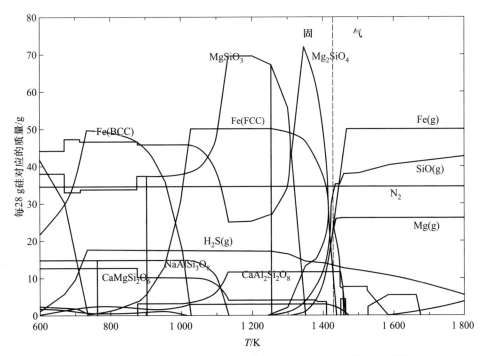

图 11.15　太阳气体在 0.001 bar 恒定压力和不同温度下的组成相图。图中的垂直虚线表示固体开始冷凝的温度

表11.2 太阳气体冷凝物的平衡计算结果(计算条件:$T=300$ K;$P=100$ Pa;$V=3.389$ 0e+08 dm^3)

气流组成	物质的量/mol
Si1 Al0.084 9Mg1.075Fe0.9C12 Ca0.061 1Na0.057K0.003 77	1.000 0

气相(理想气体)	平衡量/mol
H$_2$_元素	13 556.000 0
H$_2$O	16.212 0
CH$_4$	12.100 0
NH$_3$	2.477 9
N$_2$	1.237

固相	平衡量/mol
FeS(s)	0.482 1
Mg$_2$SiO$_4$_镁橄榄石	0.393 4
Fe$_2$SiO$_4$_铁橄榄石	0.206 5
Mg$_3$Si$_4$O$_{10}$(OH)$_2$(s)	0.038 3
Mg$_5$Al$_2$Si$_3$O$_{100}$(s)	0.032 4
Na$_2$Ca$_3$Si$_6$O$_{16}$	0.020 4
Ni$_3$S$_2$(s)	0.016 4
NaAlSiO$_4$_铝硅酸盐	0.016 3

地球化学分析表明,地球是由许多元素组成的,其各元素含量列于表11.3中,并与300 K下冷凝物组成的计算值进行比较。考虑到两种方法的不同,其结果的相近性是显著的。

表11.3 太阳气冷凝物中各元素质量分数与地球化学模型计算值之间的比较

元素	300 K 下的太阳气冷凝物/wt%	地球化学模型/wt%
Fe	26.588 8	32.1
S	8.764 3	2.9
Mg	13.579 1	13.9
Na	0.698 6	n.d
O	32.255 3	30.1
Al	0.930 6	1.4
Ni	1.536 2	1.8
Si	14.729 8	15.2
Ca	1.302 1	1.5

- 火星表面岩石的热力学评估

Mustard 等(2008)试图确定火星表层页硅酸盐矿物的类型,其结果将确定该矿物的形成环境。他们解释了大多数页硅酸盐光谱与诸如蒙脱石、绿脱石和皂石等蒙脱石黏土矿物最接近。蒙脱石黏土矿物的形成需要充足的水源和中等至碱性的 pH 条件。在火星其他区域,页硅酸盐光谱与伊利石(或白云母)和高岭土更接近,而不是蒙脱石。此外,火星还存在几个区域显示了与亚氯酸盐相一致的光谱吸收特征。总的来说,根据火星地壳的玄武岩矿物学,Fe/Mg 矿物的风化产物相对于碱性矿物(如斜长石)被过度解读了。

[263]

[264]

Catling 和 Moore(2003)讨论了火星表面 Sinus Meridiani、Aram Chaos 和 Vallis Marineris 中赤铁矿的起源,他们使用热力学论据获得了火星具备生命宜居环境的结论。如果具备包含流体的多组元玄武岩体系的完整热力学数据库,这些论据将会更加严谨。除非使用严格评估的数据,否则可能会得出错误的结论。

在研究火星表面岩石的复杂化学时,热力学数据库可用于定量地解释常见体系($K-Al-Mg-Fe-Si-O-H$)的成岩过程。例如在哥伦比亚山中,水和酸性挥发物对于岩石、露头和不寻常土壤的改造及形成发挥了重要作用(Ming 等,2006)。利用数据库可以计算 $E-pH$ 图以理解行星体(如小行星和火星)表面的环境条件,如图 11.16 所示。

Ming 等(2006)报道了 Clovis 材料由磁铁矿、纳米相铁氧体(npOx)、赤铁矿、针铁矿、磷酸钙、硫酸钙、硫酸镁、辉石和二次硅铝酸盐组成。

- 行星内部(火星)

由 Bertka 和 Fei(1996,1997)开展的若干相平衡实验可用于数据库在高压条件下的验证和改进。

3.6　部分重要的数据库

NIST 数据库是热化学和物理数据的集合,是构建任何独立数据库的良好起点。相图计算方法可以用于测试数据的内部一致性。

FactSage 是一个商业软件和数据库,它使用了众多二元和三元氧化物体系的评估数据集。该数据库包含如下信息:

1)化合物数据库。

a)FACT 化合物数据库(超过 4 400 种化合物);

b)SGPS——SGTE 纯物质数据库(超过 3 400 种化合物);

c)SGSL——SGTE 金属间化合物数据库(结合 SGSL 溶体数据库使用)。

2)溶体数据库。

[265]

a)FACT——F * A * C * T 5.0 溶体数据库(120 个非理想多组元相);

b)SGSL——SGTE 合金溶体数据库(63 个非理想多组元合金及碳氮化物)。

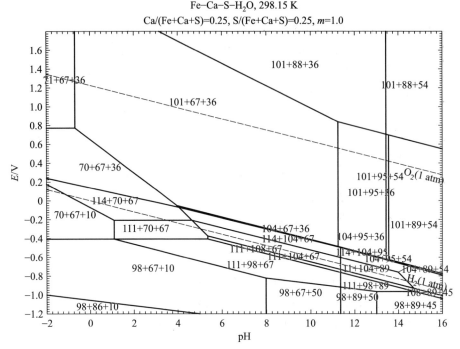

图 11.16　计算得到的 Clovis 体系 Fe-Ca-S 中的矿物相。图中的数字表示：$10 = H_2S(g)$，$36 = H_2SO_4(H_2O)$，$45 = S(2-)$，$50 = HS(-)$，$54 = SO(4-)$，$67 = Ca(2+)$，$70 = Fe(2+)$，$71 = Fe(3+)$，$88 = CaO_2(s)$，$89 = Ca(OH)_2$，$95 = CaSO_4(s)$，$98 = Fe(s)$，$101 = Fe_2O_3(s)$，$104 = Fe_3O_4(s)$，$108 = Fe(OH)_2$，$111 = FeS(s)$，$114 = FeS_2(s)$。这些相在 Clovis 材料中已经发现，如果在相图中使用更多元素，则可以找到其他相

欧洲热力学数据科学组织（Scientific Group Thermodata Europe，SGTE）是一个以欧洲为中心的组织，其主要从事无机和冶金体系热力学数据库的开发及其在生产实际中的应用。FACT 溶体数据库和 SGTE 溶体数据库是互补的，这是由于它们在 FactSage 软件中得到了结合，并允许其计算独特的应用案例，如不锈钢在含氧和硫气氛中的腐蚀。FACT 溶体数据库包含自洽和经严格评估的热力学数据，包括 SiO_2、CaO、Al_2O_3、Cu_2O、FeO、MgO、MnO、Na_2O、K_2O、TiO_2、Ti_2O_3、Fe_2O_3、ZrO_2、CrO、Cr_2O_3、NiO、B_2O_3、PbO、ZnO 熔体/玻璃（包含 S、SO_4、PO_4、CO_3、F、Cl、I、OH、H_2O 等稀释溶质）。数据库中同时存储着含有这些组分的众多固溶体（陶瓷相），如一氧化物、钙钛矿、尖晶石、假薄沸石、堇青石、橄榄石、硅灰石等。在数据库中还包含 Li、Na、K、Rb、Cs、Mg、Ca/F、Cl、Br、I、SO_4、CO_3、OH、NO_3 等体系的大多数晶体和熔融盐溶液，液相硫化物、Fe、Ni、Co、Cr、Cu、Pb、Zn、As、S、若干合金以及用于浓缩水溶液的 Pitzer 参数等。FACT 溶体数据库正在通过一个大型国际资助的研究计划得到不断的拓展和更新。

[266]

SGTE 金属间化合物与溶体数据库(SGSL)包含数百个二元、三元和四元合金体系的自洽评估,其应用领域涵盖贵金属、焊料、半导体或硬金属等材料。SGTE 溶体数据库的特殊优势是其适用于 Fe 基多组元合金,如 Fe、Cr、Co、Mo、W、Ni、C、N 及其所形成的面心或体心立方基体相、金属间化合物(rho、phi、Laves 等)、碳化物(渗碳体、$M_{23}C_6$、M_7C_3、Cr_3C_2、ksi 等)、氮化物或碳氮化物[Me(C,N)、Me_2(C,N)和 Fe_4N]等沉淀相。Gaye 和 Welfinger(1984)建立了适用于含铁冶金炉渣系统中活度和相平衡计算的数据库。该数据库包含 Al_2O_3、CaO、FeO、Fe_2O_3、MgO、SiO_2 体系的液相炉渣和沉淀氧化物数据。近期,该数据库已添加了 Na、Cr、Ni、P 和 S 的数据,从而可以计算炉渣的硫化物容量。液体炉渣采用 Kapoor-Frohberg 提出的胞模型描述并由 Gaye 改进。该数据库还包含由 Sigworth 和 Elliot 编辑的液态铁中约 20 种元素的稀溶体参数,并根据 Hillert 的建议转换为规则溶体参数。这个数据库将很可能被 FactSage 中的数据所取代。

在熔体模型中可以使用炉渣模型(FactSage),它是由二元体系向高阶体系建立的(如 Eriksson 和 Pelton,1993a,1993b;Pelton 和 Wu,1999)。在这方面值得注意的是,Fegley 及其同事(Fegley 和 Cameron,1987;Fegley 等,2000)开发了 MAGMA 代码,其使用了由 Hastie 及其同事在二十世纪八十年代于美国国家标准局[现称为美国国家标准技术研究所(NIST)]开发的复杂组元理想混合模型(ideal mixing of complex components,IMCC;Hastie 和 Bonnell,1985,1986;Hastie 等,1982)。Fegley 等(2000)计算了 O、Na、K、Fe、Si、Mg、Ca、Al、Ti 体系中 109 种不同硅酸盐熔体在 1 700 ~ 2 400 K 下平衡气相随温度变化的压强及成分。在构建熔体模型时需要考虑这些数据。

[267]

参考文献

Anderson,O. L. ,1995. Equations of State for Solids in Geophysical and Ceramic Science. Oxford University Press,New York.

Ansara,I. , Chatillon, C. , Lukas, H. L. , Nishizawa, T. , Ohtani, H. , et al. , 1994. A binary database for III–V compound semiconductor systems. Calphad 18,177–222.

Bale,C. W. , Chartrand, P. , Degterov, S. A. , Eriksson, G. , 2002. FactSage thermochemical software and databases. Calphad 26(2),189–228.

Belonoshko,A. B. ,Skorodumova,N. V. ,Rosengren, A. ,Johansson,B. ,2008. Elastic anisotropy of Earth's inner core. Science 319,797–799.

Bertka,C. M. , Fei,Y. ,1996. Constraints on the mineralogy of an iron–rich Martian mantle rom high–pressure experiments. Planet. Space Sci. 44(11),1269–1276.

Bertka,C. M. , Fei,Y. ,1997. Mineralogy of the Martian interior up to core–mantle boundary pressures. J. Geophys. Res. 102(B3),5251–5264.

Birch, F. , 1947. Finite elastic strain of cubic crystals. Phys. Rev. 71, 809−924.

Birch, F. , 1964. Density and composition of mantle and core. J. Geophys. Res. 69, 4377−4388.

Boehler, R. , 1993. Temperatures in the Earth's core. Nature 363, 534−536.

Brosh, E. , 2008. Thermodynamic Calculations of Phase Diagrams for Elements and Alloys at High Pressures. Ph. D. thesis, Ben−Gurion University, Israel.

Catling, D. C. , Moore, J. M. , 2003. The nature of coarse−grained crystalline hematite and its implications for the early environment of Mars. Icarus 165, 277−300.

Dubrovinskaia, N. A. , Dubrovinsky, L. S. , Karlsson, A, Saxena, S. K. , Sundman, B. , 1999. Experimental study of thermal expansion and phase transformations in iron−rich Fe − Al alloys. Calphad 23, 69−84.

Eriksson, G. , Pelton, A. D. , 1993a. Critical evaluation and optimization of the thermodynamic properties and phase diagrams of the $CaO − Al_2O_3$, $Al_2O_3 − SiO_2$ and $CaO − Al_2O_3 − SiO_2$ systems. Metall. Trans. 24B, 807−816.

Eriksson, G. , Pelton, A. D. , 1993b. Critical evaluation and optimization of the thermodynamic properties and phase diagrams of the $MnO−TiO_2$, $MgO−TiO_2$, $FeO−TiO_2$, $Ti_2O_3−TiO_2$, $Na_2O−TiO_2$ and $K_2O−TiO_2$ systems. Metall. Trans. 24B, 795−805.

Eriksson, G. , Wu, P. , Pelton, A. D. , 1993. Critical evaluation and optimization of the thermodynamic properties and phase diagrams of the $MgO − Al_2O_3$, $MnO − Al_2O_3$, $FeO − Al_2O_3$, $Na_2O−Al_2O_3$ and $K_2O−Al_2O_3$ systems. Calphad 17, 189−206.

Eriksson, G. , Wu, P. , Blander, M. , Pelton, A. D. , 1994. Critical evaluation and optimization of the thermodynamic properties and phase diagrams of the $MnO−SiO_2$ and $CaO−SiO_2$ systems. Can. Met. Quart. 33, 13−22.

Eriksson, G. , Pelton, A. D. , Woermann, E. , Ender, A. , 1996. Measurement and thermodynamic evaluation of phase equilibria in the Fe−Ti−O system. Ber. Bunsengesellschaft Phys. Chem. 8, 1839−1849.

Fabrichnaya, O. B. , Sundman, B. , 1997. The assessment of thermodynamic parameters in the Fe−O and Fe−Si−O systems. Geochim. Cosmochim. Acta 61, 4539−4555.

Fang, Z. − H. , 1998. Extension of the universal equation of state for solids in high−pressure phases. Phys. Rev. B 58(1), 20−22.

[268−270] Fegley Jr, B. , Cameron, A. G. W. , 1987. A vaporization model for iron/silicate fractionation in the mercury protoplanet. Earth Planet. Sci. Lett. 82, 207−222.

Gaye, H. , Welfringer, J. , 1984. In Second International Symposium on "Metallurgical Slags and Fluxes", In: Fine, H. A. , Gaskell, D. R. , Warrendale, P. A. (Eds), Met. Soc. of AIME, pp. 357.

Grossman, L. , 1972. Condensation in the primitive solar nebula. Geochim. Cosmochim. Acta 36, 597−619.

Hastie, J. W. , Bonnell, D. W. , 1985. A predictive phase equilibrium model for multicomponent oxide mixtures: part II. Oxides of Na−K−Ca−Mg−Al−Si. High Temp. Sci. 19, 275−306.

Hastie, J. W., Bonnell, D. W., 1986. A predictive thermodynamic model of oxide and halide glass phase equilibria. J. Non–Crystalline Solids 84, 151–158.

Hastie, J. W., Horton, W. S., Plante, E. R., Bonnell, D. W., 1982. Thermodynamic models of alkali–metal vapor transport in silicate systems. High Temp. –High Press 14, 669–679.

Hillert, M., 1998. Phase Equilibria Phase Diagrams and Phase Transformations: Their Thermodynamic Basis. Cambridge University Press, Cambridge.

Hofmeister, A. M., Mao, H. K., 2003. Pressure derivatives of shear and bulk moduli from the thermal Grüneisen parameter and volume–pressure data. Geochim. Cosmochim. Acta 67(7), 1207–1227.

Holzapfel, W. B., 2003. Refinement of the ruby luminescence pressure scale. J. Appl. Phys. 93, 1813.

Jung, I. –H., Decterov, S., Pelton, A. D., 2005. Thermodynamic modeling of the CaO – MgO – SiO$_2$ system. J. Eur. Ceram. Soc. 25, 313–333.

Kattner, U. R., 1990. Al – Fe. In: Massalski, T. B., et al., Binary Alloy Phase Diagrams. ASM International.

Kuchhal, P., Dass, N., 2003. New isothermal equation of state of solids applied to high pressures. J. Phys. 61(3), 1–5.

Kumari, M., Dass, N., 1990. An equation of state applied to 50 solids: II. J. Phys. Condens. Matter 2, 7891–7895.

Lodders, K., 2003. Solar system abundances and condensation temperatures of the elements. Astrophys. J. 591, 1220–1247.

Lord, H. C., 1965. Molecular equilibria and condensation in a solar nebula and cool stellar atmospheres. Icarus 4, 279–288.

Lukas, H. L., Fries, S. G., Sundman, B., 2007. Computational Thermodynamics, the Calphad Method. Cambridge University Press, Cambridge.

Ming, D. W., Mittlefehldt, D. W., Morris, R. V., Golden, D. C., Gellert, R., Yen, A., et al., 2006. Geochemical and mineralogical indicators for aqueous processes in the Columbia Hills of Gusev crater, Mars. J. Geophys. Res. 111, E02S12. 10. 1029/2005JE002560.

Murnaghan, F. D., 1967. Finite Deformation of an Elastic Solid. Dover, New York.

Mustard, J. F., Murchie, S. L., Pelkey, S. M., Ehlmann, B. L., Milliken, R. E., Grant, J. A., et al., 2008. Hydrated silicate minerals on Mars observed by the Mars Reconnaissance Orbiter CRISM instrument; doi: 10. 1038/nature07097.

Pelton, A. D., 2000a. Thermodynamic modeling of complex solutions. In: Proc. J. K. Brimacombe Memorial Symposium. Canadian Institute of Mining and Metallurgy, pp. 763–780.

Pelton, A. D., 2000b. General phase diagram sections. In: Proc. J. M. Toguri Symposium. Canadian Institute of Mining and Metallurgy, Ottawa, pp. 45–56.

Pelton, A. D., 2001. A general 'geometric' thermodynamic model for multicomponent solutions. Calphad 25, 319–328.

Pelton,A. D. ,2005. Thermodynamic models and databases for slags,fluxes and salts. Miner. Process. Extractive Metallurgy(Trans. Inst. Min. Metall. C)114,C180−C188.

Pelton, A. D. , 2006. Thermodynamic database development – Modeling and phase diagram calculation in oxide systems. Rare Metals 25,473−480.

Pelton,A. D. ,Wu,P. ,1999. Thermodynamic modeling in glass−forming melts. J. Noncrystalline Solids 253,178−191.

Pelton, A. D. , Eriksson, G. , Romero−Serrano, J. A. , 1993. Calculation of sulfide capacities of multicomponent slags. Metall. Trans. 24B,817−825.

Sundman, B. , Jansson, B. , Andersson, J. O. , 1985. The Thermo−Calc Data Bank system. Calphad 9,153−190.

Tateno,S. ,Hirose, K. , Ohishi, Y. , Tatsumi, Y. , 2010. The structure of iron in Earth's inner core. Science 330,359.

Vinet, P. , 1989. Temperature effects on the universal equation of state of solids. J. Phys. Condens. Matter 1,1941−1963.

Vinet,P. ,Rose, J. H. ,Ferrante, J. , Smith, J. R. , 1987. Universal features of the equation of state of solids. Phys. Rev. B 35,1945−1953.

Wu,P. , Eriksson, G. , Pelton, A. D. , Blander, M. , 1993. Prediction of the thermodynamic properties and phase diagrams of silicate systems. Evaluation of the $FeO−MgO−SiO_2$ system. ISIJ Int. 33(1),26−35.

第 12 章
基于组合实验方法的
传感材料理性设计

Radislav Potyrailo

Chemistry and Chemical Engineering, GE Global Research Center, Niskayuna, NY, USA

1. 引言

[271]

基于先验知识的传感材料理性设计,因其可以避免耗时的合成及测试大量备选材料(Honeybourne,2000;Njagi 等,2007;Shtoyko 等,2004),非常有吸引力。然而,定量的合理设计(Akporiaye,1998;Hatchett 和 Josowicz,2008;Lavigne 和 Anslyn,2001;Newnham,1988;Suman 等,2003;Ulmer 等,1998)需要详细地了解传感材料本征性能与服役性能之间的关系,这方面的知识通常是从广泛的实验和仿真数据获得的。然而,随着传感材料的结构和功能复杂性的增加,对获得所需服役性能的精准需求进行合理定义的能力变得越来越有限(Schultz,2003)。因此,除理性设计外,各种传感材料,从染料和离子孔到生物聚合物,有机和杂化聚合物以及纳米材料都是通过详细的实验或偶然发现获得的(Bühlmann 等,1998a;Hu 等,2004;Martin 等,2001;McKusick 等,1958;Pedersen,1967;Potyrailo 和 Sivavec,2004;Steinle 等,2000;Svetlicic 等,1998;Walt 等,1998)。这种方法在传感材料上的发展反映出更为普遍的情况,那就是"仍过于依赖运气",但同时有强大动力发展理性设计(Eberhart 和 Clougherty,2004;Seshadri 等,2012)。

传统上,传感材料的备选材料的筛选和优化的实验消耗大量时间和项目成本。因此,发展传感材料是公认的挑战,因为需要大量实验,不仅要在无干扰的原始实验室条件下获得最佳短期性能,而且要考虑高反应选择性、长期稳定性、可生产性和其他实用要求。传感材料理性设计的很多实际挑战给组合芯片技术

[272]

在传感材料的应用提供了巨大前景。

　　本章介绍了组合技术在新的传感材料优化上的广泛适用性。讨论了组合材料筛选的基本原则，随后对应用组合技术进行材料优化的机会加以讨论，我们进一步分析使用离散和梯度阵列方法开发传感材料的结果。这一章的重点集中于传感器选择性和传感材料长期稳定性的改进结果的分析上。从种类繁多的涉及辐射、机械和电能的能量转化原则的传感器的例子，证明跨传感材料种类的组合芯片技术应用的影响。

2. 组合材料筛选的基本原则

　　组合芯片技术筛选材料是将并行生产大量不同材料的能力与针对各种本征性能和服役性能的不同高通量表征技术相耦合的过程，然后在采集的数据中找到"先进"材料。术语"组合材料筛选"和"高通量表征技术"，对于所有类型的材料和过程参数的自动并行和快速顺序评价过程，包括真正组合排列或所选子集，都是可以互换应用的。

　　几十年前加速材料发展的诸多方面就已经为人所知，包括组合芯片和析因实验设计（Birina 和 Boitsov，1974）、在一块基板上并行合成材料（Hoffmann，2001；Kennedy 等，1965）、材料服役性能筛选（Hoogenboom 等，2003）以及计算机数据处理（Anderson 和 Moser，1958；Eash 和 Gohlke，1962）。然而，在 1970 年，Hanak 提出了集成材料开发工作流，其关键方面包括：① 多元体系在一次实验中的完整的成分映射；② 简单、快速、无损的全面化学分析；③ 通过扫描装置测试性能；④ 计算机数据处理。项晓东等（1995）开展了组合芯片方法在材料科学中的应用研究。从那时起，组合芯片技术已用于发现和优化大量各类材料（Baerns 和 Holeňa，2009；Genzer，2012；Malhotra，2002；Narasimhan 等，2007；Nicolaou 等，2002；Potyrailo 和 Amis，2003；Potyrailo 和 Maier，2006；Potyrailo 和 Mirsky，2009；Potyrailo 等，2011；Schultz 和 Xiang，1998；Xiang 和 Takeuchi，2003）。

　　除并行合成和高通量表征设备显著区别于常规设备外，数据管理方法也不同于常规的数据评价（Potyrailo 和 Maier，2006；Potyrailo 等，2011）。在成熟的组合芯片技术工作流中，材料库的设计和合成协议是计算机辅助的，材料合成和材料库的构建由计算机控制的机器人来完成，性能筛选和材料表征也是由软件控制的。进一步，材料合成数据以及性能与表征数据收集到材料数据库中，该数据库包含所有传感材料的有关成分及其描述符、工艺条件、材料测试算法及服役性能的信息。此类数据库中的数据不仅仅是被存储，也被合适的统计分析、可视化、建模和数据挖掘工具处理。材料的组合芯片合成为组合材料库的建设带来了很好的可能性（Potyrailo 和 Mirsky，2009）。例如，这样的库可用于感兴趣材料

[273]

的一些新应用的进一步复核或作为参考材料。

3. 传感材料的机遇

使用新型传感材料的传感器系统的发展过程可以用图 12.1 所示的技术成熟度(technology readiness level,TRL)来描述。TRL 的概念是用一种已经被接受的手段来评估技术成熟度的途径(美国国防部,2005),TRL 提供了描述特定使用情况的技术成熟性,从 TRL 1(最不成熟)到 TRL 9(最成熟)的范围。传感器的发展有几个阶段,包括初期观测的发现、可行性实验和实验室规模的详细评估(TRL 1~4),接着是器件的验证与整个系统原型的字段(TRL 5,6),然后是操作环境下系统原型的测试(TRL 7),以及实际系统的测试和最终用户操作(TRL 8,9)。 [274]

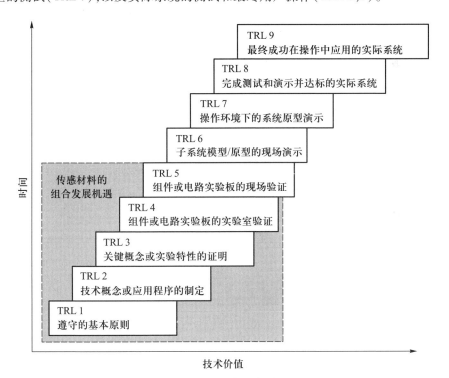

图 12.1 传感材料达到技术准备阶段的发展机遇

在最初的概念阶段,传感材料的服役行为配合适当的传感器信号生成。实验室规模评价阶段是非常劳动密集型的,因为涉及传感器服役性能的详细测试。这一评价的几个关键方面包括传感材料的成分与形貌优化、沉积方法,以及响应准确度、稳定性、精度、选择性、储存期、响应的长期稳定和关键噪声参数(如由于温度及潜在毒性导致的材料的不稳定性)等的详细评估。因此,如图 12.1 所示, [275]

223

组合芯片方法用于传感材料发展上在 TRL 1～5 级阶段具有广泛前景。

4. 传感材料组合库的设计

　　传感材料的组合芯片技术发展目标是发现新的传感材料,优化性能参数与工艺参数。图 12.2 对传感材料的关键性能和工艺参数做一概述。传感材料薄膜的性能影响因素在图 12.2 中也做了总结,并可以归类为样本、样本/薄膜界面、薄膜块体以及薄膜/基体界面等几类因素。根据实际的应用程序,对传感材料质量的评估也不同,例如,对于用于密切监测的气体传感器来讲,毫秒级分辨率的响应速度是关键,而对于家用血糖仪的生物传感器,慢得多的响应速度就已足够(Newman 和 Turner,2005;Pickup 和 Alcock,1991)。医疗中体内传感器和生物传感器的特殊要求还包括生物相容性(Clark 和 Furey,2006;Meyerhoff,1993;Potyrailo 等,2008b)。消毒中防止伽马射线辐射损伤、无漂移性能和成本是一次性生物器械中传感器的最关键的特殊要求(Clark 和 Furey,2006)。

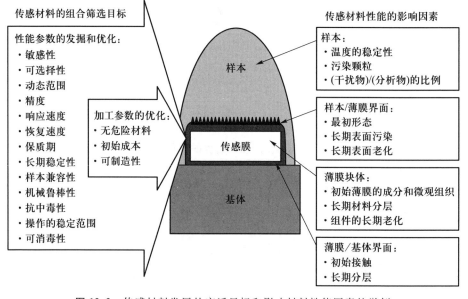

图 12.2　传感材料发展的广泛目标和影响材料性能因素的举例

[276]　　组合芯片实验通过将备选材料做成离散和梯度的传感材料的阵列来实现。表 12.1 总结了种类繁多的阵列制备方法(Amis,2004;Apostolidis 等,2004;Aronova 等,2003;Baker 等,1996;Bhat 等,2004;Calvert,2001;Cawse,2003;de Gans 和 Schubert,2004;Dickinson 等,1997;Hassib 和 Potyrailo,2004;Klingvall 等,2005;Lemmo 等,1997;Mirsky 和 Kulikov,2003;Mirsky 等,2004;Potyrailo,2004;Potyrailo 和 Hassib,2005a;Potyrailo 和 Wroczynski,2005;Potyrailo 等,2003b,2003c,

2004d,2005,2007,2008a;Scheidtmann 等,2005;Schena,2003;Sysoev 等,2004;Taylor 和 Semancik,2002;Turcu 等,2005;Yoon 等,2009）。组合库布局的具体类型取决于要探索的空间所需密度、可用的库、制备能力及高通量表征技术能力。在阵列制备上,阵列暴露于感兴趣的环境中,利用获得的稳态或动态测量值来评估材料的性能。分析中串行扫描模式（如光学或阻抗谱）的运用往往能够提供比并行分析（如成像）更为详尽的材料性能信息。当监测一个扫描系统中传感材料阵列的动态过程（如响应/恢复时间、老化）时,基于所需时间分辨率的可测量的最大个体数目,可以通过扫描系统（Potyrailo 和 Hassib,2005a）的数据采集能力加以限制。除了材料性能参数的测量,表征内在材料性能也是很重要的（Göpel,1998）。

表 12.1 离散和梯度材料阵列的制备方法举例 [277]

传感材料阵列的类型	制备方法	参考文献
离散阵列	喷墨打印；自动配液；机械浆的配制；微阵列；自动浸涂；电化学聚合；化学气相沉积；脉冲激光沉积；旋涂；丝网印刷术；静电纺丝技术	Calvert,2001；de Gans 和 Schubert,2004；Lemmo 等,1997 Apostolidis 等,2004；Hassib 和 Potyrailo,2004 Scheidtmann 等,2005 Schena,2003 Potyrailo 等,2004d Mirsky 和 Kulikov,2003；Mirsky 等,2004 Taylor 和 Semancik,2002 Aronova 等,2003 Amis,2004；Cawse 等,2003 Potyrailo 等,2007
梯度阵列	原位聚合；微挤制成形；溶剂浇铸；胶体自组装；表面接枝正交聚合；喷墨印刷；温度梯度化学气相沉积；厚度梯度化学气相沉积；两种金属的二维厚度梯度蒸发；梯度表面覆盖和梯度粒子大小	Yoon 等,2009 Dickinson 等,1997 Potyrailo 和 Wroczynski,2005；Potyrailo 等,2003c,2005 Potyrailo,2004；Potyrailo 和 Hassib,2005a；Potyrailo 等,2003b Potyrailo 等,2008a Bhat 等,2004 Turcu 等,2005 Taylor 和 Semancik,2002 Sysoev 等,2004 Klingvall 等,2005 Baker 等,1996

为了展示组合芯片技术在发现和优化的传感材料上具有的广泛适用性,在以下各节中我们将对使用离散和梯度材料阵列的研究结果进行批判性分析,并提供基于辐射、机械和电等类型能量的各种能量转换原理的种类繁多的传感器的例子。

5. 使用离散阵列优化传感材料

5.1　辐射能转换传感器

[278]

基于辐射能量转换的传感器,可以基于振幅、波长、相位、偏振态和时域波形等五个完全描述光波的参数来分类。这些类型传感器的传感材料的发展主要依赖于色度和荧光材料性能。目前有机荧光基团,由于其功能的多样性、合成方法被充分掌握,以及采用组合芯片技术获得的重大发现(Dini 等,2011;Vendrell 等,2012),主导着传感材料的应用。

用荧光团替代 DNA 碱基的短 DNA 样低聚物的方法已用于气体传感(Samain 等,2010)。这些荧光 DNA 样低聚物被称为寡脱氧氟糖苷(oligodeoxyfluorosides,ODFs)。四聚体 ODFs 的 2 401 种不同序列的组合库用于众多气体的荧光反应的筛选,包括芳香族和脂肪族化合物,酸和碱(Samain 等,2011)。19 个气相响应序列被确定开展进一步深入研究。其中一些 ODFs 与 810 种气体有不同的响应,响应多样性包括荧光猝灭、荧光增加和荧光波长偏移。一些 ODFs 得以区分甚至非常密切相关的气体,如丙烯醛和丙烯腈。完整的传感器集的序列分析表明,不仅成分,而且单体元件的序列/顺序,在响应上都是非常重要的。

与有机荧光基团相比,半导体纳米晶在几个方面有优势,包括光稳定性、相对较窄的发射谱和广泛的激发光谱(Alivisatos,2004;Medintz 等,2005)。因此,寻找比现有有机荧光试剂的光稳定性更好、且具有化学或生物响应的纳米晶体,是非常有吸引力的。众所周知,各种光致发光材料对局域环境敏感(Ko 和 Meyer,1999),尤其是抛光或蚀刻的块体 CdSe 半导体晶体(Lisensky 等,1988;Seker 等,2000)和纳米晶(Nazzal 等,2003;Vassiltsova 等,2007),被证明对环境变化敏感。为了更好地理解半导体纳米晶进入聚合物薄膜后的环境敏感性,多尺寸的 CdSe 纳米晶加入九种合理选定的聚合物基团(1~9),包括聚(三甲基甲硅烷基)丙炔、聚甲基丙烯酸甲酯、硅胶块聚酰亚胺、聚己内酯、聚碳酸酯、聚异丁烯、聚(二甲基氨基乙基)甲基丙烯酸酯、聚乙烯吡咯烷酮和苯乙烯-丁二烯 ABA 嵌段共聚物,来生产薄膜等。根据由 407 nm 波长激光激发的不同极性气体的光

[279]

致发光谱(photoluminescence,PL)响应,对这些薄膜做进一步筛选(Potyrailo 和 Leach,2006;Potyrailo 等,2012)。

不同尺寸(直径为 2.8 nm 和 5.6 nm)、用三基膦氧化物钝化的 CdSe 纳米晶,

当其暴露在甲醇和甲苯中时,具有显著不同的 PL 响应[图 12.3(a)]。作为一个例子,图 12.3(b)给出的是在聚甲基丙烯酸甲酯(PMMA)传感器膜中两尺寸 CdSe 纳米晶的气相依赖 PL 的响应模式。造成纳米晶响应模式差异的原因在于纳米晶周围的介电介质、纳米晶尺寸和表面氧化状态的综合影响。传感薄膜在 16 h 连续激光激发的条件下测试时,显示出发光强度的高稳定性(Potyrailo 等,2012)。

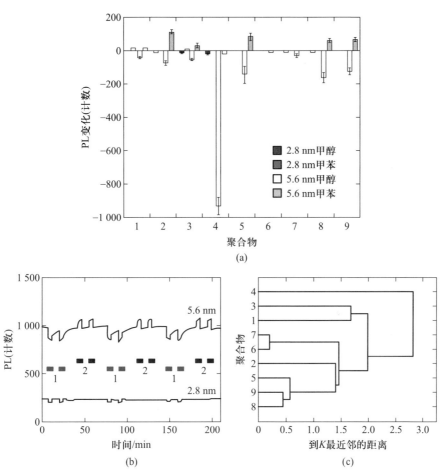

图 12.3 CdSe 纳米晶的两尺寸(2.8 nm 和 5.6 nm)混合物对于极性(甲醇)和非极性(甲苯)气相稳态 PL 响应的多样性。(a)在九种聚合物基质中的 PL 变化数量级;(b)2.8 nm 纳米晶在 511 nm 辐射和 5.6 nm 纳米晶在 617 nm 辐射的两尺寸 CdSe 纳米传感器膜(聚合物 2)的气相依赖 PL,数字 1 和 2 分别表示传感器膜复制暴露甲醇(6vol%)和甲苯(1.5vol%);(c)加入九种聚合物基体后在甲醇和甲苯曝光时的 PL 响应模式的 KNN 聚类分析结果。[(a,c)获得 Potyrailo 等,2012,美国化学会的转载许可;(b)获得 Potyrailo 和 Leach,2006,美国物理研究所的转载许可]

[280] 　　为了定量评价聚合物基体,采用 K 最近邻(K-nearest neighbor,KNN)聚类分析作为数据挖掘工具。聚类分析作为数据挖掘工具之一,常用来通过材料成分或性能评估材料的多样性,以及构建结构-性能关系模型(Otto,1999;Potyrailo, 2001)。在 KNN 分析中,毗邻簇的最近邻之间建立连接。研究不同尺度的变量及其相互关系的一种方法是马氏距离(Mahalanobis distance;Otto,1999)。对将半导体纳米晶进入聚合物薄膜后暴露于甲醇和甲苯的 PL 响应模式的聚类分析结果以树状图形式显示在图 12.3(c)中,通过对图 12.3(a)中数据进行主成分(principal component,PC)分析和进一步利用马氏距离分析三个主成分,构建了树状图。从树状图可以很清楚地看出,聚异丁烯(聚合物 6)和聚(二甲基氨基乙基)甲基丙烯酸酯(聚合物 7)的气相响应与所研究的 CdSe 纳米晶最相似,由到它们之间的 K 最近邻的非常小的距离所示。

　　如显示的到 K 最近邻的最大多样性距离,聚己内酯(聚合物 4)与其他聚合物的差异最大。这样的数据挖掘工具提供了定量评价聚合物基体的手段。当与包含分子描述符的定量结构-性能模拟工具耦合在一起时,从高通量实验产生的新知识就可能为加入半导体纳米晶的气相传感器的理性设计提供新的思路。在将来,这样的工作一定会以光稳定性更高、更可靠的传感材料来补充现有的溶致变色有机染料传感器。

　　具有内在电导率的聚合物的应用也允许化学和生物传感器的发展(Bobacka 等,2003;Dai 等,2002;Janata 和 Josowicz,2002;Leclerc,1999;McQuade 等, 2000)。各种各样的共轭有机单体聚合并形成线性聚合物,例如,乙炔、p-苯撑乙烯、苯、吡咯、噻吩、苯胺和呋喃,形成了广泛应用于传感器的导电聚合物(Albert 等,2000;Bidan,1992;Gomez-Romero,2001;McQuade 等,2000)。然而,制备时发现,导电聚合物缺乏选择性,而且往往不稳定。因此,对这类聚合物从化学上加以改进来减少不良的影响。改性方法包括杂环化合物的侧基取代、聚合物掺杂、加入官能化的反离子对聚合物氧化进行电荷补偿、形成有机-无机混合物、加入各种生物材料(如酶、抗体、核酸、细胞)以及其他方法(Bidan,1992; Gill,2001;Gill 和 Ballesteros,1998)。聚合反应条件(如氧化电位、氧化剂、温度、溶剂、电解质浓度、单体浓度等)的变化也可从相同的单体产生不同的高分子材料,因为聚合条件影响传感器相关的聚合物性能(如形态、分子量、单体连接、电导率、带隙等;Barbero 等,2003;McQuade 等,2000)。

[281]

　　有机溶剂的比色分化的组合芯片技术已经出现(Yoon 等,2009)。聚二乙炔(PDA)-嵌入式电纺纤维毡,由氨基丁酸衍生的二乙炔单体 10,12-二十五烷二炔羧酸(PCDA-ABA)制得,当暴露于常见有机溶剂时其显示出比色稳定性。相比之下,由苯胺衍生的二乙炔(PCDA-AN)制备的纤维毡显示出溶剂敏感的颜色过渡。以含有不同比例的两个二乙炔(DA)单体的聚氧化乙烯的静电纺丝方法构建了 PDA 嵌入的超细纤维阵列,当共轭的聚合物嵌入的静电纺丝纤维阵列以测试溶剂直接比色分化的方式暴露于常见的有机溶剂时,获得了独特的色谱,这些实验结果如图 12.4 所示。由纯 PCDA－ABA、纯 PCDA－AN、PCDA－ABA 与 PCDA－AN 的 1∶1(物质的量之比)混合物制备,由 DA 单体封装的静电纺丝纤维毡的扫描电镜(scanning electron microscope,SEM)图像如图 12.4(a)所示。这些经典纺丝纤维毡和平均直径约 1 μm 的聚合物纤维之间没有显著的形态学差异。来自 DA 单体的不同组合[图 12.4(b)]得到的纤维毡的组合阵列的色谱证明了组合芯片方法研究传感器的意义。这种方法可以在只有两个 DA 单体的情况下生成一系列传感器的成分多样阵列,便于研究有机溶剂的视觉分化(visual differentiation of organic solvents)。

[282]

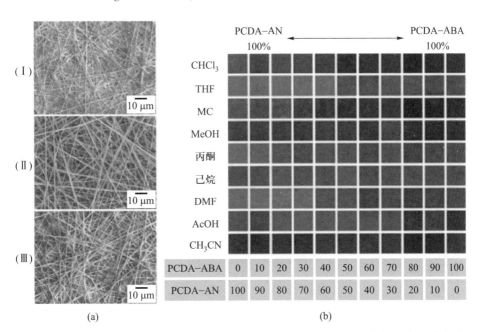

图 12.4 基于共轭的聚合物嵌入的静电纺丝纤维的有机溶剂比色分化的组合芯片方法。(a)嵌入(Ⅰ)PCDA－ABA、(Ⅱ)PCDA－AN、(Ⅲ)1∶1(物质的量之比)的 PCDA－ABA 和 PCDA－AN 的静电纺丝纤维毡经紫外线照射后的 SEM 图像;(b)聚合的 PDA 嵌入的静电纺丝纤维毡暴露在 25 ℃的有机溶剂中 30 s 的照片(见文后彩图)(获得 Yoon 等,2009,Wiley－VCH 的转载许可)

采用基于纸张的 PDA 比色传感器阵列(Eaidkong 等,2012)将不同溶剂气体的检测与鉴定进一步推进。该阵列由八个二乙炔单体如 PCDA 和 10,12－二十三碳二炔酸(TCDA)制备,如图 12.5(a)所示。为了制备传感器,使用滴铸造技术将单体涂上过滤纸表面,然后通过紫外辐照转换为 PDA。当暴露在测试气体中时,PDA 传感器显示出由平板式扫描仪记录的不可逆的颜色转换[图 12.5(b)]。通过使用主成分分析(PCA;Beebe 等,1998)测得的 RGB 值,区分 18 种不同气体是有可能的。

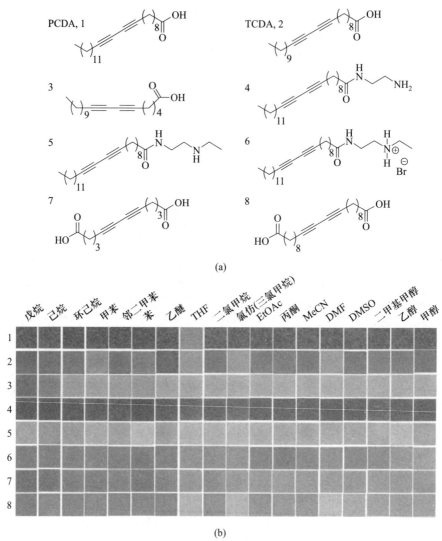

(a)

(b)

图 12.5 采用基于纸张的 PDA 比色传感器阵列来鉴定不同溶剂气体。(a)用于气相传感的八个 PCDA 和 TCDA 二乙炔单体;(b)通过单体 1 至 8 暴露于各种饱和气体制得的传感器区域形貌(见文后彩图)

5.2 机械能转换传感器

基于机械能量转导的传感器按照换能器功能,可以分为包括悬臂式和声波器件。传感材料的质量载荷和/或黏弹性性能的变化引发换能器响应。

为了对具有不同功能末端基团的烷烃硫醇的气相反应的组合筛选,Lim 等开发了 2D 多路复用的悬臂阵列平台(Lim 等,2006;Raorane 等,2008)。悬臂梁传感器阵列芯片(尺寸 2.5 cm×2.5 cm)有约 720 个悬臂,采用表面及块体微细加工技术制备,开发了用于每个悬臂梁挠度的并行分析的光学读出系统。图 12.6(a)示出了 2D 悬臂阵列系统的全视图。为了评估这个 2D 传感器阵列对传感材料筛选的性能表现,选取甲苯和水蒸气等非极性和极性蒸气作为分析物。用三种具有不同功能末端基团的候选烷烃硫醇材料作为传感薄膜材料,对筛选系统进行了测试,三种烷烃硫醇材料包括巯基十一烷酸 SH$-$(CH$_2$)$_{10}-$ [283]
COOH(MUA)、巯基十一烷醇 SH$-$(CH$_2$)$_{11}-$OH(MUO)、正十二硫醇 SH$-$(CH$_2$)$_{11}-$CH$_3$(DOT)。每种类型的传感薄膜具有不同的化学和物理性能,因为—COOH 基团本质上是酸性的,可以解离并放出—COO—基团,而—OH 基团并不容易解离,但可以与极性分子形成氢键,—CH$_3$ 基团对极性分子表现为惰性,可发生的仅有的相互作用来自范德瓦耳斯力和疏水性的影响。实验结果如图 12.6(b)所示。

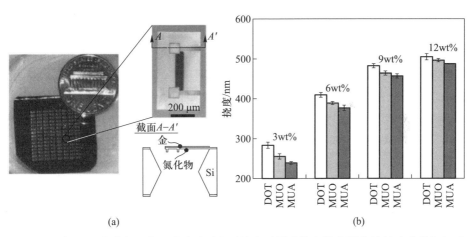

图 12.6 采用 2D 多路复用的悬臂阵列平台对具有不同功能末端基团的烷烃硫醇的气相反应的组合筛选。(a)制备的悬臂阵列芯片的全视图;(b)暴露在四个浓度水平(3wt%、6wt%、9wt% 和 12wt%)的甲苯蒸气的悬臂梁稳态挠度值(获得 Lim 等,2006,Elsevier 的转载许可)

由于甲苯是一种有机溶剂,很可能通过范德瓦耳斯力与硫醇在金的一侧发 [284]
生反应。因此,范德瓦耳斯力分子间相互作用通常是吸引力,即使硫醇分子接近甲苯分子,反过来这将使硫醇分子之间相互靠近,导致在金层的收缩,这会导致向上的偏差,如图 12.6(b)所示。对于 DOT,非极性的—CH$_3$ 基团,肯定会与甲苯有最大接触面积从而展示出范德瓦耳斯力的影响。当末端基团在本质上变得极性更强时,这种倾向会减弱。因此,MUO 的—OH 基团比 MUA 的—COOH 基团具有更高的范德瓦耳斯力。这样,在金层中引发的应力水平,DOT 将是最高的,其次是 MUO,MUA 最低。在 8.8% 至 61.8% 的相对湿度(RH)水平下进行了水蒸气实验,记录下所有硫醇都发生向上偏差,表明金膜受压。三种硫醇对水蒸气的响应与其对甲苯的响应刚好相反,最大反应的是表面涂覆了 MUA 的悬臂,其次是涂覆了 MUO 的,涂覆了 DOT 的悬臂响应最小。这个多路复用悬臂梁传感器平台进一步设计为改进了选择性的传感材料的寻找工具(Lim 等,2006)。

[285]

高分子材料广泛用于传感材料,因为该类材料具备在室温下的传感器操作、快速响应和恢复,以及几年内的长效稳定性等性能(Hierlemann 等,1995;Potyrailo 和 Sivavec,2004;Wohltjen,2006)。在高分子材料的气体传感中,聚合物与被分析物之间的相互作用机制包括分散、诱导偶极子、偶极子取向和氢键结合(Grate,2000;Grate 等,1997)。这些机制促进不同聚合物对不同蒸气的响应的部分选择性。添加通过采用分子印迹将目标蒸气分子印迹到聚合物上并设计带有分子受体的聚合物。已经有几个模型可计算聚合物响应(Abraham,1993;Belmares 等,2004;Grate 和 Abraham,1991;Maranas,1996;Wise 等,2003),目前最广为采用的模型是基于线性溶剂化能关系(LSER;Abraham,1993;Grate 和 Abraham,1991)。该基于 LSER 的方法已被用来作为可用聚合物组合筛选的指导,来构建基于厚度剪切模式(thickness shear mode,TSM)谐振器的声波传感器阵列,用以测定地下水上方空间的有机溶剂蒸气(Potyrailo 等,2004b)。TSM 谐振器测量沉积在谐振器上的传感薄膜的蒸气吸收的共振的频移。传感器系统(Potyrailo 等,1999)的现场测试结果表明,可用聚合物的检出限太高(几个ppm[①]),无法满足地下水污染物检测的要求。然而,一类可用作传感器的新型聚合物,如硅胶块聚酰亚胺,已经被发现,它对于十亿分之一浓度的三氯乙烯(TCE)具有>200 000 的分配系数,在检测氯化有机溶剂蒸气时具有比其他已知聚合物高出至少 100 倍的响应敏感度(Potyrailo 和 Sivavec,2004;Sivavec 和Potyrailo,2002)。

对十亿分之一浓度的氯化有机溶剂蒸气在存在干扰的情况下,更有选择地检测的材料开发,制备了基于有机硅块聚酰亚胺的六组聚合物材料,并依据分析物四氯乙烯(PCE)、三氯乙烯(TCE)和顺-二氯乙烯(cis-DCE),以及干扰物(四氯化碳、甲苯和氯仿)的分配系数的差异,对这些聚合物材料的性能进行了评价。为了对候选传感材料进行定量筛选,构建了一个 24 通道的 TSM 传感器系统,与6×4 酶标板的多孔板格式相匹配(图 12.7)。传感器阵列被进一步定位在气体

①　1 ppm = 10^{-6}。——译者注

流过的单元格中,保存在工作环境的分室中。

对于制备材料的多样性的详细评价,运用了主成分分析(PCA)工具,如图 12.8 所示,用一个得分图对八种类型的聚合物对六种蒸气的区别能力进行了评价[图 12.8(a)],结果表明用这八种类型的聚合物进行测定时,六种蒸气在PCA 空间都能很好地区分开。为了了解哪些材料诱导出响应的最多样性,构建了载荷图[图 12.8(b)]。不同类型薄膜间的距离越大,这些薄膜间的差异越显著。载荷图也演示出以相同材料复制的薄膜的响应的重现性。这些信息作为第三级材料筛选的额外的输入数据。然而,仅仅依赖主成分分析的材料选择不能保证测试集中特定蒸气的最优区分,因为 PCA 检测的是变化幅度,而不是差异(Grate,2000)。因此,也可以运用聚类分析工具,例如显示在图 12.3(c)的那些工具。

[286]

[287]

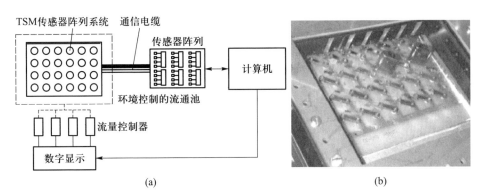

图 12.7 现场应用的传感材料的高通量评价方法。(a)聚合物薄膜的气体吸附评价用 24 通道的 TSM 传感器阵列的安装示意图;(b)气体流过的单元格中的 24 通道传感器晶体(包括两个密封的参考晶体)照片

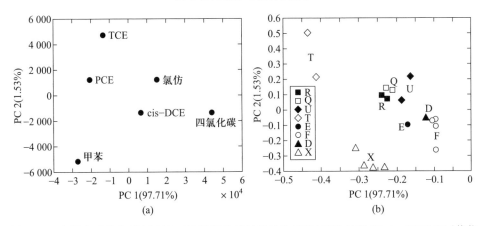

图 12.8 应用主成分分析(PCA)工具测定传感材料对分析物(PCE、TCE 和 cis-DCE)和干扰物(四氯化碳、甲苯和氯仿)的响应模式的差异。显示了前两个主成分的得分图(a)和载荷图(b)

对传感材料的广泛筛选分为三个层次(Potyrailo 等,2003a,2004c)。在初级(发现)筛选中,材料暴露在单个的分析物浓度中,在中级(集中)筛选中,最好的材料子集被暴露在分析物和干扰物中,在第三级筛选中,剩下的材料被放在模仿长期应用的条件下进行实验。虽然所有筛选都是有价值的,但第三级给出的是最有趣的数据,因为基础聚合物和共聚物的老化是很难或不可能建模的(Ulmer 等,1998)。在这些实验中,有机硅块聚酰亚胺基传感材料被涂覆在 24 通道传感器阵列的传感器上,在气体流过的单元格中老化。图 12.9 显示了老化研究前后,阵列中两种聚合物对分析物非极性气体(TCE)、极性干扰物蒸气(水蒸气)及其混合物的复制响应(Potyrailo,2007)。从这项研究中得到几个重要的发现:① 老化后对非极性物蒸气的响应的数量级降低[图 12.9(b)],甚至出现略微的反转[图 12.9(d)];② 老化后对极性干扰物蒸气的响应数量级增加;③ 由于这些变化,这两种聚合物的响应模式被改变。结合第三级筛选,我们的高通量筛选方法可以实现具有高分配系数的聚合物及其在现场可调配的传感器上实施情况的快速检验。几个确定的传感器的涂层进行了现场测试(Shaffer 等,2003)。使用组合实验详细测定分析物与聚合物的相互作用,为更好地理解影响传感器选择性的材料参数奠定了基础。我们一直所做的长效稳定的传感聚合物的高通量筛选工作,必将提供更多的实验数据,以适用于更实用的传感器模型的开发。

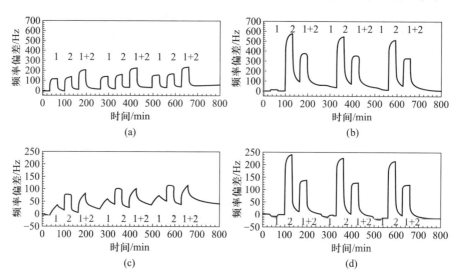

图 12.9　两种聚合物传感器涂层的长效稳定性评价的第三级筛选。老化前后对 TCE(1)和水蒸气(2)及其混合物(1+2)的复制响应。第一涂层在老化前(a)和老化后(b),以及第二涂层在老化前(c)和老化后(d)(获得 Potyrailo,2007,美国化学会的转载许可)

基于机械能量转换,生物聚合物与传感器结合也在气相检测中得到了应用。目前,使用序列特异性生物分子的气相传感,如低聚肽(Mascini 等,2004)及抗体

（Stubbs 等,2002）、血脂（Wyszynski 等,2007；Yano 等,1997）和氨基酸（Sugimoto 等,2009）,成为一个新的方向,吸引着越来越多研究者。四种氨基酸（组氨酸、苯丙氨酸、赖氨酸、酪氨酸）的单分子膜被用作组合库,用以确定气相及其混合物（Martinelli 等,2008）。

5.3 电能转换传感器

当基于电能转导的传感器发生可检测到的电的变化时,例如在聚合反应中和暴露于特定物质时发生电阻或导电率变化,聚合物膨胀、金属氧化物半导体表面与氧化或还原性物质发生相互作用时电阻变化等,就适用于传感材料的组合筛选。应用时典型设备包括电化学和电子换能器（Hagleitner 等,2002,2003；Suzuki,2000；Wang,2002；Zemel,1990）。

电极阵列的微细加工的简化以及后续作为换能器表面的应用使得基于电能转导的传感器在组合材料筛选中成为使用最多的工具之一。采用电化学电位调节固体导电表面聚合的可能性提出了实现该过程的一种方法,即以电子传感系统的多个电极上形成多个聚合区域的形式（Kulikov 和 Mirsky,2004；Mirsky 和 Kulikov,2003）。这种聚合电极在阵列中的排列使分配系统的存在失去必要性,并允许电可寻址的固定化。这种方法在阵列不同电极上独立进行的苯胺电聚合反应上得到了证明（Kulikov 和 Mirsky,2004；Mirsky 和 Kulikov,2003）。在面积小于 20 mm×20 mm 的电极阵列上的 96 个叉指式寻址电极上直接进行规定的单体混合物的薄膜聚合[图 12.10(a)]。为了实现四点测量,在电极上设计了叉指配置,电极在氧化的硅片上采用光刻技术制备而成。计算机程序控制的分析物质的加载为研究不同物质对合成聚合物的影响提供了自动化手段。该系统已应用于不同比例混合的非导电单体氨基苯甲酸和导电单体苯胺的混合物的电化学共聚的组合筛选,以形成不同的聚合物。在相同条件下合成了六组聚合物,每组 12 个电极,单体的混合比例从 100 到 4,来研究非导电的苯胺衍生物的影响[图 12.10(b)]。合成聚合物的电学特征表明作为非导电添加剂的苯甲酸加入聚合物结构中,破坏了导电聚合物链,导致聚合物导电率显著降低,这一结果与预测完全吻合。在 HCl 气体中暴露显示,该聚合物导电率随 HCl 浓度的增加而升高。

采用这一电聚合系统,筛选出无数的共聚物。不同二元共聚物的典型筛选结果如图 12.11（Potyrailo 和 Mirsky,2008）所示。聚合物中加入非导电单体导致聚合物电导率下降,从而降低导电和绝缘聚合物状态的差异,这样导致了绝对灵敏度的降低[图 12.11(a)]。被分析物无暴露条件下聚合物电导率的归一化补偿了这种效应,证明从氨基苯甲酸和苯胺混合物合成的聚合物具有最高的相对灵敏度[图 12.11(b)]。这种效应可能解释为聚合物电导率与聚合物链中的缺

[289]

[290]

[291]

陷数量关系紧密。与纯聚苯胺相比,该共聚物有更好的回复率,但较慢的响应时间[图 12.11(c)和(d)]。已经建立的高通量筛选系统能够给出传感材料的可靠排序,而且仅需要约 20 min 完成与系统的手动交互,约 14 h 完成计算机程序控制的组合筛选,而不是采用传统电化学聚合物的合成及材料表征的约 2 周时间的实验室研究(Mirsky 和 Kulikov,2003)。

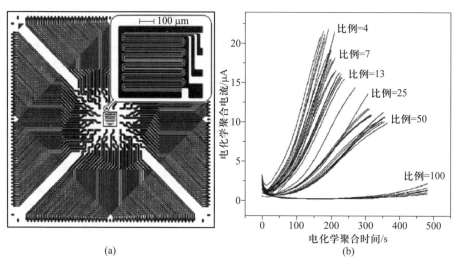

(a)　　　　　　　　　　　　(b)

图 12.10　微细加工的电极传感器阵列在多个电化学聚合反应中的应用和得到的作为传感材料的导电聚合物的表征。(a)叉指式寻址电极阵列的布局图,插图为用于四点测量的单个电极的详细结构;(b)非导电单体与导电单体不同比例组成的聚合混合物在恒电位下的组合电聚合的电流的动力学研究(获得 Kulikov 和 Mirsky,2004,Institute of Physics 的转载许可)

当具有信号转换功能的不溶性添加剂加入到使用了化学阻抗传感器的介电聚合物时,研究人员对传感器响应的多样性进行了研究。在化学阻抗传感器中,聚合物的膨胀诱发那些与非导电聚合物和导电添加剂[如碳粒子(Feller 等,

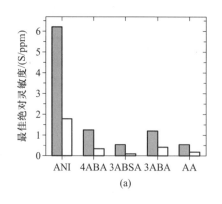

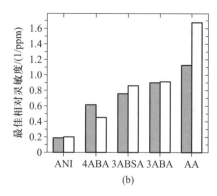

(a)　　　　　　　　　　　　(b)

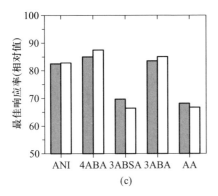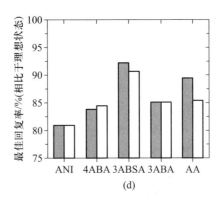

图 12.11 选定结果筛查的传感材料对 HCl 气体响应的筛选的部分结果。(a) 最佳绝对灵敏度;(b) 最佳相对灵敏度;(c) 最佳响应率;(d) 加热条件下获得的最佳回复率。传感材料包括:ANI 表示聚苯胺;4ABA、3ABSA、3ABA、AA 表示苯胺分别与 4-氨基苯酸、3-氨基苯磺酸、3-氨基苯甲酸和邻氨基苯甲酸合成的聚合物。白色和灰色柱状图分别代表两点和四点测量得到的结果(获得 Potyrailo 和 Mirsky,2008,美国化学会的转载许可)

2002;Matzger 等,2000;Penco 等,2004;Srivastava 等,2000)、碳纳米管(Wang 和 Musameh,2003;Zhang 等,2005),以及金属纳米团簇(Hrapovic 等,2004)]复合的聚合物的电导率变化。采用组合实验来确定改善选择性的共聚物炭黑配方(Matzger 等,2000)。共聚物的合成采用由极性和非极性单体组合的活性聚合过程。合成后的共聚物的表征结果表明,响应通常是两个均聚物的线性组合[图 12.12(a)],与嵌段共聚物的预测结果相同(Doleman 等,1998)。然而,出乎意料的是,有几个嵌段共聚物的吸附特征不是两个均聚物特性的线性组合[图 12.12(b)]。因此,这个组合芯片技术的结果证明,合成的共聚物的确可以提供宝贵的方法来构建化学结构不同的聚合物传感材料库。

一项提高传统聚合物薄膜传感器响应多样性的有趣方法(Setasuwon 等,2008)被报道出来(图 12.13)。两种类型的带有炭黑成分的复合材料,如炭黑与乙烯(复合材料 E)和炭黑与聚乙烯醇(复合材料 A),三层组合堆叠,制备得到了具有独特特点的八个传感器。在 10 mm×15 mm 的玻璃衬底上,采用旋转涂镀方法,将复合材料 A 和 E 连续三层旋涂在间距为 200 μm 的叉指式电极上,制备出八个传感器。如图 12.13(a) 所示,八个传感器是两个不同复合材料 EEE、EEA、EAE、EAA、AAE、AEA、AEE 和 AAA 的所有三层组合的结果,其中第一个字母表示在电极上的第一层。这些传感器对介电常数在 2~80 范围内的 15 种溶剂蒸气进行检测。溶剂测试集中包括水、二甲基甲酰胺(DMF)、甲醇、乙醇、丙酮、异丙醇、1-丁醇、1,2-二氯苯、1-辛醇、四氢呋喃(THF)、乙酸乙酯、氯苯、氯仿、甲苯和正己烷。所有传感器对 15 种测试溶剂的响应模式结果如图 12.13(b) 所示。通过计算分辨率来确定传感器的响应,成对的参数代表解析

[292]

[293] 响应的能力。如果探测器响应假定为正态分布,那么分辨率值 1.0、2.0 和 3.0 分别代表在特定一对中正确识别两个分析物的 76%、92% 和 98% 的可信度。结果发现,两种类型炭黑复合材料的堆叠层,有可能提高用电阻式传感器进行蒸气测量的选择性。分辨率同时受介电常数和测试溶剂沸点的影响。

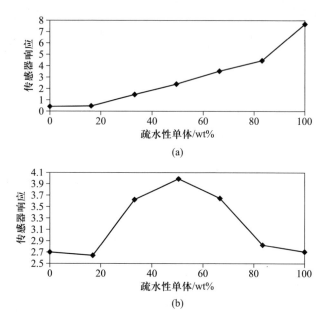

图 12.12　疏水性单体对正己烷(a)和丙酮(b)的变载荷作用下的用组合芯片方法合成的嵌段共聚物的电响应 $\Delta R_{max}/R \times 100$(获得 Matzger 等,2000,美国化学会的转载许可)

　　半导体金属氧化物是获益于组合筛选技术的另一种类型的传感材料。半导体金属氧化物通常用作气体传感材料,当暴露于氧化或还原性气体时其电阻发生改 [294] 变。尽管,多年来,重大的技术进步已获得了实用的和商业化的传感器,力图进一步改善传感性能的传感器新材料一直处在开发中。为了提高响应的选择性和稳定

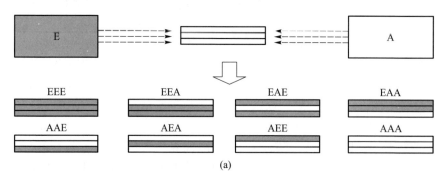

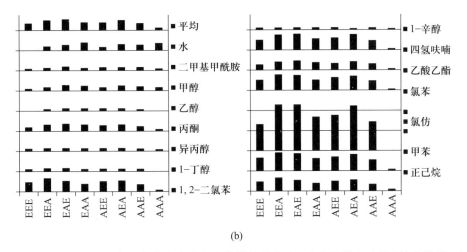

(b)

图 12.13 增强介电聚合物薄膜传感器响应多样性的方法。(a)炭黑与乙烯(复合材料 E)和炭黑与聚乙烯醇(复合材料 A)的三层组合叠加在叉指式电极上,得到的八个传感器结构是 EEE、EEA、EAE、EAA、AAE、AEA、AEE 和 AAA。(b)八个传感器 EEE、EEA、EAE、EAA、AAE、AEA、AEE 和 AAA 对 15 种测试溶剂的响应模式结果(获得 Setasuwon 等,2008,美国化学会的转载许可)

性,一种可接受的办法是设计包含添加剂的多组分材料加入金属氧化物中。在基体金属氧化物中加入添加剂可以改变各种材料性能,包括电荷载流子的浓度、表面态的能量谱、吸附和脱附能、表面电势、晶界、相组成、晶粒大小、基体氧化物的催化活性、特定价态的稳定性、活跃相的形成、抑制还原的催化剂的稳定性、电子交换率等。影响基体材料形态、电子性质及其催化活性的掺杂剂可以在制备阶段加入(块体掺杂物)。然而,掺杂对基体材料的根本影响尚无法预测(Siemons 等,2007)。对预成形基体材料的掺杂(表面掺杂物)可能导致不同的分散和分离效果,取决于互溶度(Franke 等,2006)和金属氧化物表面的整体氧化状态的影响(Barsan 等,2007;Franke 等,2006;Korotcenkov,2005;Siemons 等,2007)。

为了利用组合筛选来提高材料表征的效率,一个 36 元的传感器阵列被用以评价 SnO_2 薄膜上的各种表面分散催化添加剂(Semancik,2002,2003)。通过蒸发技术使催化剂沉积到 3 nm 的名义厚度,然后加热衬底盘,以影响催化剂颗粒在 SnO_2 表面的非连续层的形成。制备的 36 元组合库的布局如图 12.14(a)所示。图 12.14(b)显示了带有不同表面分散催化添加剂的 SnO_2 的响应特性。这些雷达图显示了对苯、氢、甲醇和乙醇在三种工作温度下的敏感性结果。加工参数(生长温度、厚度、掺杂剂的存在和生长过程中使用快速脉冲加热)的影响,已经在组合芯片表征实验中做了进一步的评价(Hertz 等,2012)。

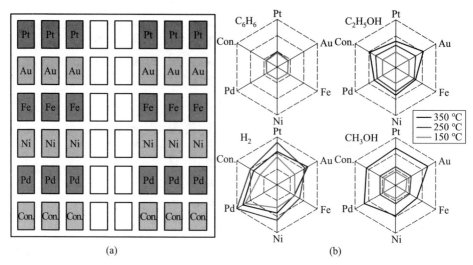

(a) (b)

图 12.14　金属在化学气相沉积的 SnO_2 薄膜的表面分散影响的组合研究。(a)研究表面分散 3 nm 厚的铂、金、铁、镍、钯(Con. 表示对照组)的 SnO_2 薄膜的传感特性的 36 元组合库的布局,每个样本进行了六个复制;(b)对苯、氢、甲醇和乙醇在 150 ℃、250 ℃ 和 350 ℃ 工作温度下的敏感性雷达图(来自 Semancik,2002)

　　SnO_2、ZnO 和 WO_3 的溶胶混合物的组合芯片沉积技术已经用于对组成材料的种类、相和由此产生的气体传感性能的研究(Kim 等,2008)。结果发现,在 CO、C_3H_8、H_2 和 NO_2 存在的情况下选择性地检测 C_2H_5OH 和 CH_3COCH_3 是有可能的。此外,区别 C_2H_5OH 与 CH_3COCH_3 也变得可能。组合芯片方法被进一步用于水热反应制备纯的和加入添加剂(锑、铜、铌、钯和镍)的 In_2O_3 空心球以用作气体传感材料(Kim 等,2011)。获得了不同添加剂和工作温度下的不同选择性模式。

　　为了拓展筛选系统的能力,不仅通过直流测量表征传感材料的电导率,而且表征其交流阻抗谱(Barsoukov 和 Macdonald,2005)。阻抗谱的使用可用来测试离子导电和电子导电的材料,用来研究受材料微观结构,如晶界电导率、界面极化和电极极化决定的传感材料的电性能。一个 64 极的多电极阵列已经设计和建造出来,用于传感材料的高通量阻抗光谱分析($10 \sim 10^7$ Hz)[图 12.15(a)](Simon 等,2002)。在该系统中,利用丝网印刷技术将叉指式电容阵列制备早耐高温的 Al_2O_3 衬底上。为了确保测量的质量,软件辅助校准补偿由导线和接触引起的寄生效应(Simon 等,2002)。经过掺杂 In_2O_3 的系统验证与自动化数据评价(Simon 等,2005)后,该系统用于各种添加剂和基体的筛选,用在以改善选择性和长期稳定性为长期目标的材料开发中。采用基于溶胶凝胶合成优化的液相沉积技术制备传感薄膜。通过添加适当的盐溶液并烧结,实现了表面掺杂。

[295]

[296]

各种金属掺杂的 In_2O_3 基氧化物表面的厚膜在 350 ℃ 的筛选结果如图 12.15(b) 所示的柱状图(Sanders 和 Simon,2007)。结果发现,一些掺杂元素不仅导致空气中的导电性的变化,而且导致对氧化性气体(NO_2、NO)和还原性气体(H_2、CO、丙烯)的气相传感性能的改变。在参照气氛中传感和电性能之间的相关性表明,掺杂元素的影响是由于对金属氧化物表面氧化态的影响,而不是与相应测试气体的反应。这种可以产生可靠的系统的数据的加速方法进一步与数据挖掘的统计技术相耦合,后者带来的发展包括:① 关联传感特性和基于氧溢出的金属氧化物表面层的氧化状态的模型,涉及从掺杂元素颗粒到金属氧化物表面;② 在空气和氮气中随温度变化的电导率的分析关系,用以描述在考虑到吸附氧的条件下金属氧化物表面的氧化状态(Sanders 和 Simon,2007)。

[297]

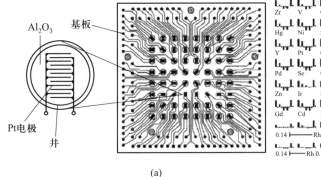

图 12.15 采用阻抗光谱分析及多电极的 64 极传感器阵列筛选金属氧化物材料传感器。(a)64 极传感器阵列的布局;(b)In_2O_3 基氧化物材料库经浓度 0.1at% 的多种盐溶液表面掺杂后,350 ℃ 时的相对气体敏感性。ND 表示未掺杂。测试气体的顺序及其浓度(其中有空气)是 H_2(25 ppm)、CO(50 ppm)、NO(5 ppm)、NO_2(5 ppm)、丙烯(25 ppm)[(a)获得 Simon 等,2002,美国化学会的转载许可;(b)获得 Sanders 和 Simon,2007,美国化学会的转载许可]

这一高通量阻抗筛选系统被进一步用于大量鲜为人知的材料配方的可靠筛选上。多元醇介导合成技术作为制备金属氧化物纳米颗粒的技术已经广为熟知(Feldmann,2001)。该技术只需要低退火温度,并能够通过在分子水平上混合初始组分来调整材料的成分(Siemons 和 Simon,2006,2007)。为了探索作为传感材料的 p 型半导体纳米晶 $CoTiO_3$ 与不同含量掺杂的未知组合,多元醇介导合成方法用来合成纳米级 $CoTiO_3$,随后掺杂钇、钛、钾、铼、锂、钠、铅、锑和钐(均为 2 at% 的含量)。扫描电镜观测估测 $CoTiO_3$ 材料的原始颗粒尺寸是在 30 ~ 140 nm 范围内,其中 $CoTiO_3$:La 体系颗粒尺寸最小,而 $CoTiO_3$:K 体系的最大。

阻抗测量也用来评价电感电容电阻(inductor-capacitor-resistor,ICR)谐振器在无电池射频识别(radiofrequency identification,RFID)标签形式时的响应

(Potyrailo 和 Morris,2007;Potyrailo 等,2009a)。将遥感材料应用到 RFID 标签的谐振天线上,测量 RFID 谐振天线的阻抗,有可能获得阻抗响应与化学性能的相关关系。众多的传感材料,包括添加几种增塑剂的全氟磺酸树脂聚合物成分,也得到了评价。

[298] 当传感薄膜沉积到谐振天线上[图 12.16(a)]时,分析物引起的传感薄膜的介电性能和尺寸性能变化,通过改变膜电阻和天线匝间电容而影响天线电路的阻抗。这种变化提供了单个 RFID 传感器响应的选择性,也为整套阵列的传统传感器替换为单个 RFID 传感器提供机会(Potyrailo 和 Morris,2007)。为了对使用单个 RFID 传感器的选择性分析定量化,测量了谐振天线的阻抗谱,并进一步计算了阻抗实部和虚部部分的几个测量参数,这些参数包括 F_p 和 Z_p(分别为阻抗实部的频率和最大幅值),F_1 和 F_2(分别为阻抗虚部的共振和反共振频率)。通过应用多元分析方法处理交流阻抗全谱或计算的参数,对单个 RFID 传感器进行了分析定量化和干扰的抑制。

[299] 因为温度的影响在传感器的制备、测试和最终使用等所有阶段都是非常重要的,所以理解温度的影响能够帮助构建一套对传感器性能进行严格温度校正传递的功能,以保持传感器响应的灵敏度、选择性和响应基线稳定性。RFID 传感器应用于传感材料的组合筛选,用以评价聚合物薄膜中增塑剂以及退火温度的综合影响(Potyrailo 等,2009b)。作为一个模型系统,聚合物涂覆 RFID 传感器的一个 6×8 阵列如图 12.16(b)所示。固体聚合物电解质全氟磺酸树脂与五类邻苯二甲酸二甲酯类增塑剂做成分设计,五类增塑剂如邻苯二甲酸二甲酯(15)、苄基邻苯二甲酸二丁酯(16)、邻苯二甲酸二-(2-乙基己基)酯(17)、邻苯二甲酸二辛酯(18)和邻苯二甲酸二异十三烷基(19)等。将这些传感薄膜组成与不含增塑剂的传感薄膜对照组分别沉积在 RFID 传感器上,并暴露于由梯度温度加热器控制的在 40~140 ℃范围内的八个温度,以评估响应稳定性和气体选择性响应模式。阵列中 RFID 传感器的行为研究由固定在 X–Y 双轴精密微调移动平台上的一个单一发射器(接收天线)线圈进行,并连接到网络分析仪上。

为了评估温度对传感器响应选择性的影响,经退火处理的传感薄膜的一个 6×8 阵列暴露到水蒸气和乙腈蒸气中,其中乙腈用于模拟血液生化试剂(CWA;Lee 等,2005),而水蒸气为干扰,实验中,水蒸气和乙腈蒸气分压为饱和蒸气压 P_0 的 0.4。全氟磺酸树脂传感薄膜曾用于湿度(Feng 等,1997;Tailoka 等,2003)和有机蒸气(Sun 和 Okada,2001)的检测,全氟磺酸树脂的电导率和介电性能已被证明与蒸气相关(Cappadonia 等,1995;Wintersgill 和 Fontanella,1998)。图 12.16(c)和(d)显示,在 40 ℃和 110 ℃两个温度下退火后,ΔZ_p 和 ΔF_p 对水蒸气和乙腈蒸气的响应,用主成分分析(PCA)方法对传感薄膜的 ΔF_1、ΔF_2、ΔF_p 和

ΔZ_{p} 在不同退火温度下对水蒸气和乙腈蒸气的响应模式做进一步研究。从这些筛选实验结果可以发现,不同增塑剂对响应多样性的影响程度是不同的,然而,与邻苯二甲酸二甲酯类增塑剂成分配制的全氟磺酸树脂传感薄膜改善了传感薄膜对水蒸气和乙腈蒸气的响应多样性。总体而言,这项研究表明,这种基于 RFID 的遥感技术,允许快速、高效低成本的传感材料介电性能的组合筛选,正如前面所指出的(Potyrailo 等,2003c),如果丢掉了与传统测试方法的关联,一般来讲,环境应力水平的增加可能会有问题。为了避免上述情况,关键是设计详细的加速老化高通量实验,并有正面和反面的对照组。

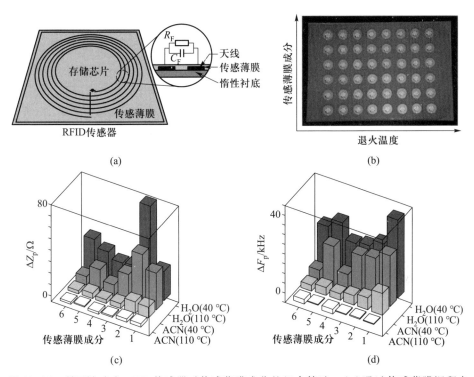

图 12.16 利用被动式 RFID 传感器对传感薄膜成分的组合筛选。(a)通过传感薄膜沉积在 RFID 天线的谐振电路上实现传统被动式 RFID 的化学传感的适应性研究思路,插图显示分析物引起的薄膜材料变化影响膜电阻(R_{F})和天线匝间电容(C_{F});(b)48 个全氟磺酸树脂/邻苯二甲酸二甲酯成分的 RFID 传感器的阵列的照片,用于响应的温度梯度评估;(c,d)不同温度(40 ℃和 110 ℃)退火的 RFID 传感器对水蒸气(H_2O)和乙腈蒸气(ACN)的响应的例子,结果显示 ΔZ_{p} 响应(c)和 ΔF_{p} 响应(d)。全氟磺酸树脂传感薄膜的成分:1 表示对照组,无增塑剂;2 表示邻苯二甲酸二甲酯;3 表示苄基邻苯二甲酸二丁酯;4 表示邻苯二甲酸二-(2-乙基己基)酯;5 表示邻苯二甲酸二辛酯;6 表示邻苯二甲酸二异十三烷基(获得 Potyrailo 等,2009b,美国化学会的转载许可)

6. 使用梯度阵列优化传感材料

使用梯度阵列可以对传感材料进行优化。通过改变材料的本质、初始组分的浓度、加工条件、厚度以及其他一些条件,可以实现传感材料的空间梯度。一旦制备了梯度传感器阵列,评估充分测量沿梯度的性能变化的可能性将十分重要。这些性能可以是本征(厚度、化学成分、形貌等)和服役(响应幅值、选择性、稳定性、对污染的敏感性等)性能。

6.1　可变的试剂浓度与成分

优化配方组分的浓度并非易事,因为添加剂的浓度和传感器响应之间是非线性关系(Basu 等,2005;Collaudin 和 Blum,1997;Dickinson 等,1997;Eaton,2002;Florescu 和 Katerkamp,2004;Levitsky 等,2001;Mills,1998;Papkovsky 等,1995)。为了详细优化传感材料,调用了浓度梯度传感材料库。一、二和三个组分的成分梯度(如一维、二维、三维分布)通过流涂技术将每个液体配方涂覆在平面衬底上,在扩散控制下当仍含有溶剂时,让它们混合在一起(Potyrailo 和 Hassib,2005b)。此方法将记录分析物暴露前后材料的响应及成分比例或响应差异与材料成分梯度的制备结合在一起。这些梯度薄膜用于分析离子和气体种类的传感器的材料配方的优化(Potyrailo 和 Hassib,2005a,2005b)。薄膜中非常低的试剂浓度将产生很小的信号变化,而很小的信号变化也可能在试剂浓度太高时出现。因此,最佳试剂浓度将取决于分析物的浓度和固定化试剂的活性。

荧光试剂铂八乙基卟吩的一维分布的浓度优化是通过荧光猝灭检测聚合物薄膜中的氧来进行的(Potyrailo,2006)。在聚苯乙烯薄膜中形成了铂八乙基卟吩荧光的浓度梯度。荧光强度分布 $I_0(x)$ 是在暴露于载气氮的条件下得到的,用来映射薄膜中试剂浓度梯度。随后暴露于 100% 的氧气后的梯度扫描和氧气中荧光强度 $I(x)$ 的记录确定荧光猝灭响应分布为 $\{I(x)/I_0(x)-1\}$。荧光猝灭响应分布揭示出产生最大信号变化的荧光的最佳浓度的空间位置(图 12.17)。图中结果说明,对于传感器薄膜配方的快速表征,这些数据看起来很简单,但蕴藏着巨大的价值。数据表明根据非线性和在实验添加剂浓度最高时传感器响应降低的状态可以判断最佳浓度已达到或超过。不同于传统的浓度优化办法(Basu 等,2005;Papkovsky 等,1995),新方法提供了更密集的评估网格,为多个配方组分梯度浓度的高效优化创造了新的机遇。

在金属表面(Lundström 等,1975,1993)发生化学反应引起催化金属(Pt、Pd、Rh、Ir)逸出功的变化,基于这一原理设计的传感器检测各种不同气体(如硫化氢、乙烯、乙醇、不同的胺及其他)的效果很有吸引力。这些传感材料的优化方法涉及几个自由度,包括二维材料成分(Eriksson 等,2006)。两种金属薄膜构成的双层结构的二维梯度应该可以为传感材料优化提供新的潜力,但从单一金属薄膜的厚度梯度是无法获得的(Klingvall 等,2003)。若要实现二维梯度,第一种金属膜蒸镀到绝缘体上,以恒定速度移动镀膜板,在一维方向上形成线性厚度变化。在第一种渐变厚度的薄膜上蒸镀上第二种金属膜,其线性厚度变化垂直于第一层膜。用 SLPT 方法研究了带有一维厚度梯度的钯、铂和铱金属薄膜的设备对几种气体的响应,作为二维阵列沉积的验证,结果显示得到了与相应的非连续组分的响应类似的结果(Klingvall 等,2005)。 [302]

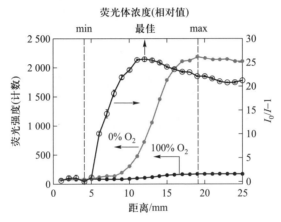

图 12.17 沿薄膜长度方向带有试剂浓度梯度的感应薄膜构造的感应材料的优化。在聚苯乙烯传感薄膜中氧响应铂八乙基卟吩荧光体的浓度优化,用以检测空气中的氧气浓度(获得 Potyrailo,2006,Wiley–VCH 的转载许可)

二维梯度已经应用于两种金属结构的研究与优化(Klingvall 等,2003,2005),以及绝缘体表面性质对遥感响应幅值影响的测定(Eriksson 等,2005)。对 Pd/Rh(钯/铑)膜成分的二维梯度进行研究,来找出具有最稳定的性能的材料成分(Klingvall 等,2005),实验用暴露于 250 ppm 的氢气中在 400 ℃ 老化 24 h 来测试 Pd/Rh 膜成分对 1 000 ppm 的氢气的响应稳定性。这一二维梯度薄膜表面的加速老化实验证明了两个最稳定的局部区域的存在,其中一个区域是一个稳定响应的"谷",如图 12.18 中深色部分所示,另一个区域是约 20 nm 厚的 Rh 膜和约 23 nm 厚的 Pd 膜构成的双组分膜的较厚的部分。这些新知识启发我们去思考新的问题,包括"谷"的位置稳定性,以及通过初始退火来提高传感器稳定性的可能性。

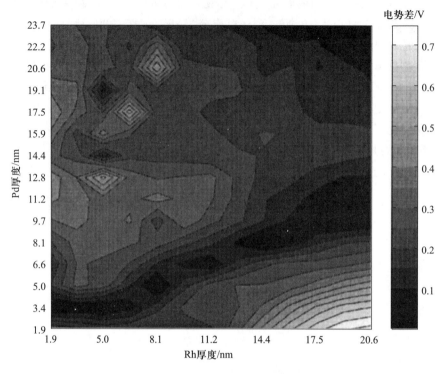

图 12.18　Rh/Pd 双金属薄膜的加速老化组合芯片实验结果的 2D 数据图。对浓度 1 000 ppm 的氢气的化学响应图作为加速老化前后的不同响应,其中最稳定地区的颜色最深。(获得 Klingvall 等,2005,IEEE 的转载许可)

6.2　可变的操作温度

　　目前,在电导式传感器中,半导体金属氧化物用作气体传感材料,当暴露于氧化或还原性气体时其电阻发生变化。尽管多年来取得了重大技术进步,出现了实用产品以及规模化生产的传感器,但新材料的研发一直在进行,以期进一步提高传感器的性能。受传感器响应的温度依赖性特征的启发,已开发出利用电极分割单一金属氧化物薄膜的基于温度梯度的传感器(Arnold 等,2002a,2002b;Goschnick 等,1998,2005;Koronczi 等,2002;Schneider 等,2004;Sysoev 等,2004)。除了空间温度梯度加热器外,传感器芯片的一种设计也有一个 SiO₂ 或 Al₂O₃ 膜,其渐变厚度为 250 nm[图 12.19(a)]。这一陶瓷膜提供了另一种通过厚度依赖型气体传输的响应选择性(Goschnick,2001)。

　　为了制备这种具有温度梯度和膜梯度的传感器,采用带有掩模的射频磁控溅射技术,把一种 SnO₂:Pt 气敏薄膜(Pt 含量为 0.8at%)沉积到热氧化硅片上。然后,将 Pt 带状电极和两个弓形热阻溅射到衬底上与 SnO₂ 薄膜相同的一侧,用

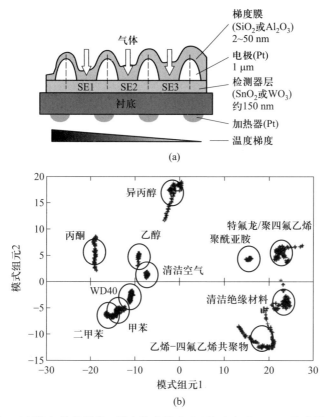

图 **12.19**   用于选择性气体检测的双梯度传感器芯片（微型阵列）。（a）传感器示意图显示电极分割的单一金属氧化物薄膜排布在温度梯度加热器上。厚度渐变的陶瓷膜进一步覆盖在传感薄膜。（b）过热电缆绝缘引发阴燃火灾的气相前兆的实测信号模式的线性判别分析结果

掩模来控制薄膜的结构。电极的排布将整块 SnO_2 薄膜在面积为 4 mm×8 mm 的区域内细分为 38 个小块。最后，将 Pt 加热器沉积在衬底的背面，以 310 ℃ 至 360 ℃ 的 50 ℃ 温度梯度从芯片衬底的背面操作（Sysoev 等，2004）。温度梯度的应用使传感器的气体分辨能力提高了 35%。带有厚度梯度的 SiO_2 膜的传感器（Arnold 等，2002b）用于过热电缆绝缘引发阴燃火灾的气相前兆的检测。图 12.19（b）说明了常见挥发物与过热电缆绝缘产生的挥发物的区分的结果。

[304]

[305]

7. 总结及展望

　　组合芯片技术在材料科学中已经被学术领域和国家实验室的研究小组成功接受，他们克服了处理材料研究新问题时的各种障碍，如自动化和机器人技术、计算机编程、信息学和材料数据挖掘等。组合芯片材料科学在工业上应用的主

要驱动力包括更广泛、更详细地探索材料及过程参数空间,以及缩短材料上市时间。工业研究实验室致力于新型催化剂和无机发光材料的研发,是组合芯片方法在工业界应用的先锋之一。由于高通量合成与表征的现代工具的可用性和经济性所带来的便利,经典实例,即 Mittasch 花了十年时间(1900 年至 1909 年间)对 2 500 种催化剂备选材料进行了 6 500 次筛选实验的尝试才找到工业氨合成的催化剂(Ertl,1990),将永远不会再发生。

在传感材料研究领域,重大筛选尝试的报告实例并不那么令人激动,但也是突破性的。例如,Bühlmann 等(1998b)报告了一项用于气相传感高分子材料优化的500 余种成分的"广泛而系统的研究"。Walt 等(1998)报道,为寻找检测溶致变色试剂的传感基体材料,对超过 100 种聚合物备选材料进行了筛选。Conway 等(1997)设计了 3×3×3×2 个析因实验,研究多组元成分对 pH-可膨胀聚合物的性能的影响。显然,组合芯片技术在正确的时间进入材料领域,使寻找新材料得到了更多智力上的回报。当然,许多参与新型传感材料开发的研究小组很自然地转向组合芯片方法,以加快知识发现(Apostolidis 等,2004;Cho 等,2002;Dickinson 等,1997;Frantzen 等,2004;Lundström 等,2007;Mirsky 等,2004;Simon 等,2002)。

[306] 在使用组合芯片和高通量方法研究气相传感材料产生的众多成果中,最成功的是在聚合物成分、用于场效应设备的催化金属、用于电导传感器的金属氧化物等领域。在这些材料中,以前所未有的细节,仅用了传统的一次一个的实验所需时间的几分之一,通过对多维的化学成分和过程参数空间进行探索,就获得了所需的选择性和灵敏度。这些新的工具为更具挑战性但更多回报的探索提供了机遇,而在以前,常常因为太耗费时间而让人望而却步。

在过去的几年中,数据挖掘技术在传感材料开发中应用的报道呈现明显增长的态势(Frenzer 等,2006;Mijangos 等,2006;Potyrailo 等,2006;Villoslada 和 Takeuchi,2005),"在干草堆中寻找一根针"这句话在组合芯片材料科学的早期研究阶段已经广为人知(Jandeleit 等,1999;Jansen,2002;Potyrailo 等,2001),而目前,人们已经意识到,遍寻所有材料及工艺参数空间的筛选仍然是极为昂贵而耗时的,其至即使现存的先进工具可用,也仍然让人望而却步。相反,设计高通量实验以发现有关描述符的思路则变得更具吸引力。为了实现这一理想目标,科学家将会更积极主动地获取各类技能,如实验规划、自动合成、高通量材料表征、化学计量学和数据挖掘的基础知识。现在,这些新的技能可以通过不断壮大的参与者群体,以及新生代科学家在世界各地接受的组合芯片方法论的教育来获得。材料基因组计划、美国国家科学和技术理事会(2011)将进一步促进通过计算和组合芯片材料开发方法进行理性材料开发(Rajan,2012),为开发更加实用的传感材料提供丰富的机会,而这些传感材料将进一步加速新型传感器从初期实验室研究到现场应用的进程。

8. 延伸阅读

延伸阅读的参考资料,见 Potyrailo(2006),Potyrailo 和 Mirsky(2008,2009),Potyrailo 等(2011)及 Seshadri 等(2012)。

致 谢

衷心感谢 GE components 在组合芯片传感器研究上的支持。

参 考 文 献

[307-314]

Abraham,M. H.,1993. Chem. Soc. Rev. 22,73−83.

Akporiaye,D. E.,1998. Angew. Chem. Int. Ed. 37,2456−2457.

Albert,K. J.,Lewis,N. S.,Schauer,C. L.,Sotzing,G. A.,Stitzel,S. E.,Vaid,T. P.,et al.,2000. Chem. Rev. 100,2595−2626.

Alivisatos,A. P.,2004. Nat. Biotechnol. 22,47−52.

Amis,E. J.,2004. Nat. Mater. 3,83−85.

Anderson,F. W.,Moser,J. H.,1958. Anal. Chem. 30,879−881.

Apostolidis,A.,Klimant,I.,Andrzejewski,D.,Wolfbeis,O. S.,2004. J. Comb. Chem. 6,325−331.

Arnold,C.,Andlauer,W.,Häringer,D.,Körber,R.,Goschnick,J.,2002a. Proc. IEEE Sens. 1,426−429.

Arnold,C.,Harms,M.,Goschnick,J.,2002b. IEEE Sens. J. 2,179−188.

Aronova,M. A.,Chang,K. S.,Takeuchi,I.,Jabs,H.,Westerheim,D.,Gonzalez−Martin,A.,et al.,2003. Appl. Phys. Lett. 83,1255−1257.

Baerns,M.,Holeňa,M.(Eds.),2009. Combinatorial Development of Solid Catalytic Materials:Design of High−Throughput Experiments,Data Analysis,Data Mining. Imperial College Press,London.

Baker,B. E.,Kline,N. J.,Treado,P. J.,Natan,M. J.,1996. J. Am. Chem. Soc. 118,8721−8722.

Barbero,C.,Acevedo,D. F.,Salavagione,H. J.,Miras,M. C.,2003. Jornadas Sam/Conamet/Simposio Materia 2003,C−12.

Barsan,N.,Koziej,D.,Weimar,U.,2007. Sens. Actuators B 121,18−35.

Barsoukov,E.,Macdonald,J. R.(Eds.),2005. Impedance Spectroscopy:Theory,Experiment,and Applications. Wiley,Hoboken,NJ.

Basu,B. J.,Thirumurugan,A.,Dinesh,A. R.,Anandan,C.,Rajam,K. S.,2005. Sens.

Actuators B 104,15–22.

Beebe,K. R. ,Pell,R. J. ,Seasholtz,M. B. ,1998. Chemometrics:A Practical Guide. Wiley,New York.

Belmares,M. ,Blanco,M. ,Goddard III,W. A. ,Ross,R. B. ,Caldwell,G. ,Chou,S. –H. ,et al. ,2004. J. Comput. Chem. 25,1814–1826.

Bhat,R. R. ,Tomlinson,M. R. ,Genzer,J. ,2004. Macromol. Rapid Commun. 25,270–274.

Bidan,G. ,1992. Sens. Actuators B 6,45–56.

Birina,G. A. ,Boitsov,K. A. ,1974. Zavodskaya Laboratoriya [in Russian]40,855–857.

Bobacka,J. ,Ivaska,A. ,Lewenstam,A. ,2003. Electroanalysis 15,366–374.

Bühlmann,P. ,Pretsch,E. ,Bakker,E. ,1998a. Chem. Rev. 98,1593–1687.

Bühlmann,K. ,Schlatt,B. ,Cammann,K. ,Shulga,A. ,1998b. Sens. Actuators B 49,156–165.

Calvert,P. ,2001. Chem. Mater. 13,3299–3305.

Cappadonia,M. , Erning, J. W. , Niaki, S. M. S. , Stimming, U. , 1995. Solid State Ionics 77, 65–69.

Cawse,J. N. , Olson, D. , Chisholm, B. J. , Brennan, M. , Sun, T. , Flanagan, W. , et al. , 2003. Prog. Org. Coat. 47,128–135.

Cho,E. J. ,Tao,Z. ,Tang,Y. ,Tehan,E. C. ,Bright,F. V. ,Hicks Jr,W. L. ,et al. ,2002. Appl. Spectrosc. 56,1385–1389.

Clark,K. J. R. ,Furey,J. ,2006. Bioprocess Int. 4(6) ,S16–S20.

Collaudin,A. B. ,Blum,L. J. ,1997. Sens. Actuators B 38–39,189–194.

Conway,V. L. , Hassen, K. P. , Zhang, L. , Seitz, W. R. , Gross, T. S. , 1997. Sens. Actuators B 45,1–9.

Dai,L. ,Soundarrajan,P. ,Kim,T. ,2002. Pure Appl. Chem. 74,1753–1772.

de Gans,B. –J. ,Schubert,U. S. ,2004. Langmuir 20,7789–7793.

Department of Defense,2005. Prepared by the Deputy Under Secretary of Defense for Science and Technology(DUSD(S&T)).

Dickinson,T. A. ,Walt,D. R. ,White,J. ,Kauer,J. S. ,1997. Anal. Chem. 69,3413–3418.

Dini,F. ,Martinelli,E. ,Paolesse,R. ,Filippini,D. ,D'Amico,A. ,Lundström,I. ,et al. ,2011. Sens. Actuators B 154,220–225.

Doleman,B. J. ,Sanner,R. D. ,Severin,E. J. ,Grubbs,R. H. ,Lewis,N. S. ,1998. Anal. Chem. 70,2560–2564.

Eaidkong, T. , Mungkarndee, R. , Phollookin, C. , Tumcharern, G. , Sukwattanasinitt, M. , Wacharasindhu,S. ,2012. J. Mater. Chem. 22,5970–5977.

Eash,M. A. ,Gohlke,R. S. ,1962. Anal. Chem. 34,713.

Eaton,K. ,2002. Sens. Actuators B 85,42–51.

Eberhart,M. E. ,Clougherty,D. P. ,2004. Nat. Mater. 3,659–661.

Eriksson,M. ,Salomonsson,A. ,Lundström,I. ,Briand,D. ,Åbom,A. E. ,2005. J. Appl. Phys. 98,034903.

Eriksson,M. ,Klingvall,R. ,Lundström,I. ,2006. In:Potyrailo,R. A. ,Maier,W. F. (Eds.),
Combinatorial and High-Throughput Discovery and Optimization of Catalysts and Materials.
CRC Press,Boca Raton,FL,pp. 85-95.

Ertl,G. ,1990. Angew. Chem. Int. Ed. 29,1219-1227.

Feldmann,C. ,2001. Scr. Mater. 44,2193-2196.

Feller,J. F. ,Linossier,I. ,Levesque,G. ,2002. Polym. Adv. Technol. 13,714-724.

Feng,C. -D. ,Sun,S. -L. ,Wang,H. ,Segre,C. U. ,Stetter,J. R. ,1997. Sens. Actuators B 40,
217-222.

Florescu,M. ,Katerkamp,A. ,2004. Sens. Actuators B 97,39-44.

Franke,M. E. ,Koplin,T. J. ,Simon,U. ,2006. Small 2,36-50.

Frantzen,A. ,Scheidtmann,J. ,Frenzer,G. ,Maier,W. F. ,Jockel,J. ,Brinz,T. ,et al. ,2004.
Angew. Chem. Int. Ed. 43,752-754.

Frenzer,G. ,Frantzen,A. ,Sanders,D. ,Simon,U. ,Maier,W. F. ,2006. Sensors 6,1568-1586.

Genzer,J. (Ed.),2012. Soft Matter Gradient Surfaces:Methods and Applications. Wiley,
Hoboken,NJ.

Gill,I. ,2001. Chem. Mater. 13,3404-3421.

Gill,I. ,Ballesteros,A. ,1998. J. Am. Chem. Soc. 120,8587-8598.

Gomez-Romero,P. ,2001. Adv. Mater. 13,163-174.

Göpel,W. ,1998. Sens. Actuators B 52,125-142.

Goschnick,J. ,2001. Microelectronic Eng. 57-58,693-704.

Goschnick,J. ,Frietsch,M. ,Schneider,T. ,1998. Surf. Coatings Technol. 108-109,292-296.

Goschnick,J. ,Koronczi,I. ,Frietsch,M. ,Kiselev,I. ,2005. Sens. Actuators B 106,182-186.

Grate,J. W. ,2000. Chem. Rev. 100,2627-2648.

Grate,J. W. ,Abraham,M. H. ,1991. Sens. Actuators B 3,85-111.

Grate,J. W. ,Abraham,H. ,McGill,R. A. ,1997. In:Kress-Rogers,E. (Ed.),Handbook of
Biosensors and Electronic Noses:Medicine,Food,and the Environment. CRC Press,Boca
Raton,FL,pp. 593-612.

Hagleitner,C. ,Hierlemann,A. ,Brand,O. ,Baltes,H. ,2002. In:Baltes,H. ,Göpel,W. ,Hesse,
J. (Eds.),Sensors Update,vol. 11. VCH,Weinheim,pp. 101-155.

Hagleitner,C. ,Hierlemann,A. ,Brand,O. ,Baltes,H. ,2003. In:Baltes,H. ,Göpel,W. ,Hesse,
J. (Eds.),Sensors Update,vol. 12. VCH,Weinheim,pp. 51-120.

Hanak,J. J. ,1970. J. Mater. Sci. 5,964-971.

Hassib,L. ,Potyrailo,R. A. ,2004. Polym. Preprints 45,211-212.

Hatchett,D. W. ,Josowicz,M. ,2008. Chem. Rev. 108,746-769.

Hertz,J. L. ,Lahr,D. L. ,Semancik,S. ,2012. IEEE Sensors J. 12,6061913.

Hierlemann,A. ,Weimar,U. ,Kraus,G. ,Schweizer-Berberich,M. ,Göpel,W. ,1995. Sens.
Actuators B 26,126-134.

Hoffmann,R. ,2001. Angew. Chem. Int. Ed. 40,3337-3340.

Honeybourne,C. L. ,2000. J. Chem. Educ. 77 ,338 - 344.

Hoogenboom, R. , Meier, M. A. R. , Schubert, U. S. , 2003. Macromol. Rapid Commun. 24 , 15 - 32.

Hrapovic,S. ,Liu,Y. ,Male,K. B. ,Luong,J. H. T. ,2004. Anal. Chem. 76 ,1083 - 1088.

Hu,Y. ,Tan,O. K. ,Pan,J. S. ,Yao,X. ,2004. J. Phys. Chem. B 108 ,11214 - 11218.

Janata,J. ,Josowicz,M. ,2002. Nat. Mater. 2 ,19 - 24.

Jandeleit, B. , Schaefer, D. J. , Powers, T. S. , Turner, H. W. , Weinberg, W. H. , 1999. Angew. Chem. Int. Ed. 38 ,2494 - 2532.

Jansen,M. ,2002. Angew. Chem. Int. Ed. 41 ,3746 - 3766.

Kennedy,K. ,Stefansky,T. , Davy, G. , Zackay, V. F. , Parker, E. R. , 1965. J. Appl. Phys. 36 , 3808 - 3810.

Kim, S. -J. ,Cho, P. -S. ,Lee, J. -H. ,Kang, C. -Y. ,Kim, J. -S. ,Yoon, S. -J. ,2008. Ceramics Int. 34 ,827 - 831.

Kim, S. -J. , Hwang, I. -S. , Kang, Y. C. , Lee, J. -H. , 2011. Sensors 11 ,10603 - 10614.

Klingvall, R. , Lundstrom, I. , Lofdahl, M. , Eriksson, M. , 2003. Proc. IEEE Sensors 2 , 1114 - 1115.

Klingvall, R. ,Lundström, I. ,Löfdahl, M. ,Eriksson, M. ,2005. IEEE Sensors J. 5 ,995 - 1003.

Ko, M. C. , Meyer, G. J. , 1999. In: Roundhill, D. M. , Fackler Jr, J. P. (Eds.) , Optoelectronic Properties of Inorganic Compounds. Plenum Press, New York, pp. 269 - 315.

Koinuma, H. ,Takeuchi, I. ,2004. Nat. Mater. 3 ,429 - 438.

Koronczi, I. ,Ziegler, K. , Kruger, U. , Goschnick, J. ,2002. IEEE Sensors J. 2 ,254 - 259.

Korotcenkov, G. ,2005. Sens. Actuators B 107 ,209 - 232.

Kulikov, V. ,Mirsky, V. M. ,2004. Meas. Sci. Technol. 15 ,49 - 54.

Lavigne, J. J. , Anslyn, E. V. ,2001. Angew. Chem. Int. Ed. 40 ,3119 - 3130.

Leclerc, M. ,1999. Adv. Mater. 11 ,1491 - 1498.

Lee, W. S. , Lee, S. C. , Lee, S. J. , Lee, D. D. , Huh, J. S. , Jun, H. K. , et al. , 2005. Sens. Actuators B 108 ,148 - 153.

Lemmo, A. V. ,Fisher, J. T. ,Geysen, H. M. ,Rose, D. J. ,1997. Anal. Chem. 69 ,543 - 551.

Levitsky, I. ,Krivoshlykov, S. G. ,Grate, J. W. ,2001. Anal. Chem. 73 ,3441 - 3448.

Lim, S. - H. , Raorane, D. , Satyanarayana, S. , Majumdar, A. , 2006. Sens. Actuators B 119 , 466 - 474.

Lisensky, G. C. ,Meyer, G. J. ,Ellis, A. B. ,1988. Anal. Chem. 60 ,2531 - 2534.

Lundström, I. ,Shivaraman, S. ,Svensson, C. ,Lundkvist, L. ,1975. Appl. Phys. Lett. 26 ,55 - 57.

Lundström, I. , Svensson, C. , Spetz, A. , Sundgren, H. , Winquist, F. , 1993. Sens. Actuators B 13 - 14 ,16 - 23.

Lundström, I. , Sundgren, H. , Winquist, F. , Eriksson, M. , Krantz - Rülcker, C. , Lloyd - Spetz, A. ,2007. Sens. Actuators B 121 ,247 - 262.

Maier, W. , Kirsten, G. , Orschel, M. , Weiß, P. - A. , Holzwarth, A. , Klein, J. , 2002. In:

Malhotra, R. (Ed.), Combinatorial Approaches to Materials Development, vol. 814. American Chemical Society, Washington, DC, pp. 1−21.

Malhotra, R. (Ed.), 2002. Combinatorial Approaches to Materials Development. American Chemical Society, Washington, DC.

Maranas, C. D., 1996. Ind. Eng. Chem. Res. 35, 3403−3414.

Martin, P. D., Wilson, T. D., Wilson, I. D., Jones, G. R., 2001. Analyst 126, 757−759.

Martinelli, E., Pennazza, G., Santonico, M., D'Amico, A., Natale, C. D., Paolesse, R., et al., 2008. Proc. IEEE Sensors, 847−850.

Mascini, M., Macagnano, A., Monti, D., Del Carlo, M., Paolesse, R., Chen, B., et al., 2004. Biosens. Bioelectron. 20, 1203−1210.

Matzger, A. J., Lawrence, C. E., Grubbs, R. H., Lewis, N. S., 2000. J. Comb. Chem. 2, 301−304.

McKusick, B. C., Heckert, R. E., Cairns, T. L., Coffman, D. D., Mower, H. F., 1958. J. Am. Chem. Soc. 80, 2806−2815.

McQuade, D. T., Pullen, A. E., Swager, T. M., 2000. Chem. Rev. 100, 2537−2574.

Medintz, I. L., Uyeda, H. T., Goldman, E. R., Mattoussi, H., 2005. Nat. Mater. 4, 435−446.

Meyerhoff, M. E., 1993. Trends Anal. Chem. 12, 257−266.

Mijangos, I., Navarro−Villoslada, F., Guerreiro, A., Piletska, E., Chianella, I., Karim, K., et al., 2006. Biosens. Bioelectron. 22, 381−387.

Mills, A., 1998. Sens. Actuators B 51, 60−68.

Mirsky, V. M., Kulikov, V., 2003. In: Potyrailo, R. A., Amis, E. J. (Eds.), High Throughput Analysis: A Tool for Combinatorial Materials Science. Kluwer Academic/Plenum Publishers, New York, pp. 431−446. (Chapter 20).

Mirsky, V. M., Kulikov, V., Hao, Q., Wolfbeis, O. S., 2004. Macromol. Rapid Commun. 25, 253−258.

Narasimhan, B., Mallapragada, S. K., Porter, M. D. (Eds.), 2007. Combinatorial Materials Science. Wiley, Hoboken NJ.

Nazzal, A. Y., Qu, L., Peng, X., Xiao, M., 2003. Nano Lett. 3, 819−822.

Newman, J. D., Turner, A. P. F., 2005. Biosens. Bioelectron. 20, 2435−2453.

Newnham, R. E., 1988. Cryst. Rev. 1, 253−280.

Nicolaou, K. C., Hanko, R., Hartwig, W. (Eds.), 2002. Handbook of Combinatorial Chemistry: Drugs, Catalysts, Materials. Wiley−VCH, Weinheim.

Njagi, J., Warner, J., Andreescu, S., 2007. J. Chem. Educ. 84, 1180−1182.

Otto, M., 1999. Chemometrics: Statistics and Computer Application in Analytical Chemistry. Wiley−VCH, Weinheim.

Papkovsky, D. B., Ponomarev, G. V., Trettnak, W., O'Leary, P., 1995. Anal. Chem. 67, 4112−4117.

Pedersen, C. J., 1967. J. Am. Chem. Soc. 89, 7017−7036.

Penco, M. , Sartore, L. , Bignotti, F. , Sciucca, S. D. , Ferrari, V. , Crescini, P. , et al. , 2004. J. Appl. Polym. Sci. 91 , 1816-1821.

Pickup, J. C. , Alcock, S. , 1991. Biosens. Bioelectron. 6 , 639-646.

Potyrailo, R. A. , 2001. In: Buschow, K. H. J. , Cahn, R. W. , Flemings, M. C. , Ilschner, B. , Kramer, E. J. , Mahajan, S. (Eds.) , Encyclopedia of Materials: Science and Technology, vol. 2. Elsevier, Amsterdam, pp. 1329-1343.

Potyrailo, R. A. , 2004. Polymeric Mater. Sci. Eng. Polym. Preprints 90 , 797-798.

Potyrailo, R. A. , 2006. Angew. Chem. Int. Ed. 45 , 702-723.

Potyrailo, R. A. , 2007. In: Zarras, P. , Wood, T. , Richey, B. , Benicewicz, B. C. (Eds.) , New Developments in Coatings Technology, ACS Symp. Series, vol. 962. American Chemical Society, Washington, DC, pp. 240-260.

Potyrailo, R. A. , Amis, E. J. (Eds.) , 2003. High Throughput Analysis: A Tool for Combinatorial Materials Science. Kluwer Academic/Plenum Publishers, New York.

Potyrailo, R. A. , Hassib, L. , 2005a. Rev. Sci. Instrum. 76 , 062225.

Potyrailo, R. A. , Hassib, L. , 2005b. In: Proceedings of TRANSDUCERS' 05 , 13th International Conference on Solid – State Sensors, Actuators and Microsystems, Seoul, Korea, June 5 – 9 , 2005 , pp. 2099-2102.

Potyrailo, R. A. , Leach, A. M. , 2006. Appl. Phys. Lett. 88 , 134110.

Potyrailo, R. A. , Maier, W. F. (Eds.) , 2006. Combinatorial and High – Throughput Discovery and Optimization of Catalysts and Materials. CRC Press, Boca Raton, FL.

Potyrailo, R. A. , Mirsky, V. M. , 2008. Chem. Rev. 108 , 770-813.

Potyrailo, R. A. , Mirsky, V. M. (Eds.) , 2009. Combinatorial Methods for Chemical and Biological Sensors. Springer, New York.

Potyrailo, R. A. , Morris, W. G. , 2007. Anal. Chem. 79 , 45-51.

Potyrailo, R. A. , Sivavec, T. M. , 2004. Anal. Chem. 76 , 7023-7027.

Potyrailo, R. A. , Takeuchi, I. (Eds.) , 2005. Special Feature on Combinatorial and High – Throughput Materials Research, Measurement Science Technology, vol. 16.

Potyrailo, R. A. , Wroczynski, R. J. , 2005. Rev. Sci. Instrum. 76 , 062222.

Potyrailo, R. A. , Sivavec, T. M. , Bracco, A. A. , 1999. In: Shaffer, R. E. , Potyrailo, R. A. (Eds.) , Internal Standardization and Calibration Architectures for Chemical Sensors, vol. 3856. Proc. SPIE-Int. Soc. Opt. Eng. , pp. 140-147.

Potyrailo, R. A. , Olson, D. R. , Chisholm, B. J. , Brennan, M. J. , Lemmon, J. P. , Cawse, J. N. , et al. , 2001. In: Invited Symposium "Analytical Tools For High Throughput Chemical Analysis And Combinatorial Materials Science", Pittsburgh Conference on Analytical Chemistry and Applied Spectroscopy, March 4-9 , New Orleans, LA.

Potyrailo, R. A. , Morris, W. G. , Wroczynski, R. J. , 2003a. In: Potyrailo, R. A. , Amis, E. J. (Eds.) , High Throughput Analysis: A Tool for Combinatorial Materials Science. Academic/Plenum Publishers, New York (Chapter 11).

Potyrailo, R. A. , Olson, D. R. , Brennan, M. J. , Akhave, J. R. , Licon, M. A. , Mehrabi, A. R. , et al. ,2003b. Systems and methods for the deposition and curing of coating compositions. US Patent 6,544,334 B1.

Potyrailo, R. A. , Wroczynski, R. J. , Pickett, J. E. , Rubinsztajn, M. , 2003c. Macromol. Rapid Commun. 24,123–130.

Potyrailo, R. A. , Karim, A. , Wang, Q. , Chikyow, T. (Eds.) ,2004a. Combinatorial and Artificial Intelligence Methods in Materials Science II. Materials Research Society, Warrendale, PA.

Potyrailo, R. A. , May, R. J. , Sivavec, T. M. ,2004b. Sensor Lett. 2,31–36.

Potyrailo, R. A. , Morris, W. G. , Wroczynski, R. J. ,2004c. Rev. Sci. Instrum. 75,2177–2186.

Potyrailo, R. A. , Morris, W. G. , Wroczynski, R. J. , McCloskey, P. J. ,2004d. J. Comb. Chem. 6, 869–873.

Potyrailo, R. A. , Szumlas, A. W. , Danielson, T. L. , Johnson, M. , Hieftje, G. M. , 2005. Meas. Sci. Technol. 16,235–241.

Potyrailo, R. A. , McCloskey, P. J. , Wroczynski, R. J. , Morris, W. G. , 2006. Anal. Chem. 78, 3090–3096.

Potyrailo, R. A. , Morris, W. G. , Leach, A. M. , Hassib, L. , Krishnan, K. , Surman, C. , et al. , 2007. Appl. Opt. 46,7007–7017.

Potyrailo, R. A. , Ding, Z. , Butts, M. D. , Genovese, S. E. , Deng, T. ,2008a. IEEE Sensors J. 8, 815–822.

Potyrailo, R. A. , Morris, W. G. , Monk, D. , 2008b. In: Invited Symposium "Spectroscopic and Sensing Technologies in Pharmaceutical Industry", Annual Meeting of the Federation of Analytical Chemistry and Spectroscopy Societies, September 28 – October 2, Grand Sierra Resort, Reno, NV, paper 430.

Potyrailo, R. A. , Morris, W. G. , Sivavec, T. , Tomlinson, H. W. , Klensmeden, S. , Lindh, K. , 2009a. Wireless Commun. Mob. Comput. 9,1318–1330.

Potyrailo, R. A. , Surman, C. , Morris, W. G. ,2009b. J. Comb. Chem. 11,598–603.

Potyrailo, R. A. , Rajan, K. , Stoewe, K. , Takeuchi, I. , Chisholm, B. , Lam, H. , 2011. ACS Comb. Sci. 13,579–633.

Potyrailo, R. A. , Leach, A. M. , Surman, C. M. ,2012. ACS Comb. Sci. 14,170–178.

Rajan, K. ,2012. APS March Meeting 2012 APS Bull. 57, A7.00004.

Raorane, D. , Lim, S. –H. , Majumdar, A. ,2008. Nano Lett. 8,2229–2235.

Samain, F. , Ghosh, S. , Teo, Y. N. , Kool, E. T. ,2010. Angew. Chem. Int. Ed. 49,7025–7029.

Samain, F. , Dai, N. , Kool, E. T. ,2011. Chem. Eur. J. 17,174–183.

Sanders, D. , Simon, U. ,2007. J. Comb. Chem. 9,53–61.

Scheidtmann, J. , Frantzen, A. , Frenzer, G. , Maier, W. F. , 2005. Meas. Sci. Technol. 16,119–127.

Schena, M. ,2003. Microarray Analysis. Wiley, Hoboken, NJ.

Schneider, T. , Betsarkis, K. , Trouillet, V. , Goschnick, J. , 2004. Proc. IEEE Sensors 1,196–

197.

Schultz,P. G. ,2003. Appl. Catal. A 254,3-4.

Schultz,P. G. ,Xiang,X. -D. ,1998. Curr. Opin. Solid State Mater. Sci. 3,153-158.

Seker,F. ,Meeker,K. ,Kuech,T. F. ,Ellis,A. B. ,2000. Chem. Rev. 100,2505-2536.

Semancik, S. , 2002. Correlation of Chemisorption and Electronic Effects for Metal Oxide
Interfaces:Transducing Principles for Temperature Programmed Gas Microsensors. Final
Technical Report. Project Number EMSP 65421, Grant Number 07 - 98ER62709, US
Department of Energy Information Bridge.

Semancik,S. ,2003. In:Xiang,X. -D. ,Takeuchi,I. (Eds.),Combinatorial Materials Synthesis.
Marcel Dekker,New York,pp. 263-295.

Seshadri,R. , Brock, S. L. , Ramirez,A. , Subramanian, M. A. , Thompson, M. E. , 2012. MRS
Bull. 37,682-690.

Setasuwon,P. ,Menbangpung,L. ,Sahasithiwat,S. ,2008. J. Comb. Chem. 10,959-965.

Shaffer,R. E. ,Potyrailo,R. A. ,Salvo,J. J. ,Sivavec,T. M. ,Salsman,L. ,2003. GE/Nomadics
In-Well Monitoring System for Vertical Profiling of DNAPL Contaminants. Final Technical
Report of Work Performed Under Contract DE-AC26-01NT41188, OSTI ID 834346, US
Department of Energy Information Bridge.

Shtoyko,T. ,Zudans,I. ,Seliskar,C. J. ,Heineman, W. R. ,Richardson,J. N. ,2004. J. Chem.
Educ. 81,1617-1619.

Siemons,M. ,Simon,U. ,2006. Sens. Actuators B 120,110-118.

Siemons,M. ,Simon,U. ,2007. Sens. Actuators B 126,595-603.

Siemons,M. ,Koplin,T. J. ,Simon,U. ,2007. Appl. Surf. Sci. 254,669-676.

Simon,U. ,Sanders,D. ,Jockel,J. ,Heppel,C. ,Brinz,T. ,2002. J. Comb. Chem. 4,511-515.

Simon,U. ,Sanders,D. ,Jockel,J. ,Brinz,T. ,2005. J. Comb. Chem. 7,682-687.

Sivavec,T. M. ,Potyrailo,R. A. ,2002. Polymer coatings for chemical sensors. US Patent 6,357,
278 B1.

Srivastava,S. ,Tchoudakov,R. ,Narkis,M. ,2000. Polym. Eng. Sci. 40,1522-1528.

Steinle,E. D. , Amemiya, S. , Bühlmann, P. , Meyerhoff, M. E. , 2000. Anal. Chem. 72,5766-
5773.

Stubbs,D. D. ,Lee,S. -H. ,Hunt,W. D. ,2002. IEEE Sensors J. 2,294-300.

Sugimoto,I. , Matsumoto, T. , Shimizu, H. , Munakata, R. , Seyama, M. , Takahashi, J. , 2009.
Thin Solid Films 517,3817-3823.

Suman,M. ,Freddi,M. ,Massera,C. ,Ugozzoli,F. ,Dalcanale,E. ,2003. J. Am. Chem. Soc. 125,
12068-12069.

Sun,L. -X. ,Okada,T. ,2001. J. Memb. Sci. 183,213-221.

Suzuki,H. ,2000. Electroanalysis 12,703-715.

Svetlicic,V. ,Schmidt,A. J. ,Miller,L. L. ,1998. Chem. Mater. 10,3305-3307.

Sysoev,V. V. ,Kiselev,I. ,Frietsch,M. ,Goschnick,J. ,2004. Sensors 4,37-46.

Tailoka,F. ,Fray,D. J. ,Kumar,R. V. ,2003. Solid State Ionics 161,267-277.

Takeuchi, I. , Newsam, J. M. , Wille, L. T. , Koinuma, H. , Amis, E. J. (Eds.), 2002. Combinatorial and Artificial Intelligence Methods in Materials Science. Materials Research Society,Warrendale,PA.

Taylor,C. J. ,Semancik,S. ,2002. Chem. Mater. 14,1671-1677.

Turcu,F. , Hartwich, G. , Schäfer, D. , Schuhmann, W. , 2005. Macromol. Rapid Commun. 26, 325-330.

Ulmer II,C. W. ,Smith,D. A. ,Sumpter,B. G. ,Noid,D. I. ,1998. Comput. Theor. Polym. Sci. 8, 311-321.

US National Science and Technology Council, 2011. Materials genome initiative for global competitiveness. Executive Office of the President,Washington,DC.

Vassiltsova,O. V. , Zhao, Z. , Petrukhina, M. A. , Carpenter, M. A. , 2007. Sens. Actuators B 123,522-529.

Vendrell,M. ,Zhai,D. ,Er,J. C. ,Chang,Y. -T. ,2012. Chem. Rev. 112,4391-4420.

Villoslada,F. N. ,Takeuchi,T. ,2005. Bull. Chem. Soc. Jpn. 78,1354-1361.

Walt,D. R. , Dickinson, T. , White, J. , Kauer, J. , Johnson, S. , Engelhardt, H. , et al. , 1998. Biosens. Bioelectron. 13,697-699.

Wang,J. ,2002. Talanta 56,223-231.

Wang,J. ,Musameh,M. ,2003. Anal. Chem. 75,2075-2079.

Wintersgill,M. C. ,Fontanella,J. J. ,1998. Electrochim. Acta 43,1533-1538.

Wise,B. M. ,Gallagher,N. B. ,Grate,J. W. ,2003. J. Chemometrics 17,463-469.

Wohltjen,H. , 2006. In: Plenary talk at the 11th International Meeting on Chemical Sensors, University of Brescia,Italy,July 16-19,2006. Elsevier Science.

Wyszynski,B. ,Somboon,P. ,Nakamoto,T. ,2007. Sens. Actuators B 121,538-544.

Xiang,X. -D. , Takeuchi,I. (Eds.),2003. Combinatorial Materials Synthesis. Marcel Dekker, New York.

Xiang,X. -D. ,Sun,X. ,Briceño,G. ,Lou,Y. ,Wang,K. -A. ,Chang,H. ,et al. ,1995. Science 268,1738-1740.

Yano,K. ,Yoshitake,H. ,Bornscheuer,U. T. ,Schmid,R. D. ,Ikebukuro,K. ,Yokoyama,K. ,et al. ,1997. Anal. Chim. Acta 340,41-48.

Yoon,J. ,Jung,Y. -S. ,Kim,J. -M. ,2009. Adv. Funct. Mater. 19,209-214.

Zemel,J. N. ,1990. Rev. Sci. Instrum. 61,1579-1606.

Zhang,B. ,Fu,R. W. ,Zhang,M. Q. ,Dong,X. M. ,Lan,P. L. ,Qiu,J. S. ,2005. Sens. Actuators B 109,323-328.

第 13 章
加速沸石材料建模的
高性能计算

Laurent A. Baumes[*], **Frederic Kruger**[†], **Pierre Collet**[†]

[*] Insituto de Tecnologia Quimica, UPV-CSIC, Valencia, Spain
[†] Université de Strasbourg, ICUBE, CNSC, France

[315] ## 1. 引言

　　将高通量(high-throughput, HT)技术引入微孔材料合成是一种相对较新的快速制备大量样品的方法。发现或优化此类微孔化合物与探索材料的组分和过程参数空间都密切相关。这一快速技术的主要前提包括自动化、并行化和小型化,其使用非常少量的反应物,自动地并行执行液体和固体处理(Potyrailo 等,2011)。由于材料种类众多,为了有效处理信息,还需要实验设计(DOE)、用于样品快速识别的自动表征,以及数据管理和数据分析(也称为数据挖掘)等技术。高通量方法的发展与工作流程中每个工序的有效执行密切相关,因此,HT方法需要使用快速串联或并联合成与分析方法。这一加速方法提供了更快的结果,且成本低于传统技术(Maier 等,2002;Potyrailo 等,2003)。

　　早期有关固态材料的发现和优化的研究是基于薄膜技术或高温氧化物化学,HT 技术在无机材料上的成功应用吸引科学家去挑战将这些工艺应用于微孔材料的合成上。在这个意义上,微孔材料在制备过程中的亚稳相,以及影响结晶过程的诸多参量,赋予 HT 这一创新技术加快材料发现的能力(Corma 和 Davis,
[316] 2004)。常见的参量包括元素的物质的量之比、来源类型、添加顺序、原料混合物的 pH、合成中使用的溶剂、反应时间和温度。在材料合成过程中一次实验研究一个参数是直接的,同时研究多个反应变量则会显著增加反应数量,对如此大的

参数空间进行系列研究显然是不切实际的,并且往往不可行,相比之下,HT 方法则更合适。多个并行反应器系统的融合使效率提高了约两个数量级。通过采用不同程度的小型化和自动化,HT 概念的可行性已经在一些已知的微孔材料的研究中得到证明(Akporiaye 等,1998;Klein 等,1998),并成功合成了多种新型化合物。

关于材料领域中使用 HT 方法的一些综述和介绍性文章已经发表(Akporiaye 等,2001;Baumes 等,2010;Jandeleit 等,1999;Klanner 等,2004;Maier 等,2007;Newsam 等,2001;Schüth 等,2006;Serna 等,2008)。组合化学相关的书中也包含一些在材料科学中使用 HT 方法的概要(Archibald 等,2002;Farrusseng 等,2002)。关于使用 HT 方法合成沸石的一次修订由 Schüth(2005)完成,作者充分描述了合成、表征、催化测试和一些数据分析技术。Coronas(2010)的简短综述中阐述了沸石合成面临的挑战,表现在阐明成核与长大机制、晶体尺寸控制、超大孔径沸石制备、沸石介孔材料与手性沸石材料制备、层状沸石制备以及分子筛膜。尽管 HT 系统及计算方法被认为是解决上述需求的关键推动技术,但在这篇综述中没有提及。然而,已有一些运用 HT 技术制备微孔材料的相关报道备受瞩目,在自动化设备的开发上也有了大量投入,最为重要的进展是处理 HT 技术产生的大量数据的计算方法和数据挖掘技术的发展。

围绕假设结构或所谓框架,微孔材料的 HT 合成开辟了一个新的研究领域。 [317] 因为材料设计的瓶颈之一是解决备选结构的问题,研究人员开始基于元素成分和几何形状的协调来评估形成理论系统的思想。因此,理论计算假设结构的 X 射线、中子和电子衍射图谱,获得新材料的原子坐标,然后需要与带有系统的晶体学数据的实验图谱进行简单比较。另外,假设结构研究的最终目标是新材料的先验设计,正因如此,一组化学意义上可行的假设结构应该有助于材料设计并最终将结构合成出来。因此,在过去十年中,由于计算机能力的持续提升,用于新材料设计的建模方法得到了极大的关注(Boronat 等,2008,2009;Farrusseng 等,2005;Klanner 等,2003;Schüth 等,2006;Serna 等,2008;Serra 等,2007)。但是,必须清楚的是,自 2005 年以来,计算能力的提高,根据所研究问题的特性/特征,仅仅是通过并行或大规模并行来实现的。MPI 和 OpenMP 方法目前被认为是传统并行系统标准的成熟解决方案,这些解决方案不仅在科学界普遍存在,并且更吸引眼球的是很多大型企业如英特尔公司,提供长期支持和保障。另外,游戏产业推动了大规模并行显卡的使用,这种显卡的性价比非常高,极具吸引力。然而,由于其非常特别的内存和处理器架构,这些所谓的通用图形处理单元(general purpose graphics processing unit,GPGPU)卡的编程仍然极其困难。本章介绍我们是如何使用基于 GPGPU 的人工进化解决材料科学问题的(Kruger 等,2010;Maitre 等,2009a,2009b)。

使用大规模并行 GPGPU 卡的想法始于 2006 年,得益于 CUDA 开发套件,NVIDIA 开启了这些卡的编程。虽然这些卡的特殊架构使其非常难以在只有小部件并行化了的标准算法中有效使用,事实上这不是遗传算法和一般的人工进化,本质上它是一个并行处理过程。这个想法后来升级为现有语言 EASEA(发音为[iːziː],EAsy 规范的进化算法),使编译器可以从简单的规范文件生成大规模并行代码。

[318]

本章将呈现的一些数学基准数据集展示了使用这些卡可以实现的加速类型,之后以潜在沸石结构建模的四连接 3D 网络的快速构建为例,对平台性能进行测试。结果相当有前景,而且给出了假想材料的示例。最后,升级 EASEA 并增加了新功能,利用平台可以大规模并行计算生态系统,该生态系统由多个级别并行构成,从几个 GPGPU 卡上数千核到计算机上的几个集群。该平台经测试用于确定沸石骨架。

2. 基于 GPGPU 的遗传算法

1965 年,Jason Moore 创造了一项著名的法则,即硅上晶体管的密度每 18 个月将增加一倍。这种预测(后来被修改为每两年增加一倍)可以沿用到 2025 年,这意味着计算能力将大幅增加,能够支撑大规模并行性。事实上,自 2005 年以来,由于处理器的电能消耗按时钟速度改变倍数的立方增加从而导致的散热问题,时钟速度已经达到了一个稳定期,固定在 4 GHz 以下。因为处理器的尺寸相当小,4 GHz 的处理器上可以从其表面散发的热量已经达到其最大值。时钟速度增加一倍就意味着电能消耗将乘以 8。如果没有特定的液氮冷却装置,则无法冷却 8 GHz 的处理器,而在普通计算机上安装液氮冷却装置是不切实际的。

当晶体管数量加倍时,在单个处理器上布局两个核的能耗仅仅翻倍。当能耗保持一定时,转换频率不需要除以 2,而应该是两倍频率的立方根。假设单核处理器的最大频率可以达到 4 GHz,保持相同能耗时双核计算机则以 8 GHz 的立方根(即 2 GHz)运行。事实上,2005 年出现的第一个英特尔双核处理器被评定为 2.2 GHz,因为晶体管越小,其能耗就越低,与两倍频率的立方根相比,允许时钟速度略有增加。

[319]

自 2005 年以来,内核的数量在周期性成倍增加,目前 12 个内核的处理器仍然运行在略小于 4 GHz 的频率上,这是可能的,因为越小的晶体管能耗越少,所有这些多核处理器超线程执行,且仅允许一个核以 4 GHz 运行,而其他核降速运行。

无论如何,这意味着如果要执行的算法是顺序的,则计算能力每年急剧增加的一般说法是明显错误的。利用摩尔定律的唯一方法是使用处理器上所有核来用于计算,但只有当算法并行时才有可能。

标准多核处理器(由复制独立核构成)正在不断发展,显卡制造商使用不同的架构开发处理器,因为尽管 99% 的计算算法是顺序的,但大多数图形渲染算法本质上是平行的并遵循强约束。例如,当放大图像时,将对数百万个不同的独立像素会执行数百万的双三次内插值,这就允许人们在执行此类重复而独立的任务时,大大简化处理器。这同样适用于对 3D 场景的数百万个独立顶点执行顶点着色的任务。

数以百万计的相同计算可以运行于上百万的不同设备上,这一事实导致了高度专业化的大规模并行处理器的发展,专门用于此类任务的处理。

2006 年,NVIDIA 公司意识到这样的卡可以用于双三次插值和顶点着色之外的计算。NVIDIA 公司提供了用于计算统一设备架构(CUDA)的软件开发工具包(SDK)和应用程序编程接口(API),如果程序员发现任何对其有用的用途,他们将被允许使用这些非常特殊的卡。

GPGPU 卡包含数千个执行单元,被划分到单指令多数据(SIMD)包中,单指令多数据包可以访问大量的全局内存、少量的快速共享内存、纹理内存的特殊访问模式和硬件调度机制(图 13.1)。例如,K20 NVIDIA 处理器包含 2 496 个单精度核,832 个双精度核,以及 K20x 卡的 6 GB 全局内存(较早版本为 S2050 卡的 12 GB),使用四个 GF100 处理器,每个处理器具有 448 个核,处理能力约为

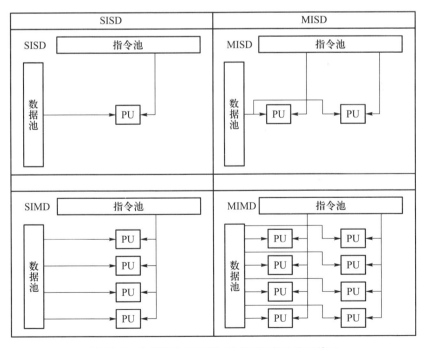

图 13.1 比较架构示意图,其中 PU 表示处理单元

[320] 4 Tflops(每秒一万亿浮点数运算)。注意,CUDA 的理念鼓励程序员遵循 SIMD 的并行化模型,来匹配底层处理器的架构。在 GPGPU 卡中,所有基本处理器都组织成更大的流多处理器(SM)来执行 SPMD 方案,而其中所有基本处理器中的每一个均称为流处理器(SP),遵循 SIMD 模型,这就意味着它们虽然使用不同的数据但在相同时间必须全部执行相同的指令。

显然,这样的设备的主要用途是计算机图形学,正如架构的设计目的。但是,其巨大的计算能力非常有吸引力,研究人员已经开始使用其进行固有的并行计算范例,如进化算法(EA)。

遗传算法(GA)基于人类演化实现达尔文算法,基于两个主要原则实现问题的潜在解:新"孩子"创造中的变异(通过交叉和突变)和适者生存(通过选择繁殖和生存运算符)。对于一个科学问题,没有已知的计算方法,且问题的解表示为一组参数时,进化算法(Goldberg,1989)从上述范例中得到灵感,提出了一种

[321] 解决方法(遗传规划允许未知结构的演变)。通过选择最优解,EA 通常可以保持种群的大小恒定不变。用生物词汇描述达尔文算法,即给定评估过的潜在解的初始集合,称为个体种群,基于达尔文称为"变异"运算符的遗传运算符,如交叉和突变,最好的"父母"被选作解去创造"孩子";然后对"孩子"(新的潜在解)进行评估,在下一个循环启动前,使用替换运算符,从"父母"和"孩子"的池中选择一些进入新一代。所有新创建的个体均需要进行评估。但是,因为所有个体的评估都是使用适应度函数独立完成的,因此种群的评估可以并行地进行。

令人吃惊的是,当我们发表第一篇论文时,仅有极少数论文(Fok 等,2007;Li 等,2007;Yu 等,2005)实现了标准 EA(所有个体都具有固定的基因组大小和通用的评价函数),可能是由于实现过程过于复杂,对结果有很大影响。为了利

[322] 用 GPGPU 设备,我们做了一个非常简单的假设,即 GPGPU 设备仅用于 GA 的最耗时部分,例如,评价函数或所谓的适应度,其余的计算如遗传运算符,仍然可以在主机 CPU 上运行(图 13.2 和图 13.3)。

这个概念从未经过测试,可能是因为每一代产生的个体必须从主机转移到存储卡。这样做的原因是通过融合所有功能单元,GPGPU 卡将计算能力最大化,并遵循 SIMD 范例,使用芯片上算术和逻辑单元的所有可用空间,在同一时间执行相同的指令。幸运的是,这里适应度函数的评估恰好满足,而对于大多数算法来讲,这种结构约束过多。所有个体,例如,不同的数据,必须在完全相同的 SIMD 指令下进行评估。当然,由种群转移导致的消耗必须量化,相比于适应性计算的性能增益,希望这种消耗相对低些。

这个简单想法的实现很有吸引力,因为我们的最终目标是根据原子位置判断非常大量的化学候选材料,通过原子位置与能量或系统稳定性相关的适应度

[323] 函数编码来评估其好坏。EA 为许多优化问题提供了有效解,但通常需要大量的

评估,使得标准微处理器的处理能力受限。幸运的是,大规模并行 GPGPU 卡与这种算法完美契合,该算法首先在基准数学问题上测试应用。

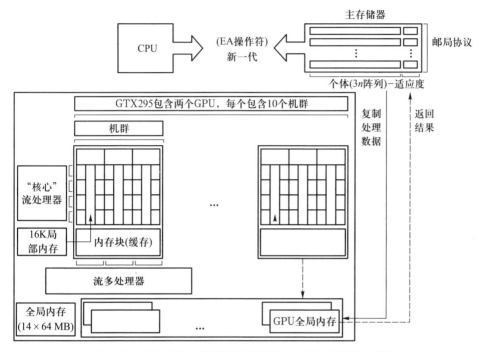

图 13.2 GPU 架构。为了清楚起见没有集成纹理缓存和原子

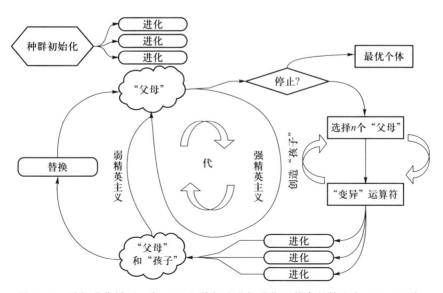

图 13.3 平行进化循环。在 GPU 上并行地进行进化而其余的算法在 CPU 上运行

3. 标准的优化基准

3.1　Weierstrass-Mandelbrot 函数

Weierstrass-Mandelbrot 测试函数为

$$W_{b,h}(x) = \sum_{i=1}^{\infty} b^{-ih}\sin(b^i x), b>0, 0<h<1 \tag{13.1}$$

常用于评估进化算法的搜索质量,因为这些算法的无规律性导致很难获得其全局最优解。本节中,我们只关注在 GPGPU 卡上执行进化算法所获得的加速实验。

因此,我们将仅探讨可以独立调整的两个参数:问题的维数和 Weierstrass 函数模拟精度。程序员执行有限次的迭代来逼近正弦之和。迭代次数与 CPU 在评估并同时调整问题的维数(例如参数的个数)所消耗的时间密切相关。调整这两个参数提供了许多关于基因组大小与评估时间组合的配置。

图 13.4 和图 13.5 显示了采用进化算法计算 10 代 Weierstrass 问题所需的时间,采用 3.6 GHz 奔腾处理器和同一代 8800GTX GPGPU 卡,1 000 维,120 次迭代(对于 GPGPU 为 10 代、70 代和 120 代),且每一代的评估数量从 16 增加到 4 096 个体(孩子个数=种群的 100%)。时间上包括所有内容,即基于两种架构在主机 CPU 上顺序执行的操作。对于 4 096 个评估(10 代),3.6GHz 奔腾花费 2 100 s,而 8800GTX 卡仅花费 63 s,速度提高了 33.3 倍。可以看出 8800GTX 卡对更多的个体稳定地进行并行的评估,在评估时间上没有太大差异,直到达到阈

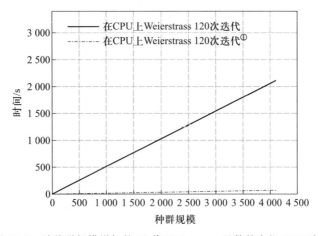

图 13.4　随种群规模增加的 10 代 Weierstrass 函数的主机 CPU 时间

---

① 原书似有误,应为 GPGPU。——译者注

值数的 2 048 个体为止,之后变得饱和,时间线性增加。有趣的是,采用 10 次迭代时,2 048 个体前后的曲线几乎具有相同的斜率,这就意味着对于 10 次迭代,在评价函数中花费的时间是可以忽略的,所以曲线主要显示辅助时间。 [325]

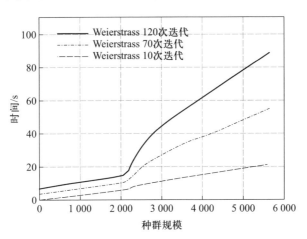

图 13.5　随种群规模增加的 10 代、70 代和 120 代的 Weierstrass 函数的 CPU 和 GPGPU（NVIDIA 8800 GTX）时间

因为我们的策略是将其从 CPU 传输到图形卡后在 GPGPU 上进行种群评估,引发必要的辅助开销,有趣的是确定何时使用这种方法变得有利。注意,这是考虑卡的特性的设备相关性分析。例如,考虑 8800GTX 卡,图 13.6 显示,对于一个 10 维和 10 次迭代的小问题,几乎没有运行时间,这个阈值是满足 400 个体或 600 个体的,取决于基因组大小使用40B 还是4KB,这已经是一个相当大的基因组。稳定线(表示主机 CPU)显示评估时间略短于 0.035 ms,即使在 3.6 GHz 计

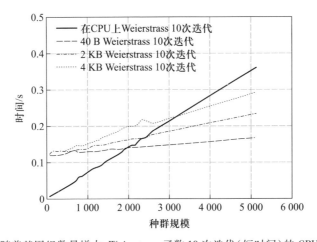

图 13.6　随着基因组数量增大,Weierstrass 函数 10 次迭代(短时间)的 CPU 计算时间

算机运行也是非常短的。带有虚线的 GPGPU 曲线表明,事实上,当个体通过时,基因组的大小对 GPGPU 卡进行评估具有影响。在该图上,进行对应于 40B 大小的 10 维 Weierstrass 函数评估。为了隔离将大基因组传输到 GPGPU 所花费的时间,对于整个种群,在 2KB 和 4KB 基因组中不使用额外的基因组数据。在图 13.7 中,使用新卡 GTX260 NVIDIA 展示了相同的测试结果。可以看到,使用这张卡,对于 5 000 个体的种群总时间只有 20 s,而 8800GTX 卡则需要 60 s,3.6 GHz 奔腾需要 2 100 s。因此,8800GTX 卡与主机 CPU 的加速比为 33.3,GTX260 卡与主机 CPU 的加速比约为 105。

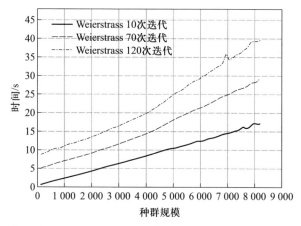

图 13.7　通过比较 10 次迭代和问题的各个方面的 CPU 和 GPGPU 计算时间来确定基因组大小

最后,给出一个现代卡(GTX580)和现代计算机的加速例子,显示加速比接近 330(图 13.8)。

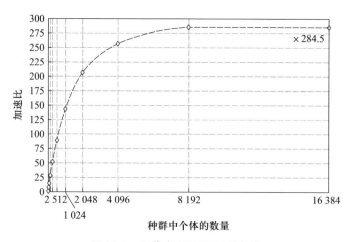

图 13.8　现代卡(GTX580)的加速

3.2　Rosenbrock 函数

为了进一步探索我们概念的可能性,一个文化基因算法,也称为混合算法,在 Rosenbrock 函数上被实施和测试,定义为

$$f(x_1, x_2, \cdots, x_N) = \sum_{i=1}^{N/2} \left[100 (x_{2i-1}^2 - x_{2i})^2 + (x_{2i-1} - 1)^2 \right] \qquad (13.2)$$

其中,N 是维数,因此也是基因组大小。

[327]

文化基因算法与以前的标准进化算法不同,其在使用替换运算符之前选择将构成下一代的个体,我们也希望在 GPGPU 卡上执行孩子们寻求局部搜索最优化的过程。然而 GPGPU 卡不提供随机数发生器,因此实验是通过预定义的步骤和搜索迭代次数来完成的。直到达到最大迭代次数为止,算法将步长值添加到个体的第一维并评估个体。如果适应度优于最优个体,则最优个体被替换,每步被添加到相同的维度,直到适应度停止改善。类似地,以相同的方式探索下一维。如果,在某一维第一次尝试后适应度没有改善,算法将转向相反的方向。一旦算法遍历了所有维度,它就回到第一维,并重复该过程,直到达到给定迭代次数。这个算法粗糙的地方在于步骤的大小是非自适应的,但目的是将这一想法进一步在 GPGPU 卡上进行实验。此外,新卡被测试,然后进行新的辅助分析。

[328]

在 GTX295 NVIDIA 卡的一半上进行实验,与 32 位 Linux 2.6.27、NVIDIA 驱动程序 190.18 和 CUDA 2.3 上带有 3 GB RAM 的 3.6 GHz 奔腾 IV 做比较。为了使用简单,GTX295 卡上仅使用了已有两个 GPU 中的一个。

仅在整个算法以及评价函数上进行了加速测试。后者意味着评价函数只在 CPU 上计时,为公平起见,在 GPU 上个体的转入和转出的时间也被计入。目标是尽可能多地暴露产生辅助的开销以获得最坏的可能结果,并对 GPGPU 卡上进行并行优化的优势有一个公平的认识。

图 13.9 显示了仅考虑在 CPU 上的评估时间以及考虑评估时间和种群传输所获得的加速比的比较。个体数为 32K 的种群,在局部搜索函数只有 256 次迭代时,最大加速比高于 120 后将进入平稳。因为对于这种规模的种群,拥有 2 048 甚至更多的个体达到最大加速比时,GPU 卡上的核仍然没有完全被加载。注意,坐标是对数的。如果需要 16K 的个体获得 115 的加速比,则对于 32K 的个体和 256 次迭代则获得最大加速比为 120。对于观察到的 1 024 次和 2 048 次迭代间的"凹陷"没有找到合理的解释。

[329]

图 13.10 展示了完整的文化基因算法与仅考虑评估时间获得的加速比的比较。拥有 32K 个体大小的种群和局部搜索函数的 32K 次迭代,最大加速比达到约 91 时进入平稳。如上所述,直到 2 048 个体,加速比都不是很大,因为在这样的个体规模下 GPU 卡的内核还未完全加载。2 048 个体和 2 048 次迭代获得的

加速比为 47。为了克服进化算法运行在 CPU 上的辅助开销,需要更大的数字。

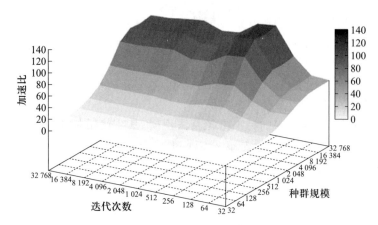

图 13.9　仅在 Rosenbrock 函数上进行评估和传输时间的加速

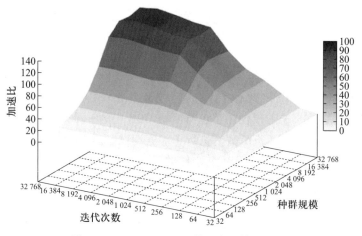

图 13.10　Rosenbrock 函数的完整算法的加速

图 13.11 的上半部分显示了 32K 个体和 32K 次迭代所需的评估时间。评估时间范围从 16 维的 3.44 s 到 1 024 维的 238.9 s;下半部分显示了拥有 32K 个体的整个种群进出 GPU 传输时间的测量值。

第 1 节展示了标准进化算法的直接实现过程,该算法在 GPGPU 卡上并行地评估其种群。在两个不同的基准集,使用三个不同的卡(一个旧的 NVIDIA 8800GTX 卡,一个较新但不是 GTX260 卡的顶端配置,以及一个更好一点的、使用了三年的 GTX295 卡)。与在标准的 3.6 GHz 计算机上运行的相同算法相比,已经获得的加速比达到了 120。很显然,种群的传输时间是可以忽略的,这也证实了我们的直觉。注意,GPU 卡设计用于为每帧图像传输数百万像素,因此吞吐量是巨大的,如 1 024 个维度的 32K 个体需 0.2 s,即考虑对 Rosenbrock 函数的 4 KB 的测试。现在搜索空间可以被提升两三个数量级至更快搜索,具体取决于设备。

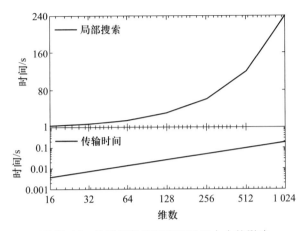

图 13. 11 种群传输时间和基因组大小的影响

　　根据已经获得的非常有趣的结果,通过这次初步调查我们知道了如何获得专业技能,我们决定允许非专业的程序员利用这一个平台使用这些设备,来达到可能的加速比。这些卡仍然非常难以编程,并且仍然难以获得高性能。因此,我们决定将专业技能整合到已经更新为 GPGPU 输出的代码的 EASEA 语言中 (Collet 等,2000)。此规范语言有自己的编译器,它只需简单使用 CUDA 标记,在 nVIDIA 卡上自动并行进行 EA 种群评估,并输出源代码。允许任何人使用图形卡,在没有关于 GPGPU 编程的任何知识的情况下重现已有的结果。

4. 用于沸石结构建模的四连接 3D 网络的快速构建　　[331]

　　研究人员已经表示有兴趣使用 GPGPU 用于化学问题,如分子建模、DFT 和量子化学计算 (Anderson 等,2008;Owens 等,2007;Stone 等,2007;Ufimtsev 和 Martinez,2008;Vogt 等,2008;Yasuda,2008)。然而,我们是利用这些应用进行沸石结构测定问题的先驱者。沸石是具有规则结构的晶体材料,由分子尺寸的孔和通道组成。这些晶体被广泛应用于许多重要的工业领域,例如在吸附、离子交换和多相催化领域,以及健康、传感器和太阳能转换领域。它们由含有单个硅的氧原子或铝原子在其中心的四面体组成。

　　Rietveld 精修技术在提供已知的近似结构情况下,可用于从 X 射线衍射(X-ray diffraction,XRD)图案中提取结构细节。但是,如不提供结构模型,从粉末衍射数据去确定不是一个简单的问题。衍射强度中包含的结构信息被粉末图案中的反射有规律的或意外的重叠所掩盖。因此,结构测定技术的应用对单晶数据非常成功(主要是直接方法),且通常仅限于简单结构或作为单晶获得的材料。在这里,我们专注于内在复杂的一种周期性结构,由四连接三维(3D)网络构建的晶体材料的特殊类型,例如铝硅酸盐,即沸石,硅铝磷酸盐(SAPO)或铝磷酸盐(AlPO)等,取决于合成的成分,可以采用同样的方法解决。这些材料都是微孔材料,由于通道和笼子的存在,其结构允许基于尺寸排除过程对分子进行分类。

即使高通量方法已被证明可以加速沸石的发现,新型沸石合成仍然是一个挑战(Corma 等,2006),当然对其他固体功能材料也一样(Boussie 等,2003;Gorer,2004;Klanner 等,2004;Sohn 等,2001)。既然如此,通过粉末衍射识别多相样品(Baumes 等,2008,2009),以及新的相结构的确定占整个过程的绝大部[332]分。考虑到后者,我们期望使用通用图形处理单元(GPGPU)卡去加速在凝结物质中基本的新微孔结晶结构的确定(Woodley 和 Catlow,2008)。

通过预测问题去获得近似模型,然后可以通过常规建模技术很容易地进行后期修正。已采用各种技术,例如蒙特卡罗(Monte – Carlo)盆地跳跃(MCBH;Wales 和 Doyle,1997;Wales 和 Scheraga,1999),模拟退火(SA;Abraham 和 Probert,2006;Kirkpatrick 等,1983;Pannetier 等,1990;Schon 和 Jansen,1996,2001),以及遗传算法(GA;Johnston,2003;Lloyd 等,2005;Oganov 和 Glass,2006;Pickard 等,2007;Roberts 等,2000;Turner 等,2000;Woodley,2006)。拓扑准则可以被认为是另一个解决方案,因为其允许网络枚举(Wells,1954),如以沸石为代表的四连网(Dress 等,1993;Foster 等,2004;Friedrichs 等,1999;Le Bail,2005;O'Keeffe 和 Hyde,1996;O'Keeffe,2008;Smith,1977,1978,1979;Treacy 等,1997,2004)。尽管事实是使用计算技术已经成为固体材料结构研究的标准方法(Akporiaye 等,1996;Boisen 等,1994,1999;Deem 和 Newsam,1989,1992;Teter 等,1995;Woodley 等,2002),主要问题依然是在合理的时间内获得正确的解决方案。与大多数预测技术不同,不是能量函数的评估,而是简单的适应度(Falcioni 和 Deem,1999)提供了评估好坏的框架,足够灵活地在保留合理数量的候选解决方案下通过常规程序轻松改进而不丢弃正确的解决方案。应该注意的是,对于搜索空间的最大部分,原子的分布不是指任何现实的解决方案,而是为了简单快速的评估保持充足。

寻找新的结构的策略通常是采用 XRD 数据与通过理论计算的衍射数据的潜在解进行比较。这里,还有两倍数量的作为我们目标候选的评估没有融合到衍射计算数据中。算法的目的是提供一定数量不同的潜在解决方案存储在一个数据库中,并在第二台计算机上基于使用 GULP 代码的原子间势能技术通过常规方式进行细化修正,发现我们期待的结构。因为沸石合成的发现流程涉及不[333]同于诸如 Ge,P 或 B 的铝硅酸盐的原始配方的 T 原子,例如考虑 ITQ 和 SSZ 材料,不会有任何隐含的化学成分。只考虑未指定的 T 原子,忽略氧原子。我们的函数简化为基于 T-T-T 角度的几何描述符,T-T 距离和连接项。当所有 T 都是四配位的,最好的适应度为零,距离和平均角度精确对应于优化值,即 3.07 Å 和 109.54(表 13.1)。

表 13.1 常数的定义

符号	定义
ANGLE_MIN	75.000 0
ANGLE_MAX	160.000 0
ANGLE_AVG_OPT	109.540 0
ANGLE_AVG_OPT_MIN	106.000 0
ANGLE_AVG_OPT_MAX	112.000 0
DIST_MIN	2.700 0
DIST_MAX	3.500 0
DIST_OPT	3.070 0
DIST_OPT_MIN	2.900 0
DIST_OPT_MAX	3.250 0
DIST_MIN_SQ	7.290 0
DIST_MAX_SQ	12.250 0
DIST_OPT_SQ	9.424 9
DIST_OPT_MIN_SQ	8.410 0
DIST_OPT _MAX_SQ	10.565 2

关于策略的选择,应该指出的是,没有任何人引导我们就认为只有简单的函数可以优化。诸如特斯拉 2 070 之类的 GPU 卡具有高达 6 GB 的内存。对这些卡编程唯一的实际限制是它们不能执行递归代码,并且它们不能执行动态内存分配。计算机科学理论表明这两个限制都可以被删除,因为可以用非递归重写任何递归函数的循环,并且,如果在启动程序时可以分配足够大的内存块,动态内存分配就不是真的需要。

为了比较在基准集上和应用于沸石获得的加速比,在相同的设置下进行测试。在图 13.12 中,12 个浮点数基因的加速比(x,y,z 位置为四个原子)是以种群大小和迭代次数为函数的。适应度函数需要更多的时间来评估 Rosenbrock 函数,意味着迭代次数不会对加速比产生很大的影响,开销被最小化;32 次迭代足以保持 GPU 内核繁忙(同时还有更多的迭代需要用于超快速 Rosenbrock 函数)。

[334]

271

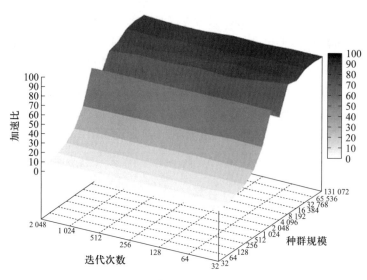

图 13. 12　沸石拟合函数的加速比

　　因此,只有种群规模对加速比有影响。通常,对于只有 32 次的迭代,该卡需要至少 2 048 个体去获得"合理"的加速比 71。然后,添加更多的个体可以让卡片去优化其调度,并获得 65 000 个体和 64 次迭代下最大的加速比 94(与 65 000 个体和 32 次迭代的 91,以及只有 16 000 个体和 32 次迭代获得的 84 个相比较)。注意,适应性计算中需要许多晶体学计算,例如矩阵乘法,即空间分组。为了从不对称单位向单位晶胞进行原子的转变,以便能够进一步计算表征稳定沸石的几何特征。

　　为了表明这样的策略允许找到稳定的结构甚至包含相对较高数量的 T 原子(这里是 6 ~ 14 个),我们将假设从 XRD 索引中提取三种单元格的不同配置(UC)列于表 13.2 中,而密度的测量允许定义每个 UC 96±8 个 T 原子的数量。注意,这些单元格的配置与任何现有的框架都不对应,也不是以前研究中假设的框架。因此,考虑到提前给出新的假设结构的框架限制(密度和单元格维度),产生的结构最终可能产生于适应度函数最小化过程。

表 13. 2　晶胞的配置

晶胞	a	b	c	$\alpha/(°)$	$\beta/(°)$	$\gamma/(°)$	空间组别
A	17. 868	13. 858	22. 410	90	90	90	Imma(74)
B	13. 858	17. 868	22. 410	90	90	90	Imma(74)
C	17. 868	22. 410	13. 858	90	90	90	Ima2(46)

　　我们的算法中三个不同的实例顺序运行于完整的 GTX295,持续时间共一周。发现近 400 个结构,其中的 88% 在精炼后显示出每个 T 原子的能量为 128.2 ~ 129.8J·mol^{-1},表明这种技术显然能够预先选择稳定的沸石骨架。

图 13.13 ~ 图 13.15 显示了三种不同结构,亮灰色球为 T 原子而深灰色球为氧原子(氧原子被放置在每一对 T 原子的中间,其在精细化之前的连接距离内),其相关参数和能量见表 13.3。对于每一个单元格配置,最优结构以粗体显示在对应的表格中(表 13.4 ~ 表 13.6)。

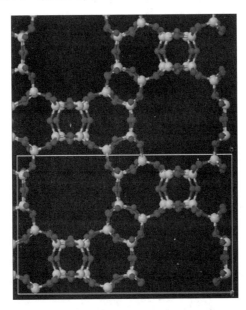

图 13.13 沿 *bc* 轴的单位晶胞 A 上伴随有 6 个 T 原子的 21 号解的展示

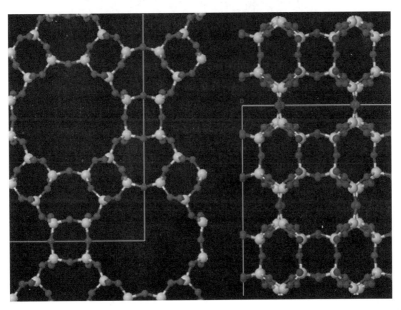

图 13.14 沿 *bc* 轴(左)和 *ac* 轴(右)的单位晶胞 B 上伴随有 6 个 T 原子的 36 号解的展示 ⌈**336**⌋

273

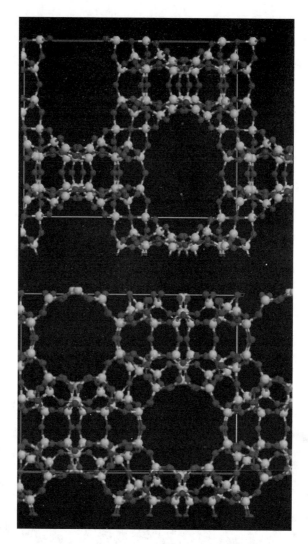

图 13. 15　沿 ba 轴(上)的单位晶胞 C 上伴随有 10 个 T 原子的 0 号解和沿 ba 轴(下)的单位晶胞 C 上伴随有 12 个 T 原子的 5 号解的展示

表 13. 3　不同晶胞的结构子集

晶胞	T 原子数	解的个数	能量/(J·mol⁻¹)	适应度值
A	6	21	−129. 43	0. 003 9
B	6	36	−129. 42	0. 003 9
C	10	0	−128. 86	2. 488
C	12	5	−129. 34	11. 722

表 13.4 通过维度 $\{a,b,c\}=\{17.868,13.858,22.410\}$，角度 $\{\alpha,\beta,\gamma\}=\{90°,90°,90°\}$ 和空间组别 Imma(74) 定义的单位晶胞 A 的解的子集

T 原子数	解的个数	能量/$(J \cdot mol^{-1})$	适应度值
6	**21**	**-129.43**	**0.003 91**
6	23	-129.40	0.003 91
6	24	-129.25	0.003 91
6	26	-129.19	0.003 91
6	33	-129.32	0.003 91
6	43	-129.31	0.003 91
6	46	-129.36	0.003 91
6	49	-129.30	0.003 91
6	55	-128.91	0.003 91
8	2	-129.14	0
8	6	-128.84	0
8	19	-129.09	0

表 13.5 通过维度 $\{a,b,c\}=\{13.858\ 62,17.868\ 52,22.410\ 18\}$，角度 $\{\alpha,\beta,\gamma\}=\{90°,90°,90°\}$ 和空间组别 Imma(74) 定义的单位晶胞 B 的解的子集

T 原子数	解的个数	能量/$(J \cdot mol^{-1})$	适应度值
6	23	-129.02	0.003 91
6	27	-129.41	0.003 91
6	33	-129.26	0.003 91
6	**36**	**-129.42**	**0.003 91**
6	39	-129.29	0.003 91
6	40	-129.19	0.003 91
6	48	-129.35	0.003 91
6	50	-128.41	0.003 91
8	1	-129.15	0
8	9	-128.27	0
8	27	-129.02	0

表 13.6 通过维度 $\{a,b,c\}=\{17.868\ 52,22.410\ 18,13.858\ 62\}$，角度 $\{\alpha,\beta,\gamma\}=\{90°,90°,90°\}$ 和空间组别 Ima2(46) 定义的单位晶胞 C 的解的子集 [338]

T 原子数	解的个数	能量/$(J \cdot mol^{-1})$	适应度值
10	2	-128.95	23.332 03
10	3	-128.50	40.457 03
10	4	-128.75	44.722 66
12	0	-129.31	0.011 72

续表

T 原子数	解的个数	能量/$(J \cdot mol^{-1})$	适应度值
12	3	−128.91	9.972 66
12	**5**	**−129.34**	**11.722 66**
12	7	−128.92	12.691 41
12	13	−129.00	21.292 97
12	0	−129.16	0
12	4	−129.03	15.203 12

5. 真实的沸石问题

在上一节中,我们介绍了在图形处理单元(GPU)上利用进化算法(EA)来解决假设的沸石结构。因此,我们创建了由单位晶胞维度和原子密度定义的人工例子,我们试图在 GPGPU 上进行评估,去验证我们的适应度函数是否能够找到稳定的结构。限定一周计算时间的条件下,该方法允许生成各种各样的优化沸石几何形状的晶体结构的可能解。为了能够更快获得结果,从而增加我们的适应度函数的复杂性,例如整合使用适应度函数或之前提到的文化基因算法策略获得 X 射线衍射的理论计算结果的比较,EASEA 已被修改,以便利用所有不同级别的并行性的优势,包括 SPMD,SIMD 和 MIMD。在配备 GPU 卡的机群上运行异步岛模型,即超级计算机和云计算的当前趋势,针对两个基准和 MFI 沸石进行测试。

5.1　基准测试

使用 EASEA GPU 岛在 20 台个人计算机(PC)的集群上进行基准问题的测试,每台 PC 都包含一个 NVIDIA GTX275GPU 卡,发布的计算能力约为 20 Tflops。Weierstrass-Mandelbrot 函数的不规则性可以由 Hölder 系数 h 来调整。Hölder 系数的值通常使用 0.5。然而,经过几次测试,函数似乎太简单,所以通过使用 0.35 的 Hölder 系数和 120 次迭代以及 1 000 个维度来增加不规则性。

为了研究岛模型的效率,测试了拥有不同数量的机群的 Weierstrass-Mandelbrot 基准函数,每个机群的学习机器负责单个岛。为了便于比较,所有实验在不变的种群大小上进行,这意味着与单个机器上的相同实验相比,在 20 台学习机器上实验的每个岛将包含不少于 20 倍的个体,即在 1 台机器使用 81 920 个体,在 5 台、10 台和 20 台学习机器上将分别是 163 948 192 个体和 4 096 个体。用于实验的拓扑是完全连接的网络,所有呈现的结果是基于 20 次运行的平

[339]

均值获得的（没有机器可以发送个体给自己）。图 13.16 显示 Weierstrass –
Mandelbrot 基准函数在 10 min 内最佳适应度平均值的评估。正如预期的那样，
种群中的机器数越多，可以越快地获得更好的解。

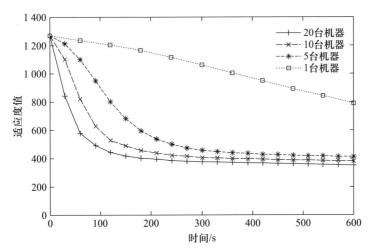

图 13.16　不同机群规模的最佳适应度的演变。结果表示 20 次运行的平均值

可以通过查看每个种群配置需要多长时间达到预定义的值来可视化获得的
加速比，例如 1 100,1 000,900,⋯。同样的单机超过 10 h 后，结果不能改善，但
其值也不可能下降到 400。在单个机器上的 20 次运行中的其中一次发现的最
小值是 414。图 13.17 可以通过以下方式阅读：5 台机器构成的机群获得 1 100 　　[340]
适应值的速度是 1 台机器的 5 倍，这意味着获得 5 台机器的线性加速叠加。事
实上，直到适应度值为 500 时加速比都相当恒定，其为 5,之后当取值为 414 时增
加到 20 以上（这些均为超过 20 次运行的平均值）。10 台机器机群的加速比也
相当相似：适应度值从 1 100 下降到 500,加速比约为 10,之后加速比上升到约
45。20 台机器时，加速比开始于一个超线性的值 28,之后下降到稍低于 20,达到
500 时再次上升，直到稍高于 80。这里可以观察到，直到 500,加速比或多或少与
机器数量呈线性关系，其后拥有 81 920 个体的单机单岛进入停滞。这一点显示
了多岛模型在局部优化中互帮互助的优势，因此，多岛模型的加速比与单岛相比
变为超线性叠加。

　　记住展示在 GPU 岛上面的曲线是很重要的；相同代码在这些 GPU 岛上顺
序执行已经比 CPU（未标出）上快 160 倍。因此，在其上单一运行一天的问题将
相当于在没有 GPU 的单个岛上不少于 35 年的计算。因为由 20 台机器构成的 　　[341]
机群获得取值大于 414 的时间小于 3 min,且其加速坡度相当陡峭，所以没有
GPU 时其运行时间可能会更多。

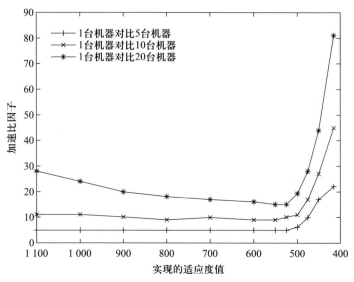

图 13.17　1 台机器对比 5 台、10 台和 20 台机器构成机群的加速比因子完成情况。结果表示 20 次运行的平均值

5.2　MFI 框架

　　因为 EASEA 的新特征在基准测试中成功,所以,将岛模型尝试应用于我们化学问题是一个很大的挑战(图 13.18)。我们使用在一个单位晶胞中已知包含 96 个 T 原子的最复杂的一种沸石,在 MFI 框架下测试了岛模型。请注意,用于测试的此版本,集成了改进的初始化配置。所有原子都被随机放入不对称单位后,每个原子被迭代和随机选择,它的位置被转换到已经存在的不是四配位的最接近原子。最终的位置是定义在 3.07 Å 的优化距离。此外,Wickoff 位置已经被整合,允许距离小于 0.8 Å 的原子自动放置于相应的在解评估之前由空间组定义的对称元素定义的特殊位置。注意,新位置是虚拟的,即是计算的,以便评估在基因组代码中不被修改的 $\{x,y,z\}$ 坐标的结构可行性。适应度函数用于计算系统中实际能量的近似值。函数仍然是基于几何项的。进化算法的目标是最小化这个适应度。

　　一个简单的完全连接的岛模型不足以有效地找到非常复杂的现实世界问题的有趣结果。由 20 台机器构建的两个不同机群(图 13.19)包括:16 台机器构成的机群可以做一些探索,携带某个算法的 4 台机器构成的机群足以寻求最佳点。第一个机群的机器将定期发送它们最优个体到另外 4 台机器。而这 4 台机器将专门交换它们之间的个体。它们的主要目标是找到由 16 台机器发送的个体附件的最佳局部值。如果过了一段时间,它们没有找到任何改进,这 4 台机器将简单地重新启动并等待来自其他 16 台机器的新的建议。这 4 台机器会定期把它们发现的最优个体发送到我们的独立缓慢运行的实验室机器,当然这不是优化过程的一部分,只是简单地作为存档运行,收集迄今发现的最优个体。

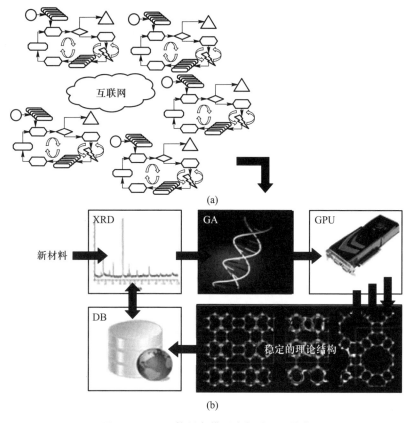

(a)

(b)

图 13.18 (a)使用岛模型来加速 GA 搜索;
(b)使用我们的进化算法生成的沸石结构和 GPU 硬件

图 13.20 显示了最佳适应度的评估,图 13.21 给出了不同规模的机群上分别预测晶体结构的加速比。20 台机器的机群(及其特殊拓扑)优于所有其他,在相同的计算时间下给出了更好的结果。正确的结构,其适应度值等于零,在相同的框架下被发现,例如,可能由于键的灵活性和变形,发现连接值取值在 2 附近。 [343]

有趣的是,目标值为 5 时,5 台、10 台和 20 台机器的加速比是线性增加的,取值 5 之后加速比减小。事实上,除了 5 台机器,超过 5 之后,10 台机器加速比约为 10、20 台机器的加速比停留在 15 左右。这意味着在 5 以下,问题是非常不规则的(就如 Weierstrass 函数),所以岛模型是非常有效的。超过 5 之后,似乎问题的不规则性变小,所以 20 台机器并行工作的效率不再是 20 倍。但是,如果有 [344]

20 台机器至少仍将比仅有 5 台更快。所以,虽然问题的不规则性似乎很好地匹配了 5 台(或 10 台)和少于 20 台机器配置,但是 20 台机器仍然要优于只有 10 台,只是效率提升略低。

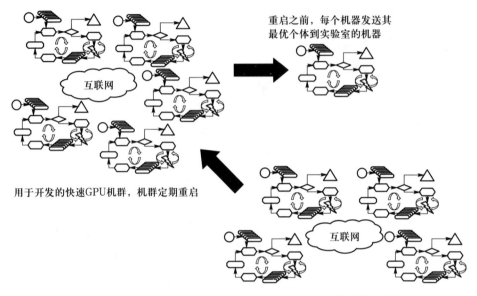

图 13.19　用于高效优化的机器和岛配置的异质性

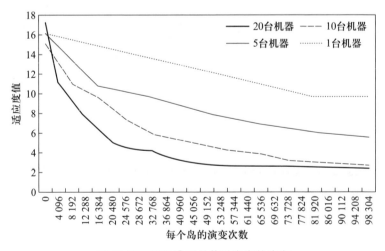

图 13.20　MFI 沸石最佳适应度的演变

最后,对于这个问题,单个机器在局部最优问题上没有停滞阶段。所以,那种在 Weierstrass-Mandelbrot 函数中观察到的超线性加速比类型在这里没有找到(或者给予更多的时间可能会看到这一现象的出现)。

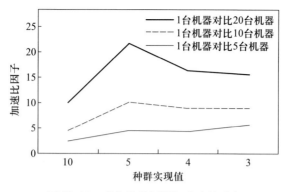

图 13.21 现实世界问题加速比的观察

总之,岛模型背后的想法是将种群分解成许多子种群——岛,通过变异改变每次独立进化的周期,在独立的进化过程中在其岛上运行一个完整的 EA,在某些时候几个个体在岛之间迁移。这种方法的优点在于它独特地适用于消息传递于并行系统,优于用于 EA 的硬件加速器。另一方面,由于参数数量的增加以及并行运行的多个 EA 的动态性,要支付的成本是由更复杂的设计决定的。EASEA 允许使用该方案自动实现进化算法的进化阶段的并行化,但这仍然需要由用户控制。

6. 进一步阅读

我们的平台现在集成了一个基本而强大的岛模型,连接到互联网的任何数量的计算机可以配置进入一个机群。实验表明,已发布的 EA 线性和超线性表现可以在基准测试和现实世界问题上实现,可以在 20 台机器上运行获得解。用于获得这些结果的架构接近于中国的超级计算机天河一号,理论性能峰值为 4.7 petaflops,具有 14 336 个 2.93 GHz CPU 和 300 万个 575 MHz GPU 内核。这表明进化计算(EC)不仅有益,而且可以利用这些机器,预示我们未来的台式计算机发展方向(英特尔已经宣布了未来 CPU 将包含大量的 GPU 内核)。因此,这里最重要的是迎接改变和工作平台将允许 EC 继续成为这些计算机的通用优化器。GPU 提供的巨大的计算能力由于硬件架构的局限性,也由于缺乏通用 API,很难被利用。GPGPU 领域计算是成熟的,并且由于新的架构和 CUDA 这样的软件,通过开发固有的巨大数量数据的并行性图形算法,可以实现高性能表现。下一代 GPGPU 设计师面临的挑战是在改进一般性和持续的性能提升表现之间取得正确的平衡。建模方法包括受益于从头开始的硬件改进方法,因为计算机资源代表着当前处理大分子面临的局限性。GPGPU 为进化计算开辟了新的视野。总而言之,只有充分利用技巧才能达到宣传中给出的效果。另外,号称

[345]

51.20 Gflops 的 2008 年最快的四核 $ 2500 的英特尔 QX9775 3.2 GHz CPU 或许可以完成更复杂的运算。顺便一提,这些数字必须与此处使用的 $ 500 的 GTX295 的 1.8 Tflops 进行比较。

参 考 文 献

Abraham, N. L., Probert, M. I. J., 2006. Phys. Rev. B 73, 224104.

Akporiaye, D. E., Fjellvag, H., Halvorsen, E. N., Hustveit, J., Karlsson, A., Lillerud, K. P., 1996. J. Phys. Chem. 100, 16641−16646.

Akporiaye, D. E., Dahl, I. M., Karlsson, A., Wendelbo, R., 1998. Angew. Chem., Int. Ed. 37, 609.

Akporiaye, D., Dahl, I., Karlsson, A., Plassen, M., Wendelbo, R., Bem, D. S., et al., 2001. Micropor. Mesopor. Mater. 48, 367.

Anderson, J. A., Lorenz, C. D., Travesset, A., 2008. J. Comput. Phys. 227, 5342−5359.

Archibald, B., Brümmer, O., Devenney, M., Giaquinta, D. M., Jandeleit, B., Weinberg, W. H., et al., 2002. In: Nicolaou, K. C., Hanko, R., Hartwig, W. (Eds.), Handbook of Combinatorial Chemistry. Wiley−VCH, Weinheim, pp. 1017−1057.

Baumes, L. A., Moliner, M., Corma, A., 2008. CrystEngComm 10, 1321−1324.

Baumes, L. A., Moliner, M., Corma, A., 2009. Chem. Eur. J. 15, 4258−4269.

Baumes, L. A., Serna, P., Corma, A., 2010. Appl. Catal. A: Gen. 381, 197.

Boisen, M. B., Gibbs, G. V., Bukowinski, M. S. T., 1994. Phys. Chem. Miner. 21, 269−284.

Boisen, M. B., Gibbs, G. V., O'Keeffe, M., Bartelmehs, K. L., 1999. Micropor. Mesopor. Mater 29, 219−266.

Boronat, M., Martinez−Sanchez, C., Law, D., Corma, A., 2008. JACS 130, 16316−16323.

Boronat, M., Concepción, P., Corma, A., Navarro, M. T., Renz, M., Valencia, S., 2009. PCCP 11, 2876−2884.

Boussie, T. R., Diamond, G. M., Goh, C., Hall, K. A., LaPointe, A. M., Cheryl Lund, M. L., et al., 2003. J. Am. Chem. Soc. 125, 4306−4317.

Collet, P., Lutton, E., Schenauer, M., Louchet, J., 2000. Parallel Problem Solving From Nature VI, LNCS. Springer, pp. 891−901.

Corma, A., Davis, M. E., 2004. ChemPhysChem 5, 305.

Corma, A., Moliner, M., Serra, J. M., Serna, P., Díaz−Cabañas, M. J., Baumes, L. A., 2006. Chem. Mater. 18(14), 3287−3296.

Coronas, J., 2010. Chem. Eng. J. 156, 236−242.

Deem, M. W., Newsam, J. M., 1989. Nature 342, 260−262.

Deem, N. W., Newsam, J. M., 1992. J. Am. Chem. Soc. 114, 7189−7198.

Dress, A. W. M., Huson, D. H., Molnar, E., 1993. Acta Crystallogr. A 49, 806−817.

Falcioni, M. , Deem, M. W. , 1999. J. Chem. Phys. 110, 1754−1766.

Farrusseng, D. , Baumes, L. , Vauthey, I. , 2002. Principles and Methods for Accelerated Catalyst Design and Testing 69, 101.

Farrusseng, D. , Klanner, C. , Baumes, L. A. , Lengliz, M. , Mirodatos, C. , Schüth, F. , 2005. QSAR Comb. Sci. 24, 78−93.

Fok, K. L. , Wong, T. T. , Wong, M. L. , 2007. IEEE Intell. Syst. 22(2), 69−78.

Foster, M. D. , Simperler, A. , Bell, R. G. , Friedrichs, O. D. , Almeida Paz, F. A. , Klinowski, J. , 2004. Nature Mater. 3, 234−238.

Friedrichs, O. D. , Dress, A. W. M. , Huson, D. H. , Klinowski, J. , Mackay, A. L. , 1999. Nature 400, 644−647.

Goldberg, D. E. , 1989. Genetic Algorithms in Search, Optimization and Machine Learning. Addison−Wesley.

Gorer, A. , 2004. US Patent 6.723.678, Symyx Technologies Inc.

Jandeleit, B. , Schaefer, D. J. , Powers, T. S. , Turner, H. W. , Weinberg, W. H. , 1999. Angew. Chem. , Int. Ed. 38, 2494.

Johnston, R. L. , 2003. Dalton Trans. 22, 4193−4207.

Kirkpatrick, S. , Gellat, J. C. D. , Vecchi, M. P. , 1983. Science 220, 671−680.

Klanner, C. , Farrusseng, D. , Baumes, L. A. , Mirodatos, C. , Schüth, F. , 2003. QSAR Comb. Sci. 22, 729−736.

Klanner, C. , Farrusseng, D. , Baumes, L. A. , Mirodatos, C. , Schuth, F. , 2004. Angew. Chem. , Int. Ed. 43(40), 5347−5349.

Klein, J. , Lehmann, C. W. , Schmidt, H. −W. , Maier, W. F. , 1998. Angew. Chem. , Int. Ed. 37, 3369.

Kruger, F. , Baumes, L. A. , Lachiche, N. , Collet, P. , 2010. Int. Conf. EvoStar 2010, Istanbul, Turkey, April 7−9.

Le Bail, A. , 2005. J. Appl. Cryst. 38, 389−395.

Li, J. M. , Wang, X. J. , He, R. S. , Chi, Z. X. , 2007. Network and Parallel Computing Workshops, NPC Workshops, IFIP Int. Conf. , pp. 855−862.

Lloyd, L. D. , Johnston, R. L. , Salhi, S. , 2005. J. Comput. Chem. 26, 1069−1078.

Maier, W. F. , Kirsten, G. , Orschel, M. , Weiss, P. − A. , Holzwarth, A. , Klein, J. , 2002. Combinatorial Materials Development. American Chemical Society, Washington, DC.

Maier, W. F. , Stöwe, K. , Sieg, S. , 2007. Angew. Chem. , Int. Ed. 46, 6016.

Maitre, O. , Lachiche, N. , Baumes, L. A. , Corma, A. , Collet, P. , 2009a. Gecco 09, Montreal, Canada, July 8−12.

Maitre, O. , Lachiche, N. , Clauss, P. , Baumes, L. A. , Corma, A. , Collet, P. , 2009b. 15th Int. Conf. on Parallel and Distributed Computing(Euro−Par 2009), Delft, the Netherlands, Aug. 25−28.

Newsam, J. M. , Bein, T. , Klein, J. , Maier, W. F. , Stichert, W. , 2001. Micropor. Mesopor.

Mater. 48 ,355.

Oganov , A. R. , Glass , C. W. , 2006. J. Chem. Phys. 124 ,244704.

O' Keeffe , M. , 2008. Acta Crystallogr. A 64 ,425 −429.

O' Keeffe , M. , Hyde , B. G. , 1996. Crystal Structures I. Patterns and Symmetry. Mineral Society of America , Washington , DC.

Owens , J. D. , Luebke , D. , Govindaraju , N. , Harris , M. , Krüger , J. , Lefohn , A. E. , et al. , 2007. Comput. Graph. Forum 26(1) ,80 −113.

Pannetier , J. , Bassas −Alsina , J. , Rodriguez −Carvajal , J. , Caignaert , V. , 1990. Nature 346 ,343 − 345.

Potyrailo , R. A. , Rajan , K. , Stowe , K. , Takeuchi , I. , Chisholm , B. , Lam , H. , 2011. ACS Comb. Sci. 13 ,579 −633.

Roberts , C. , Johnston , R. L. , Wilson , N. T. , 2000. Theor. Chem. Acc. 104 ,123 −130.

Schon , J. C. , Jansen , M. , 1996. Angew. Chem. Int Ed. 35 ,1287 −1304.

Schon , J. C. , Jansen , M. , 2001. Z. Kristallogr. 216 ,307 −325.

Schüth , F. , 2005. Stud. Surf. Sci. Catal. 157 ,161.

Schüth , F. , Baumes , L. , Clerc , F. , Demuth , D. , Farrusseng , D. , Llamas − Galilea , J. , et al. , 2006. Catal. Today 117 ,284.

Serna , P. , Baumes , L. A. , Moliner , M. , Corma , A. , 2008. J. Catal. 258 ,25 −34.

Serra , J. M. , Baumes , L. A. , Moliner , M. , Serna , P. , Corma , A. , 2007. CCHTS 10 ,13 −24.

Smith , J. V. , 1977. Am. Mineral. 62 ,703 −709.

Smith , J. V. , 1978. Am. Mineral. 63 ,960 −969.

Smith , J. V. , 1979. Am. Mineral. 64 ,551 −562.

Sohn , K. S. , Seo , S. Y. , Park , H. D. , 2001. Electrochem. Solid State Lett. 4 , H26 −H29.

Stone , J. E. , Phillips , J. C. , Freddolino , P. L. , Hardy , D. J. , Trabuco , L. G. , Schulten , K. , 2007. J. Comput. Chem. 28 ,2618 −2640.

Teter , D. M. , Gibbs , G. V. , Boisen , M. B. , Allan , D. C. , Teter , M. P. , 1995. Phys. Rev. B 52 , 8064 −8073.

Treacy , M. M. J. , Randall , K. H. , Rao , S. , Perry , J. A. , Chadi , D. J. , 1997. Z. Kristallogr. 212 , 768 −791.

Treacy , M. M. J. , Rivin , I. , Balkovsky , E. , Randall , K. H. , Foster , M. D. , 2004. Micropor. Mesopor. Mater 74 ,121 −132.

Turner , G. W. , Tedesco , E. , Harris , K. D. M. , Johnston , R. L. , Kariuki , B. M. , 2000. Chem. Phys. Lett. 321 ,183 −190.

Ufimtsev , I. S. , Martinez , T. J. , 2008. J. Chem. Theor. Comput. 4 ,222 −231.

Vogt , L. , Olivares −Amaya , R. , Kermes , S. , Shao , Y. , Amador −Bedolla , C. , Aspuru −Guzik , A. , 2008. J. Phys. Chem. A 112 ,2049 −2057.

Wales , D. J. , Doyle , J. P. K. , 1997. J. Phys. Chem. A 101 ,5111 −5116.

Wales , D. J. , Scheraga , H. A. , 1999. Science 285 ,1368 −1372.

Wells,A. F. ,1954. Acta Crystallogr. 7,535−554,842−853.

Woodley,S. M. ,2006. Phys. Chem. Chem. Phys. 9,1070−1077.

Woodley,S. M. ,Catlow,R. ,2008. Nat. Mater. 7,937.

Woodley,S. M. ,Catlow,C. R. A. ,Battle,P. D. ,Gale,J. D. ,2002. Acta Cryst. A 58,C196.

Yasuda,K. ,2008. J. Chem. Theory Comput. 4,1230−1236.

Yu,Q. ,Chen,C. ,Pan,Z. ,2005. Advances in Natural Computation,ICNC 2005. Proc. Part III,
    Changsha,LNCS vol. 3612,pp. 1051−1059.

第 14 章

应用于电子结构信息学的进化算法：用数据发现与数据搜索加速材料设计

Duane D. Johnson

Ames Laboratory, US Department of Energy; Department of Materials Science and Engineering, Iowa State University, Ames, IA, USA

[349]

1. 引言

内在结构–性能–功能之间的关系控制着同一族材料的行为特性。确定这些重要的关系，能够加速材料设计，降低新材料发现所需的数据维数。材料的数据通常是各种各样不同结构的，通过实验或者第一性原理计算[例如密度泛函理论(density-functional theory, DFT)]得到。在这个巨大(现在仍然不断增长)的数据集合中，我们通常依靠直觉、洞察力或者试错的方式发现或揭示这些"性能"关系。这些关系在材料设计中非常关键，却往往会丢失或者被数据所掩盖。具有挑战性的问题在于数据的复杂性的增长与相关性的提取。因此目前的目标应该是创建方法论，解决数据长度和复杂性，提取关键性能关系，从而预测那些依靠直觉或者材料现有模型无法预测的材料行为。

这里将给出遗传编程(或称为遗传规划，genetic program/genetic programming, GP)——通过与遗传学和自然选择相似的机制来演化计算机程序的遗传算法(genetic algorithm, GA)——的应用，象征性地回归出材料数据里隐含的重要的函数关系。与寻找已知或你认为已知(直觉)的数据的这种并非数据挖掘的行为相比，基于遗产编码的回归方法独特的地方是允许数据发现，即发现相关的数据和/或提取数据的相关性(数据降维)。进化算法集成了数据的降维，这不同于已有的材料"基因组学"范式，即从不断扩大的高通量数据集中做公式化的提取，用于揭示相关物理参数的实际函数关系。

[350]

在介绍了遗传算法(GA)和遗传规划(GP)回归的概念之后,我们给出两个基于遗传规划回归的应用示例:① 求取 AA7055 铝合金流变应力与应变速率之间本构关系的应用方法;② 求得势能面的方法,所得到的势能面可以进行大时间尺度($10^{-15} \sim 10^0$ s)的表面合金的模拟。这些概念是相通的,由此可以将遗传规划回归以众多形式应用到加速材料发现上。

2. 相关性分析方法

首先我们从物理机理出发,讨论决定催化作用中普遍存在的重要反应的相关性:① 二元过渡金属纳米粒子的核–壳结构(即哪些元素分布在外层壳从而控制反应活性);② 分子分解和金属表面上的催化效应。有趣的是,对于由相关因素决定的这两个领域,仅依靠搜索大型的密度泛函理论数据库并不能发现这一系列"简单"的相关性。

2.1 纳米颗粒核–壳结构行为(合金化)的通用相关性分析

过渡金属纳米颗粒(nanoparticle, NP)具有复杂的特性(Frenkel 等,2008),其核–壳结构可用于改善催化剂、磁学、光学和生物医学的应用。尽管核–壳结构纳米颗粒是大多研究兴趣所在,核–壳特性最常提到的影响因素(内聚能、表面能、原子半径和电负性,Ferrando 等,2008)很大程度上是基于对有限个合成的二元化合物的观察及一些理论研究而获得的。其实,只有两个独立的因素控制核–壳行为(Wang 和 Johnson,2009):内聚能(E_{coh},与蒸气压有关)和原子大小(如计量为 Wigner-Seitz 半径 R_{WS},与 d 轨道带宽有关;Pinskie 等,1991)。事实上,这些因素解释了过渡金属(transition metal, TM)合金纳米颗粒和半无限表面中的表面偏析,并给出了合金化和催化行为的简单的相关性(Wang 和 Johnson,2009)。

例如,在图 14.1 中,55 个原子构成的 NP 的偏析能 ΔE_{segr} 定义为杂质在"壳"中相对于在"核"中的能量差,如果 ΔE_{segr} 是负值,表明杂质偏好于壳的位置。例如,Fe"壳"内的 Au 杂质"核"的偏析能是很大的负值,因此 Au 喜欢在"壳"的位置,如观察到的那样(Wang 和 Johnson,2009)。直觉上,较小的原子(Fe)将倾向于在 NP 内部以释放应变,然而,实际的物理机理比这更复杂(见下文)。更重要的是,如图 14.1 所示(核和壳上的原子以特定的顺序排列),我们看到有一个完全相关的数组,其负(正)值在对角线之上(下)。仅需要上述两个因素来获得这种相关性,我们已经(从视觉上)揭示了相当简单而又具有普适性的函数关系 $\Delta E_{segr}(E_{coh}, R_{WS})$。

然而,通过对存储 DFT 结果的大型数据库进行分析,并没有发现这些基本

[351]

的相关性,也没有简化给定的相关物理参数列表。值得注意的是,这种关系对于(111)和(100)TM 表面都是有效的(Wang 和 Johnson,2009),而使用基于 DFT 的数据搜索方法没有发现这个明显而简单的相关性(Nilekar 等,2009;Ruban 等,1999)。

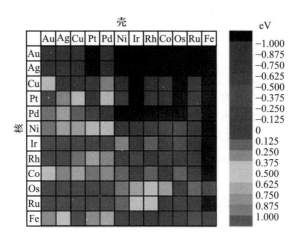

图 14.1 利用 DFT 计算得到的由 55 个原子构成的杂质纳米颗粒 ΔE_{segr}。其负(正)值表示杂质喜欢(讨厌)在"壳"的位置。ΔE_{segr} 值按照"组"(E_{coh} 从最小到最大)和"原子大小"(R_{WS} 从最大到最小)排列(见文后彩图)(Wang 和 Johnson,2009)

- 源于电子结构

[352]　　内聚能和原子大小是前述所有物理参数中仅有的两个独立的因素,具体细节参见 Wang 和 Johnson(2009)的图 3 及其讨论。为什么只有这两个因素呢?根据金属的蒸气压和过渡金属(TM)合金化的自由能参数,温度最低的达到给定蒸气压(例如 10 210 Torr[①])的金属将会分离到另一金属的表面上,这是一个对块体材料、半无限块体材料和纳米颗粒合金都有效的经验法则!事实上,只使用 RCA 气体表(Honig 和 Kramer,1969),就能够精确预测所有这些系统的分离行为。达到给定蒸气压的温度与内聚能直接相关,内聚能反映键的强度(Wang 和 Johnson,2009 的图 3)。回想一下,同一族中的 TM 系列的元素具有大致相同的内聚能 E_{coh},数量级从小到大,因此,可以直观地预测 E_{coh}。但在图 14.1 中单独的 E_{coh} 并不能显示这种相关性(Wang 和 Johnson,2009 的图 4)。

原子大小(R_{WS})是非常重要的(除了填充/应变效应),但它有不同于内聚能的趋势。从后期到中期的 TM 系列,E_{coh} 增加而 R_{WS} 减少(虽然 5d 和 4d 半径差很

---

① 压强单位,1 Torr=133.322 Pa。——译者注

小）。由紧束缚理论我们熟知,原子半径与金属的 d 价带宽度直接相关(Wang 和 Johnson,2009)。(d 价带宽度和中心对于催化相关的原子和分子吸附也很重要。)

根据奥卡姆剃刀原理,内聚能和原子大小是发现可预测相关性的两个必要条件。实际上,只有当原子首先按照"族"(即内聚能从最小到最大)来排列(图 14.1),然后按照"同一族中原子的大小"(Wigner-Seitz 半径从最大到最小)排列时,才能获得偏析能的完美的相关关系模型。对于由不同族金属形成的二元 NP,这些因素是共同起作用的——具有较大的内聚能和较小的尺寸的金属原子(从后期到中期 TM 系列)偏向核区,而对于在同一族(5d 至 3d)内形成的那些金属,E_{coh} 变小,但 R_{ws} 变得更小,这时这两个因素会竞争,通常原子大小占主导地位。同一族的 5d 和 4d 合金是例外,即沿图 14.1 中的对角线,其中 R_{ws} 值几乎相同,因此 E_{coh} 占主导地位。这样的例子有 Os-Ru,Ir-Rh 和 Pt-Pd。最后,当吸附(如 O)时,其 E_{coh}(或表面能)发生足够的改变从而改变顺序,但是这种改变可以通过增加吸附能量(第三轴)来实现预测。

- 目的

[353]

通常,"数据搜索"方法,或者基于 GA 的搜索在大量的 DFT 结果和数据库中没有发现这样"简单"的相关性(Foreming 和 Henkelman,2009;Nilekar 等,2009;Ruban 等,1999)。我们通常依靠物理论据或直觉引导产生一个通用的描述(Wang 和 Johnson,2009)。当系统变得更加复杂时,尤其对于虽然简单但至今仍没有成功的情况,我们如何减少数据维度并找到控制材料行为的关键关系?

2.2 过渡金属(TM)表面分子吸附的通用相关性分析

有趣的是,表面吸附与上述 NP 催化剂的例子有关,即先有分子解离随后是原子吸附。TM 表面上的 N_2、NO、CO 和 O_2 活化就是例子(Nørskov 等,2002),如图 14.2 所示,在族内的表面分子解离能和吸附能之间发现了布朗斯台德-埃文斯-波拉尼(Brønsted Evans Polanyi,BEP)线性关系(Brønsted,1928;Evans 和 Polanyi,1938)(由表面重建和吸附位点的相似性定义)。BEP 关系在酸性化学中是众所周知的,然而,如图 14.2 所示,值得注意的是,解离的活化能(势垒高度 E_a)与吸附能(结合阱深度 ΔE)显示线性关系:$E_a = c + \Delta E$。这种关系带来有益的结果,也就是说,假设总体动力学遵循相同的相关性,即当势垒高时,解离受速率限制,而当在表面上结合强时,位点阻断限制反应,那么,催化活性对吸附能存在着一个普遍的火山状的依存关系,例如文献 Nørskov 等,2002 中的图 2c 所示,这种关系现在用于进行一系列的组合高通量预测,预测什么样的表面合金化可以改善反应的周转频率(Greeley 等,2002,2006)。

[354]

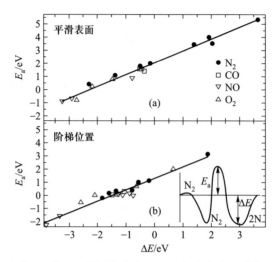

图 14.2　在紧密堆积的 TM 表面上的活化势垒(E_a)对解离化学吸附能(ΔE),即 FCC(111)、HCP(0001)和 BCC(110)。插图是为 $N_2 \rightarrow 2N$ 定义的 E_a 和 ΔE。理想平滑表面和阶梯状表面显示线性相关($E_a = c + \Delta E$),但阶梯状表面更具活性(相同解离能量较低的激活势垒)。线性关系只适用于金属表面结合位点族(数据来自 Nørskov 等,2002)

- 源于电子结构

这种内在的相关性是电子结构所决定的,并通过实验显现出来。首先,过渡态(TS)能量 E_a 与金属 d 带中心相对于有机分子键轨道能级的相对能量有关(Hammer 等,1996;如 CO 或 NO)。这也同样适用于同系化合物(Wang 和 Johnson,2008)。然而,$E_a = c + \Delta E$ 表示平衡 ΔE(例如将氮吸附于 TM 表面的能量)与非平衡 E_a(用于解离吸附在 TM 表面上的氮的 TS 能量)之间的奇妙关系。对于某种具有确定的表面几何特性的金属,其过渡态结构(TS structures)与参与的金属和分子几乎无关。而过渡态能量则由表面的局部结构所决定(同一族的化学反应),因此金属表面的不同位置具有不同的能量盈亏平衡线(BEP 线)。这个结果是可以解释得通的,比如马库斯的化学和电化学电子转移理论可以验证其合理性。

假设 $\Delta E(2N)$ 和 $E(N_2)$ 的两个平衡结合能是势能面上的谐函数(即抛物型)阱点,那么 E_a 就可以在仅知道阱深和抛物型方程的情况通过分析得到(如所有的 BEP 关系所呈现的那样),反应速率关系也能够通过这样的分析得到,马库斯正是因此获得了诺贝尔奖。

- 目的

我们可以用直觉和物理知识预测所求的相关性,然后,通过密度泛函理论计算的大量结果构建数据库,通过搜索得到潜在的具有更好性能的催化剂。

目前已出现一些关于催化剂、功能性材料、涂料、生物材料和敏感材料的有趣讨论——使用多种方法如遗传算法（GA）、主成分分析（principal component analysys，PCA）和支持向量回归方法（Radislav 等，2011）等对大量的实验结果材料数据库进行高通量筛选。组合库可分为两个几何类别（离散或连续的），并且需要考虑诸如用来构建库的几何分类法，或更通俗的说法"相关族"的问题（Rajan，2008）。然而，有没有办法可以通过回归得出构效关系，而不必需要多年练就的敏锐洞察力呢？我们认为遗传编码方法恰恰具备这样的能力，该方法已经用于各类材料的研究中。 [355]

3. 符号回归的遗传规划

这里，为了认识用于符号回归的遗传规划方法，我们简要介绍一下概念，尤其是如何通过遗传规划来回归出基本材料数据中存在的关系。遗传规划（Koza，1989，1992，1994；Koza 等，1999，2003）是一种遗传算法（Goldberg，1989，2002；Holland，1975），它使得计算机程序按照类似于遗传和自然选择的方式运行。在过去的三十多年里，遗传规划成功地解决了多个领域的应用问题，从模拟电路设计到量子计算，产生了一些新的发明专利。

我们希望能够从材料数据中通过符号回归得到函数表达式，这些材料数据为数据中关键变量间的内在相关性提供关系，以预测具有特别改进的特性的新材料。前面我们述及的一些简单的相关性，能够快速预测稳定合金核-壳结构纳米粒子或者具有优化的吸附/解吸特性的催化剂的金属表面活性。但是这需要在事实之后有更多的物理直觉，而不是盲目地通过回归/搜索方法得到函数关系。我们提出的进化方法具有通用性，能够产生所要求的回归，也可以提供一种多尺度建模的方式（Sastry 等，2004）。

然而，在事实之后，它需要更多的物理直觉，而不是通过一些回归/搜索方法无意识地处理有用的相关数量来得到函数关系。我们提出具有产生这种期望回归的一般性和能力的进化方法，以及提供多尺度模型的手段。

3.1 什么是遗传规划？

典型的遗传规划算法包括表达、适应度函数和种群几个组成部分。与传统搜索方法不同，遗传算法将问题的决策变量编码表示成一条"染色体"，即问题解用二进制表示，例如一个解为（0101110111），则其解空间是由 2^{10} 个染色体构成。在遗传规划中，一条染色体是一个候选的计算机程序，通常表示为树的形式（图 14.3）。其他的表示方法如线性编码（Banzhaf 等，1998）、基于语法的编码（Ratle 和 Sebag，2001），以及特定域表示方法（Babovic 和 Keijzer，2000），也已经获得应用。图 14.3 为用一个目标函数的情况下符号回归如何演化找到最优候 [356]

选解。

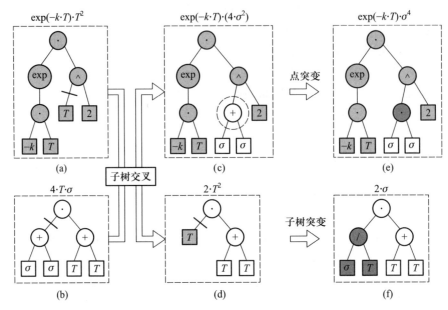

图 14.3　遗传规划中的树表示、子树交叉与突变、点突变。这个例子是铝的流动应力和 T 补偿应变速率之间本构关系回归的片段

　　在树表示中,树的内部节点由原函数集合的元素组成,叶节点由终点集合的元素组成(图 14.3)。初始函数和终点都是用户定义的。函数可以是算术运算(如"-""/""1""2")、逻辑变量(如"if-then-else""and""or""not")、布尔值(如"AND""OR""XOR""NOT")、循环(如"while""for")和程序构造函数,其中包括用户定义的子程序或特殊域函数。终点是问题、常数和随机瞬时值的独立变量。图 14.3 为 GP 演化求解压力和热激活过程,求得铝 AA7055 的流量应力和 T 补偿应变速率之间的本构关系(Sastry 等,2004)。

[357]

　　重要的是,应该选择最适合问题域的函数以保证有正确的维数,避免非物理量的问题。选择合适的初始函数和终点是影响遗传规划性能的重要因素。有些情况选择较容易,包含算术函数和分支算子,而有些情况则需要针对问题选择专门的函数,例如,对于热加工过程,如蠕变,函数 $Q/(k_{B}T)$ 是明显的,其中,Q 是相对能量差,k_{B} 是玻尔兹曼常量,T 是热力学温度。同样,对于热激活过程,如空位辅助攀移(一种蠕变回复机制),$\exp[-Q/(k_{B}T)]$ 是一个相对函数。最终,如果使用高级遗传规划特征如自动定义函数(ADF)和变结构运算,那么丢失的但必要的函数可以自动协同进化(Koza,1989,1992,1994;Koza 等,1999,2003)。

　　● 适应度
　　为了 GP 演化和实现选择机制,我们必须有一个评判解的优劣的方法,可以是一个复杂的模拟或者数学模型(称为目标函数)或者依靠人们的直觉来选择(称为主观函数),也可以是一个仿生态过程,不同的数字物种通过一个竞争和合作的内在混合机制共同进化。不论适应度函数怎样选择,必须确定一个解的相对适应度从而引导整个 GP 的进化过程,比如,对于数据的符号回归,适应度函数可以是简单的预测值和实际计算值之间的均方根误差。

- 种群

不同于传统的搜索方法,GA 和 GP 依赖的是一个候选解的种群。种群大小(这是用户定义的参数)是一个影响 GA 规模和性能的重要因素,也就是说,一个小的种群可能导致过早收敛和得到次优解,大的种群则可能导致计算资源的浪费。GA 中种群大小已经有深入的解析(Goldberg 等,1992;Harik 等,1999),但是GP 中的模型大小的研究仍处于起步阶段(Sastry 等,2003)。 [358]

选定了染色体的编码方式和适应度函数,就可以通过以下步骤搜索问题解:① 初始化种群;② 利用适应度函数评价所有候选解;③ 选择(例如通过锦标赛法选择高适应度的解以保证有足够健壮的基因池);④ 重组(通过竞争算子,Sastry 和 Goldberg,2003);⑤ 突变;⑥ 代替和重复第二步;⑦ 直到一个或多个收敛标准满足为止。图 14.3 给出了这些操作的一些例子。具体的细节和应用可见 Sastry 等(2004),以及 Sastry 等(2005)的回归势能面的多时间尺度建模。

4. 基于遗传规划的本构关系

本文将使用遗传算法对取自微观尺度的数据集做符号回归,得到宏观变量之间的本构关系。这里重要的是所得到的本构关系是多样性的,不仅模拟了电子结构和分子动力学(molecular dynamics,MD)所带来的效应,还包含了很多微观效应。

为了强调 GP 对于该应用的有效性,我们使用 Padilla 等(2003)对 AA7055铝的测量数据。这些数据是对 AA7055 铝在两个应变速率($1\ s^{-1}$ 和 $10^{-3}\ s^{-1}$)下从 340 ℃到 520 ℃进行压缩实验得到的,目的是推演流动应力和应变速率之间的本构关系,建立二者的基于微观特性的相关性模型,易于用有限元或有限差分方法模拟铝加工中的热轧过程。了解热轧工艺才能理解温度、应力和应变速率对最终产品性能的影响,以及沉淀相(Al-Zn)分布、晶粒结构和织构等的变化对材料性能的影响。假设符合幂律关系,Padilla 等发现了与低应变速率数据最适合的系数为

$$\dot{\varepsilon} = A_0 \exp\left(\frac{Q_d}{RT}\right)\left(\frac{\sigma}{\mu}\right)^{4.56} \tag{14.1}$$

其中,$\dot{\varepsilon}$ 是应变速率;σ 是应力;μ 是黏度,Q_d(125 kJ/mol)是锌在铝中扩散的活 [359]

化能;R 是通用气体常数;A_0 是阿伦尼乌斯指数。

对于 GP,我们使用函数集 $F = \{+, -, *, /, \hat{}, \exp, \sin\}$,终端集 $T = \{\dot{\varepsilon}, T,$
$\exp[1/(RT)], R_n\}$。这里 R_n 是一个随机数,或在 GP 中是一个随机瞬时值。T
和 $\exp[1/(RT)]$ 是用作可能的温度相关变量,以测试 GP 是否可以在较多可能
有用的原始函数 $\exp[1/(RT)]$ 之间而不是在较少可能的 T 上自动确定这些变
量。候选程序的输出是应力与黏度的比(σ/μ)。对于数据拟合问题,解的适应
度函数为 σ/μ 的预测值与实验测量值之间的绝对误差,即

$$f = \frac{1}{M} \sum_{i=1}^{M} \left| \left(\frac{\sigma}{\mu}\right)_{\text{pred}} - \left(\frac{\sigma}{\mu}\right)_{\text{expt}} \right| \tag{14.2}$$

其中,M 是实验数据点的数量。这里,适应度函数直接考虑了实验的不确定性,
这样我们可以添加高斯噪声(或其他模型),来避免 GP 的过拟合;如果任意 GP
回归的数据都落入在其对应数据的误差范围内,我们也可以将误差设置为零。

首先,我们想验证如果只用于拟合低应变速率数据,GP 是否能得到与
Padilla 等相同的方程(14.1)。我们分别独立运行了 10 次 GP,所有 10 次 GP 都
发现了相同的关系式。更重要的是,GP 能够选择适当的温度形式,即 GP 关系
表达式[其中 $c_0 \approx A_0 \exp(Q_d)$ 是由进化过程选择的函数和终点产生的]表示为

$$\dot{\varepsilon} = c_0 \exp\left(\frac{1}{RT}\right) \left(\frac{\sigma}{\mu}\right)^{4.55} \tag{14.3}$$

而更有趣的是,GP 使用与前面相同的函数集合和终点集合来同时拟合低应
变速率数据和高应变速率数据,并演绎出本构关系。虽然不同应变速率的两个
数据集在物理上存在差别,但是 GP 并没有任何先验知识。GP 回归的关系是

$$\dot{\varepsilon} = \frac{c_0 \exp\left(\frac{1}{RT}\right)}{g[\dot{\varepsilon}, c_0]} \left(\frac{\sigma}{\mu}\right)^4 \left(1 - \frac{\sigma}{\mu}\right) \tag{14.4}$$

其中,分母 g 是复数表达式(Sastry 等,2004)。GP 回归函数和数据如图 14.4
所示。

方程(14.4)表示(相关性关系)在四阶幂律和五阶幂律之间摆动,暗示出在
微观层次结构变形过程中的竞争机制。10 次独立运行的 GP 过程中的三个得出
了方程(14.4)。其他的 GP 则或是四阶或是五阶,也同样突出了四阶和五阶幂
律之间的竞争机制。

值得注意的是,五阶幂律是金属蠕变机理的数学表达,而 GP 并不知道这个
机制。四阶幂律虽然不是众所周知的数学模型,但是却能够在低应变速率数据
和高应变速率数据之间产生交叉。如图 14.4 所示,显然 GP 回归关系与测量数
据高度一致,由方程(14.4)产生的明显扭结恰好处于两组数据的过渡区间。方
程(14.4)(Sastry 等,2004 的图 6)的这个扭结由分母 g 产生,表明 GP 识别了一
个缺失的变量并使用阶跃函数对其进行补偿。

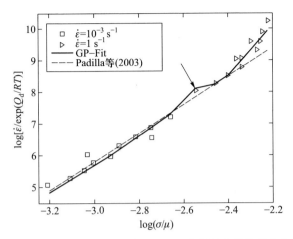

图 **14.4**　GP 得到的本构关系[方程(14.4)]和 Padilla 等使用的线性拟合[方程(14.1)]。GP 的符号回归同时使用了低应变速率和高应变速率数据。箭头指示两组数据之间的实际交叉位置(改编自 Sastry 等,2004)

　　这个交叉位置并没有提供给 GP,而是由 GP 回归得到。因此,GP"发现"有一个缺失的变量,虽然不能明确表示,但仍然提供了补偿的符号,这样的本构关系对于预测仿真是有用的!

5. 延伸阅读

　　显然,上面讨论的 GP 符号回归同样可以用于再现表面催化案例的 BEP 关系——线性关系的拟合——对于特定反应组。因此,为了识别具有相同反应效果和相同的符号关系的不同反应组,还需要进一步发展更多的进化算法,例如扩展决策树的使用,处理稀疏或不确定的数据(Pettersson 等,2008)。

　　这方面的一个很好的例子是对用于无机储氢材料的 AB_2-Laves 相的鉴定和优化(Agarwal 等,2009;Rajagopalan 等,2003)。这种新的混合方法将数据降维方法引入进化算法,揭示了仅使用 GA 所不能发现的相关性。运用主成分分析(PCA)、捕食者-猎物遗传算法(predator-prey GA)和神经网络方法后,根据扭曲的包裹序列可以对化合物进行有效地分类,而这样简单的分类方法是已有的数据挖掘方法没有发现的(Agarwal 等,2009)。对于结构预测,进化算法也可以以各种形式加以利用。在基于 DFT 的方法中,已有代码可以实现晶体学的进化计算,例如 USPEX(Glass 等,2006)、基于 GA 搜索核-壳纳米颗粒结构(Foreming 和 Henkelman,2009)或纳米颗粒结构(Johnston,2003;Sastry 等,2007a)、基于遗传算法(Hart 等,2005)的聚类扩展算法搜索合金基态结构,或者从另一个角度使用 DFT 数据库搜索的概率方法,例如用于搜索离子化合物中的替代物(Hautier 等,

2011)。

　　此外，除了上面讨论的，GP 回归可用于机器学习势能面(PES)，用于多时间尺度材料动力学的建模(Sastry 等，2005)。分子动力学(MD)限于真实事件的纳秒级，因此，它无法模拟那些控制真实材料动力学的稀有事件过程，但是，可以使用动力学蒙特卡罗(Kinetic Monte Carlo，KMC)方法结合 MD 通过符号回归的方法从只有几个障碍的计算、稀有事件的计算到回归出所有动力学障碍。这种符号回归的 KMC 方法使 300 K 下的合金表面动力学的模拟时间比 MD 方法增加了九个数量级(Sastry 等，2005)。

[362]

　　最后，多目标 GA(帕累托前沿优化)也可以回归高度精确的势能面，将电子结构方法扩展到多尺度模拟上(Sastry 等，2007b)。这可以用于模拟与材料(如液晶显示器)、药物和化学制造过程相关的更大分子和更长时间尺度的激发光动力学，而不是基态特性。例如，使用有限的一组高度精确的从头计算数据，可以快速地重新优化出半经验的量子化学参数，从而得到整体准确的激发态势能面，消除昂贵的从头计算动态模拟的需求[已专利化(Sastry 等，2012)]。对于小的光激发分子，多目标 GA 一致产生比任何以前报告的能量(能量梯度)低 384%(87%)的误差(Sastry 等，2007b)。

　　总之，通过使用依赖于电子结构和组合实验以及高通量数据的进化算法，特别是与其他技术组合，例如 PCA、多目标 GA(帕累托前沿优化)、基于 GA 的神经网络和决策树方法，在多个应用中加速材料发现具有不可思议的潜力。通常仅使用数据搜索不能找到描述性能的内在(通常是简单的)相关性，因此，我们试图通过几个材料和材料化学示例介绍概念和潜在应用，希望促进数据挖掘算法使用遗传规划和多目标遗传算法来加速材料发现的算法开发。

致　谢

　　该项工作受到美国能源部基础能源科学办公室材料科学与工程(DMSE)和化学－地球－生物科学(CGBS)部门的支持。这项工作根据 DE－FG02－03ER46026 和 AC02－07CH11358(DMSE)在 Ames 实验室及根据 DE－FG02－03ER15476(CGBS)在爱荷华州立大学具体实施。Ames 实验室是由爱荷华州立大学根据合同 DE－AC02－07CH11358 为美国能源部运营的。

[363-364] **参 考 文 献**

Agarwal，A. ，Petterson，F. ，Singh，A. ，Kong，C. S. ，Saxén，H. ，Rajan，K. ，et al. ，2009. Mater. Manufact. Process 24，274－281.

Babovic, V. , Keijzer, M. , 2000. J. Hydroinformatics 2 , 35－60.

Banzhaf, W. , Nordin, P. , Keller, R. , Francone, F. , 1998. Genetic Programming: An Introduction on the Automatic Evolution of Computer Programs and Its Applications. Morgan Kaufmann, San Francisco, CA.

Brønsted, N. , 1928. Chem. Rev. 5 , 231.

Evans, M. G. , Polanyi, N. P. , 1938. Trans. Faraday Soc. 34 , 11.

Ferrando, R. , Jellinek, J. , Johnston, R. L. , 2008. Chem. Rev. 108 , 845－910.

Foreming, N. S. , Henkelman, G. , 2009. J. Chem. Phys. 131 , 234103－234107.

Frenkel, A. , Yang, J. , Johnson, D. D. , Nuzzo, R. G. , 2008. In: Meyers, R. A. (Ed.), Encyclopedia of Complexity and System Science. Springer, New York, pp. 5589－5912.

Glass, C. W. , Oganov, A. R. , Hansen, N. , 2006. Comput. Phys. Commun. 175 , 713－720.

Goldberg, D. E. , 1989. Genetic Algorithms in Search Optimization and Machine Learning. Addison－Wesley, Reading, MA.

Goldberg, D. E. , 2002. Design of Innovation: Lessons From and For Competent Genetic Algorithms. Kluwer Acadamic Publishers, Boston, MA.

Goldberg, D. E. , Deb, K. , Clark, J. H. , 1992. Complex Syst. 6 , 333－362.

Greeley, J. , Nørskov, J. K. , Mavirkakis, M. , 2002. Annu. Rev. Phys. Chem. 52 , 319－348.

Greeley, J. , Jaramillo, T. F. , Bonde, H. , Chorkendorf, I. , Nørskov, J. K. , 2006. Nat. Mater. 5 , 909－913

Hammer, B. , Morikawa, Y. , Nørskov, J. K. , 1996. Phys. Rev. Lett. 76 , 2141－2144.

Harik, G. , Cantú－Paz, E. , Goldberg, D. E. , Miller, B. L. , 1999. Evol. Comput. 7(3) , 231－253.

Hart, G. L. W. , Blum, V. , Walorski, M. J. , Zunger, A. , 2005. Nat. Mater. 4 , 391－394.

Hautier, G. , Fischer, C. , Ehrlacher, V. , Jain, A. , Ceder, G. , 2011. Inorg. Chem. 50 , 656－663.

Holland, J. H. , 1975. Adaptation in Natural and Artificial Systems. University of Michigan Press, Ann Arbor, MI.

Honig, R. E. , Kramer, D. A. , 1969. RCA Rev. 30 , 285.

Johnston, R. L. , 2003. Dalton Trans. (perspective) , 4193－4207.

Koza, J. R. , 1989. In: Proceeding of the eleventh International Joint Conference on Artificial Intelligence, vol. 1 , pp. 768－774.

Koza, J. R. , 1992. Genetic programming: On the Programming of Computers by Means of Natural Selection. MIT Press, Cambridge, MA.

Koza, J. R. , 1994. Genetic Programming II: Automatic Discovery of Reusable Programs. MIT Press, Cambridge, MA.

Koza, J. R. , et al. , 1999. Genetic Programming III: Darwinian Invention and Problem Solving. Morgan Kaufmann, San Francisco, CA.

Koza, J. R. , et al. , 2003. Genetic Programming IV: Routine Human － Competitive Machine Intelligence. Kluwer Academic Publishers, Boston, MA.

Marcus, R. A. , 1964. Annu. Rev. Phys. Chem. 15 , 155－196.

Nilekar, A. U. , Ruban, A. V. , Mavrikakis, M. , 2009. Surf. Sci. 603 , 91 – 96.

Nørskov, J. K. , Bligaard, T. , Logadottir, A. , Bahn, S. , Hansen, L. B. , Bollinger, M. , et al. , 2002. J. Catal. 209 , 275 – 278.

Padilla, H. A. , Harnish, S. F. , Gore, B. E. , Beaudoin, A. J. , Dantzig, J. A. , Robertson, I. M. , et al. , 2003. In: Proceedings of the first International Symposium on Metallurgical Modeling of Aluminum Alloys, pp. 1 – 8.

Pettersson, F. , Suh, C. , Saxén, H. , Rajan, K. , Chakraborti, N. , 2008. Mater. Manufact. Process. 24 , 2 – 9.

Pinski, F. J. , Ginatempo, B. , Johnson, D. D. , Staunton, J. B. , Stocks, G. M. , Györffy, B. L. , 1991. Phys. Rev. Lett. 66 , 766 – 769.

Radislav, P. , Rajan, K. , Stoewe, K. , Takeuchi, I. , Chisholm, B. , Lam, H. , 2011. ACS Comb. Sci. 13 , 579 – 633.

Rajagopalan, A. , Suh, C. , Li, X. , Rajan, K. , 2003. Appl. Catal. A 254 , 147 – 160.

Rajan, K. , 2008. Annu. Rev. Mater. Res. 38 , 299 – 322.

Ratle, A. , Sebag, M. , 2001. Appl. Soft Comput. 1 , 105 – 119.

Ruban, A. V. , Skriver, H. L. , Nørskov, J. K. , 1999. Phys. Rev. B 59 , 15990 – 16000.

Sastry, K. , Goldberg, D. E. , 2003. Probabilistic model building and competent genetic programming. In: Riolo, R. , Worzel, B. (Eds.), Genetic Programming Theory and Practice. Kluwer Academic Publishers, Boston, MA, pp. 205 – 220.

Sastry, K. , O'Reilly, U. – M. , Goldberg, D. E. , 2003. Building – block supply in genetic programming. In: Riolo, R. , Worzel, B. (Eds.), Genetic Programming Theory and Practice. Kluwer Academic Publishers, Boston, MA, pp. 155 – 172.

Sastry, K. , Johnson, D. D. , Goldberg, D. E. , Bellon, P. , 2004. Int. J. Multiscale Comput. Eng. 2 , 239 – 256.

Sastry, K. , Johnson, D. D. , Goldberg, D. E. , Bellon, P. , 2005. Phys. Rev. 72 , 085438 – 085439.

Sastry, K. , Goldberg, D. E. , Johnson, D. D. , 2007a. Mater. Manufact. Process. 22 (5) , 570 – 576.

Sastry, K. , Johnson, D. D. , Thompson, A. L. , Goldberg, D. E. , Martinez, T. J. , Leiding, J. , et al. , 2007b. Mater. Manufact. Process. 22 , 553 – 561.

Sastry, K. et al. , 2012. Fast and Accurate Quantum Chemistry Simulations via Multiobjective Genetic Algorithms. Patent Number 8 , 301 , 390 (issued 30 October 2012).

Wang, L. L. , Johnson, D. D. , 2008. J. Phys. Chem. C 112 , 8266 – 8275.

Wang, L. L. , Johnson, D. D. , 2009. J. Am. Chem. Soc. 131 , 14023 – 14029.

第 15 章
晶体学信息学:设计结构图

Krishna Rajan

Department of Materials Science & Engineering and Bioinformatics & Computational Biology Program, Iowa State University, Ames, IA, USA

1. 引言

"物理学界持续至今的一个难题是仍然不能利用已知成分预测结构,即使是最简单的晶体结构。"(Maddox,1988)这个带有挑衅的评论引出了在材料晶体化学中一个非常重要的问题,即为什么原子按照它们自己的方式排序(Woodley等,2004)? 这个问题可做如下推论:假如内在的晶体结构决定了材料的基本性质,我们是否可以通过识别物质的化学组成和相关的晶体结构来定义具有指定特点的材料,并利用这些信息去设计新材料呢? 这个重大挑战的源头和起因不再是一个平常的问题,而是在原子和纳米尺度上材料行为的复杂性问题。尽管理论和计算具有很大优势,我们仍然找不到有效的高鲁棒性的物理模型去遍历足够多的化学组成,从而解释原子间如何相互作用。为了理解这个问题的复杂性,我们来考虑一下元素周期表中的 76 个有用的稳定元素:这 76 个元素可组成 2 850 个二元系,70 300 个三元系,1 282 975 个四元系和超过 10^9 个七元系化合物! 几乎不可能对原子尺度相互作用的所有排列组合进行建模,更别说通过实验来合成不同化学组成的物质。从本质上说,材料学家面临的这项挑战是新材料化学组成的系统设计问题。即使是高性能计算,也仍然不能提出一种优质的算法来开发准确可靠的原子模型,特别是对化学成分复杂的固体。

乍一看,晶体学中的数据挖掘需求似乎很明显,因为晶体学数据集庞大,需要使用搜索算法来帮助寻找合适的信息。无机晶体学是一个数据密集的科学领域。这个领域的大部分工作都集中在数据获取、建模、组织和管理数据。在较小程度上,人们希望尽力收集行为模式信息,发现化学组成和几何结构的复杂关系,指导给定化合物的存在形式或稳定性。在本章中,我们介绍了将数据挖掘和统计学习技术应用于晶体学的案例,以及晶体学和材料化学组成之间的关系。

基于组分元素信息搜索稳定的复合结构是晶体化学的经典问题。为了预测可能的新材料,通常用结构图来搜索稳定相。从已知数据中搜索、组织和划分同系化合物,有助于发现新的化合物,或至少有助于为了某种发现而试图进行的化学成分设计。同系化合物看起来具有化学多样性,但可以用数据公式表达,这些数学公式能够在特定晶体结构下给出每种化学组分。人们期望可以对特定的新相或化合物进行确定性预测,这就促进了分类方案的发展。然而,虽然这些分类方案(在过去五十年中已有很多报道)被证明是具有启发性的,但因为大多属于事后分析,其影响是有限的。如果有的话,主要集中在材料化学成分的先验设计。

结构图作为一个有用的先验指南,在用于发现稳定相和作为可视化工具分析结构–性能关系方面扮演了重要角色。控制稳定晶体结构的物理因素作为结构图的坐标。仔细选择物理因素后,每种化合物在空间上可由其结构类型识别确定。从信息学的角度来看,结构图是分类的工具,通过选择合适的坐标可以对晶体结构相关数据进行映射聚类。当然这里有一些长期使用且优秀的传统结构图,包括 Mooser-Pearson 图,Philips 和 van Vechten 图,这里所述仅仅是几个例子(Hume-Rothery,1968;Laves,1967;Mooser 和 Pearson,1959)(图 15.1)。

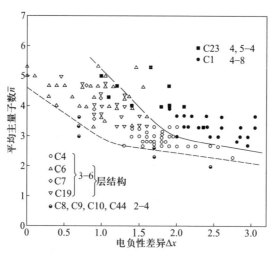

图 15.1　经典 Mooser–Pearson 结构图的实例,展示不同类型的晶体化学同系物的分类方案(来自 Mooser 和 Pearson,1959)

[367]　　　每个图模式指定了与电子或晶体结构信息相关的一些关键参数,放置在正交轴上,晶体化学元素信息绘制在图中。人们试图定性地辨别某些晶体类型与某些

参数之间是否存在强关联,并在结果图中标出了结构类型的相对位置。然而,这并不能处理与晶体化学成分相关参数的多元的本质,因此我们需要考虑数据降维技术。

在本章中,我们建立晶体学数据的多维特征,用于在没有任何先验假设情况下开发结构图,这里选择两个参数来设计结构图。我们将其视为数据降维问题,将众所周知和可接受的具有影响的变量作为输入(在信息学的术语中称为"潜在变量")(Burdett 等,1981;Clark,2005;Hauck 和 Mika,2002;Korotkov 和 Alexandrov,2006;Makino,1994;Pettifor,1986;Villars,1983,1995)。我们围绕数据挖掘中两种不同的降低数据维数的方法展开讨论。一种是表征多维统计相关性的方法,其本质上是从 n 维到二维格式(我们所需的结构图表示),而不会丢失我们原始数据中存在的有意义的相关性(主成分分析,PCA)。另一种方法是有效寻求压缩数据而不扭曲原始数据集中的关系,通过迭代分割数据的过程,直到结果子组在分割步骤之前不提供新的附加信息(递归划分,recursive partioning,RP)。我们讨论的这两种方法作为不同方法的代表广泛应用于数据降维领域。在此过程中,我们也演示两种不同的方法来发现新的分类器,这是材料信息学研究的关键组成部分。由于本章的重点是晶体学的信息学,我们将展示这样的分类器如何成为发现新结构图的基础。 [368]

在深入讨论之前,我们重点要明确如何构建"数据库"来发现新的分类器。乍看起来,我们只是在晶体学数据库提取我们需要的信息。当然,数据库中的原始数据来自研究无机衍射晶体的实验过程。数据库的概念,顾名思义,是指建立该信息的存储库。晶体学数据库可以基于空间群原理利用晶体表的形式进行组织,这样可以提供明确的信息层次形式,并提供了描述晶体结构的关键描述符。

对于无机晶体学来说,预处理是指对从数据库中获取数据进行处理前的研究。例如,开发的枚举算法可在进行特征提取时帮助识别数据集之间的系统行为。对这些系统进行跟踪时,我们需要在二维或三维空间内找到跟踪所有不同类型数据的方法。探索更高维度时,需要将数据转换到低维,而不会丢失数据间真正的相关性。因此,需要选择合适的数据降维方法。从更高的数据复杂性角度出发,可以使用诸如聚类和预测等方法对数据模式进行解析。将无机晶体结构相关的物理、化学和晶体原理的深入理解相结合,可以解释观察到的模式的物理意义,最终利用数据库进行知识发现成为可能。

然而,其关键是基于已知的化合物集合开发描述符数据库。描述符用于描述特定晶体化学所需的属性(表 15.1)。该信息不仅包括晶体的对称性和键的几何信息,而且包括电子结构和化学键数据。构建这样的描述符数据库需要特别仔细,如何有意义地完成这一过程,并判断是否需要新的描述符是材料信息学的一个主要研究领域(例如参见 Kong 和 Rajan,2012;Suh 和 Rajan,2009)。为了说明本章的目的,图 15.2 给出了大量的磷灰石晶体结构描述符(例如参见 Balachandran 和 [369]

Rajan,2012),我们将简短介绍一个我们使用信息学发现新结构图的例子。

表 15. 1　基于经典理论金属间化合物稳定性描述符的一组定义

参数	说明	模型
	每个原子的平均价电子数	
	电负载的加权差异	
	赝势半径加权差	
	平均主量子数	
	电负性差异	
	电子电荷的化学势差	
	原子电池的电子密度差	

符号	含义
$a/\text{Å}$	六角形单元晶格常数
$c/\text{Å}$	六角形单元晶格常数
c/a	可变轴比(无单位)
$r_{A^{I}}/\text{Å}$	A^{I} 位点的香农离子半径(9配位)
$r_{B}/\text{Å}$	B位点的香农离子半径
$r_{A^{II}}/\text{Å}$	A^{II} 位点的香农离子半径(对F^{-}的7配位和对Cl^{-}的8配位)
$r_{X}/\text{Å}$	X位点的香农离子半径
$\text{AvCR}/\text{Å}$	平均晶粒半径=$[(r_{A^{I}}\times4)+(r_{A^{II}}\times6)+(r_{B}\times6)+(r_{O}\times24)+(r_{X}\times2)]/42$
$A_{EN}-O_{EN}$	A原子和O原子的电负性差
$B_{EN}-O_{EN}$	B原子和O原子的电负性差
$A_{EN}-X_{EN}$	A^{II}位点的A原子和X原子的电负性差
$A_{EN}-B_{EN}$	A^{I}位点的A原子和B原子的电负性差
$A^{I}-O1/\text{Å}$	A^{I} 和O1原子间的距离
$A^{I}-O1^{A^{I}z=0}/\text{Å}$	A^{I} $z=0$限制下的A^{I}和O1原子间的距离
$\Delta_{A^{I}-O}/\text{Å}$	$A^{I}-O1$ 和$A^{I}-O2$长度差
$\Delta_{A^{I}-O}^{A^{I}z=0}/\text{Å}$	A^{I} $z=0$限制下的$A^{I}-O1$和$A^{I}-O2$长度差
$\psi_{A^{I}-O}/(°)$	相对应c的$A^{I}-O1$键的角度
$\psi_{A^{I}-O}^{A^{I}z=0}/(°)$	A^{I} $z=0$限制下的相对应c的$A^{I}-O1$键的角度
$\delta_{A^{I}}/(°)$	$A^{I}O_{6}$晶格结构反向旋转角
$\varphi_{A^{I}}/(°)$	Metaprism转动角$(180°-\delta_{A^{I}})$
$\alpha_{A^{I}}/(°)$	相对应a的$A^{I}O_{6}$晶格方位
$<B-O>/\text{Å}$	B-O键长度的均值
$<\tau_{O-B-O}>/(°)$	O-B-O键扭角的均值
$\rho_{A^{II}}/\text{Å}$	$A^{II}-A^{II}$三角形边的长度
$A^{II}-X/\text{Å}$	A^{II}和X原子间的距离
$\alpha_{A^{II}}/(°)$	相对应a的$A^{II}-A^{II}$三角形方位
$A^{II}-O3/\text{Å}$	A^{II}和O3原子间的距离
$\Phi_{O3-A^{II}-O3}/(°)$	O3-A^{II}-O3角
E_{total}/eV	从头计算获得的单位晶胞总能量

$A_{4}^{I}A_{6}^{II}(BO_{4})_{6}X_{2}$磷灰石

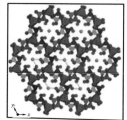

图 15. 2　磷灰石晶体描述符数据库示例(来自 Balachandran 和 Rajan,2012)

2. 基于主成分分析的无机固体结构图设计

如本书其他章节中的广泛讨论,主成分分析(PCA)是一种非常有价值的数据降维方法。流形学习或降维是将高维多元数据以最小的信息损失投影到新的低维子空间中。如果简单陈述,PCA 的中心思想是基于数据集由大量相互关联的描述符组成的事实发展而来。其目的是减少数据集的维数,同时保留数据的最大变异性。这里是通过将原始变量集合转换为一组新的派生变量,称为主成分(PC)来实现的,主成分被排序使得前几个保留所有原始变量的大部分变异信息。PC1 在数据集中保留最大方差(最高特征值)。PC2 与第一个正交,而且解释剩余方差信息的大部分。因此,第 m 个 PC 与所有其他 PC 正交,并且具有第 m 个最大方差。一旦计算了所有的 PC,仅仅保留特征值高于某临界水平的那些即可。每个 PC 是所有属性的加权贡献的线性组合,其权重的大小决定了每个描述符对 PC 影响的相对程度。从计算的 PC 的知识中,可以容易确定每个描述符的相对重要性,以及任何两个描述符之间的相关性。有关的信息描述符的相对重要性将有助于识别主要描述符,相关信息将有助于筛选主导的描述符以避免选择冗余描述符。因此,从唯一方差–协方差或相关信息的评估中(不包括关于预定义类别的标签–晶体结构类型的任何信息),我们可以筛选大型描述符库,并仅选择很少几个主导描述符作为用于定义结构图的潜在坐标。

[370]

[371]

以下讨论取自 Balachandran 和 Rajan(2012)的工作,并且作为使用 PCA 方法开发新结构图的例子。我们有一个大的离散属性库 $A = (A_1, A_2, \cdots, A_k)$ 表示磷灰石晶体结构的特征。假设数据服从多元正态分布。在我们的分析中第一步对 A 做预处理即进行中心化和标准化处理,并且将预处理后的向量表示为 $\hat{A}$。这种预处理步骤将 A 中的每个属性变换为零均值和单位方差。标准化的数据矩阵成为我们的数据集,它在数学的欧几里得空间中描述为 $\hat{A} = (\hat{A}_1, \hat{A}_2, \cdots, \hat{A}_k) \in \mathcal{R}^{25 \times 29}$,其中,整数 25 及 29 表示在本研究中考虑的磷灰石化合物的数目及电子和晶体结构参数的数量。令 $\hat{A}_j = \{a_{ij}\}$,其中 $\hat{A}_j$ 对应于列向量,a_{ij} 表示属性 $\hat{A}_j$ 的每种化学成分(即 i)的离散特征。令 S 是矩阵 A 的样本协方差矩阵。下一步骤对样本协方差矩阵 S 进行特征值分解。特征分解结果产生特征向量和特征值。特征值和对应的特征向量按降序排列。只有那些特征值大于 1 的特征向量被保留。特征向量(或主成分)形成一组新的导出变量,用于捕获几个重要的磷灰石晶体结构的特征(A),将有助于开发结构图。

简而言之,PCA 将数据矩阵 $\hat{A} = (\hat{A}_1, \hat{A}_2, \cdots, \hat{A}_k) \in \mathcal{R}^{25 \times 29}$ 分解为两个矩阵 P 和 U,其中 P 称为载荷矩阵(PC 或样本协方差矩阵 S 的特征向量),U 称为得分矩阵(通过 $A\hat{A}$ 和 P 的矩阵相乘获得)。因此,最终模型可以数学描述为 $\hat{A} = P^{\mathrm{T}}U + R$,

303

其中 $\boldsymbol{R}$ 是残差矩阵。

[372] 用于构造新结构图的坐标从载荷图获得。载荷图可以用于两个用途:①识别结构图主要键几何描述符;②筛选的主要描述符用于结构图构造。测量从原点的绝对距离识别主要描述符。描述符的影响随着其与原点的距离增加而增加。筛选的目的是去除相互关联的描述符。在同一个 PC 中,所有描述符都是互相关联的。但是,PC 间是正交和彼此不相关的。因此,我们可以通过从 PC1,PC2 和 PC3 轴中任意选取两个主要描述符构造一个结构图。在这里我们通过选择 A^{II} 和 $A^{I} z=0$ A^{I} -O 键扭角作为主要描述符详细地展示了结构图的构造。这种逻辑也可以扩展到其他主要描述符。这里展示的载荷图的作用是识别构造新的磷灰石结构图中使用的重要键的扭曲参数。

我们可以使用载荷图(图 15.3)来筛选键的几何描述符,以便我们可以选择两个主导的且不相关的描述符用于构造新结构图的坐标。该过程包括如下两个步骤。

步骤 1. 主导的键几何描述符的识别。通过测量与原点的绝对距离来识别每个描述符在载荷映射中的相对影响。描述符的影响随着其与原点的距离增加而增加。因此,从如图 15.3 所示的载荷映射中我们识别以下主导的键几何描述符。

1)对于 PC1 轴[图 15.3(a)],A^{I} -O1,A^{I} -O1$^{A^{I} z=0}$,A^{II} -O3 和 $\Phi_{O3-A^{II}-O3}$ 是主导的。

2)对于 PC2 轴[图 15.3(b)],$<$B-O$>$,$\alpha_{A^{I}}$,$\psi_{A^{I}-O}^{A^{I} z=0}$,$\psi_{A^{I}-O}$ 和 $<\tau_{O-B-O}>$ 是主导的。

3)对于 PC3 轴[图 15.3(c)],A^{II} -X,$\psi_{A^{I}-O}$,$\rho_{A^{II}}$,$\psi_{A^{I}-O}^{A^{I} z=0}$,$\varphi_{A^{I}}$(或 $\delta_{A^{I}}$)和 $\alpha_{A^{I}}$ 是主导的。

步骤 2. 筛选用于结构图构建的主要描述符。筛选的目的是选择两个主导但不相关的强分类器。在一个 PC 轴内,所有描述符是相互关联的。例如,尽管 A^{I} -O1,A^{I} -O$^{A^{I} z=0}$,A^{II} -O3,$\Phi_{O3-A^{II}-O3}$ 和 $\alpha_{A^{II}}$ 对于 PC1 是主导的轴,且它们是相互关联的。这意味着从任何一个描述符的知识中估计其他描述符的变化。另一方面,这些 PC 是彼此正交和不相关的。因此,我们可以选择任何两个变量,从每个集合中选择一个:

$$\{A^{I}-O1, A^{I}-O1^{A^{I} z=0}, A^{II}-O3, \Phi_{O3-A^{II}-O3}, \alpha_{A^{II}}\};$$

$$\{<B-O>, \alpha_{A^{I}}, \psi_{A^{I}-O}^{A^{I} z=0}, \psi_{A^{I}-O}, <\tau_{O-B-O}>\};$$

$$\{A^{II}-X, \psi_{A^{I}-O}, \rho_{A^{II}}, \psi_{A^{I}-O}^{A^{I} z=0}, \varphi_{A^{I}}(或 \delta_{A^{I}}), \alpha_{A^{I}}\}$$

去构建新的结构图。这个策略确保选择变量的稳健性,因为这样的变量对很可能仅有很低的相关性。

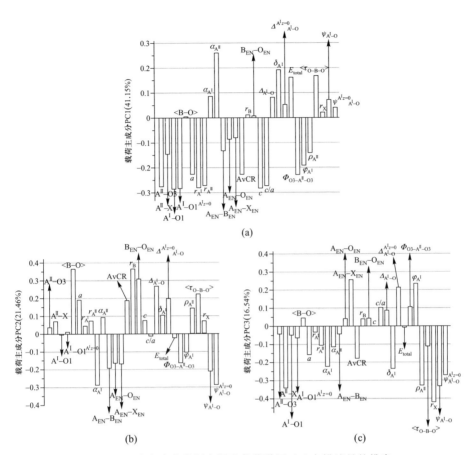

图 15.3 从主成分分析中提取载荷谱用于已有描述量的排序

（来自 Balachandran 和 Rajan,2012）

[373]

[374]

遵循上述的两步法,可以得到用于磷灰石开发的新的结构图谱库。在这里我们详细展示了使用两个扭曲角 $\alpha_{A^{II}}$ (A^{II}–A^{II}–A^{II} 三角形的旋转角)和 $\psi_{A^I-O}^{A^I z=0}$(在 A^I 位点处具有约束 $z=0$ 的 c 轴 A^I–O1 键角)来构建新结构图的逻辑。该过程还可以扩展到其他主要描述符。

磷灰石的新结构图中定义的 $\alpha_{A^{II}}$ 和 $\psi_{A^I-O}^{A^I z=0}$ 之间的扭曲角如图 15.4 所示。它获取了在磷灰石晶体化学中划定宽泛体系的位置主导信息。而 A^{II} 是磷灰石晶体结构中关键的键扭角,携带最大的 PC1 系数(键角之间),$A^I z=0$ A^I–O1 的重要性取之于 PC2 和 PC3 的载荷图。对于 PC2 轴,$A^I z=0$ A^I–O1 和 A^I 携带类似的权重,表明它们的相似性。然而,对于 PC3 轴,$A^I z=0$ A^I–O1 的相对重量显著高于 A^I,与 A^I–O1 相当(相对于 PC2 轴其反而具有相对较低的重要性)。因与 PC3 轴相比,PC2 轴捕获更高的方差,我们选择 A^{II} 和 $A^I z=0$ A^I–O1 作为新结构图的两个正交坐标系。

[375]

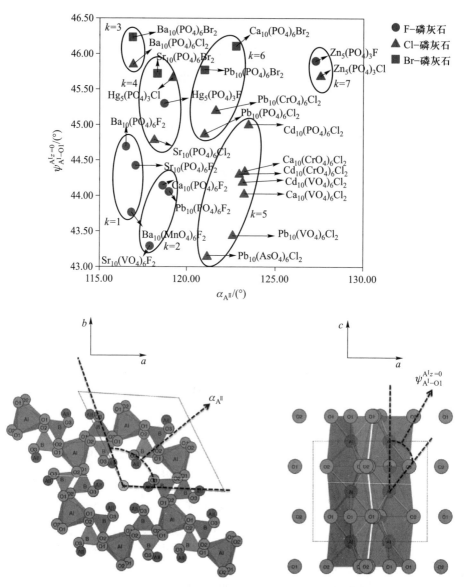

图 15.4 从原始描述符数据库(图 15.2)中识别描述符构建的新结构图。基于磷灰石晶体结构中的位置占据的化学性质实现磷灰石的有效聚类(来自 Balachandran 和 Rajan,2012)

因此,信息学衍生的结构图用于识别磷灰石化合物新的和未开发的化学行为模式,强化了两个扭曲角 $\alpha_{A^{II}}$ 和 $\psi_{A^I-O1}^{A^I z=0}$ 是强分类器的事实。我们通过已知事实来辅助验证方法的有效性。同时增加了不容易辨别的重要新信息。例如,聚类类别 1 和 2(k=1 和 k=2)对应于 F-磷灰石。他们位于结构图中,被相对较低的 $\alpha_{A^{II}}$ 和 $\psi_{A^I-O}^{A^I z=0}$ 表征。

3. 基于递归划分的金属间化合物结构图设计

在本节中,设计结构图的另一种方法即基于数据划分的方法。这里给出一个来自 Kong 等(2012a,2012b)的案例,他们使用 840 个 AB_2 二元化合物的晶体结构数据和七个物理参数,构造了基于划分的多维分类方法。AB_2 这个线性比高频率的在二元化合物材料中出现,当然还包括一些对于无机化合物来说重要的晶体结构,如 AlB_2,CaF_2 和 Laves 相。

在本研究中,我们选择了 Mooser 和 Pearson,Miedema 以及 Villars 三个独立的经典研究中构建结构图模型给出的七个参数。参数的详细描述见表 15.1。基于这些确立的标准,我们对这些参数进行整合,并展示如何通过应用基于划分的分类器去建立预测模型。

图 15.5 中成对的散点图展示了 AB_2 化合物七个物理参数中的每两个在二

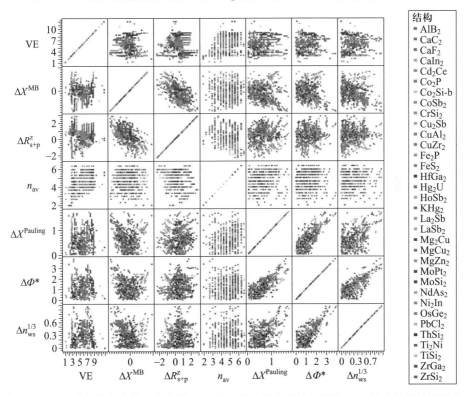

图 15.5 AB_2 无机化合物的二维特征空间分布图。每个图的坐标取自于组成元素的原子和化合物的物理参数。图上的点表示 840 个 AB_2 化合物分为 34 种不同的晶体结构类型。每个子图表征七个参数中的两个来构造的二维结构图的特征空间。至于每个参数的定义,请参见表 15.1 中的说明(见文后彩图)〔转载获得 Kong 等许可,版权所有(2012b)美国化学会〕

维特征空间的分布,散点图的坐标轴由物理参数组成,这些物理参数用于呈现晶体化合物化学行为的相似性或不相似性,物理参数的描述见表 15.1。每个图反映了具有多维性质的化学空间的低维表示,其中不相似结构占据了可区分的结构域,被认为是化合物的结构稳定性的规律。不同晶体结构的化合物在这些二维表示中均没有被清楚地区分出来。

[376]

通过分割,特征空间的每个区域包含有相同晶体结构的化合物,并且变成更均匀的状态。也就是说,在每个分割步骤,一个坐标系的正交超平面被应用于多轴空间去确定不同结构域之间的边界。

引入数学公式可以更好地描述主导属性,这些属性有助于将数据映射到更容易理解的低维结构图中。AB_2 数据库中的每个化合物,$S\{s_1, s_2, \cdots, s_k\}$,被一个特征参数表征,$\boldsymbol{V} = V(v_1, v_2, \cdots, v_l)$,$V$ 是参数空间,每个参数空间属于某一种类别 $\boldsymbol{C}$,$c_i \in \boldsymbol{C} = C\{c_1, c_2, \cdots, c_m\}$(即结构类型),其中 $\forall i \in \{1, \cdots, m\}$。类别 $\boldsymbol{\Phi} = \{\Phi_1, \Phi_2, \cdots, \Phi_n\}$ 由递归划分的分层划分分类器实现,其目标是利用各结构类型出现的最小次数来确定子空间的边界,其中信息熵作为划分不相似结构域的标准,利用它去区分不同晶体结构。最终,基于概率分布信息,利用现有数据实现分类模型的构建。也就是说,在一维参数空间中的化合物的空间分布,可通过在子空间 t 处出现类别 c_i 的概率 $p(c_i | t)$ 和可能性来描述。当正确执行所得到的分类过程(M),$M: S \to C$,隐藏在数据中的模式就被开发为有用的预测(if-then)规则。从某种意义上说,数据的几何结构映射,可以被可视化为具有树结构的图形分类方案,根据晶体结构的相似性,具有不同化学组成的化合物通过树结构进行分组(或分离)。图 15.6 描述了结构图间的这种对应关系,这种对应关系可作为参数空间划分的依据。

[377]

Kong 等(2012a,2012b)使用信息熵的概念定义了不同域的边界。通过对数据集进行分类(我们研究了 AB_2 化合物的晶体结构数据)实现信息熵最小化(不确定性),使其变得更具有同质性。例如,根据影响晶体结构稳定性的参数将不同结构类型的化合物分类。结果可以得到一组规则,例如,"如果任何属性小于或大于特定值,感兴趣的实例(即特定化合物)将属于该类或者其他类(如结构类型)"。数学上,给定数据集的信息熵函数定义为

$$H = -K \sum_{i=1}^{m} p(x_i) \log p(x_i)$$

$$p(x_i) \geqslant 0, \sum_{i=1}^{m} p(x_i) = 1 \ (i = 1, 2, \cdots, m)$$

类别概率 $p(x_i)$ 是晶体结构数据库中发生特定结构类型 x_i 的可能性,其中 K 是常数,取决于测量单位的选择(这里 $K = 1$)。从未分类的数据集开始,在每个分类步骤中,根据最佳分割值将化合物细分到两个较小的组别。每个步骤中都

[378]

做到最优的二分,即每次分割都实现信息熵(H)的最大化降低。因此,指标 ΔH(即熵的减少量),可以通过划分步骤实现,其定义为

$$\Delta H = H_{\text{ascendant}} - (p_1 H_{\text{ascendant},1} + p_2 H_{\text{ascendant},2})$$

其中,H 是在分类树某一级的数据集的信息熵,由上述方程定义;p_1 和 p_2 分别是每个子孙节点 1 和 2 的分数,因此 $p_1 + p_2 = 1$。这种测量指标称为信息增益(IG),且其计算如下:

$$\text{IG} = \Delta H = -K \sum_{i=1}^{m} p(x_i) \log p(x_i) + \sum_{i=1}^{k} p(t_i) = \sum_{j=1}^{m} p(x_j|t_i) \log p(x_j|t_i)$$

其中,$p(x_i)$ 是结构类型 x_i 发生的概率;$p(t_i)$ 是 t_i 子空间的分数;$p(x_j|t_i)$ 是 t_i 子空间中 x_i 的概率。这里,来自 $V = V(v_1, v_2, \cdots, v_l)$ 的变量 v_i 具有 k 个不同的取值 $\{a_1, a_2, \cdots, a_k\}$,其中 k 的值等于所使用数据集中的实例数。变量对每个类的相对贡献,如不同的晶体结构类型,可以通过计算关于每个变量用于特定晶体结构的分类的信息增益 IG_i 来定量评估。 ［379］

在每个划分步骤中计算信息熵的变化值,并对各个参数和晶体结构类型的信息熵变化进行求和,以定量测量相应参数对划分过程的贡献:

$$\text{IG} = \Delta H_{\text{total}} = \sum_{i=1}^{m} \Delta H(x_i) = \Delta H_{\text{VE}} + \Delta H_{\text{SZ}} + \Delta H_{\text{EC}}$$

划分步骤可以由树结构表示。树的结构示意图提供树的每个层级的分组以及组别间边界的划分标准等信息。在多维空间划分中,一组划分条件的组合可以被认为是到达每一个类别的一种途径。一旦给定数据的分类完成,任何新材料的晶体结构都可以在细分参数空间中的位置来识别。

分类树的构造如图 15.6 所示。每个节点表示不同结构类型的分割条件,该

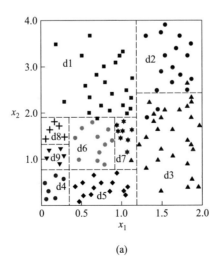

(a)

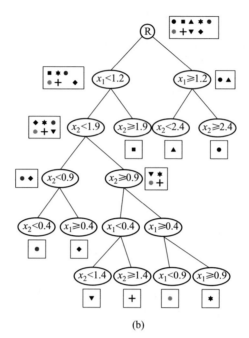

(b)

图 15.6　结构映射(a)和相应的从晶体结构 2D 参数空间的递归划分导出的分类树结构(b) 的示意描述图。在(a)中,每个数据点表示一种化合物材料,且不同的符号表示不同的晶体结构。在(b)中,分类树的根节点(R)对应于分类之前的数据,并且相应的分支展示了参数空间到九个不同的结构域(d1~d9)的划分准则(来自 Kong 等,2012a)

分割条件用于在当前的分类树深度下获得最小信息熵。分类之前,所有化合物都包含在根节点(R)中。在每一个划分步骤中,根据化合物的结构类型减少系统信息熵的原则,选择特定参数(或属性)将化合物细分为两个子组。在一系列划分步骤之后,每个分支的可能结构类型的数量达到最优的最小化。一般来说,树是过生长的,然后通过修剪获得最好的子树结构,达到最好的性能。树表示为 if{参数范围}-then{结构类型}的规则,它作为多元结构图展示了获得特定晶体结构的路径,该路径受离散参数范围的限制。

[380]

[381]

　　基于信息熵的划分最终确定具有主要影响的三个参数,这些参数可根据给定化合物出现次数来最终确定。基于以上所述,Kong 等(2012a,2012b)将数据划分修正成新的基于信息熵形式的结构图(图 15.7)。这个图最重要的是考虑了众多因素的多维影响,而不对它们的重要性进行先验假设。如图 15.8 所示,这个新的结构图捕获了现有分类已知的相似性,同时也标记出了未被揭示的新相关性(表 15.2)。

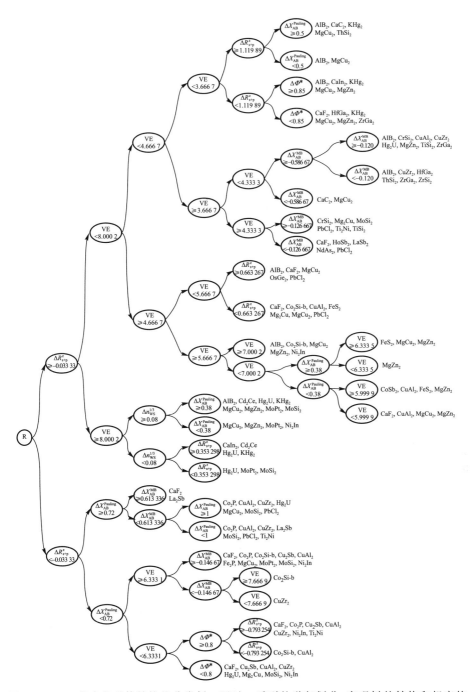

图 15.7 AB$_2$ 化合物晶体结构的分类树。通过一系列的递归划分,实现树的结构和相应的 if-then 的分类规则。末端叶节点是分类规则给出的几个可能的稳定晶体结构(原型)[转载已获得 Kong 等许可,版权所有(2012b)美国化学会]

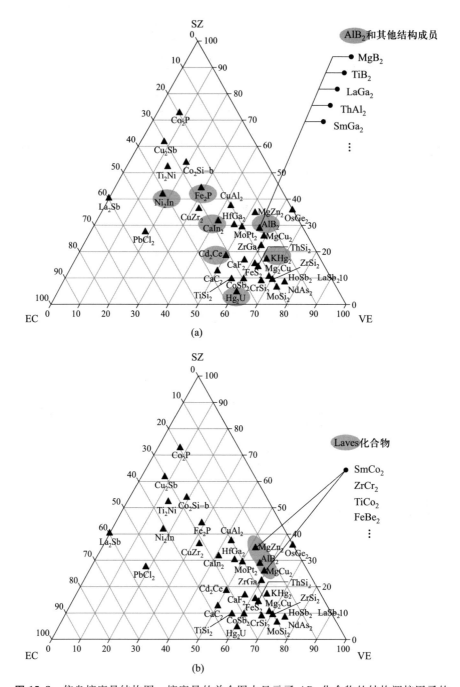

图 15.8　信息熵度量结构图。熵度量的单个图中显示了 AB_2 化合物的结构调控因子的
相对贡献。图上的每个实心三角形表示 AB_2 化合物稳定结构类型的熵三元组
$(1H_{VE}, 1H_{SZ}$ 和 $1H_{EC})$（来自 Kong 等,2012a）

表 15.2　晶体化学规则:基于信息熵的稳定晶体结构影响因素的定量测量

相	已知的经验规则	新的观察规则
Laves 相($MgCu_2$,$MgZn_2$)	SZ 因子化合物	VE 和 SZ 因子是主导的,EC 因子是次要的
AlB_2 结构类型	VE 和 SZ 因子是主导因子	VE 和 SZ 因子占主导地位,EC 因子是次要的;但是,对 KHg_2 来说 SZ 和 EC 是竞争因子
Zintl 化合物(CaF_2,$PbCl_2$ 类型)	EC 化合物	EC 因子是主导的;SZ 因子是次要的,对于 CaF_2 结构类型,VE 因子比 EC 因子更重要;但是,对于 $PbCl_2$ 类型,EC 因子比 VE 因子更重要

(来自 Kong 等,2012a)

4. 延伸阅读

　　本章概述了一个信息学在晶体学领域的重要应用,即信息学在开发新型化学晶体分类方案中的作用。使用数据挖掘方法去搜索大规模晶体数据是一个主要的研究内容,特别是那些源于高通量电子结构计算(例如参见 Dudiy 和 Zunger,2006;Fischer 等,2006;Jóhannesson 等,2002;Mohn 和 Kob,2009;Oganov 和 Valle,2009)。在 Hofmann 和 Kuleshova(2010)的书中,给出一组详细的数据挖掘技术,以及这些方法在晶体学问题中更广泛地应用。这本专著还提供了基于信息学方法的晶体学数据应用概述,以及一些优秀的参考书目,内容涉及从数据库管理到使用数据挖掘方法寻找结构描述符,以及辅助结构预测。

参 考 文 献　　　　　　　　　　　　　　　　　　　　　　　　[382-384]

Balachandran,P. V.,Rajan,K.,2012. Structure maps for $A_4^I A_6^{II}(BO_4)_6 X_2$ apatite compounds via data mining. Acta Cryst. B68,24-33.

Burdett,J. K.,Price,G. D.,Price,S. L.,1981. Factors influencing solid-state structure—an analysis using pseudopotential radii structural maps. Phys. Rev. B 24,2903-2912.

Clark,M.,2005. Transition metal AB₃ intermetallics:structure maps based on quantum mechanical stability. J. Solid State Chem. 178(469-476),1269-1283.

Dudiy, S. V. , Zunger, A. , 2006. Searching for alloy configurations with target physical properties：impurity design via a genetic algorithm inverse band structure approach. Phys. Rev. Lett. 97 ,046401.

Fischer, C. C. , Tibbetts, K. J. , Morgan, D. , Ceder, G. , 2006. Predicting crystal structure by merging data mining with quantum mechanics. Nat. Mater. 5 ,641−646.

Hauck, J. , Mika, K. ,2002. Structure maps for crystal engineering. Cryst. Eng. 5 ,105−121.

Hofmann, D. W. M. , Kuleshova, L. N. (Eds.) ,2010. Data Mining in Crystallography：Structure and Bonding Series, vol. 134. Springer, pp. 59−89.

Hume−Rothery, W. , 1968. The Engel−Brewer theories of metals and alloys. Prog. Mater. Sci. 13 ,229−265.

Jóhannesson, G. H. , et al. , 2002. Combined electronic structure and evolutionary search approach to materials design. Phys. Rev. Lett. 88 ,255506.

Kong, C. S. , Rajan, K. ,2012. Rational design of binary halide scintillators via data mining. Nucl. Inst. Meth. Phys. Res. A 680 ,145−154.

Kong, C. S. , Villars, P. , Iwata, S. , Rajan, K. ,2012a. Mapping the ' materials gene ' for binary intermetallic compounds—a visualization schema for crystallographic databases. J. Comput. Sci. Discov. 5 ,015004.

Kong, C. S. , Luo, W. , Arapan, S. , Villars, P. , Iwata, S. , Ahuja, R. , et al. ,2012b. Information theoretic approach for the discovery of design rules for crystal chemistry. ACS J. Chem. Inform. Model. 52 ,1812−1820.

Korotkov, A. S. , Alexandrov, N. M. ,2006. Structure quantitative map in application for AB_2X_4 system. Comput. Mater. Sci. 35 ,442−446.

Laves, F. , 1967. In：Westbrook, J. H. (Ed.) , Factors Governing Crystal Structure in Intermetallic Compounds. Wiley, New York, pp. 129−143.

Makino, Y. ,1994. Structural mapping of binary compounds between transitional metals on the basis of bond orbital model and orbital electronegativity. Intermetallics 2 ,67−72.

Mohn, E. , Kob, W. ,2009. A genetic algorithm for the atomistic design and global optimization of substitutionally disordered materials. Comput. Mater. Sci. 45 ,111−117.

Mooser, E. , Pearson, W. B. ,1959. On the crystal chemistry of normal valence compounds. Acta Cryst. 12 ,1015.

Oganov, A. R. , Valle, M. ,2009. How to quantify energy landscapes of solids. J. Chem. Phys. 130 ,104504.

Pettifor, D. G. ,1986. The structures of binary compounds. I. Phenomenological structure maps. J. Phys. C：Solid State Phys. 19 ,285−313.

Suh, C. , Rajan, K. , 2009. Data mining and informatics for crystal chemistry：establishing measurement techniques for mapping structure−property relationships. J. Mater. Sci. Technol. 25 ,466−471.

Villars, P. , 1983. A three − dimensional structural stability diagram for 998 binary AB intermetallic compounds. J. Less−Common Met. 92,215−238.

Villars,P.,1995. Factors governing crystal structures. In:Westbrook,J. H.,Fleischer,R. L. (Eds.),Intermetallic Compounds:Principles and Practices. Wiley,New York.

Woodley,S. M.,Sokol,A. A.,Catlow,C. R. A.,2004. Structure prediction of inorganic nanoparticles with predefined architecture using a genetic algorithm. Z. Anorg. Allg. Chem. 630,2343−2353.

第 16 章

从药物发现的 QSAR 到预测材料的 QSPR：描述符、方法和模型的演变

Ke Wu * ,Bharath Natarajan * ,Lisa Morkowchuk * ,
Mike Krein† ,Curt M. Breneman *

* Department of Chemistry and Chemical Biology, Rensselaer Polytechnic Institute, Troy, NY, USA

† Lockheed Martin Advanced Technology Laboratories, Cherry Hill, NJ, USA

[385]
1. 历史视角

　　研究分子结构与其性能之间的关系已经持续了近一百五十年,形成了现代化学和材料科学的基础。这个领域最早的工作之一是由 Brown 和 Fraser(1868)发表的,他们研究了化合物的化学和生理特性之间的联系,为现代基于结构的药物设计奠定了基础。当时的科学观察者认为,物质的物理性质与其结构和组成很明显是密不可分的,之后,这一观点为研究人员寻找量化上述关系的方法提供了强有力的刺激。可观察到的分子或者材料的具体性能决定了它们之间的相互作用,不幸的是,即便使用严格的基于物理的建模方法,这些细节往往不可能或者难以明确地直接计算出来。虽然随着越来越快的超级计算机的应用,先验计算技术变得越来越重要,但是发展诸如定量结构-性能关系(quantitative structure-property relationship, QSPR)模型的启发式方法,将称为描述符的可计算的或者易于观察的属性集合与已知的分子或材料性质联系起来,则提供了找到多元函数(而且往往是非线性的)更为简单的方法,这种基于信息学的方法通过数值化的

描述符捕捉到了控制物理的精髓,从而使预测实际特性成为可能。 [386]

　　长期以来,尽管定量结构–活性/性能关系(QSAR/QSPR)模型(用于小药物样分子的生物活性)在新药物发现领域有着重要的作用,但是实际应用却表现得好坏不一,结果时而被称赞时而又被贬低(Cronin 和 Schultz,2003;Scior 等,2009;Zvinavashe 等,2008)。造成这段启发式建模的曲折历史的原因之一是这些模型很容易被误用。建模过程缺乏合理的验证,并且用在了超出其应用的领域(可想而知结果很差)。启发式多元函数高度依赖具体的定义域,因而确定其应用的范围必须非常小心。信息学上一个很重要的假设是,启发式模型(或者Material QSPR,MQSPR)其应用领域中的化学空间是光滑的,即结构上的一个微小的改变将导致性能上的微小的改变(Bajorath 等,2009;Martin 等,2002;Patterson 等,1996)。事实上,只有当选择足够的描述符表示所观察到的性能因子时才会这样。有时,模型设计化学空间的一个预料不到的“性能断片”可能破坏假设的光滑性(Maggiora,2006)。基于这样的“粗糙”结构/性能环境建立的模型只有通过对应用领域充分定义,把光滑区域从粗糙区域中区分出来才有用(Weaver 和 Gleeson,2008)。

　　此外,因为大量描述符的获取和非线性机器学习方法的作用使得现代的QSAR/QSPR 模型比起传统的多元线性回归方法要复杂得多,因此在使用时要格外谨慎。一个启发式模型的复杂性和灵活性,伴随可能的不恰当描述符的选取,可能导致过拟合和使用者的错误解释(Hawkins,2004)。值得注意的是,所有启发式 QSAR/QSPR 模型通过确定许多结构描述符的方差和关注的性能之间的相关性而发挥作用,而不是揭示实际的因果关系。考虑到这一点,实践者有必要使用彻底的最优交叉验证方法和“Y 加扰置乱(Y-scrambling)”法来验证所建立的模型的有效性,确认这些模型的统计学意义(Krein 等,2012)。这些发展起来的与 QSAR/QSPR 建模有关的做法在 MQSPR 领域解决普遍存在的错误使用问题时非常有用。图 16.1 为 MQSPR 模型的三个组成部分。模型构造和验证方法的 [387] 进一步的细节将在第 3 节讨论。

　　就像之前讨论的,描述符的选择是 QSAR/QSPR 建模一个非常重要的方面。在讨论适合于 MQSPR 建模的描述符之前,我们先对分子描述符的一般特点做一个简短的回顾。早期的描述符包括简单的特征,例如原子组成(Brown 和 Fraser,1868)和组的构成成分(Gani 等,1989;Hammett,1937;Oishi 和 Prausnitz,1978;Simamora 和 Yalkowsky,1994)。描述符的进一步发展走向了光谱相关的识别,拓扑、几何、量子化学和局部分子表面性能描述符。这些描述符的扩展导致的结果是,为了构造任何一个给定的启发式模型,使用者不得不在文献里成百上千的可能的描述符中选择,而且这个挑选好的描述符集合必须大小合适。一个小的描述符子集可能不能够充分捕捉到结构和分子的信息,而一个大的描述符子集可

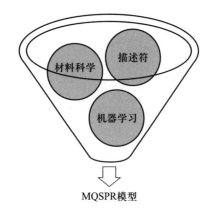

MQSPR模型

图 16.1　MQSPR 模型的三个组成部分:研究系统的领域知识、适合建模目标的描述符,
以及一个包括特征选择和验证遵循最优方法的机器学习策略

能包含了许多偶然性的相关关系。这是因为,在机器学习方法中,化学行为被认
[388]　为仅被少数几个隐变量所控制(Borsboom 等,2003),这些隐变量通常不能够直
接计算,但往往可以表示为模型的数值化描述符的线性或非线性的组合。除非
可得到的描述符包含了充分的化学信息,正适合于所观察的化学或材料性能,否
则隐变量不能够被恰当地表示,而且得到的模型也将不可能预测出好的性能。
如果包含了太多描述符,而且在隐变量里并不重要,那么会产生前面所述的过拟
合现象。有必要运用特征选择的知识帮助确定解决一个特定的问题应该用哪些
描述符。特征选择可以是客观的也可以是主观的。前者指基于数据的方差选择
合适的描述符,消除与其他描述符高度相关的那些描述符。称之为客观的意思
是选择或者删除训练数据集中的那些描述符要先于建模过程,而后者的标签(主
观)是基于描述符在分子验证集上对模型性能的影响来选择描述符。两种方法
都得到适当的使用,但是值得注意的是客观特征选择方法往往得到的模型具有
较大的应用领域,而且较少可能过拟合。

两种情况下,选择一个合适的化学描述符集合,都是在简单描述符(像原子
类型,原子类型是不包含连接性信息的)和复杂描述符(如从 IR 频率/强度模式
得到的那些描述符)之间采取一个折中。这些描述符包含结构的精简信息,经常
难以解释。应该认识到,对于一个具体的建模问题,任何一种机器学习方法都不
能从一个很差的或者设计很糟糕的描述符集中提取到优异的相关性信息。识别
是否是好的描述符要求对目标问题和要建模和预测的宏观性能的物理化学基础
知识的充分了解。本文第 2 节将针对具体材料应用中的描述符的选择和设计做
更详细的讨论。

QSPR 在材料性能方面的探索性研究工作开始于二十多年前。早期的工作
主要集中在验证聚合物重复单元的结构、玻璃化转变温度(T_g)与未交联体系的

机械性能之间的相关关系上（Hopfinger 等，1988；Koehler 和 Hopfinger，1989；Seitz，1993）。另外的研究旨在预测大范围的聚合物的 T_g（Bertinetto 等，2010；Bicerano，1996；Brown 等，2006；Cypcar 等；1996；Duce 等，2009；Hamerton 等，1995；Katritzky 等，1996；Krein 等，2010；Liu，2010；Liu 等，2006；Liu 等，2007；Luo 等，2002；Morrill 等，2004；Schut 等，2007；Sukumar，等，2012；Tan 和 Rode，1996；Yu 等，2006a，2006b，2007），以及机械和电学性能（Afantitis 等，2006；Brown 等，2006；Bicerano，1996；Feldstein 和 Siegel，2012；Gharagheizi，2007；Holder 和 Liu，2010；Mallakpour 等，2010；Patel 等，1997；Sumpter 和 Noid，1994；Tokarski 等，1997；Ulmer 等，1998；Xu 等，2008a，2008b；Yu 等，2006c，2008）。QSPR 方法已经被用于各种各样的材料，包括富勒烯和纳米材料（Abraham 等，2000；Burello 和 Worth，2011a，2011b；Danauskas 和 Jurs，2001；Durdagi 等，2008a，2008b；Fourches 等，2010，2011；Heymann，1996；Kiss 等，2000；Labban 和 Marcus，1997；Liu，2005；Liu 等，2011；Makitra 等，2003；Marcus 等，2001；Martin 等，2007，2008；Murray 等，1995；Puzyn 等，2011；Ruoff 等，1993；Sivaraman 等，2001；Toropov 和 Leszczynski，2006；Toropov 等，2007a ~ d，2008，2009；Toropova 等，2010，2011）、复合材料和纳米复合材料（Khan 等，2009；Shevade 等，2006；Troshin 等，2012）、催化剂（Baumes 等，2006；Burello 等，2004；Cruz 等，2004，2005，2007a，2007b；Drummond 和 Sumpter，2007；Farrusseng 等，2005；Fayet 等，2009；Hattori 和 Kito，1995；Hemmateenejad 等，2009；Hou 等，1997；Huang 等，2001；Klanner 等，2004；Moliner 等，2005；Sasaki 等，1995；Tognetti 等，2010；van der Heiden 等，2008；Wigum 等，2003；Yao 等，1999；Yao 和 Tanaka，2001）、陶瓷（Cai 等，2005；Guo 等，2002a ~ c；Lusvardi 等，2007；Rajan，2010；Scott 等，2007；Serra 等，2007）及液晶（Gong 等，2008；Villanueva-Garcia 等，2005；Xu 等，2010a）等。这些适用于材料的 QSPR 方法和适用于药物分子的 QSAR 方法的主要区别是所涉及材料的长度尺度和结构特征的多样性。大多数材料应用涉及具有大量重复单元的宏观结构，这种宏观结构可能有或也可能没有晶态序列。小药物样分子的描述符具有明确定义的构象和电子性质，更易于直接处理，因此，难以用来表示诸如聚合物或者复合物这样大的系统。通用描述符如电子、拓扑结构或形状描述符等通常不能捕获许多材料的隐变量。因此，材料的 QSPR 需要专门的描述符和模型组合。此外，与材料制备的过程参数有关的描述符也是有必要的，因为制备过程对决定块体材料行为方面有重要作用（Cai 等，2005）。正如前面所讨论的，预测一个给定材料的性能，决定于可获得的描述符中含有多少必要的信息。值得注意的是，相当简单的描述符可以具有丰富的隐含信息，可以准确地表示一个可观测的复杂的反应。例如，可以使用仅源自重复单元结构的拓扑学信息（Bertinetto 等，2010；Duce 等，2009）对线性聚合物（混合或可变立构规整度）的 T_g 进行很好

的预测。通常,更复杂的模型将材料的 QSPR(MQSPR)与其他计算材料方法[如密度泛函理论(DFT)、分子建模(molecular modeling,MM)和有限元方法(finite element method,FEM)]集成以实现跨长度尺度的研究。这些基于物理学的模型与 MQSPR 方法的集成将在第 4 节进一步讨论。

为了完整性,应当提及的是,并非所有材料建模都涉及大型系统。几种工业应用使用小分子构建功能材料,例如用于光伏器件的染料、溴化阻燃剂(BFR)、离子液体、增塑剂和特种溶剂。这种系统也是 MQSPR 研究的对象,即使有的情况下它们可能需要使用新的描述符来解决特殊性质,但是用于建立这些材料模型的技术与传统 QSAR 使用的原理是相同的(Carrera 等,2008;Fayet 等,2010;Katritzky 等,2002;Kovarich 等,2011;Olivares‐Amaya 等,2011;Papa 等,2010;Trohalaki 和 Pachter,2005;Trohalaki 等,2005;Troshin 等,2012;Varnek 等,2007;Xu J. 等,2006,2010b,2011a;Xu X. 等,2011)。MQSPR 在小分子领域的几种新兴应用之一是预测材料毒理学——一个对严重健康问题的预防和材料制造商相关责任话题有辅助作用的领域。基于 MQSP 的预测毒理学的工作在关于溴化阻燃剂(Kovarich 等,2011;Papa 等,2010)、纳米颗粒(Burello 和 Worth,2011a,2011b;Durdagi 等,2008a,2008b;Fourches 等,2010,2011;Liu 等,2011;Puzyn 等,2011;Toropova 等,2010)和陶瓷纤维(Lindgren 等,1996)的文献中已有报道。

本章将详细介绍 MQSPR 模型的各个方面。

2. MQSPR 技术:材料性能描述符的选择和设计

选择合适的 QSPR 描述符非常重要,它代表化学的基本语言。一个描述符(或者一个描述符集)的主要功能是它能通过数据集内数据之间的变化表示出 [391] 结构(或者系统)之间的相关的差异。当使用恰当的描述符时,化学(材料)性能空间将呈现光滑性,并且所得到的模型可应用的领域将会很广。描述符可以从化学成分、基于图论的拓扑属性、构象参数、来自其他简单 QSPR 模型的物理性能(例如 CLogP;Ghose 等,1998)以及直接或间接通过量子计算得到的电子属性(例如 EP)等方面获取。

描述符也可以设计成“指纹”的形式来表示复杂结构(Durant 等,2002;Stahura 等,1999)。例如,一个指纹描述符可以是一个位串,每一位表示结构中某一指定位置是存在还是缺少特定的一个原子或功能组。这种方法的优点是易于解释,但缺点是如果包含的子结构没有囊括在指纹库的话,这种情况将超出由该指纹库得到的模型的应用范围。原子类型描述符也是一种给定每个结构化学键条件下计算原子个数的方法,因为原子类型的数目比可能的位串的子结构组合的个数要少得多,所以原子类型描述符比使用子结构指纹简单。除了拓扑和基于电子密度的描述符之外,开发一个大的参数库的代价和复杂相互作用的表示能力之间存在一个权衡的问题。利用量子计算算出的描述符代表电子密度的局部属性,这样的描述符更具普适性,能够捕捉更多的协同效应,但需要大得多的计算代价(Fayet 等,2010;Yu 等,2006b,2008)。还有一种选择是,使用专门的几何描述符和组合-平均化的 4D QSAR 方法(Cao 和 Liu,2004;Cheng 和 Yuan,2006;Polanski 和 Bak,2003),对许多重要的物理相互作用建立更有效的模型。

关于 QSAR/QSPR 常用的描述符的更多细节可以参考 Todeschini 和 Consonni(2000)的书。以下部分将讨论一些应用于 MQSPR 的典型类型的描述符。

2.1 组成描述符和组贡献

非参数化的组成描述符是指一个化学体中原子或具体子结构的个数特征和彼此之间的连接模式,这些构成了最直接明了的 MQSPR 描述符类型,对于各种 [392] 类型的材料其使用的范围最广(Camacho-Zuniga 和 Ruiz-Trevino 2003;Cai 等,2005;Guo 等,2002a ~ c;Scott 等,2007;Sieg 等,2006)。术语定量成分-活性关系(quantitative composition-activity relationship,QCAR)可以用来描述这些模型(Froufe 等,2009;Scheidtmann 等,2005;Sieg 等,2006)。组成描述符主要的优点是简单,且得到的模型具有很好的可解释性。如果一个 QCAR 模型能够成功地捕获感兴趣的材料性能,这表明每一个子结构的贡献是简单的相加,尤其对于线性模型是这种情形。连接条件经常被忽略。QCAR 方法一个重要的限制是引入任何不包含在现有训练数据中的新的组成子结构,将自动超出了模型的适用范围。

参数化的组成描述符是指将某些子结构与相应参数相关联的特征。例子有分子量、原子范德瓦耳斯体积的总和、卤素原子的数量和 Moriguchi 辛醇——水分配系数(Moriguchi 等,1992,1994)。这些描述符设计成考量每个子结构单独的贡献,并且通常与清晰的物理或化学意义相联系。参数化的组成描述符比非参数化的描述符具有更普遍的可应用性,因为每个子结构在一个具体性能上对材料模型贡献一个增量,而不是对其存在做简单的计数。

涉及线性自由能关系(linear free energy relationship,LFER)的组贡献可以看作利用组成描述符进行 QSPR 建模的一个特殊类型。这种方法最早被 Hammett(1937)推广用于小分子,之后其他人又进一步研究和修正。Hammett 使用与能量成比例的函数描述了取代基对苯环间位或对位上反应速率或平衡的影响:

$$\log K = \log K^0 + \sigma\rho$$

其中,K 是替代反应物速率常数或平衡常数;K^0 是未取代反应物的相应数量;σ 是由 R 基团的类型和位置确定的取代基常数;ρ 是取决于反应性质、介质和温度

[393] 的反应常数(Hammett,1937)。进一步的工作包括 Taft(1952)的引入空间影响和 Hansch 对这个公式的改进使之适合于药物设计(Hansch 等,1963)。组贡献方法使用其他模型或实验结果获得取决于每个取代基位置的参数。这意味着每个参数必须事先获得,并存储到数据库里。有趣的是,这些衍生的 R 基团参数不仅可用于目标平衡或速率问题,而且是更具一般性的描述符,可用来模拟并不和平衡移动或相对反应速率直接相关的其他性质(Carroll 等,1991)。

二进制描述符是"指纹"的最简单的形式,它们通常是 1 和 0 的向量,其中每一位表示一个具体的特征是否存在。它们主要用作搜索键值或确定结构之间的相似性,不过它们也可用于 QSPR 回归模型(McGregor 和 Muskal,1999)。指纹的常见类型包括日光指纹和 MACCS 键值。当用作组成描述符时,对具体特征用整数计数。图 16.2 所示为由组成描述符构造的 MQSPR 模型的一个有效的应用。

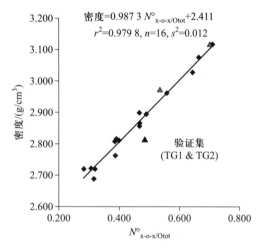

$$密度 = 0.987\ 3\ N^{o}_{x-o-x/Otot} + 2.411$$
$$r^2 = 0.979\ 8,\ n = 16,\ s^2 = 0.012$$

图 16.2 来自 Lusvardi 等(2007)的一个单组成描述符模型的示例。
玻璃密度与 X-O-X 桥与氧原子总数的线性相关

在这个例子中,Lusvardi 等(2007)对硅基生物玻璃的密度进行了 QSPR 研究。当描述 X-O-X 桥结构数目的描述符用氧原子总数归一化后,发现所得到的 X-O-X 桥的比值与生物玻璃密度以 $r^2 = 0.979\ 8$ 系数相关。这是一个有用的且可解释的"零阶"MQSPR 关系:相关的描述符代表了玻璃网络的聚合程度,可以预期为与其密度有关(Lusvardi 等,2007)。

2.2 2D 描述符

术语"2D 描述符"这里是指仅使用分子结构的二维表达计算出的特征,二维表达仅考虑分子结构的原子类型和连接性信息。根据定义,2D 描述符包含的信息和组成描述符包含的信息之间存在一些重叠(Nikolova 和 Jaworska,2004)。

2D 描述符的一个主要部分是"拓扑描述符",应用图论表示分子的二维连接。一个典型的处理是把每个原子看作一个顶点,每个化学键看作一条边,如图 16.3 所示。 [394]

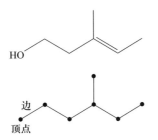

图 16.3 拓扑描述符的一个例子,其中 2D 分子结构被表示为一个氢抑制图。
每个原子变成一个顶点,每个化学键变为一条边。不考虑化学键的顺序

二十世纪七十年代 Hall 和 Kier(1977)引入了连接描述符类型 χ 来捕捉这些信息。χ 的最早版本只考虑每个重原子的连通性。后来做了修正,考虑了其他的原子类型(Kier 和 Hall,1981)。一个常用的拓扑描述符函数可以写为

$$^{m}\chi^{\nu} = \sum_{\text{原子}} \prod_{k=1}^{m+1} \left(\frac{1}{\delta_k^{\nu}}\right)^{1/2}$$

其中

$$\delta_k^{\nu} = \frac{Z_k^{\nu} - H_k}{Z_k - Z_k^{\nu} - 1}$$

其中,Z_k 是第 k 个原子的原子序数;Z_k^{ν} 是第 k 个原子中的价电子数;H_k 是连接到第 k 个原子的氢原子数;m 用于表示描述符的复杂性。如果 m 是 0,则计算所有原子的 $\left(\frac{1}{\delta_k^{\nu}}\right)^{1/2}$ 之和,但如果 m 是 1,则计算键合原子 i 和 k 的 $\left(\frac{1}{\delta_k^{\nu}\delta_i^{\nu}}\right)^{1/2}$ 的和。 [395]
该描述符考虑了第三或更高周期中的原子的内部电子,并把多个键看作多个边缘。

其他常用的描述符包括 Wiener(1947)指数、Balaban(1983)J 指数、Kappa 形状指数(Kier,1989)和 E 状态指数(Kier 等,1991)。通常拓扑描述符以邻接矩阵和距离矩阵计算得到,但为了特殊目的也可以使用其他矩阵。

由于拓扑描述符被设计成对任意给定大小分子的基本形状、分支和其他拓扑特征的描述,因此拓扑描述符已广泛用于新药物发现和 MQSPR 建模中。与缺乏连接性信息的组成描述符相反,拓扑描述符包含了更多信息,包括原子类型、化学键类型和其他局部属性(如原子电负性)(Ivanciuc 等,1998)。

对聚合物的一些拓扑描述符的无穷链值(Balaban 等,2001;Jia 和 McLaughlin,2004)已有研究,然而,这些描述符并未广泛采用,因为大多数聚合

物的 MQSPR 研究方法是用描述符表征重复单元或基于此的改进方法。关于拓扑描述符在药物设计 QSAR 建模中的使用，Roy（2004）发表过一篇很好的综述。

拓扑描述符在 MQSPR 建模中的有效应用已有报道，如在聚合物 T_g（Bicerano，1996；Katritzky 等，1996；Liu，2010）、表面能（Bortolotti 等，2006）、黏度（Mallakpour 等，2010）、极化率（Sukumar 等，2012）和介电常数（Xu J. 等，2011b）等 MQSPR 模型中的使用。

[396]

2.3　3D 描述符

依照 2D 描述符的命名方法可知 3D 描述符是由三维结构表征计算得到的属性。除了一些研究用距离矩阵表征 3D 结构（Diudea 等，1995），大多数 3D 描述符可归为以下三个类别之一：形状相关的、能量相关的和表面相关的。

形状相关的描述符是组成描述符的一个扩展。许多使用形状或形状/性能混合描述符的研究已经被认为可用于基于配体的新药物发现，这是因为配体和靶酶结合位点之间形状相容和性能互补非常重要（Consonni 等，2002；Schuur 等，1996；Todeschini 和 Gramatica，1998；Verli 等，2002；Venkatraman 等，2009）。一些文献给出了应用这类描述符的代表性的实例，使用这类描述符建立分子间相互作用的定量模型（Breneman 等，2003；Krein 等，2010）。

可以使用常见的半经验方法如 AM1、MNDO 和 PM3，以及 DFT 或从头计算（ab initio）的方法计算得到能量相关的描述符。根据使用理论的不同水平，这些属性可以包括最高占位分子轨道（HOMO）能量和最低未占位分子轨道（LUMO）能量、静电势值、偶极矩和其他相关性质。在 MQSPR 应用中，能量相关的描述符最常用于解释电子性能，例如聚合物的极化率或折射率（Holder 等，2006）。此外，聚合物 T_g 值也已使用能量相关的描述符建模（Hamerton 等，1995）。

表面性能描述符可以通过经验方法或半经验量子力学（quantum mechanical，QM）方法计算得到。与其他电子描述符不同，表面性能描述符表示特定电子属性的分布或在分子表面上估计的经验函数值。为此目的，"分子表面"可以有多种定义方法：用作传统的范德瓦耳斯表面、电子密度等值面或溶剂可及康纳利表面（Connolly，1983）。极性表面积（polar surface area，PSA）和溶剂可及表面积（solvent accessible surface area，SASA）是两个表面性能描述符的简单实例。更复杂的例子包括静电势（electrostatic potential，EP）或有源孤对（active lone-pair，ALP）表面值的分布，如图 16.4 所示。

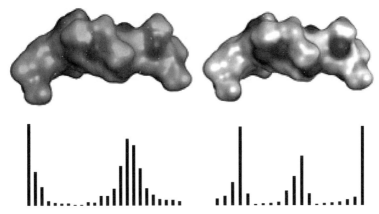

图 16.4 3D 表面性能描述符的例子,用颜色映射活性孤对(左,与亲油性相关)和静电势(右)。用十六个颜色码在每个表面上的分布得到的概率密度直方图成为描述符。显示的是一个 10 单体的聚甲基丙烯酸甲酯表面和直方图(见文后彩图)

还可以设计形状相关和表面相关的组合描述符。Das 等(2009)创建了性能编码形状分布(property-encoded shape distribution,PESD)描述符,使用形状和表面性能信息分类蛋白质键位点。 [397]

3D 描述符是构象敏感的,因为它们取自所涉及分子结构的坐标。这既有好处也有坏处,取决于对分子构象的优先顺序有多少了解。在非结晶聚合物或无定形材料的情况下,使用传统的 3D 描述符构建模型可能证明是不切实际或不可预测的。

2.4 基于分子中原子理论派生的描述符

用于刻画分子或材料电子分布密度特性的描述符在(M)QSPR 建模中非常有用(Mezey,1999)。但是即使在小药物样分子的情况下,由于量子计算对 CPU 计算能力的超高要求,这种描述符的使用也受到很大的限制。而基于分子中原子(atoms in molecule,AIM)理论的电子密度派生描述符(Bader 等,1979a,1979b)则提供了一种可行且快速的方法来计算基于这些属性的描述符。

使用 AIM 理论,在一个分子中每个原子核周围的电子密度 $\rho(r)$ 可以被划分成唯一的电子"盆",分别满足维里定理,为每个原子创建有效的量子子系统。每个原子周围的电子密度梯度 $\nabla\rho(r)$ 在原子核和化学键路径上的键合临界点(bond critical point,BCP)处都为 0。电子密度在沿着化学键方向的 BCP 处具有最小值,并且在沿着与化学键方向垂直的方向的 BCP 处具有最大值。基于这些化学键 BCP,分子可以分别对其组成的原子逐个分析,也可以多个分子聚集起来提供多种电子密度性质描述符。下面讨论两个例子。 [398]

Popelier(1999)首次提出了 BCP 空间概念,之后他使用这个概念比较分子对之间的相似度。在这种方法中,每个键用它的 BCP 的三个特征属性表征:电子密度、电子密度的拉普拉斯变换和化学键的椭圆率。这三个属性构成了 BCP 空间,对于具有相同结构骨架的两个分子,其相似度可以通过计算所有 BCP 之间的欧氏距离来度量。这种方法得到的是表示分子之间相似性的距离矩阵,是一种以核的形式表示的描述符,可以用来建立观测属性的回归或分类模型。

　　基于 AIM 理论的描述符的一个较早的实例是 Breneman 等提出的可转移的原子当量(transferable atom equivalent, TAE)/RECON 描述符(Breneman 等,1995;Whitehead 等,2003)。取代了使用 BCP 属性来比较分子间结构的相似度,TAE/RECON 方法利用预先计算的片段库重新构造新的分子骨架。这些片段取自各种各样化学键环境下的大量小分子实例,这些小分子按照从头计算的方法计算得出,根据化学键 BCP 分割成许多片段。依据相邻原子的 TAE 类型组织成常见的片段的集合,构成片段库。采取的策略是利用拓扑关系快速识别出恰当的 TAE 片段并将这些片段平滑成一个 3D 分子结构,从而给出对分子的电子密度分布的精确逼近,然后计算重构的分子表面的各种电子属性分布和电场属性得出 TAE/RECON 描述符。RECON 描述符的计算时间非常短(在目前的工作站上每个结构需要时间为 1 s),并且与原子个数和库的大小呈线性关系。然后按照 TAE 属性计算基于距离的自相关关系描述符,使用这种技术 2D 和 3D 信息(Breneman 等,2003)都可以得到。

[399]　　TAE/RECON 描述符可以看作参数化的组成描述符的高级版本。由于 TAE/RECON 采用片段重建的方法,因此不需要训练分子的初始构象信息,而是基于原子的键合环境相似则电子密度属性也相似的假设,生成描述符的同时构造合理的三维几何关系。

2.5　材料应用中的振动光谱描述符

　　除了通过原子或组贡献方法得到的描述符之外,由光谱测量/光谱学导出的描述符则蕴含了丰富而重要的结构信息,并且能够产生具有良好物理解释能力的模型。可以从实验(Benigni 等,2001;Casci 和 Shannon,2002;Willighagen 等,2006)或者从头计算的量子力学计算(Ferguson 等,1997;Turner 和 Willett,2000)获取光谱。与标准的结构派生的描述符不同,从实验获得的这种描述符几乎不能用于新材料的虚拟设计,但是可以就易于观测的物理可观测量与其他难以确定的物理量之间的关系提供很有价值的意见。在生物和材料领域内,这些描述符和其他类型的描述符已经被设计和利用,仅代表了一些在不同长度尺度下捕获化学、生物或材料性能的方法。

3. QSPR/QSAR/MQSPR 的数学方法

3.1 方法和机器学习工作流程

有许多种机器学习方法都可以用来寻找描述符集和目标性能(响应)之间的定量关系。哪些策略是基于设计需求的合适的类型:分类、排序或者回归。分类模型设计成在给定种类个数的情况下分配给对象一个类别,比如"活性"和"非活性",或者"大于1"和"小于1",他们可以用于根据具备或缺乏某个目标性能把分子分组。排序模型输出分子在某个具体性能下的顺序,可用于这样的系统,即对于解决问题,响应的准确值并不重要,但是建立一种情况比另一种情况优先的顺序更重要的系统。回归模型寻求确定代表某个连续的超平面的函数,将化学空间中的描述符的变化与可观测的响应联系起来。回归模型用于需要求取特定性能的实数值的问题(如熔点或者pKa)。除了合适的描述符集合之外,[400]做预测回归模型时高质量的实验训练数据是必须的。可能出现这样的情况,可以使用三种方法中的任何一个方法对数据集和描述符集的一个具体的组合建立有效的模型,但是实验响应数据的质量(误差线和离群点)和合适的描述符的可获取性却可能偏好一种方法而不是另一种方法。比如,描述符集和给定的响应之间的关系是弱或强非线性时,可能会产生有用的分类模型或者排序模型,但是试图回归训练数据可能会产生高度过拟合且不能用于预测的模型。

机器学习方法可以是有监督或无监督的。有监督学习使用实验响应("标签")和描述符("特征")来训练模型,而无监督学习研究由描述符表示的数据结构。无监督学习的例子是聚类(通过分层树、Kohonen 神经网络图以及其他相似性关联方法;Jain 等,1999;Mangiameli 等,1996)和奇异值分解(SVD;Klema 和 Laub,1980)。在本节中,我们集中讨论有监督方法,其中响应对于训练集是已知的,并且模型的输出是分子或材料性质的预测值。

假设需要从多个隐含的非正交描述符(不适合多重线性回归的任务)中提取化学性能信息,主成分分析(principal component analysis,PCA;Wold 等,1987)在使用时经常有几种形式。最简单的 PCA 可以认为是一个线性变换,从原始描述符组成的"基向量集"中产生一组正交坐标。这样做时,原始描述符空间中的数据被旋转到 PCA 空间,每个坐标与其他的所有坐标都正交。主成分的个数与原始描述符一样多,但是为了保留大多数感兴趣的性质而又不牺牲模型质量,一般做法是用于建模的主成分(PC)的数目可以截到三或四维。图 16.5 给出了2D PCA 变换,而图 16.6 为更高维度变换的前三个 PC。虽然得到的基于 PC 的坐标系完全正交,并且适合构建线性模型,但是每个 PC 表示原始描述符的线性 [401]

组合,很难按照原始描述符解释模型。

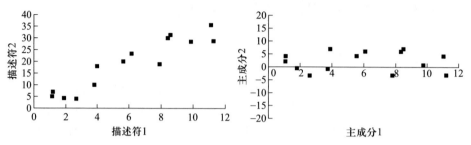

图 16.5　图示为主成分分析(PCA)如何基于描述符的线性组合重新定义一组正交轴。第一主分量与训练集中的最大方差的方向对齐。第二主分量与最大剩余方差对齐

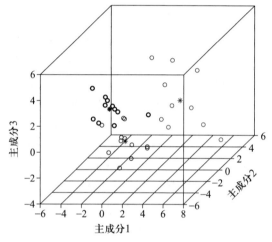

图 16.6　3D 主成分分析(PCA)图的例子。圆圈表示分子在主成分空间中的位置。星号标记的是三个不同聚类的中心。分析类内相似度和类内差异度可以对数据集有更深的了解

[402]

建模的一个有趣和有用的特征是它结合了有监督和无监督学习的元素。观察图 16.6 可知,数据集变换到 PCA 的前三个维度后引起一些样本点的聚集,这揭示了这些样本间的内在相似性。此外,PCA 空间中每个样本的坐标可用于产生自身回归模型的描述符。PCA 的一个重要的扩展是偏最小二乘(partial least-squares,PLS)回归(Wold 等,2001)。PLS 是一种有监督学习技术,这种方法将描述符矩阵和标签向量都投影到一个新的空间,这样得到的主成分是沿着解释响应变化最大的方向。这就得到一个既对非正交描述符有一定容忍度又能防止过度训练的模型。

启发式建模的历史表明使用这种方式建立的模型是相当有用和可预测的,但是可能会因为训练数据存在的偶然性的关联而使性能变差。为了最小化这种

采样风险,训练集可以再随机分为几组,用这些随机的数据组建立模型预测组外样本的取值。这种方法称为"自举建模",是一种稳健(鲁棒)的模型交叉验证形式。图 16.7 为一个回归模型三轮三折交叉验证例子。在所示的三轮的每一轮中,原始数据集被随机分为三个部分,分别用于产生回归模型,来预测其他组的样本的响应值,这个过程进行三轮。这就产生了一个自举集成模型(实际上是一个独立模型的集合),所有的结果组合起来产生最终的预测,并表明每个预测的变化。实际应用时,常见的是用十轮或更多轮的十折交叉验证建立一个鲁棒回归模型(Krein 等,2012)。值得注意的是这种方法可用于改善任何线性或非线性回归模型的性能,如 PLS,支持向量机回归(SVR;Smola 和 Scholkopf,2004;Vapnik 和 Lerner,1963),或者人工神经网络(ANN;Yegnanarayana,2004)。预测的分布也给出了一个对这种集成建模用于定量预测的质量估计。

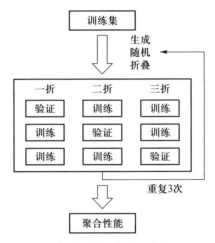

图 16.7 三轮三折交叉验证步骤示意图。数据集随机分为三组。在其中两组上构建模型,并且在第三组上测试预测性能。重复此步骤直到三组都做过测试集。然后将这三组合并,再随机分,这样做至少两次。聚合性能指标(尽管是一个乐观的指标)给出的是聚合模型对真实未知数据集的预报效果

一个关于模型质量的附加标准也成为(M)QSPR 建模最优做法的一部分。这一步用来估计任何数据集/描述符集/学习算法对过拟合现象的敏感度。这种方法称为"Y 加扰"法,随机打乱样本在真实数据集的响应(标签),然后建模,做多次尝试。每一次尝试都完整地执行上述的建模步骤,对比加扰数据所建模型和真实(未被打乱的)数据上所建模型,可对加扰模型的质量(经常是训练模型的 r^2 值,或者均方根误差)做出评价。一个概念是,如果建模方法产生的加扰模型对加扰数据不能像"真实"模型对真实数据拟合得那样好,那么在数据集产生的只能是一个有效的启发式模型。图 16.8 给出了这种影响的三个实例。

[**403**]

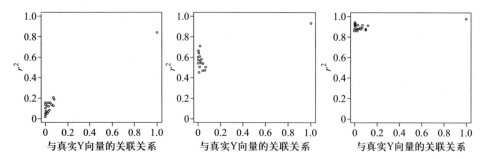

图 16.8　满意、存疑和不满意的 Y 加扰结果。左边的情况表明了加扰标签向量的模型 r^2 值和真实标签向量模型的 r^2 值之间有较大差异，说明真实模型不可能是由偶然的相关性引起的；中间图所示的情况是 r^2 值存在一些差异，这个模型在减小描述符字段尺寸时会更有效；右边图两个模型 r^2 值差异很小，说明这个模型可疑，可能不能用于真实未知数据的预测

　　每一个图的纵轴坐标表示训练模型的 r^2 值，而横轴表示每个加扰响应向量和实际响应向量之间的相关系数。左图所示每个加扰模型显示出较低的 r^2 值，很容易和每个图右侧真实模型的高 r^2 值区分开。中间的图表明过拟合呈中间水平。所有的加扰模型都是使用与真实响应向量低相关的加扰响应向量建立，结果是这些加扰向量在图中横轴的最左边。因此，这里使用的建模方法比右图所示的建模方法具有更高的可信度。右侧图中的加扰模型和真实模型有几乎相同的训练性能，表明很有可能产生了一个谬误的模型，仅由偶然性的相关关系构成，因而不能用于预测。

　　图 16.9 为目前建立一个有效的 QSAR/QSPR 模型的工作流程。在选择特征和获取模型参数之前，首先在原始数据集中挑选一个具有代表性的样本作为

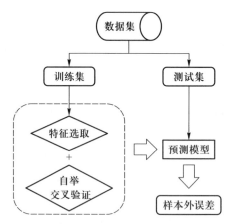

图 16.9　一个完整的 QSPR 工作流程。首先，保留一小组数据作为真实测试集，测试集对建模不起作用。剩余的数据进行特征选择和交叉验证步骤。当最终的模型建立之后，用模型对测试集样本进行预测，得到一个对未知数据预测误差的可靠近似

外部测试集,剩下的带标签数据集按照前面所讲的方法训练和验证模型。外部测试集,如果响应已知,可以用来测试在某一特定描述符、数据集和建模方法下的样本外点误差,可以看作真实的未知数据。

如果在化学空间里采样合理,并且所用的数据都处在模型的可应用范围,那么采用这种工作流程得出的预测性能将与在真实未知数据集所做的"盲"预测的性能近似。

3.2 实验数据

建立材料定量构效关系(MQSPR),要特别关注实验数据(响应)的质量。就像描述符对所要建模的现象需要有专门的物理相关的信息一样,必须非常谨慎地处理从多个来源挑选的实验数据,以避免系统误差和引入未知因素。当使用不同的方法测量性能,甚至在不同的实验室进行测量时,常会出现系统误差。而未知因素,在材料信息学的背景下,可能是采样方法引起的或者在制造过程中引入的,包括杂质和缺陷。由于测定方法和生物反应的差异,在制药工业,早期的QSAR/QSPR 建模工作往往受到这种复杂性的困扰。在材料信息学和 MQSPR领域,由于测量方法的标准化,获取的响应可能更准确和一致,但是这些问题仍然干扰建模效果。为了避免这样的问题,需要有充分的知识使制备、检测和评价过程保持一致并具有控制杂质和缺陷的能力。MQSPR 的另一个挑战是当前可用数据的缺乏,建立应用广泛的模型需要大数据集。幸运的是,材料基因组计划提供了解决这个问题的机制。实际上,小的数据集限制了用于建模的描述符的个数。尽管这样也避免过拟合,但是限制描述符的个数也降低了模型可包含的有用化学信息。根据我们的经验,建立一个鲁棒的模型需要数据个数的下限是20 个数据点,理想情况下应使用几百个点(Tropsha,2010)。一般地,我们建议描述符的个数与训练集的样本个数的比值应小于 $1:5$。但是采用激进的交叉验证和选择合适的描述符和方法时,这个比值可以减少(Topliss 和 Edwards,1979)。另外,对于分布不平衡的数据集,即化学性能空间中不同区域中子集的个数差别显著时,必须采取特别的处理以避免模型的偏离(Chen 等,2005;Tropsha,2010)。

已有文章对目前在建立有效的 QSAR/QSPR 模型方面使用的数学方法做了详细综述(Liu 和 Long,2009)。

4. 用于纳米复合材料建模的物理和材料定量构效关系集成模型

前面详细讨论了基于描述符的建模过程,接下来我们研究 MQSPR 模型与物理连续模型的集成问题。我们以聚合物纳米复合材料为模型系统说明,这种组合方法能够对不同长度尺度下的连接现象有效建模。聚合物纳米复合材料（polymer nanocomposite，PNC）是复杂材料系统，其中主要的长度尺度如聚合物的粒径、旋转半径和颗粒间距开始相互接近（Krishnamoorti 和 Vaia，2007）。在该长度尺度（纳米）下的各组成物质之间有力的相互作用主导了中尺度纳米颗粒的分散形态和相间聚合物的性质。这些介观特征进一步表达为纯净聚合物在连续性属性上的偏离（Schadler 等，2007）。PNC 的文献已经表明这些材料可用于多种用途，例如智能照明，高压传输，抗菌，阻燃和许多其他领域（Fu 等，2005；Tao 等，2013；Vaia 等，1999；Wang 等，2012）。然而，人们认识到，利用微观组成信息并不能设计和预测其宏观性质，因此 PNC 尚未实现其市场潜力（Schaefer 和 Justice，2007）。这是因为对各种长度尺度下相互作用和桥接不同尺度的物理缺乏了解（Kumar 和 Krishnamoorti，2010）。基础物理学能够从最初的性能开始自下而上地完成性能预测，透彻理解基础物理学需要严格的多尺度建模技术和开发跨尺度桥接技术，这两种技术都极其消耗时间和资源。下面展示一

[407]

种将启发式 MQSPR、基于物理的连续模型和实验验证的方法相结合的新的跨学科的方法，这种方法用来预测嵌入了硅烷改性球形纳米粒子的聚合物的热机械性能。

引导这项研究的理论基础是，可以使用从实验中得到的相关关系，基于微粒和基质聚合物的表面能分量（色散分量，极化分量），预测分散形态和界面聚合物性质（Stockelhuber 等，2010，2011）。这些被预测的色散关系和界面迁移率可用于建立 3D 连续有限元模型，从而进一步预测整体的黏弹性。因此，如果表面能本身可以使用 MQSPR 模型从原始功能性颗粒和基体化学的性能中预测，则几乎可以预测这种纳米复合材料的热机械性质。图 16.10 是这种方法的应用范例。

因此，第一个重要步骤是建立 MQSPR 模型，计算基质和功能化纳米颗粒的表面能分量（Fadeev 和 McCarthy，1999；Horng 等，2010）。为了训练所需的模型，收集和整理了经过实验测定色散和极性组分的 30 种聚合物的文献数据（Berta，2003；Ebnesajjad 和 Ebnesajjad，2006；Falsafi 等，2007；Janczuk 等，1989；Kitazaki 和 Hata，1972；Naim 和 Vanoss，1992；Nowlin 和 Smith，1980；Vanoss 等，1989；Wu，1971a，1971b，1989），这些数据具有相同的表征方法（接触角和几何平均假设；Owens 和 Wendt，1969）。然后使用前面提到的"最优实践"方法，使用 PLS 和 SVM 回归方法训练和验证 MQSPR 模型。为了最小化偶然相关性，建立 100 个"自举"模型对测试集中所有聚合物和纳米颗粒值进行预测。完成这一过程的步骤如第 3 节所述。

发现一个由 20 个单体表示的聚合物分子可以充分代表分子性质，对构象敏感的能量参数随着聚合度的增加而收敛。还发现用 EP 和 ALP 描述符可以对极

性分量预测最好（$r^2=0.62$）。使用 EP 和局部平均电离电位描述符，对表示瞬时偶极相互作用强度的色散分量预测最好（$r^2=0.88$）。

[408]

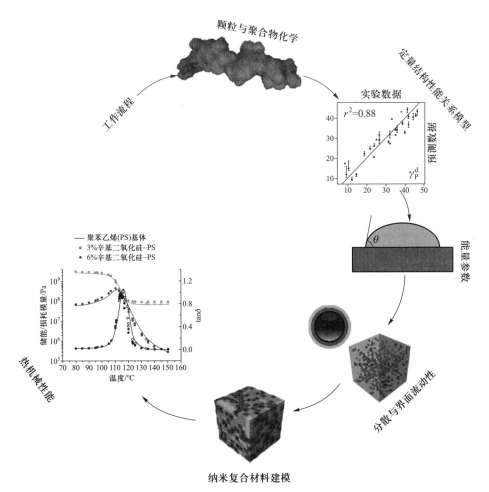

图 16.10 MQSPR 如何为更传统的计算材料技术（如有限元法）提供必要的输入参数的应用范例。本例中，先用 MQSPR 预测聚合物基体和纳米颗粒填充物的性能，最终得到复合材料的 tan δ 曲线

现在物质的表面能已经可以预测，如果可以得到表面能及分散性的定量描述符与中间相性能之间的相关关系，那么第二关键的跨长度尺度的实现就是可能的。我们用实验获得的数据，分别训练表示这些相关性的模型。我们研究一个选定的纳米复合物的集合，这个集合囊括了种类众多的颗粒与聚合物的相互作用，包括氯丙基二甲基甲氧基硅烷、辛基二甲基甲氧基硅烷和氨丙基二甲基乙氧基硅烷改性的 14 nm 胶体二氧化硅纳米颗粒以 3wt%（质量分数）和 8wt%

[409] 嵌入聚甲基丙烯酸甲酯(PMMA)、聚苯乙烯(PS)、聚甲基丙烯酸乙酯(PEMA)或聚(2-乙烯基吡啶)(P2VP)后形成的样本。通过对透射电子显微图像的分析可以获取分散形态，平均颗粒间距离(r_d)和平均簇尺寸(r_c)的定量描述符。参数r_d和r_c进而代入与体积分数相关的两点相关函数中，两点相关函数可描述分散状态并且可以用于重构统计意义上等效的分散模型(Jiao 等，2007)。然后用动态扫描量热法和动态力学分析分别获得相应的T_g值和黏弹性响应。我们假设填料对聚合物的平衡接触角(θ)和相对黏附功(ΔW_a)决定了分散状态。此外，假设界面聚合物对颗粒的吸引力高于它对本身主体的吸引力，则这个相对高出的引力大小决定了聚合物的界面迁移率。该效应可用一个称为扩散功(W_s)的术语描述，扩散功是聚合物与颗粒的黏附功和聚合物与其自身的内聚功之间的差。更早一些的工作(Stockelhuber 等，2010；Vajrasthira 等，2003；Wang，1998)详细讨论了将这些参数与色散分量和极性分量联系起来的方程。可以注意到，当$\theta=0°$和ΔW_a取较小的值时，色散分量预测良好，当$\theta>0°$时则明显变差。当W_s为正数时，预期会引起T_g的增加，而当W_s是负数时，则表明同样的分散状态在减少。好的分散意味着有较高的表面-体积比，因此相同W_s下，预期的T_g会有更大的改变。

我们发现实验结果与这些假设本质上是一致的。可以从图像分析中观察到，对于$\theta>0°$的复合材料，r_d和r_c的值较大，而对于$\theta=0°$的复合材料，可以看到r_d和r_c明显较小。当$\theta=0°$时，当ΔW_a值较大时，更多的颗粒会聚集。还发现T_g变化的方向与W_s的符号一致。无量纲参数x_{corr}被定义为θ和ΔW_a的函数，解释了分散假设的细微差别。r_d和r_c与能量参数相关，相关系数通过做实验确定是x_{corr}的函数。用这些函数可以得到统计意义下的等效模型，利用表面能的预测值重构复合物。重构执行过程是将粒子放置在模拟箱中，运行退火算法直到满足具体的两点相关函数为止(Yeong 和 Torquato，1998)。重建结束后，选择一个系[410]统(具有3wt%氯功能型硅烷改性二氧化硅的PS)作为训练系统以研究界面性质。产生一个选定厚度的改变T_g的两层梯度界面(Qiao 等，2011；Watcharotone 等，2011)。将 FEA 模拟出的ΔT_g与在单个训练系统做实验得到的ΔT_g进行匹配，从而确定界面层的变化量(S_d)。根据经验，发现S_d是扩散功W_s的函数。这个函数也可应用在其他重构系统的界面层。应用这个组合工作流程的有限元分析(FEA)结果表明，模拟的ΔT_g值和实验的ΔT_g值之间有很好的匹配。甚至黏弹性响应的模拟值也被发现与实验值有非常好的匹配。本示例成功地展示了一种新的范例，即 MQSPR 建模与基于物理学的方法相结合来预测聚合物纳米复合材料的热机械性能。这种组合的方法对材料领域具有深远的影响，并为科学家打开一扇实现材料虚拟设计的未来协作之门。

5. 材料信息应用的未来

正如我们在本章描述的那样,我们利用制药应用领域的强有力的经验,收集了合理应用启发式和描述符驱动模型的大量知识,并将该领域定义的"最佳实践"方法应用于材料信息学领域,取得了类似的成功。如第 4 节所示,在一个预测任务中,MQSPR 与物理模型相结合的协同方法表现出特殊的前景。随着材料基因组计划的持续推进,高质量数据的可用性和有效建模工具的需求将以指数级增长,材料信息领域将做好准备迎接这一挑战。

参 考 文 献 [411-422]

Abraham, M. H., Green, C. E., Acree, W. E., 2000. Correlation and prediction of the solubility of Buckminster-fullerene in organic solvents; estimation of some physicochemical properties. J. Chem. Soc. Perkin Trans. 2(2), 281-286.

Afantitis, A., Melagraki, G., Sarimveis, H., Koutentis, P. A., Markopoulos, J., Igglessi-Markopoulou, O., 2006. Prediction of intrinsic viscosity in polymer-solvent combinations using a QSPR model. Polymer 47(9), 3240-3248.

Bader, R. F. W., Nguyendang, T. T., Tal, Y., 1979a. Quantum topology of molecular charge-distributions. 2. Molecular-structure and its change. J. Chem. Phys. 70(9), 4316-4329.

Bader, R. F. W., Anderson, S. G., Duke, A. J., 1979b. Quantum topology of molecular charge-distributions. 1. J. Am. Chem. Soc. 101(6), 1389-1395.

Bajorath, J., Peltason, L., Wawer, M., Guha, R., Lajiness, M. S., Van Drie, J. H., 2009. Navigating structure-activity landscapes. Drug Discov. Today 14(13-14), 698-705.

Balaban, A. T., 1983. Topological indexes based on topological distances in molecular graphs. Pure Appl. Chem. 55(2), 199-206.

Balaban, T. S., Balaban, A. T., Bonchev, D., 2001. A topological approach to predicting properties of infinite polymers. Part VI. Rational formulas for the normalized Wiener index and a comparison with index J. J. Mol. Struct. -Theochem. 535, 81-92.

Baumes, L. A., Serra, J. M., Serna, P., Corma, A., 2006. Support vector machines for predictive modeling in heterogeneous catalysis: a comprehensive introduction and overfitting investigation based on two real applications. J. Comb. Chem. 8(4), 583-596.

Benigni, R., Giuliani, A., Passerini, L., 2001. Infrared spectra as chemical descriptors for QSAR models. J. Chem. Inf. Comput. Sci. 41(3), 727-730.

Berta, D., 2003. Formulating plastics for paint adhesion. In: Ryntz, R. A., Yaneff, P. V. (Eds.), Coatings of Polymers and Plastics. CRC Press.

Bertinetto, C. G., Duce, C., Micheli, A., Solaro, R., Tine, M. R., 2010. QSPR analysis of copolymers by recursive neural networks：prediction of the glass transition temperature of (meth) acrylic random copolymers. Mol. Inform. 29(8-9),635-643.

Bicerano,J. ,1996. Prediction of Polymer Properties,second ed. Marcel Dekker,New York.

Borsboom, D. , Mellenbergh, G. J. , van Heerden, J. , 2003. The theoretical status of latent variables. Psychol. Rev. 110(2),203-219.

Bortolotti, M. , Brugnara, M. , Della Volpe, C. , Maniglio, D. , Siboni, S. , 2006. Molecular connectivity methods for the characterization of surface energetics of liquids and polymers. J. Colloid Interf. Sci. 296(1),292-308.

Breneman C. M. ,Thompson,T. R. ,Rhem,M. ,Dung,M. ,1995. Electron-density modeling of large systems using the transferable atom equivalent method. Comput. Chem. 19(3),75-79, 161-173.

Breneman,C.M. ,Sundling, C. M. ,Sukumar,N. ,Shen,L. L. ,Katt,W. P. ,Embrechts,M. J. , 2003. New developments in PEST shape/property hybrid descriptors. J. Comput. Aid. Mol. Des. 17(2),231-240.

Brown,A. C. F. , Fraser, T. R. , 1868. On the connection between chemical constitution and physiological action. Part 1. On the physiological action of the ammonium bases,derived from Strychia,Brucia,Thebaia,Codeia,Morphia and Nicotia. Trans. R. Soc. Edinb. 2(2),224-242.

Brown,W. M. ,Martin,S. ,Rintoul,M. D. ,Faulon,J. L. ,2006. Designing novel polymers with targeted properties using the signature molecular descriptor brown. J. Chem. Inf. Model. 46 (2),826-835.

Burello, E. , Worth, A. , 2011a. Computational nanotoxicology predicting toxicity of nanoparticles. Nat. Nanotechnol. 6(3),138-139.

Burello,E. , Worth, A. P. , 2011b. A theoretical framework for predicting the oxidative stress potential of oxide nanoparticles. Nanotoxicology 5(2),228-235.

Burello,E. , Farrusseng, D. , Rothenberg, G. , 2004. Combinatorial explosion in homogeneous catalysis：screening 60,000 cross-coupling reactions. Adv. Synth. Catal. 346(13-15), 1844-1853.

Cai,K. ,Xia,J. T. ,Li,L. T. ,Gui,Z. L. ,2005. Analysis of the electrical properties of PZT by a BP artificial neural network. Comp. Mater. Sci. 34(2),166-172.

Camacho-Zuniga,C. ,Ruiz-Trevino,F. A. ,2003. A new group contribution scheme to estimate the glass transition temperature for polymers and diluents. Ind. Eng. Chem. Res 42(7), 1530-1534.

Cao,C. Z. , Liu, L. , 2004. Topological steric effect index and its application. J. Chem. Inf. Comput. Sci. 44(2),678-687.

Carrera,G. V. S. M. ,Branco,L. C. ,Aires-De-Sousa,J. ,Afonso,C. A. M. ,2008. Exploration of quantitative structure-property relationships(QSPR)for the design of new guanidinium ionic liquids. Tetrahedron 64(9),2216-2224.

Carroll, F. I. , Gao, Y. G. , Rahman, M. A. , Abraham, P. , Parham, K. , Lewin, A. H. , et al. , 1991. Synthesis, ligand – binding, QSAR, and COMFA study of 3 – beta – (parasubstituted phenyl) tropane–2–beta–carboxylic acid methyl–esters. J. Med. Chem. 34(9), 2719–2725.

Casci, J. L. , Shannon, M. D. , 2002. Quantitative structure–activity relationships in zeolite–based catalysts; influence of framework structure. Sci. Bases Prep. Heterogeneous Catalysts 143, 17–24.

Chen, J. J. , Tsai, C. A. , Young, J. F. , Kodell, R. L. , 2005. Classification ensembles for unbalanced class sizes in predictive toxicology. SAR QSAR Environ. Res. 16(6), 517–529.

Cheng, Y. Y. , Yuan, H. , 2006. Quantitative study of electrostatic and steric effects on physicochemical property and biological activity. J. Mol. Graph. Model. 24(4), 219–226.

Connolly, M. L. , 1983. Solvent–accessible surfaces of proteins and nucleic–acids. Science 221 (4612), 709–713.

Consonni, V. , Todeschini, R. , Pavan, M. , Gramatica, P. , 2002. Structure/response correlations and similarity/diversity analysis by GETAWAY descriptors. 2. Application of the novel 3D molecular descriptors to QSAR/QSPR studies. J. Chem. Inf. Comput. Sci. 42(3), 693–705.

Cronin, M. T. D. , Schultz, T. W. , 2003. Pitfalls in QSAR. J. Mol. Struct. Theochem. 622(1–2), 39–51.

Cruz, V. , Ramos, J. , Munoz–Escalona, A. , Lafuente, P. , Pena, B. , Martinez–Salazar, J. , 2004. 3D–QSAR analysis of metallocene–based catalysts used in ethylene polymerisation. Polymer 45(6), 2061–2072.

Cruz, V. L. , Ramos, J. , Martinez, S. , Munoz – Escalona, A. , Martinez – Salazar, J. , 2005. Structure – activity relationship study of the metallocene catalyst activity in ethylene polymerization. Organometallics 24(21), 5095–5102.

Cruz, V. L. , Martinez, J. , Martinez–Salazar, J. , Ramos, J. , Reyes, M. L. , Toro – Labbe, A. , et al. , 2007a. QSAR model for ethylene polymerisation catalysed by supported bis(imino) pyridine iron complexes. Polymer 48(26), 7672–7678.

Cruz, V. L. , Martinez, S. , Martinez–Salazar, J. , Polo–Ceron, D. , Gomez–Ruiz, S. , Fajardo, M. , et al. , 2007b. 3D – QSAR study of ANSA – metallocene catalytic behavior in ethylene polymerization. Polymer 48(16), 4663–4674.

Cypcar, C. C. , Camelio, P. , Lazzeri, V. , Mathias, L. J. , Waegell, B. , 1996. Prediction of the glass transition temperature of multicyclic and bulky substituted acrylate and methacrylate polymers using the energy, volume, mass (EVM) QSPR model. Macromolecules 29 (27), 8954–8959.

Danauskas, S. M. , Jurs, P. C. , 2001. Prediction of C – 60 solubilities from solvent molecular structures. J. Chem. Inf. Comput. Sci. 41(2), 419–424.

Das, S. , Kokardekar, A. , Breneman, C. M. , 2009. Rapid comparison of protein binding site surfaces with property encoded shape distributions. J. Chem. Inf. Model. 49 (12), 2863 – 2872.

Diudea, M. V. , Horvath, D. , Graovac, A. , 1995. Molecular topology. 15. 3D distance matrices and related topological indexes. J. Chem. Inf. Comput. Sci. 35(1) ,129–135.

Drummond, M. L. , Sumpter, B. G. , 2007. Use of drug discovery tools in rational organometallic catalyst design. Inorg. Chem. 46(21) ,8613–8624.

Duce, C. , Micheli, A. , Solaro, R. , Starita, A. , Tine, M. R. , 2009. Recursive neural networks prediction of glass transition temperature from monomer structure：an application to acrylic and methacrylic polymers. J. Math. Chem. 46(3) ,729–755.

Durant, J. L. , Leland, B. A. , Henry, D. R. , Nourse, J. G. , 2002. Reoptimization of MDL keys for use in drug discovery. J. Chem. Inf. Comput. Sci. 42(6) ,1273–1280.

Durdagi, S. , Mavromoustakos, T. , Chronakis, N. , Papadopoulos, M. G. , 2008a. Computational design of novel fullerene analogues as potential HIV–1 PR inhibitors：analysis of the binding interactions between fullerene inhibitors and HIV–1 PR residues using 3D QSAR, molecular docking and molecular dynamics simulations. Bioorg. Med. Chem. 16(23) ,9957–9974.

Durdagi, S. , Mavromoustakos, T. , Papadopoulos, M. G. , 2008b. 3D QSAR CoMFA/CoMSIA, molecular docking and molecular dynamics studies of fullerene–based HIV–1 PR inhibitors. Bioorg. Med. Chem. Lett. 18(23) ,6283–6289.

Ebnesajjad, S. , Ebnesajjad, C. F. , 2006. Surface Treatment of Materials for Adhesion Bonding. William Andrew, Norwich, NY.

Fadeev, A. Y. , McCarthy, T. J. , 1999. Trialkylsilane monolayers covalently attached to silicon surfaces：wettability studies indicating that molecular topography contributes to contact angle hysteresis. Langmuir 15(11) ,3759–3766.

Falsafi, A. , Mangipudi, S. , Owen, M. , 2007. Surface and interfacial properties. In：Mark, J. (Ed.), Physical Properties of Polymers Handbook. Springer, New York, pp. 1011–1020.

Farrusseng, D. , Klanner, C. , Baumes, L. , Lengliz, M. , Mirodatos, C. , Schuth, F. , 2005. Design of discovery libraries for solids based on QSAR models. QSAR Comb. Sci. 24(1) ,78–93.

Fayet, G. , Raybaud, P. , Toulhoat, H. , de Bruin, T. , 2009. Iron bis (arylimino) pyridine precursors activated to catalyze ethylene oligomerization as studied by DFT and QSAR approaches. J. Mol. Struct. Theochem. 903(1–3) ,100–107.

Fayet, G. , Jacquemin, D. , Wathelet, V. , Perpete, E. A. , Rotureau, P. , Adamo, C. , 2010. Excited–state properties from ground–state DFT descriptors：a QSPR approach for dyes. J. Mol. Graph. Model. 28(6) ,465–471.

Feldstein, M. M. , Siegel, R. A. , 2012. Molecular and nanoscale factors governing pressure–sensitive adhesion strength of viscoelastic polymers. J. Polym. Sci. Polym. Phys. 50 (11), 739–772.

Ferguson, A. M. , Heritage, T. , Jonathon, P. , Pack, S. E. , Phillips, L. , Rogan, J. , et al. , 1997. EVA：a new theoretically based molecular descriptor for use in QSAR/QSPR analysis. J. Comput. Aid. Mol. Des. 11(2) ,143–152.

Fourches, D. , Pu, D. Q. Y. , Tassa, C. , Weissleder, R. , Shaw, S. Y. , Mumper, R. J. , et al. ,

2010. Quantitative nanostructure-activity relationship modeling. ACS Nano. 4(10),5703-5712.

Fourches, D., Pu, D. Q. Y., Tropsha, A., 2011. Exploring quantitative nanostructure-activity relationships(QNAR) modeling as a tool for predicting biological effects of manufactured nanoparticles. Comb. Chem. High Throughput Screen. 14(3),217-225.

Froufe, H. J. C., Abreu, R. M. V., Ferreira, I. C. F. R., 2009. A QCAR model for predicting antioxidant activity of wild mushrooms. SAR QSAR Environ. Res. 20(5-6),579-590.

Fu, G. F., Vary, P. S., Lin, C. T., 2005. Anatase TiO_2 nanocomposites for antimicrobial coatings. J. Phys. Chem. B 109(18),8889-8898.

Gani, R., Tzouvaras, N., Rasmussen, P., Fredenslund, A. A., 1989. Prediction of gas solubility and vapor-liquid-equilibria by group contribution. Fluid Phase Equilib. 47(2-3),133-152.

Gharagheizi, F., 2007. QSPR analysis for intrinsic viscosity of polymer solutions by means of GA-MLR and RBFNN. Comput. Mater. Sci. 40(1),159-167.

Ghose, A. K., Viswanadhan, V. N., Wendoloski, J. J., 1998. Prediction of hydrophobic (lipophilic)properties of small organic molecules using fragmental methods: an analysis of ALOGP and CLOGP methods. J. Phys. Chem. A 102(21),3762-3772.

Gong, Z. G., Zhang, R. S., Xia, B. B., Hu, R. J., Fan, B. T., 2008. Study of nematic transition temperatures in themotropic liquid crystal using heuristic method and radial basis function neural networks and support vector machine. QSAR Comb. Sci. 27(11-12),1282-1290.

Guo, D., Wang, Y. L., Nan, C., Li, L. T., Xia, J. T., 2002a. Application of artificial neural network technique to the formulation design of dielectric ceramics. Sensor Actuat. A Phys. 102(1-2),93-98.

Guo, D., Wang, Y. L., Xia, J. T., Li, L. T., Gui, Z. L., 2002b. Application of artificial neural network(ANN)technique to the formulation design of $BaTiO_3$ dielectric ceramics. J. Inorg. Mater. 17(4),845-851.

Guo, D., Wang, Y. L., Xia, J. T., Nan, C., Li, L. T., 2002c. Investigation of $BaTiO_3$ formulation: an artificial neural network(ANN)method. J. Eur. Ceram. Soc. 22(11),1867-1872.

Hall, L. H., Kier, L. B., 1977. Structure-activity studies using valence molecular connectivity. J. Pharm. Sci. 66(5),642-644.

Hamerton, I., Howlin, B. J., Larwood, V., 1995. Development of quantitative structure-property relationships for poly(arylene ether)s. J. Mol. Graph. 13(1),14-17.

Hammett, L. P., 1937. The effect of structure upon the reactions of organic compounds: benzene derivatives. J. Am. Chem. Soc. 59(1),96-103.

Hansch, C., Streich, M., Geiger, F., Muir, R. M., Maloney, P. P., Fujita, T., 1963. Correlation of biological activity of plant growth regulators and chloromycetin derivatives with Hammett constants and partition coefficients. J. Am. Chem. Soc. 85(18),2817-2824.

Hattori, T. , Kito, S. , 1995. Neural – network as a tool for catalyst development. Catal. Today 23 (4) ,347–355.

Hawkins, D. M. , 2004. The problem of overfitting. J. Chem. Inf. Comput. Sci. 44 (1) ,1–12.

Hemmateenejad, B. , Sanchooli, M. , Mehdipour, A. , 2009. Quantitative structure – reactivity relationship studies on the catalyzed Michael addition reactions. J. Phys. Org. Chem. 22 (6) , 613–618.

Heymann, D. , 1996. Solubility of fullerenes C–60 and C–70 in seven normal alcohols and their deduced solubility in water. Fullerene Sci. Technol. 4 (3) ,509–515.

Holder, A. J. , Liu, Y. , 2010. A quantum mechanical quantitative structure–activity relationship study of the flexural modulus of C, H, O, N–containing polymers. Dent. Mater. 26 (9) ,840– 847.

Holder, A. J. , Ye, L. , Eick, J. D. , Chappelow, C. C. , 2006. A quantum – mechanical QSAR model to predict the refractive index of polymer matrices. QSAR Comb. Sci. 25 (10) ,905– 911.

Hopfinger, A. J. , Koehler, M. G. , Pearlstein, R. A. , Tripathy, S. K. , 1988. Molecular modeling of polymers. 4. Estimation of glass – transition temperatures. J. Polym. Sci. Polym. Phys. 26 (10) ,2007–2028.

Horng, P. , Brindza, M. R. , Walker, R. A. , Fourkas, J. T. , 2010. Behavior of organic liquids at bare and modified silica interfaces. J. Phys. Chem. C 114 (1) ,394–402.

Hou, Z. Y. , Dai, Q. L. , Wu, X. Q. , Chen, G. T. , 1997. Artificial neural network aided design of catalyst for propane ammoxidation. Appl. Catal. A Gen. 161 (1–2) ,183–190.

Huang, K. , Chen, F. Q. , Lu, D. W. , 2001. Artificial neural network – aided design of a multi – component catalyst for methane oxidative coupling. Appl. Catal. A Gen. 219 (1–2) ,61–68.

Ivanciuc, O. , Ivanciuc, T. , Balaban, A. T. , 1998. Design of topological indices. Part 10. Parameters based on electronegativity and covalent radius for the computation of molecular graph descriptors for heteroatom–containing molecules. J. Chem. Inf. Comput. Sci. 38 (3) , 395–401.

Jain, A. K. , Murty, M. N. , Flynn, P. J. , 1999. Data clustering: a review. ACM Comput. Surv. 31 (3) ,264–323.

Janczuk, B. , Bialopiotrowicz, T. , Wojcik, W. , 1989. The components of surface – tension of liquids and their usefulness in determinations of surface free – energy of solids. J. Colloid Interf. Sci. 127 (1) ,59–66.

Jia, N. , McLaughlin, K. W. , 2004. Fibonacci trees: a study of the asymptotic behavior of Balaban's index. Match Commun. Math. Co. 51 ,79–95.

Jiao, Y. , Stillinger, F. H. , Torquato, S. , 2007. Modeling heterogeneous materials via two–point correlation functions: basic principles. Phys. Rev. E 76 ,3.

Katritzky, A. R. , Rachwal, P. , Law, K. W. , Karelson, M. , Lobanov, V. S. , 1996. Prediction of polymer glass transition temperatures using a general quantitative structure – property relationship treatment. J. Chem. Inf. Comput. Sci. 36(4),879-884.

Katritzky,A. R. ,Lomaka,A. ,Petrukhin,R. ,Jain,R. ,Karelson,M. ,Visser,A. E. ,et al. , 2002. QSPR correlation of the melting point for pyridinium bromides,potential ionic liquids. J. Chem. Inf. Comput. Sci. 42(1),71-74.

Khan,A. ,Shamsi,M. H. ,Choi,T. S. ,2009. Correlating dynamical mechanical properties with temperature and clay composition of polymer – clay nanocomposites. Comp. Mater. Sci. 45 (2),257-265.

Kier,L. B. ,1989. An index of molecular flexibility from kappa–shape attributes. Quant. Struct. – Act. Rel 8(3),221-224.

Kier,L. B. ,Hall,L. H. ,1981. Derivation and significance of valence molecular connectivity. J. Pharm. Sci. 70(6),583-589.

Kier,L. B. ,Hall,L. H. ,Frazer,J. W. ,1991. An index of electrotopological state for atoms in molecules. J. Math. Chem. 7(1-4),229-241.

Kiss,I. Z. ,Mandi,G. ,Beck,M. T. ,2000. Artificial neural network approach to predict the solubility of C−60 in various solvents(vol 104A,pg 8087,2000). J. Phys. Chem. A 104 (46),10994.

Kitazaki,Y. ,Hata,T. ,1972. Extension of Fowkes' equation and estimation of surface tension of polymer solids. J. Adhes. Soc. Japan 8(3),131-141.

Klanner,C. ,Farrusseng,D. ,Baumes,L. ,Lengliz,M. ,Mirodatos,C. ,Schuth,F. ,2004. The development of descriptors for solids:teaching "catalytic intuition" to a computer. Angew. Chem. Int. Ed. 43(40),5347-5349.

Klema,V. C. ,Laub,A. J. ,1980. The singular value decomposition–Its computation and some applications. IEEE Trans. Automat. Contr. 25(2),164-176.

Koehler,M. G. ,Hopfinger,A. J. ,1989. Molecular modeling of polymers. 5. Inclusion of intermolecular energetics in estimating glass and crystal – melt transition temperatures. Polymer 30(1),116-126.

Kovarich,S. ,Papa,E. ,Gramatica,P. ,2011. QSAR classification models for the prediction of endocrine disrupting activity of brominated flame retardants. J. Hazard Mater. 190(1-3), 106-112.

Krein,M. P. ,Das,S. ,Embrechts,M. J. ,Natarajan,B. ,Schadler,L. ,Breneman,C. M. ,2010. Development of property–encoded shape distribution descriptors for the robust prediction of polymer glass transition temperatures. Abstr. Pap. Am. Chem. Soc. ,240.

Krein,M. ,Huang,T. – W. ,Morkowchuk,L. ,Agrafiotis,D. K. ,Breneman,C. M. ,2012. Developing best practices for descriptor–based property prediction:appropriate matching of datasets, descriptors, methods, and expectations. Statistical Modelling of Molecular Descriptors in QSAR/QSPR. Wiley–VCH,33-64.

Krishnamoorti,R. ,Vaia,R. A. ,2007. Polymer nanocomposites. J. Polym. Sci. Polym. Phys. 45 (24),3252-3526.

Kumar, S. K., Krishnamoorti, R., 2010. Nanocomposites: structure, phase behavior, and properties. Annu. Rev. Chem. Biomol. 1,37–58.

Labban, A. K. S., Marcus, Y., 1997. The solubility and solvation of salts in mixed nonaqueous solvents. 2. Potassium halides in mixed protic solvents. J. Solution Chem. 26(1),1–12.

Lindgren, F., Sjöström, M., Berglind, R., Nyberg, B., 1996. Modelling of the biological activity for a set of ceramic fibre materials: a QSAR study. SAR QSAR Environ. Res. 5(4),299–310.

Liu, A. H., Wang, X. Y., Wang, L., Wang, H. L., 2007. Prediction of dielectric constants and glass transition temperatures of polymers by quantitative structure property relationships. Eur. Polym. J. 43(3),989–995.

Liu, H. X., Yao, X. J., Zhang, R. S., Liu, M. C., Hu, Z. D., Fan, B. T., 2005. Accurate quantitative structure–property relationship model to predict the solubility of C–60 in various solvents based on a novel approach using a least–squares support vector machine. J. Phys. Chem. B 109(43),20565–20571.

Liu, P. X., Long, W., 2009. Current mathematical methods used in QSAR/QSPR studies. Int. J. Mol. Sci. 10(5),1978–1998.

Liu, R., Rallo, R., George, S., Ji, Z. X., Nair, S., Nel, A. E., et al., 2011. Classification nanoSAR development for cytotoxicity of metal oxide nanoparticles. Small 7(8),1118–1126.

Liu, W. Q., 2010. Prediction of glass transition temperatures of aromatic heterocyclic polyimides using an ANN model. Polym. Eng. Sci. 50(8),1547–1557.

Liu, W. Q., Yi, P. G., Tang, Z. L., 2006. QSPR models for various properties of polymethacrylates based on quantum chemical descriptors. QSAR Comb. Sci. 25(10),936–943.

Luo, Q., Sukumar, N., Breneman, C. M., Bennett, K., Embrechts, M. J., 2002. Prediction of glass transition temperatures for polymers using the TAE/RECON method. Abstr. Pap. Am. Chem. Soc. 224,U497–U.

Lusvardi, G., Malavasi, G., Menabue, L., Menziani, M. C., Pedone, A., Segre, U., 2007. Density of multicomponent silica–based potential bioglasses: quantitative structure–property relationships(QSPR) analysis. J. Eur. Ceram. Soc. 27(2–3),499–504.

Maggiora, G. M., 2006. On outliers and activity cliffs–Why QSAR often disappoints. J. Chem. Inf. Model. 46(4),1535.

Makitra, R. G., Pristanskii, R. E., Flyunt, R. I., 2003. Solvent effects on the solubility of C–60 fullerene. Russ. J. Gen. Chem. 73(8),1227–1232.

Mallakpour, S., Hatami, M., Golmohammadi, H., 2010. Prediction of inherent viscosity for polymers containing natural amino acids from the theoretical derived molecular descriptors. Polymer 51(15),3568–3574.

Mangiameli, P., Chen, S. K., West, D., 1996. A comparison of SOM neural network and hierarchical clustering methods. Eur. J. Oper. Res. 93(2),402-417.

Marcus,Y.,Smith,A. L.,Korobov,M. V.,Mirakyan,A. L.,Avramenko,N. V.,Stukalin,E. B.,2001. Solubility of C-60 fullerene. J. Phys. Chem. B 105(13),2499-2506.

Martin,D.,Maran,U.,Sild,S.,Karelson,M.,2007. QSPR modeling of solubility of polyaromatic hydrocarbons and fullerene in 1-octanol and n-heptane. J. Phys. Chem. B 111(33),9853-9857.

Martin,D.,Sild,S.,Maran,U.,Karelson,M.,2008. QSPR modeling of the polarizability of polyaromatic hydrocarbons and fullerenes. J. Phys. Chem. C 112(13),4785-4790.

Martin,Y. C.,Kofron,J. L.,Traphagen,L. M.,2002. Do structurally similar molecules have similar biological activity? J. Med. Chem. 45(19),4350-4358.

McGregor,M. J.,Muskal,S. M.,1999. Pharmacophore fingerprinting. 1. Application to QSAR and focused library design. J. Chem. Inf. Comput. Sci. 39(3),569-574.

Mezey,P. G.,1999. The holographic electron density theorem and quantum similarity measures. Mol. Phys. 96(2),169-178.

Moliner,M.,Serra,J. M.,Corma,A.,Argente,E.,Valero,S.,Botti,V.,2005. Application of artificial neural networks to high-throughput synthesis of zeolites. Micropor. Mesopor. Mater 78(1),73-81.

Moriguchi,I.,Hirono,S.,Liu,Q.,Nakagome,I.,Matsushita,Y.,1992. Simple method of calculating octanol water partition coefficient. Chem. Pharm. Bull. 40(1),127-130.

Moriguchi,I.,Hirono,S.,Nakagome,I.,Hirano,H.,1994. Comparison of reliability of Log-P values for drugs calculated by several methods. Chem. Pharm. Bull. 42(4),976-978.

Morrill,J. A.,Jensen,R. E.,Madison,P. H.,Chabalowski,C. F.,2004. Prediction of the formulation dependence of the glass transition temperatures of amine-epoxy copolymers using a QSPR based on the AM1 method. J. Chem. Inf. Comput. Sci. 44(3),912-920.

Murray,J. S.,Gagarin,S. G.,Politzer,P.,1995. Representation of C-60 solubilities in terms of computed molecular-surface electrostatic potentials and areas. J. Phys. Chem. -Us 99(32),12081-12083.

Naim,J. O.,Vanoss,C. J.,1992. The effect of hydrophilicity-hydrophobicity and solubility on the immunogenicity of some natural and synthetic-polymers. Immunol. Invest. 21(7),649-662.

Nikolova,N.,Jaworska,J.,2004. Approaches to measure chemical similarity-A review. QSAR Comb. Sci. 22(9-10),1006-1026.

Nowlin,T. E.,Smith,D. F.,1980. Surface characterization of plasma-treated poly-p-xylylene films. J. Appl. Polym. Sci. 25(8),1619-1632.

Oishi,T.,Prausnitz,J. M.,1978. Estimation of solvent activities in polymer-solutions using a group-contribution method. Ind. Eng. Chem. Proc. Des. Dev. 17(3),333-339.

Olivares-Amaya,R.,Amador-Bedolla,C.,Hachmann,J.,Atahan-Evrenk,S.,Sanchez-Carrera,R. S.,Vogt,L.,et al.,2011. Accelerated computational discovery of high-performance materials for organic photovoltaics by means of cheminformatics. Energ. Environ. Sci. 4(12),4849-4861.

Owens,D. K. ,Wendt,R. C. ,1969. Estimation of the surface free energy of polymers. J. Appl. Polym. Sci. 13(8),1741-1747.

Papa,E. , Kovarich,S. , Gramatica,P. ,2010. QSAR modeling and prediction of the endocrine-disrupting potencies of brominated flame retardants. Chem. Res. Toxicol. 23(5),946-954.

Patel, H. C. , Tokarski, J. S. , Hopfinger, A. J. , 1997. Molecular modeling of polymers. 16. Gaseous diffusion in polymers: a quantitative structure - property relationship (QSPR) analysis. Pharmaceut. Res. 14(10),1349-1354.

Patterson,D. E. , Cramer, R. D. , Ferguson, A. M. , Clark, R. D. , Weinberger, L. E. , 1996. Neighborhood behavior: a useful concept for validation of "molecular diversity" descriptors. J. Med. Chem. 39(16),3049-3059.

Polanski,J. , Bak, A. , 2003. Modeling steric and electronic effects in 3D - and 4D - QSAR schemes: predicting benzoic pK(a) values and steroid CBG binding affinities. J. Chem. Inf. Comput. Sci. 43(6),2081-2092.

Popelier,P. L. A. , 1999. Quantum molecular similarity. 1. BCP space. J. Phys. Chem. A 103 (15),2883-2890.

Puzyn, T. , Rasulev, B. , Gajewicz, A. , Hu, X. K. , Dasari, T. P. , Michalkova, A. , et al. ,2011. Using nano-QSAR to predict the cytotoxicity of metal oxide nanoparticles. Nat. Nanotechnol. 6(3),175-178.

Qiao,R. , Deng, H. , Putz, K. W. , Brinson, L. C. , 2011. Effect of particle gglomeration and interphase on the glass transition temperature of polymer nanocomposites. J. Polym. Sci. Polym. Phys. 49(10),740-748.

Rajan,K. ,2010. Data mining and inorganic crystallography. Struct. Bond. 134,59-87.

Roy,K. ,2004. Topological descriptors in drug design and modeling studies. Mol. Divers. 8(4),321-323.

Ruoff,R. S. ,Tse,D. S. ,Malhotra,R. , Lorents,D. C. ,1993. Solubility of C-60 in a variety of solvents. J. Phys. Chem. -Us 97(13),3379-3383.

Sasaki,M. ,Hamada,H. , Kintaichi,Y. , Ito,T. , 1995. Application of a neural-network to the analysis of catalytic reactions analysis of no decomposition over Cu/ZSM-5 zeolite. Appl. Catal. A-Gen. 132(2),261-270.

Schadler,L. S. , Kumar, S. K. , Benicewicz, B. C. , Lewis, S. L. , Harton, S. E. , 2007. Designed interfaces in polymer nanocomposites: a fundamental viewpoint. MRS Bull. 32(4),335-340.

Schaefer,D. W. ,Justice,R. S. ,2007. How nano are nanocomposites? Macromolecules 40(24),8501-8517.

Scheidtmann,J. , Klar, D. , Saalfrank, J. W. , Schmidt, T. , Maier, W. F. , 2005. Quantitative composition activity relationships(QCAR)of Co-Ni-Mn-mixed oxide and M(1)-M-2-mixed oxide catalysts. QSAR Comb. Sci. 24(2),203-210.

Schut, J. , Bolikal, D. , Khan, I. J. , Pesnell, A. , Rege, A. , Rojas, R. , et al. , 2007. Glass transition temperature prediction of polymers through the mass-per-flexible-bond principle. Polymer 48(20), 6115-6124.

Schuur, J. H. , Selzer, P. , Gasteiger, J. , 1996. The coding of the three-dimensional structure of molecules by molecular transforms and its application to structure-spectra correlations and studies of biological activity. J. Chem. Inf. Comput. Sci. 36(2), 334-344.

Scior, T. , Medina-Franco, J. L. , Do, Q. T. , Martinez-Mayorga, K. , Rojas, J. A. Y. , Bernard, P. , 2009. How to recognize and workaround pitfalls in QSAR studies: a critical review. Curr. Med. Chem. 16(32), 4297-4313.

Scott, D. J. , Coveney, P. V. , Kilner, J. A. , Rossiny, J. C. H. , Alford, N. M. N. , 2007. Prediction of the functional properties of ceramic materials from composition using artificial neural networks. J. Eur. Ceram. Soc. 27(16), 4425-4435.

Seitz, J. T. , 1993. The estimation of mechanical-properties of polymers from molecular-structure. J. Appl. Polym. Sci. 49(8), 1331-1351.

Serra, J. M. , Baumes, L. A. , Moliner, M. , Serna, P. , Corma, A. , 2007. Zeolite synthesis modelling with support vector machines: a combinatorial approach. Comb. Chem. High Throughput Screen. 10(1), 13-24.

Shevade, A. V. , Homer, M. L. , Taylor, C. J. , Zhou, H. Y. , Jewell, A. D. , Manatt, K. S. , et al. , 2006. Correlating polymer-carbon composite sensor response with molecular descriptors. J. Electrochem. Soc. 153(11), H209-H216.

Sieg, S. , Stutz, B. , Schmidt, T. , Hamprecht, F. , Maier, W. F. , 2006. A QCAR-approach to materials modeling. J. Mol. Model. 12(5), 611-619.

Simamora, P. , Yalkowsky, S. H. , 1994. Group-contribution methods for predicting the melting points and boiling points of aromatic compounds. Ind. Eng. Chem. Res. 33(5), 1405-1409.

Sivaraman, N. , Srinivasan, T. G. , Rao, P. R. V. , Natarajan, R. , 2001. QSPR modeling for solubility of fullerene(C-60) in organic solvents. J. Chem. Inf. Comput. Sci. 41(4), 1067-1074.

Smola, A. J. , Scholkopf, B. , 2004. A tutorial on support vector regression. Stat. Comput. 14(3), 199-222.

Stahura, F. L. , Xue, L. , Godden, J. W. , Bajorath, J. , 1999. Molecular scaffold-based design and comparison of combinatorial libraries focused on the ATP-binding site of protein kinases. J. Mol. Graph. Model. 17(1), 1-9, 51-52.

Stockelhuber, K. W. , Das, A. , Jurk, R. , Heinrich, G. , 2010. Contribution of physico-chemical properties of interfaces on dispersibility, adhesion and flocculation of filler particles in rubber. Polymer 51(9), 1954-1963.

Stockelhuber, K. W. , Svistkov, A. S. , Pelevin, A. G. , Heinrich, G. , 2011. Impact of filler surface modification on large scale mechanics of styrene butadiene/silica rubber composites. Macromolecules 44(11), 4366-4381.

Sukumar, N. , Krein, M. , Luo, Q. , Breneman, C. , 2012. MQSPR modeling in materials informatics:a way to shorten design cycles? J. Mater. Sci. 47(21),7703-7715.

Sumpter, B. G. , Noid, D. W. ,1994. Neural networks and graph-theory as computational tools for predicting polymer properties. Macromol. Theor. Simul. 3(2),363-378.

Taft, R. W. ,1952. Polar and steric substituent constants for aliphatic and O-benzoate groups from rates of esterification and hydrolysis of esters. J. Am. Chem. Soc. 74(12),3120-3128.

Tan, T. T. M. , Rode, B. M. , 1996. Molecular modelling of polymers. 3. Prediction of glass transition temperatures of poly(acrylic acid), poly(methacrylic acid) and polyacrylamide derivatives. Macromol. Theor. Simul. 5(3),467-475.

Tao, P. , Li, Y. , Siegel, R. W. , Schadler, L. S. , 2013. Transparent luminescent silicone nanocomposites filled with bimodal PDMS-brush-grafted CdSe quantum dots. J. Mater. Chem. C 1(1),86-94.

Todeschini, R. , Consonni, V. ,2000. Handbook of Molecular Descriptors. Wiley-VCH.

Todeschini, R. , Gramatica, P. , 1998. New 3D molecular descriptors:the WHIM theory and QSAR applications. Perspect. Drug Discov. 9-11,355-380.

Tognetti, V. , Fayet, G. , Adamo, C. ,2010. Can molecular quantum descriptors predict the butene selectivity in nickel(II) catalyzed ethylene dimerization? A QSPR study. Int. J. Quantum Chem. 110(3),540-548.

Tokarski, J. S. , Hopfinger, A. J. , Hobbs, J. D. , Ford, D. M. , Faulon, J. L. M. , 1997. Molecular modelling of polymers. 17. Simulation and QSPR analyses of transport behavior in amorphous polymeric materials. Comput. Theor. Polym. Sci. 7(3-4),199-214.

Topliss, J. G. , Edwards, R. P. ,1979. Chance factors in studies of quantitative structure-activity relationships. J. Med. Chem. 22(10),1238-1244.

Toropov, A. A. , Leszczynski, J. ,2006. A new approach to the characterization of nanomaterials: predicting young's modulus by correlation weighting of nanomaterials codes. Chem. Phys. Lett. 433(1-3),125-129.

Toropov, A. A. , Leszczynska, D. , Leszczynski, J. ,2007a. QSPR study on solubility of fullerene C-60 in organic solvents using optimal descriptors calculated with SMILES. Chem. Phys. Lett. 441(1-3),119-122.

Toropov, A. A. , Leszczynska, D. , Leszczynski, J. ,2007b. Predicting water solubility and octanol water partition coefficient for carbon nanotubes based on the chiral vector. Comput. Biol. Chem. 31(2),127-128.

Toropov, A. A. , Rasulev, B. F. , Leszczynska, D. , Leszczynski, J. , 2007c. Additive SMILES based optimal descriptors:QSPR modeling of fullerene C-60 solubility in organic solvents. Chem. Phys. Lett. 444(1-3),209-214.

Toropov, A. A. , Leszczynska, D. , Leszczynski, J. , 2007d. Predicting thermal conductivity of nanomaterials by correlation weighting technological attributes codes. Mater. Lett. 61(26), 4777-4780.

Toropov, A. A. , Rasulev, B. F. , Leszczynska, D. , Leszczynski, J. , 2008. Multiplicative SMILES-based optimal descriptors: QSPR modeling of fullerene C(60) solubility in organic solvents. Chem. Phys. Lett. 457(4–6), 332–336.

Toropov, A. A. , Toropova, A. P. , Benfenati, E. , Leszczynska, D. , Leszczynski, J. , 2009. Additive InChI–based optimal descriptors: QSPR modeling of fullerene C–60 solubility in organic solvents. J. Math. Chem. 46(4), 1232–1251.

Toropova, A. P. , Toropov, A. A. , Benfenati, E. , Leszczynska, D. , Leszczynski, J. , 2010. QSAR modeling of measured binding affinity for fullerene–based HIV–1 PR inhibitors by CORAL. J. Math. Chem. 48(4), 959–987.

Toropova, A. P. , Toropov, A. A. , Benfenati, E. , Gini, G. , Leszczynska, D. , Leszczynski, J. , 2011. CORAL: QSPR models for solubility of [C–60] and [C–70] fullerene derivatives. Mol. Divers. 15(1), 249–256.

Trohalaki, S. , Pachter, R. , 2005. Prediction of melting points for ionic liquids. QSAR Comb. Sci. 24(4), 485–490.

Trohalaki, S. , Pachter, R. , Drake, G. W. , Hawkins, T. , 2005. Quantitative structure–property relationships for melting points and densities of ionic liquids. Energ. Fuel. 19(1), 279–284.

Tropsha, A. , 2010. Best practices for QSAR model development, validation, and exploitation. Mol. Inform. 29(6–7), 476–488.

Troshin, P. A. , Mukhacheva, O. A. , Goryachev, A. E. , Dremova, N. N. , Voylov, D. , Ulbricht, C. , et al. , 2012. Material structure–composite morphology–photovoltaic performance relationship for organic bulk heterojunction solar cells. Chem. Commun. 48(76), 9477–9479.

Turner, D. B. , Willett, P. , 2000. The EVA spectral descriptor. Eur. J. Med. Chem. 35(4), 367–375.

Ulmer, C. W. , Smith, D. A. , Sumpter, B. G. , Noid, D. I. , 1998. Computational neural networks and the rational design of polymeric materials: the next generation polycarbonates. Comput. Theor. Polym. Sci. 8(3–4), 311–321.

Vaia, R. A. , Price, G. , Ruth, P. N. , Nguyen, H. T. , Lichtenhan, J. , 1999. Polymer/layered silicate nanocomposites as high performance ablative materials. Appl. Clay Sci. 15(1–2), 67–92.

Vajrasthira, C. , Amornsakchai, T. , Bualek–Limcharoen, S. , 2003. Fiber–matrix interactions in aramid–short–fiber–reinforced thermoplastic polyurethane composites. J. Appl. Polym. Sci. 87(7), 1059–1067.

van der Heiden, M. R. , Plenio, H. , Immel, S. , Burello, E. , Rothenberg, G. , Hoefsloot, H. C. J. , 2008. Insights into Sonogashira cross–coupling by high–throughput kinetics and descriptor modeling. Chem. Eur. J. 14(9), 2857–2866.

Vanoss, C. J. , Chaudhury, M. K. , Good, R. J. , 1989. The mechanism of phase–separation of polymers in organic media–Apolar and polar systems. Separ. Sci. Technol. 24(1–2), 15–30.

Vapnik, V. , Lerner, A. , 1963. Pattern recognition using generalized portrait method. Autom. Remote Control, 24.

Varnek, A. , Kireeva, N. , Tetko, I. V. , Baskin, I. I. , Solov'ev, V. P. 2007. Exhaustive QSPR studies of a large diverse set of ionic liquids: how accurately can we predict melting points? J. Chem. Inf. Model. 47(3), 1111-1122.

Venkatraman, V. , Chakravarthy, P. R. , Kihara, D. , 2009. Application of 3D Zernike escriptors to shape-based ligand similarity searching. J. Cheminform. , 1, 19.

Verli, H. , Albuquerque, M. G. , de Alencastro, R. B. , Barreiro, E. J. , 2002. Local intersection volume: a new 3D descriptor applied to develop a 3D – QSAR pharmacophore model for benzodiazepine receptor ligands. Eur. J. Med. Chem. 37(3), 219-229.

Villanueva – Garcia, M. Gutierrez – Parra, R. N. , Martinez – Richa, A. , Robles, J. , 2005. Quantitative structure–property relationships to estimate nematic transition temperatures in thermotropic liquid crystals. J. Mol. Struct. Theochem. 727(1-3), 63-69.

Wang, M. J. , 1998. Effect of polymer–filler and filler–filler interactions on dynamic properties of filled vulcanizates. Rubber Chem. Technol. 71(3), 520-589.

Wang, Z. P. , Nelson, J. K. , Hillborg, H. , Zhao, S. , Schadler, L. S. , 2012. Graphene oxide filled nanocomposite with novel electrical and dielectric properties. Adv. Mater. 24(23), 3134-3137.

Watcharotone, S. , Wood, C. D. , Friedrich, R. , Chen, X. Q. , Qiao, R. , Putz, K. , et al. , 2011. Interfacial and substrate effects on local elastic properties of polymers using coupled experiments and modeling of nanoindentation. Adv. Eng. Mater. 13(5), 400-404.

Weaver, S. , Gleeson, N. P. , 2008. The importance of the domain of applicability in QSAR modeling. J. Mol. Graph. Model. 26(8), 1315-1326.

Whitehead, C. E. , Breneman, C. M. , Sukumar, N. , Ryan, M. D. , 2003. Transferable atom equivalent multicentered multipole expansion method. J. Comput. Chem. 24(4), 512-529.

Wiener, H. , 1947. Structural determination of paraffin boiling points. J. Am. Chem. Soc. 69(1), 17-20.

Wigum, H. , Solli, K. A. , Stovneng, J. A. , Rytter, E. , 2003. Structure–property transition–state model for the copolymerization of ethene and 1 – hexene with experimental and theoretical applications to novel disilylene–bridged zirconocenes. J. Polym. Sci. Polym. Chem. 41(11), 1622-1631.

Willighagen, E. L. , Denissen, H. M. G. W. , Wehrens, R. , Buydens, L. M. C. , 2006. On the use of H–1 and C–13 1D NMR spectra as QSPR descriptors. J. Chem. Inf. Model. 46(2), 487-494.

Wold, S. , Esbensen, K. , Geladi, P. , 1987. Principal component analysis. Chemometr. Intell. Lab. 2(1-3), 37-52.

Wold, S. , Sjostrom, M. , Eriksson, L. , 2001. PLS – regression: a basic tool of chemometrics. Chemometr. Intell. Lab. 58(2), 109-130.

Wu, S., 1971a. Interfacial energetics and polymer adhesion. Org. Coat. Plast. Chem. 31, 27–38.

Wu, S., 1971b. Calculation of interfacial tension in polymer systems. J. Polym. Sci. Polym. Symp. 34, 19–30.

Wu, S., 1989. In: Brandrup, J., Immergut, E. H. (Eds.), Polymer Handbook, third ed. Wiley-Interscience, New York, pp. 414–426.

Xu, J., Zheng, Z., Chen, B., Zhang, Q. J., 2006. A linear QSPR model for prediction of maximum absorption wavelength of second-order NLO chromophores. QSAR Comb. Sci. 25 (4), 372–379.

Xu, J., Chen, B., Liang, H., 2008a. Accurate prediction of theta (lower critical solution temperature) in polymer solutions based on 3D descriptors and artificial neural networks. Macromol. Theor. Simul. 17(2–3), 109–120.

Xu, J., Liu, H. T., Li, W. B., Zou, H. T., Xu, W. L., 2008b. Application of QSPR to binary polymer/solvent mixtures: prediction of Flory–Huggins parameters. Macromol. Theor. Simul. 17(9), 470–477.

Xu, J., Wang, L. X., Zhang, H., Yi, C. H., Xu, W. L., 2010a. Accurate quantitative structure-property relationship analysis for prediction of nematic transition temperatures in thermotropic liquid crystals. Mol. Simul. 36(1), 26–34.

Xu, J., Zhang, H., Wang, L., Liang, G. J., Wang, L. X., Shen, X. L., et al., 2010b. QSPR study of absorption maxima of organic dyes for dye-sensitized solar cells based on 3D descriptors. Spectrochim. Acta A 76(2), 239–247.

Xu, J., Zhang, H., Wang, L., Liang, G. J., Wang, L. X., Shen, X. L., 2011a. Artificial neural network-based QSPR study on absorption maxima of organic dyes for dye-sensitised solar cells. Mol. Simul. 37(1), 1–10.

Xu, J., Wang, L., Liang, G. J., Wang, L. X., Shen, X. L., 2011b. A general quantitative structure-property relationship treatment for dielectric constants of polymers. Polym. Eng. Sci. 51(12), 2408–2416.

Xu, X., Luan, F., Liu, H. T., Cheng, J. B., Zhang, X. Y., 2011. Prediction of the maximum absorption wavelength of azobenzene dyes by QSPR tools. Spectrochim. Acta A 83(1), 353–361.

Yao, S. G., Tanaka, Y., 2001. Theoretical consideration of the external donor of heterogeneous Ziegler–Natta catalysts using molecular mechanics, molecular dynamics, and QSAR analysis. Macromol. Theor. Simul. 10(9), 850–854.

Yao, S., Shoji, T., Iwamoto, Y., Kamei, E., 1999. Consideration of an activity of the metallocene catalyst by using molecular mechanics, molecular dynamics and QSAR. Comput. Theor. Polym. Sci. 9(1), 41–46.

Yegnanarayana, B., 2004. Artificial Neural Networks. PHI Learning.

Yeong, C. L. Y., Torquato, S., 1998. Reconstructing random media. II. Three-dimensional media from two-dimensiomal cuts. Phys. Rev. E 58(1), 224–233.

Yu, X. L. , Wang, X. Y. , Li, X. B. , Gao, J. W. , Wang, H. L. , 2006a. Prediction of glass transition temperatures for polystyrenes by a four-descriptors QSPR model. Macromol. Theor. Simul. 15(1), 94-99.

Yu, X. L. , Wang, X. Y. , Wang, H. L. , Liu, A. H. , Zhang, C. L. , 2006b. Prediction of the glass transition temperatures of styrenic copolymers using a QSPR based on the DFT method. J. Mol. Struct. Theochem. 766(2-3), 113-117.

Yu, X. L. , Wang, X. Y. , Wang, H. L. , Li, X. B. , Gao, J. W. , 2006c. Prediction of solubility parameters for polymers by a QSPR model. QSAR Comb. Sci. 25(2), 156-161.

Yu, X. L. , Yi, B. , Wang, X. Y. , Xie, Z. M. , 2007. Correlation between the glass transition temperatures and multipole moments for polymers. Chem. Phys. 332(1), 115-118.

Yu, X. L. , Yi, B. , Yu, W. H. , Wang, X. Y. , 2008. DFT-based quantum theory QSPR studies of molar heat capacity and molar polarization of vinyl polymers. Chem. Pap. 62(6), 623-629.

Zvinavashe, E. , Murk, A. J. , Rietjens, I. M. C. M. , 2008. Promises and pitfalls of quantitative structure-activity relationship approaches for predicting metabolism and toxicity. Chem. Res. Toxicol. 21(12), 2229-2236.

Carlos Amador-Bedolla[*], Roberto Olivares-Amaya[†], Johannes Hachmann[‡], Alán Aspuru-Guzik[‡]

[*]Facultad de Química, Universidad Nacional Autónoma de México, Mexico

[†]Department of Chemistry, Princeton University, NJ, USA

[‡]Department of Chemistry and Chemical Biology, Harvard University, MA, USA

1. 化学空间、能源来源和清洁能源项目

[423]

　　客观存在的各种分子构成的集合称为化学空间。这个空间极为巨大,目前还没有人尝试对空间的体量做出可信的估计。不过,具有特定特征的一些子空间的尺寸已经有人做出估算(Reymond 等,2012),药物样分子——与各种应用相关的大多数有机分子——的数量估计在 10^{60} 左右(Bohacek 等,1996),通过现有合成方法可获得的有机化学空间有 $10^{20} \sim 10^{24}$ 种分子(Ertl,2003)。在这个广阔的空间内,理论和实验科学家正在搜索具有可能适用于具体应用的最优服役性能的特定化合物,实验者已经开始用高通量自动方法探索这些领域,用来合成和筛选大量化合物,制药和生物技术公司在过去的二十年里引领了这方面的发展。高通量筛选(high-throughput screening, HTS)可使得每天测试的化合物达到10 000 ~ 100 000 种,紧接着是超高通量筛选,每天可筛选超过 100 000 种化合物(Mayr 和 Bojanic,2009)。HTS 也在组合材料科学中得到应用,用于开发功能材料(Potyrailo 等,2011;Xiang,2004),主要用于搜索超导材料(Xiang 等,1995)、铁

电材料（Chang 等，1998）、磁阻材料（Briceño 等，1995）、发光材料（Danielson 等，1998）、储氢材料（Olk，2005）、有机发光材料（Zou 等，2001）、太阳能电池（Hänsel 等，2002）和催化剂（Hagemeyer 等，2001）等。另外，四十年间计算能力的极快增长（没有任何其他技术在仅仅四十年里就提高了六个数量级）以及基于半经验知识和完全不依赖先验知识的计算技术方面取得的进展都促使计算型高通量筛选技术被用来搜索适合于特定应用的最佳材料，用于材料的合成（Dias，2010；Wilmer 等，2012a）（包括晶体结构预测；Hautier 等，2012）与筛选，包括能源应用领域的储氢材料（Hummelshøj 等，2009）、锂离子电池（Mueller 等，2011）、热电材料（Wang 等，2011）、有机光伏材料（Olivares-Amaya 等，2011）、催化剂（Greeley 等，2006）、光催化剂（Castelli 等，2012）和碳捕获（Wilmer 等，2012b）等。

我们可以这样认为，因为我们能够得到大量的廉价能源，这些先进的技术——理论和实验方面的高通量筛选技术——才有可能代表现代文明的全部能力。现在每天人类的能源消耗达到约 2.6 亿桶石油当量（million barrels of oil equivalent，MBOE），根据对未来二十年的经济增长的主流预期，这个数字还要增长约 40%（Conti 等，2010）。这么巨大的能源消耗增长是难以满足的。保持目前的能源供应——目前 88% 来自化石燃料的燃烧——已经有两个方面的质疑：① 能源的投资回报正在减少；② 化石燃料的继续使用将加重对全球气候变化的影响。为了满足当前和未来对能源的需求，应该重视可再生能源的开发。太阳能电池的电能是可再生能源中的杰出一员。太阳能有很大的能量潜能，而且不产生温室气体，这能够帮助缓解当前能源危机的两个问题。太阳能电池由能够吸收阳光并将其转化为电能的薄层光伏材料组成。从生产成本和转换效率之间的平衡来看，晶体硅太阳能电池比起虽然更高效但更昂贵的砷化镓器件更具优势，但是晶体硅的转换效率约为 25%，生产成本依然很高，不能撼动化石燃料的主导地位。从发现到现在仅仅二十五年的时间，有机光伏（organic photovoltaic，OPV）电池最有发展前景，因为化学合成成本低廉并且原料储量丰富。而且，有机化学知识增加了理性设计的潜力，通过绘制充分大的化学空间区域，改善 OPV 电池的性能。多方面的进步使得 OPV 的转换效率在过去十年中显著提高，从 2002 年的 4% 提高到 2012 年的 10%。如果可以实现接近 15% 的功率效率和超过十年的寿命，则 OPV 可以成为光伏产业在多个应用中可行的商业替代方案，甚至可能满足当前和未来的能源需求以及减少温室气体的排放。

OPV 现有技术是采用基于两种半导体化合物的本体异质结（bulk hetero junction，BHJ）结构，一种用作电子供体（通常为聚合物或小分子），另一种用作电子受体（高的电子亲和分子，Yu 等，1995）。图 17.1 显示了 BHJ 太阳能电池的示意图。光伏过程从吸收光开始，以电荷传输到电极结束，具体步骤如下：① 光学吸收和激子形成；② 激子迁移；③ 在供体和受体交界处激子离解；④ 电荷载流子迁移到电极;⑤ 电极处电荷的收集。这五个步骤如图 17.1(b)所示。哈佛清洁能源项目(Clean Energy Project,CEP;Hachmann 等,2011)致力于使用高通量计算筛选和设计,开发新型高性能 OPV 材料。CEP 的特点是使用各种理论化学方法计算得到满足第一性原理的电子结构,用自动化高通量设备在成百上千万种 OPV 候选材料中做系统性筛选。这类计算利用化学信息类技术,得到光伏过程中的一些主要参数。这些参数用来挑选能够提高 OPV 电池效率的最有前景的材料。CEP 已经开始研究分子基序,这些用作单体的分子组成了 OPV 太阳能电池的供体结构。OPV 的效率最终由许多微小的细节决定,这些细节往往在理论近似中被忽略,然而,恰当的基序又是 OPV 成功开发必不可少的条件。CEP 的主要目标就是寻找这些细节,提供能够合成并在实验上实现相关 OPV 的基序。

[426]

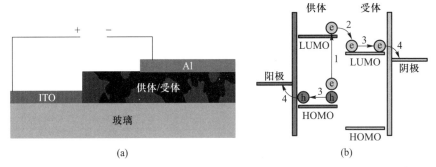

图 17.1 (a)本体异质结太阳能电池的器件结构。光入射在玻璃基板上。(b)本体异质结光学物理过程:① 光子激发电子以形成激子,其迁移到供体/受体界面;② 供体和受体的 LUMO 能级之间的差异(通常约 30 meV 或更大)导致激子解离;③ 电子和空穴分别向阴极和阳极传输;④ 在电极处收集电荷,从而将光转换成电流(转载自 Olivares-Amaya 等,2011)

2. 分子库

为了寻找具有电子性质的最佳组合的供体分子,我们构建了约 260 万个共轭分子的分子库。分子库通过组合分子生成方案,从图 17.2 中的一组 30 个碱性杂环单元(结构单元)开始构建。这些单元包括迄今为止在 OPV 的实验设计中使用的最普遍的分子基序。我们注意到 R 基团在 OPV 材料中起重要作用,但是对于目前的工作,我们仅关注分子骨架。我们使用基于虚拟反应的方法填充库,它将片段连接或融合在一起,如图 17.3 所示。我们还通过适当地添加分子手柄来扩大共聚单体的尺寸,使得它们可以进一步连接或稠合。构件块以 SMILES(简化分子线性输入规范;Weininger 等,1989)格式编写,因此可以通过 SMARTS(SMILES 的任意目标规范;*Daylight Theory Manual*,2008)原子映射来操

作。我们使用上面显示的 30 个模块(加上它们相应的化学柄)生成了反应方案
的所有可能的产物。所有构件块可以连接、融合或连接并融合形成四聚体。该方
案如图 17.4 所示,表 17.1 列出了每个组合产生的分子数,总共引用了 2 671 405
个分子。

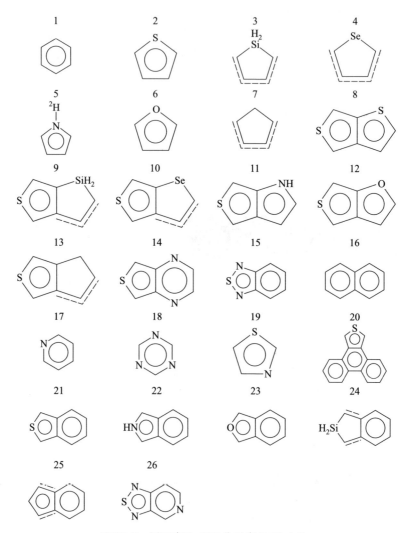

图 17.2　用于产生 CEP 分子库的 30 个块

(a)

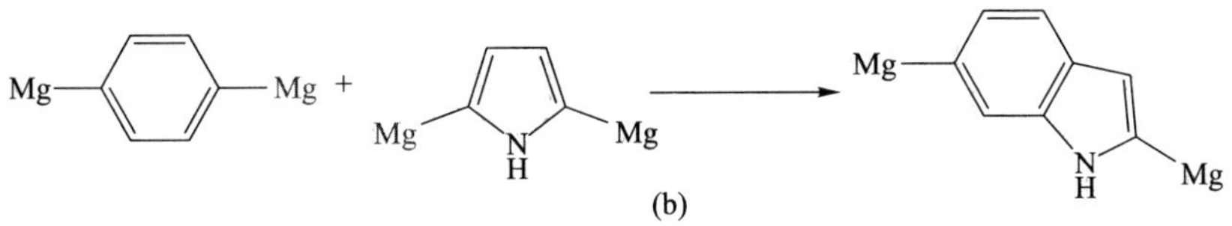

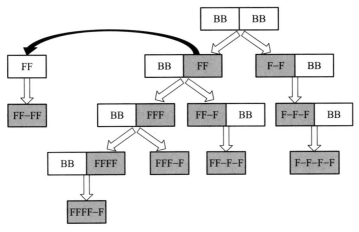

图 17.3 用于列举分子库的基于反应的方法。(a)连接反应:对位含有 Mg 化学柄的苯分子 [428] 与在 2,5 位置有 Mg 化学柄的吡咯反应。第一组 Mg(浅色)反应形成连接这两部分的共聚单体。(b)熔融反应:对位具有 Mg 的化学柄的苯分子与吡咯与在 2,5 位置有 Mg 化学柄的吡咯反应形成苯并吡咯。在这两种情况下,第二组 Mg 柄(深色)的存在,使得该产物可以用作试剂,并且能够产生更大尺寸的共聚单体

图 17.4 模拟构建分子库的反应描述。BB 表示构件;F 表示片段。当多个片段连接时,用短线表示连接(如 F-F);融合分子则没有短线(如 FF)。深色框表示添加到库中的产品,而浅色框表示用来生成产品的构件块

表 17.1 使用反应方案产生的分子库

类型	分子数
FF	230
FFF	3 903
FFFF	64 525
总融合数	68 658
F-F	861
F-F-F	33 989
F-F-F-F	1 345 620
总连接数	1 380 470
F-FF	15 889
FF-FF	59 682
F-FFF	267 447

类型	分子数
F–F–FF	879 259
总杂化数	1 222 277
总数	2 671 405

注:连接的反应方案导致产生更大量的分子。F 表示片段。当多个片段连接时,用短线表示(如 F–F);融合分子则没有短线(如 FF)。

3. 有机光伏的质量数据

[429]

太阳能电池能量转换的总效率由电流电压特性决定。能量转换效率(PCE)定义为输出功率(P_{out})与输入功率(P_{in})之比。P_{out} 是可获得的最大电功率,是最大电流 J_m 和最大电压 V_m 的乘积。输出功率 P_{out} 也可以定义为短路电流(J_{sc})、开路电压(V_{oc})和功率因数(fill factor,FF)三者的乘积。功率因数是最大功率 $J_m V_m$ 与短路电流和开路电压乘积 $J_{sc} V_{oc}$ 的比值。这里最大功率 $J_m V_m$ 表示当开路电压 V_{oc} 及短路电流为 J_{sc} 的理想条件下可能获得的最大功率,参数 FF 于是成为衡量器件获得最大功率的能力的参数。损耗主要是寄生电阻和与电池形态相关的一些其他的损耗。这样,计算能量转换效率的表达式可写为

$$\% \, PCE = \frac{FF \cdot J_{sc} \cdot V_{oc}}{P_{in}} \times 100 \qquad (17.1)$$

其中,J_{sc} 和 V_{oc} 通过器件光照时易于确定,其大小主要取决于分子供体和受体部分的属性。

如 Brabec 等(2008)所述,开路电压 V_{oc} 与激子解离相关,这导致电荷分离过程(图 17.1 中步骤 3)。V_{oc} 与供体的最高占位分子轨道(highest occupied molecular orbital,HOMO)和受体的最低未占位分子轨道(lowest unoccupied

[430]

molecular orbital,LUMO)之间的能量差呈线性关系(Brabec 等,2001)。J_{sc} 又主要取决于电荷迁移率和施主的带隙。施主带隙确定光谱重叠:带隙越小,光谱重叠越高。理论上,高光伏效率的重要参数可以理解为对于既定的受体,通常为 PCBM[1–(3–甲氧基羰基)丙基–1–苯基–(6,6)C_{61}],供体材料的效率是供体与受体能量差的函数(Koster 等,2006;Scharber 等,2006)。发现本体异质结太阳能电池材料的理论方法面临额外的挑战,即它们的最终效率还取决于退火条件和共溶剂(也称为添加剂)。器件形态的一般复杂性和多尺度性质很难用电子结构理论建模。因此,我们期望找到从电子结构相关计算得到的描述与有机光伏品质参数 J_{sc} 和 V_{oc} 之间更好的相关性,而不是与参数 FF 的相关性,因为后者仅与 PCE 相关。

4. 有机光伏描述符

我们使用先前介绍的描述符对我们的分子库做初始性质的表征。我们使用 ChemAxon 软件的 Marvin 代码。ChemAxon 提供了一组应用于药物设计的 200 多个相关的描述符,经证明对于 OPV 供体材料也是有用的。我们选择对应于元素分析、电荷、几何和基于胡克理论的电子状态的描述符来研究 OPV 中用作供体的单体。基于原子的属性是指分子中每个原子的参数,我们用最大值,最小值和平均值来描述。我们的模型中总共有 33 个描述符;表 17.2 列出了所有的类。除了更精确的量子力学的性质计算,这些性质均可以在几天之内由一个工作站完成整个库的计算。描述统计意义下显著相关性的描述符的一个具体实例是亲电子定域能 L(+)。它是基于休克尔 Hückel 方法的原子性质。休克尔方法是获得共轭分子的量子力学性质的最简单的半经验方法(Isaacs,1996)。L(+) 是与从共轭分子中移除原子相关的能量,从而能有效地向亲电体提供两个 π 电子。L(+) 的值越低,化合物的反应性越强。因此,小的亲电子定域能意味着原子对分子的整体共轭效应贡献很小。

表 17.2　模型中用到的物理化学和拓扑描述符类别　　　　[431]

描述符	描述
分子质量	分子质量
$\ln P$	辛醇水分配系数。用一组基本片段拟合实验值,基于组内片段的贡献率度量疏水性的方法(Klopman 等,1994)
环数	分子内的环个数
氢键受体数	氢键受体原子个数
氢键供体数	氢键供体原子个数
可旋转键数	不包括氢与末端原子的连接键
分子极化率	基于偶极子相互作用模型的经验计算,该模型用到原子极化率、实验值和初始值(Miller 和 Savchik,1979;van Duijnen 和 Swart,1998)
折射率	经验计算原子折射率;与伦敦分散力有关(Viswanadhan 等,1989)

续表

描述符	描述
范德瓦耳斯(Vdw)表面积	由范德瓦耳斯半径定义的分子表面积
范德瓦耳斯(Vdw)体积	由范德瓦耳斯半径定义的分子表面
水可及面积	基于原子性质的水可及表面积
电子定域能 *	脱离原子共价键所需的能量（Isaacs，1996；Ramsey，1965）
部分电荷 *	π 系统的部分原子电荷和 σ 网络的基于电负性的计算（Dixon 和 Jurs，1992）
电子密度 *	以原子为中心的轨道的占位情况（Isaacs，1996；Ramsey，1965）
空间位阻	由共价半径值计算的原子的空间位阻
σ 轨道电负性 *	σ 轨道的 Mulliken 原子轨道电负性（Dixon 和 Jurs，1992）
π 轨道电负性	π 轨道的 Mulliken 原子轨道电负性（Dixon 和 Jurs，1992）

注：这 17 个描述符类共计 33 个单独的描述符。星号表示描述符基于半经验休克尔(Hückel)模型计算得出。

[432]　　　我们考虑使用一个简单的线性回归模型表示最初研究得到的相关属性以及描述符。以上选取的描述符做了相应的组合，根据实验已知的有机单体的电流-电压特性，制作训练集，用于得到参数化的模型。我们选择了一组 50 个训练分子（Ando 等，2005a，2005b；Blouin 等，2008；Chen 和 Cao，2009；Ebata 等，2007；Mamada 等，2008；Meng 等，2005；Mondal 等，2009；Mühlbacher 等，2006；Okamoto 和 Bao，2007；Reyes－Reyes 等，2005；Slooff 等，2007；Tian 等，2005；Wang 等，2008）。这些分子包括，用于控制填充结构的脂肪族侧链。因为填充结构不影响我们正在考虑的电子性质，这些填充结构已经被剥离。然而，必须注意，这些侧链可能对填充因子参数有影响。目前的工作关注的是 BHJ 设计的施主材料，这种方法自然也可以应用于其他的器件结构和给定适当训练集材料的建模。

　　　如上所述，我们主要研究描述太阳能电池性能特性的四个最相关的参数：PCE 和方程(17.1)中的 FF、V_{oc} 和 J_{sc}。注意，V_{oc} 和 J_{sc} 主要取决于供体和受体本身的性质。FF 通常取决于形态和具体器件结构。因此，我们预期，比起后两个参数，分子描述符和实验值能够对前两个参数呈现出更好的相关性。确定 PCE 的表达式包括所有三个参数，并且其相关性也与其他参数相拟合。

　　　对这四个参数的描述符模型，采用的多元线性回归方法使用 R 代码实现

（R Development Core Team，2008）。通过使用 33 个描述符，所得到的相关性从非常好（$R^2_{V_{oc}} = 0.95$，$R^2_{J_{sc}} = 0.92$）或良好（$R^2_{PCE} = 0.89$）到差（$R^2_{FF} = 0.66$）变化。我们对描述符进行了显著性检验，并消除了最低有效性，这只稍微降低了拟合的精度（例如，V_{oc} 的结果如表 17.3 所示）描述符的显著性从双侧 t 统计检验得到。每个描述符的 p 值范围为 $10^{-3} \sim 10^{-1}$。

表 17.3 V_{oc} 与 20 个统计意义下重要描述符的拟合结果

	估值	标准差	t 值	概率 $P_t(>\lvert t \rvert)$	
截距	17.078 848 2	1.995 635 4	8.558	1.99e-09	* * *
$\ln P$	−0.132 898 0	0.015 524 9	−8.560	1.98e-09	* * *
环数	0.220 475 9	0.027 973 0	7.882	1.08e-08	* * *
受体数	−0.099 689 4	0.013 958 0	−7.142	7.35e-08	* * *
可旋转键数	0.237 473 4	0.024 034 8	9.880	8.67e-11	* * *
折射率	−0.007 561 1	0.001 725 0	−4.383	0.000 14	* * *
VdW 表面积	0.006 374 4	0.000 905 9	7.036	9.72e-08	* * *
VdW 体积	−0.008 336 8	0.001 376 3	−6.057	1.36e-06	* * *
ASA	−0.003 735 1	0.001 094 9	−3.411	0.001 92	* *
ASAH	0.002 470 2	0.001 032 8	2.392	0.023 47	*
电子定域能（低）	0.037 133 9	0.015 729 3	2.361	0.025 17	*
部分电荷（低）	−1.663 788 6	0.441 652 1	−3.767	0.000 75	* * *
部分电荷（高）	−3.314 535 6	0.580 511 8	−5.710	3.54e-06	* * *
部分电荷（平均值）	50.358 649 5	6.659 383 1	7.562	2.46e-08	* * *
电子密度（低）	−0.840 273 5	0.270 417 9	−3.107	0.004 20	* *
电子密度（平均值）	−2.382 661 6	0.239 427 8	−9.951	7.37e-11	* * *
空间位阻（高）	−0.895 096 9	0.154 538 1	−5.792	2.82e-06	* * *
σ 轨道电负性（低）	0.199 352 2	0.058 883 8	3.386	0.002 06	* *
σ 轨道电负性（高）	0.044 844 9	0.019 035 4	2.356	0.025 45	*
σ 轨道电负性（平均值）	−1.444 760 3	0.207 377 6	−6.967	1.17e-07	* * *
π 轨道电负性（高）	0.231 654 5	0.034 561 7	6.703	2.36e-07	* * *

注：符号编码为 0 * * *，0.001 * *，0.01 *，0.05，0.1，1；残差为 0.047 02，在 29 个自由度上（由于缺失删除了八个观察点）；多元均方差 R^2 为 0.945 5；调整后的 R^2 为 0.907 9；F 统计为 25.15，在 20 和 29 个自由度上；p 值为 4.09e-13。

为了检验这些预测之间的关联，我们也建立了一个模型，为了说明如何使用 [433] 描述符来表示开路电压 V_{oc} 和短路电流 J_{sc} 的乘积。这个乘积与 PCE 成正比但是仅含有化学信息学方法中最具代表性的参数。表 17.4 总结了与决定因素 R^2 的系数相关的结果。图 17.5 给出了预测值与实验值之间的比较，从这些比较中可以看出拟合的具体关联。如前所强调的，这并不是不可预期的，即由材料属性所决定的参数如开路电压 V_{oc} 和短路电流 J_{sc} 比起 FF 可以产生更好的拟合结果，而且这种拟合的难度同样传递给最大转换效率 PCE 参数的拟合上。这个拟合产生了显著描述符集合,这些显著描述符对于每一个实验参数都是不同的。对于开路电压 V_{oc} 和开路电压与短路电流的乘积 J_{sc},最好的描述包含 20 个描述符,对于短路电流 J_{sc} 包含 18 个描述符,对于转换效率 PCE 包含 15 个描述符。由可旋转键数、最低电子密度、σ 轨道电负性的平均值和 π 轨道电负性的最大值这四个参数组成的每个模型均给出了四个描述符。我们注意到,该子集中的每个描述符与所有这四个值具有正或负相关。各估计值之间的偏差不大于两个数量级。因此,这些描述符形成一组紧密的估计,以相近的方式影响每个参数。

[434]

表 17.4　每一个研究属性的线性拟合结果总结

属性	R^2(所有描述符)	描述符	R^2
V_{oc}	0.958 0	20	0.945 5
J_{sc}	0.920 2	18	0.898 9
% PCE	0.893 7	15	0.840 9
FF	0.656 7	20	0.617 0
$V_{oc}J_{sc}$	0.902 5	20	0.880 9

注:我们使用所有 33 个描述符和统计意义下的显著描述符比较了决定因素 R^2 的系数。显著描述符的个数从 15 到 20,但是 R^2 在所有情况下均没有大的影响。

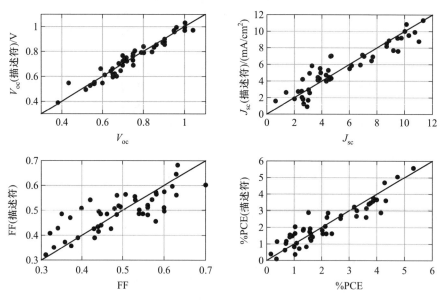

图 17.5　四个模型的多元线性回归和训练集的值。从拟合描述符得到的预测值与原始用于拟合的实验值进行比较

[435]　　　　对于描述符的交叉检验的常用的测试方法是"剩余三分之一"法。将

全部用于训练的分子随机分为三个子集：A（本文情况下为 17 个分子）、B（17 个分子）和C（16 个分子）。对于 V_{oc}，先前选择的 20 个描述符的集合用于分别拟合子集AB（34 分子）、AC（33 分子）和 BC（33 分子）。在这些子集上得到的系数用于预测没有使用的子集中的 J_{sc}（例如，对应于子集 AB 的没有使用过的子集是C）。得到的实验结果如图 17.6 所示。可以看出，在没有参与训练的三分之一分子的子集上预测的值是一致的。

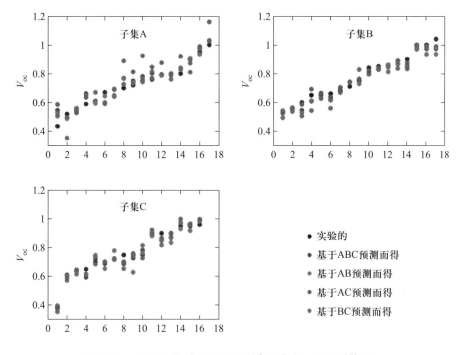

图 17.6　用于 V_{oc} 相关性测试的剩余三分之一的预测结果

5. 基于化学信息学的预测方法

我们现在将上一节中建立的模型应用于 260 万个候选库分子，并得出结论。所得结果的直方图如图 17.7 所示。存在相当多数量的分子，其 V_{oc} 和 J_{sc}（及 V_{oc} 和 J_{sc} 的乘积）的预测值远高于迄今观察到的最大值。在所提出的化学信息学方法中，这些分子构成了 BHJ 供体最有希望的候选 OPV 材料。一些分子预测出具有不太切合实际的负值。由于 FF 的模型较差，除了 FF，对于其他所有参数，这些分子所占比重很小。考虑外插的局限性，我们发现对于 V_{oc}，近乎一半的分子的预测值高于实验分子（1.04 V）的最佳值，并且仅 0.8% 的分子的预测值是负

[436]

值;对于 J_{sc},41.5% 的分子的预测值高于实验的最佳值,而 8.3% 的分子预测是负值;只有 1.5% 的分子的预测值高于 PCE 的实验最大值,最大值为 10.4%,但是有 43.4% 的分子的 V_{oc} 和 J_{sc} 的乘积的预测值高于实验最大值;当 FF 取合适的值时(因为这些描述符不能很好地预测 FF,因此 FF 在这个计算中与分子无关),这些分子可以有高于当前记录的 PCE 值。对于这三个电压电流的参数 V_{oc}、J_{sc} 以及 $V_{oc}J_{oc}$,我们进一步研究了每一个参数下预测值最高的分子与其他参数的关系,即我们考察取得 V_{oc} 最大值的分子是否其 J_{sc} 和 $V_{oc}J_{oc}$ 也是较高的值。我们分别对于每一个参数取前 10% 的分子做比较,发现取得 V_{oc} 最大值的分子很少取得 J_{sc} 的最大值,反之亦然。图 17.8 所示为 V_{oc}、J_{sc} 和乘积 $V_{oc}J_{sc}$ 这每一组参数下预测值排在前 10% 的分子在 V_{oc}-J_{sc} 空间中的位置。我们看到乘积 $V_{oc}J_{sc}$ 的预测值最大的分子大部分具有 J_{sc} 的较大值和 V_{oc} 的平均值,即他们在 J_{sc} 最大值上有较高的重叠。这表明在 J_{sc} 和乘积 $V_{oc}J_{sc}$ 的最优值中搜索高效率单体分子是很有希望的。

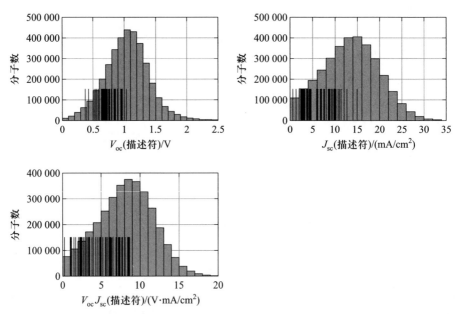

图 17.7　电压电流参数预测直方图(开路电压 V_{oc}、短路电流密度 J_{sc} 和二者乘积 $V_{oc}J_{sc}$),用于在 260 万分子筛选。垂直的直线代表训练集中分子的实验值(独立于纵轴的值)。注意一些预测值大于最好的实验值

为了对实验结果有一个更详细的分析,我们研究了最前面 1 000 个具有最好电流-电压特性的分子(以下所有数据来自这 1 000 个分子)。我们看到,对于 V_{oc},这些分子至少含有一个硅原子,并且大多由连接和融合 30 个基本片段组成。图 17.9(a)为一个典型的分子构成。对于 J_{sc},这些分子中硅原子并没有这

么多(161 个分子含有至少一个),而取而代之的是含硒的杂原子(313 个分子具有至少一个)和存在于 822 个分子中的噻吩并吡咯基序。这一组的分子主要是连接而不是融合主链。图 17.9(b)显示这一组的典型的分子。

[**438**]

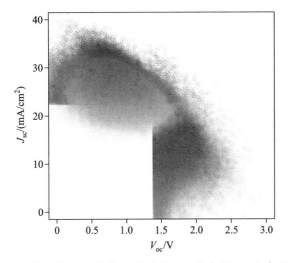

图 17.8 具有最高预测值的前 10% 的分子,绿色是 V_{oc},蓝色是 J_{sc},红色是 V_{oc} 和 J_{sc} 的乘积。每一点的强度对应于给定分子的 V_{oc} 和 J_{sc} 的乘积的大小。根据目前的研究,最好的分子位于左上方区域(见文后彩图)

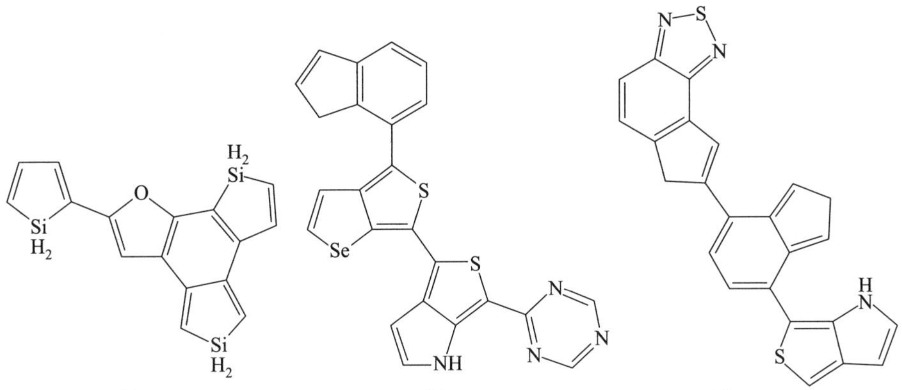

(a) (b) (c)

图 17.9 化学信息学预测的最大值分子集中的典型分子。(a)V_{oc}(注意连接和融合硅的杂环单元);(b)J_{sc}(注意连接主链,硒原子和噻吩并吡咯基序);(c)$V_{oc}J_{sc}$(注意混合连接和融合结构以及苯并噻二唑和噻吩并吡咯基序)

根据这个 QSPR 分析,应用于异质结 OPV 的最佳预期共聚单体是对应于乘积 $V_{oc}J_{sc}$ 最大值的那些分子,在前 1 000 个最大值的分子中,有 375 个硅原子、131 个硒原子、硅硒原子 53 个。这些原子大部分来自连接和 890 个基本结构。普遍

[439]

存在的是苯并噻二唑或吡啶并噻二唑基序(图 17.10),它们存在于 463 个分子中。类似地,这组分子中主要是可能会醌型稳定的基元。具体地,117 个分子存在噻吩并噻吩部分。这表明,应该从含有如图 17.10 所示基序的分子开始寻找具有高效率的单体作为 OPV 材料。

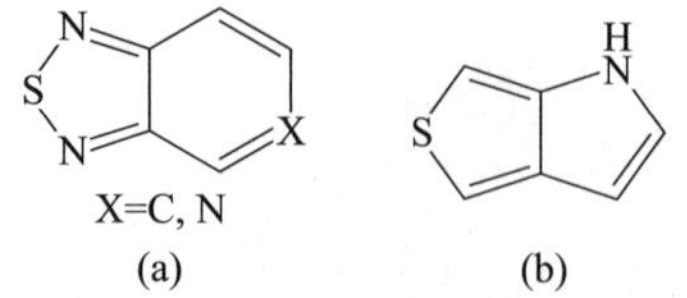

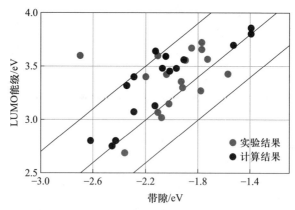

图 17.10　根据乘积 $V_{oc}J_{sc}$ 的预测值,存在于大部分最有前景的分子中的基序。(a)苯并噻二唑或吡啶并噻二唑基序。(b)噻吩并吡咯基序

6. 结论

我们已经构建了大型的有机分子库,用来计算和评价作为本体异质结有机光伏的供体。我们的最终目标是通过高级别的基于量子化学的不依赖于先验知识的计算方法来分析它们的可能性。CEP 需要的大型计算资源主要由世界社区网格(World Community Grid,WCG)提供,WCG 是由 IBM 组织的分布式志愿者计算平台。此外,有机分子库也可以通过如本文的基于 QSPR 的方法进行分析,这类方法需要较少的计算强度。我们目前将自己的实验结果与量子化学预测的结果进行交叉验证,量子化学研究是另外一个清洁能源项目。为了对比实验测量与量子化学计算能力,我们把部分训练集分子的 Scharber 图和化学计算结果(BP86 密度函数,SVP 基础集合)做了比较,如图 17.11 所示,这个化学计算结果

图 17.11　14 个分子的 Scharber 图,分子来自本文研究所用的训练集。实验结果与 DFT 计算结果(BP86/SVP)比较,DFT 计算结果通过一个常量位移做适当调整。产生了好的 OPV 候选材料

可以通过一个常量位移做适当调整。虽然基于半经验描述符和量子化学计算的预测不会很精确,但是毫无疑问它将有助于描绘了广阔的化学空间。这种情况类似于制药行业,信息学方法有助于对潜在候选材料进行排序。如果理论能够紧密联系实验,研究合适的候选材料将成为成功的案例。

致 谢

　　感谢 Stanford 全球气候能源项目和美国能源部理论和计算计划的支持;A. A. –G. 也感谢 Corning 基金会的慷慨支持。

[440]

参 考 文 献

Ando,S. ,Nishida,J. ,Tada,H. ,Inoue,Y. ,Tokito,S. ,Yamashita,Y. ,2005a. J. Am. Chem. Soc. 127,5336–5337.

Ando,S. ,Murakami,R. ,Nishida,J. ,Tada,H. ,Inoue,Y. ,Tokito,S. ,et al. ,2005b. J. Am. Chem. Soc. 127,14996–14997.

Blouin,N. ,Michaud,A. ,Gendron,D. ,Wakim,S. ,Blair,E. ,Neagu-Plesu,R. ,et al. ,2008. J. Am. Chem. Soc. 130,732–742.

Bohacek,R. ,McMartin,C. ,Guida,W. ,1996. Med. Res. Rev. 16,3–50.

Brabec,C. ,Cravino,A. ,Meissner,D. ,Sariciftci,N. ,Fromherz,T. ,Rispens,M. ,et al. ,2001. Adv. Funct. Mater. 11,374–380.

Brabec,C. ,Dyakonov,V. ,Scherf,U. (Eds.) ,2008. Organic Photovoltaics. Wiley-VCH.

Briceño,G. ,Chang,H. ,Sun,X. ,Schultz,P. ,Xiang,X. -D. ,1995. Science 270,273–275.

Castelli,I. E. ,Olsen,T. ,Datta,S. ,Landis,D. D. ,Dahl,S. ,Thygesen,K. S. ,et al. ,2012. Energy Environ. Sci. 5,5814–5819.

Chang,H. ,Gao,C. ,Takeuchi,I. ,Yoo,Y. ,Wang,J. ,Schultz,P. ,et al. ,1998. Appl. Phys. Lett. 72,2185–2187.

Chen,J. ,Cao,Y. ,2009. Acc. Chem. Res. 42,1709–1718.

Conti,J. J. ,Holtberg,P. D. ,Beamon,J. A. ,Schaal,A. M. ,Sweetnam,G. E. ,Kydes,A. S. ,2010. Annual Energy Outlook 2010. National Energy Information Center,US Energy Information Administration.

Danielson,E. ,Devenney,M. ,Giaquinta,D. ,Golden,J. ,Haushalter,R. ,McFarland,E. ,et al. ,1998. Science 279,837–839.

Daylight Chemical Information Systems,Inc. ,2008. Daylight Theory Manual. Daylight Chemical Information Systems,Inc.

Dias,J. ,2010. Chem. Soc. Rev. 39,1913–1924.

Dixon,S. L. ,Jurs,P. C. ,1992. J. Comput. Chem. 13,492–504.

[441–442]

Ebata, H. , Miyazaki, E. , Yamamoto, T. , Takimiya, K. , 2007. Org. Lett. 9 , 4499–4502.

Ertl, P. , 2003. J. Chem. Inf. Comput. Sci. 43 , 374–380.

Greeley, J. , Jaramillo, T. F. , Bonde, J. , Chorkendorff, I. , Norskov, J. K. , 2006. Nat. Mater. 5 , 909–913.

Hachmann, J. , Olivares–Amaya, R. , Atahan–Evrenk, S. , Amador–Bedolla, C. , Gold–Parker, A. , Sánchez–Carrera, R. S. , et al. , 2011. J. Phys. Chem. Lett. 2 , 2241–2251.

Hagemeyer, A. , Jandeleit, B. , Liu, Y. , Poojary, D. , Turner, H. W. , Volpe Jr, A. F. , et al. , 2001. Appl. Catal. A : Gen. 221 , 23–43.

Hänsel, H. , Zettl, H. , Krausch, G. , Schmitz, C. , Kisselev, R. , Thelakkat, M. , et al. , 2002. Appl. Phys. Lett. 81 , 2106–2108.

Hautier, G. , Jain, A. , Ong, S. –P. , 2012. J. Mater. Sci. 47 , 7317–7340.

Hummelshøj, J. , Landis, D. , Voss, J. , Jiang, T. , Tekin, A. , Bork, N. , et al. , 2009. J. Chem. Phys. 131 , 014101.

Isaacs, N. , 1996. Physical Organic Chemistry, second ed. Prentice Hall.

Klopman, G. , Li, J. –Y. , Wang, S. , Dimayuga, M. , 1994. J. Chem. Inf. Comput. Sci. 34 , 752–781.

Koster, L. J. A. , Mihailetchi, V. D. , Blom, P. W. M. , 2006. Appl. Phys. Lett. 88 , 093511.

Mamada, M. , Nishida, J. , Kumaki, D. , Tokito, S. , Yamashita, Y. , 2008. J. Mater. Chem. 18 , 3442–3447.

Mayr, L. , Bojanic, D. , 2009. Curr. Opin. Pharmacol. 9 , 580–588.

Meng, H. , Sun, F. , Goldfinger, M. , Jaycox, G. , Li, Z. , Marshall, W. , et al. , 2005. J. Am. Chem. Soc. 127 , 2406–2407.

Miller, K. J. , Savchik, J. , 1979. J. Am. Chem. Soc. 101 , 7206–7213.

Mondal, R. , Miyaki, N. , Becerril, H. A. , Norton, J. E. , Parmer, J. , Mayer, A. C. , et al. , 2009. Chem. Mater. 21 , 3618–3628.

Mueller, T. , Hautier, G. , Jain, A. , Ceder, G. , 2011. Chem. Mater. 23 , 3854–3862.

Mühlbacher, D. , Scharber, M. , Morana, M. , Zhu, Z. , Waller, D. , Gaudiana, R. , et al. , 2006. Adv. Mater. 18 , 2884–2889.

Okamoto, T. , Bao, Z. , 2007. J. Am. Chem. Soc. 129 , 10308–10309.

Olivares–Amaya, R. , Amador–Bedolla, C. , Hachmann, J. , Atahan–Evrenk, S. , Sánchez–Carrera, R. , Vogt, L. , et al. , 2011. Energy Environ. Sci. 4 , 4849–4861.

Olk, C. , 2005. Meas. Sci. Technol. 16 , 14–20.

Potyrailo, R. , Rajan, K. , Stoewe, K. , Takeuchi, I. , Chisholm, B. , Lam, H. , 2011. ACS Comb. Sci. 13 , 579–633.

R Development Core Team, 2008. R : A Language and Environment for Statistical Computing. R Foundation for Statistical Computing, Vienna, Austria.

Ramsey, B. G. , 1965. J. Am. Chem. Soc. 87 , 2502–2503.

Reyes–Reyes, M. , Kim, K. , Carroll, D. , 2005. Appl. Phys. Lett. 87 , 083506.

Reymond,J. –L. ,Ruddigkeit,L. ,Blum,L. ,van Deursen,R. ,2012. Wiley Interdiscip. Rev. : Comput. Mol. Sci. 2,717–733.

Scharber,M. C. ,Mühlbacher,D. ,Koppe,M. ,Denk,P. ,Waldauf,C. ,Heeger,A. J. ,et al. , 2006. Adv. Mater. 18,789–794.

Slooff,L. H. ,Veenstra,S. C. ,Kroon,J. M. ,Moet,D. J. D. ,Sweelssen,J. ,Koetse,M. M. ,2007. Appl. Phys. Lett. 90,143506.

Tian,H. ,Wang,J. ,Shi,J. ,Yan,D. ,Wang,L. ,Geng,Y. ,et al. ,2005. J. Mater. Chem. 15, 3026–3033.

van Duijnen,P. T. ,Swart,M. ,1998. J. Phys. Chem. A 102,2399–2407.

Viswanadhan,V. N. , Ghose, A. K. , Revankar, G. R. , Robins, R. K. , 1989. J. Chem. Inf. Comput. Sci. 29,163–172.

Wang,E. ,Wang,L. ,Lan,L. ,Luo,C. ,Zhuang,W. ,Peng,J. ,et al. ,2008. Appl. Phys. Lett. 92,033307.

Wang,S. ,Wang,Z. ,Setyawan,W. ,Mingo,N. ,Curtarolo,S. ,2011. Phys. Rev. X 1,021012.

Weininger,D. ,Weininger,A. ,Weininger,J. L. ,1989. J. Chem. Inf. Comput. Sci. 29,97– 101.

Wilmer,C. E. ,Leaf,M. ,Lee,C. –Y. ,Farha,O. K. ,Hauser,B. G. ,Hupp,J. T. ,et al. ,2012a. Nat. Chem. 4,83–89.

Wilmer,C. E. ,Farha,O. K. ,Bae,Y. –S. ,Hupp,J. T. ,Snurr,R. Q. ,2012b. Energy Environ. Sci. 5,9849–9856.

Xiang,X. –D. ,2004. Appl. Surf. Sci. 223,54–61.

Xiang,X. –D. ,Sun,X. ,Briceño,G. ,Lou,Y. ,Wang,K. –A. ,Chang,H. ,et al. ,1995. Science 268,1738–1740.

Yu,G. ,Gao,J. ,Hummelen,J. ,Wudl,F. ,Heeger,A. ,1995. Science 270,1789–1791.

Zou,L. ,Savvate'ev,V. ,Booher,J. ,Kim,C. –H. ,Shinar,J. ,2001. Appl. Phys. Lett. 79, 2282–2284.

第 18 章
微观组织信息学

Surya R. Kalidindi

Professor, George W. Woodruff School of Mechanical Engineering, Georgia Institute of Technology, Atlanta, GA, USA

[443]
1. 引言

　　具有高性能特征的材料已成为人类史上成功开发先进技术的关键因素,并为各国的繁荣做出了巨大贡献。重要的一点,就是要认识到材料并不是简单地由其化学成分来区别的,而是由其多层次的三维(3D)内部结构的无数细节决定,该结构跨较大的长度尺度(从电子到宏观尺度),在控制其整体的多用途的材料性能上扮演着至关重要的角色。在材料科学和工程领域,众所周知的是单纯的化学成分并不足以确定先进技术中所感兴趣的众多物理性能。例如,用于结构件的大多数材料是金属,其内部结构在介观尺度上是多晶的(图 18.1)(Qidwai 等,2012;Rowenhorst 等,2010)(比如喷气发动机和骨植入物中的 Ti 合金,轻型汽车中的先进高强钢和 Mg 合金,航空航天框架中的 Al 合金,核工业中的 Zr 合金)。图 18.1 中颜色均匀的区域表示一致的晶体取向,通常称为晶粒。在材料领域中众所周知的是,在介观尺度上晶体取向的空间分布对于样本所有重要的机械性能都有显著影响。除了晶体取向外,在更低尺度上所定义的缺陷密度(比如位错密度、孔隙率、微裂纹密度)及其空间分布在控制材料的综合性能中也扮演着重要角色。因此,显而易见的是,理论上我们可以制备一个非常大[444]的材料库(Fullwood 等,2010),其中的材料具有相同的整体化学成分,但是在介观尺度上的内部结构(以下简称为微观组织)和随之的机械性能却具有明显的差异。传统的材料开发方法迄今仅探索了有限数量且容易获得的材料微观组织

（因为它依赖于实验方法），并且集中在相对少量的性能目标上。

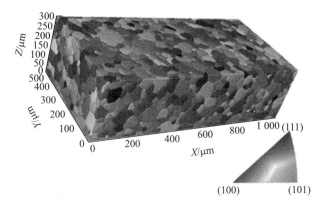

图 18.1 含有 4 300 个晶体取向（或晶粒）的 β 稳定多晶钛的介观尺度内部结构（即微观组织）
（Qidwai 等,2012;Rowenhorst 等,2010）。样本大小是 1.115 mm×0.516 mm×0.3 mm（1 670 像素×
770 像素×200 像素）。该实验数据集包括了每个像素点的三维晶体取向（见文后彩图）

服务于先进技术的新型高性能材料的设计,制备和应用在很大程度上取决于可逆的、高可靠性的结构–性能–工艺(SPP)关系的成熟程度,通常是分两步走(Fullwood 等,2010)。第一步,审查结构–性能关系,确定所有可以满足(或超越)预期特定性能特征组合的材料微观组织的完整集合,该步骤的解空间是所有理论上可行的材料微观组织的集合。第二步,审查结构–工艺关系,确定预期可以获得目标微观组织的制备路径,第二步的解空间是所有混合工艺路径的集合,组成了一系列可用的制备工艺路线,目的是将一个给定的初始材料微观组织转变成目标最优微观组织集合中的一个(该集合由第一步骤确定)。应当注意,上述两个步骤(即材料设计和工艺设计)是极大维度空间中的逆问题(Fullwood 等, 2010),存在巨大的挑战。 [445]

在过去的十年中,材料表征手段以及基于复杂物理学的多尺度建模工具都取得了巨大的进展,开创了材料领域的大数据时代。现在已经可以自动地获取相当大的实验数据集(Arslan 等,2008;Miller 和 Forbes,2009;Proudhon 等,2007;Rowenhorst 等,2010;Spowart 等,2003;Spowart,2006;Stiénon 等,2009;Tiseanu 等,2007)和模型数据集(Kalidindi 等,2004;Kirane 等,2009;McDowell 和 Dunne,2010;Przybyla 和 McDowell,2012;Wang 等,2008;Wen 等,2003)。尽管数据呈指数级增长,但任一研究者产生的一组数据的量仍远远小于建立高保真 SPP 关系所需的数据量,而这种高保真的 SPP 关系是为某一特定先进技术定制新材料所必需的,这是因为如果我们想使用它们来成功解决前面所描述的逆问题,那么这些 SPP 关系需要覆盖一个非常大的空间。理论上可行的所有多晶微观组织的集合是非常大的,因为对于每个相、每个可能晶体取向的各种满足拓扑关系的空间位置分布都囊括在内。假定有 N 个空间体元,而每个体元有 M 个不同的局部状态,如果以此来定义材料微观组织的话,则可以产生总数为 M^N 的不同的微观组织。对于 M 和 N 值的保守估计(对于多晶,M 估计为 10^3 数量级,N 为 10^4 数量级),容易看出所有微观组织的空间是相当巨大的。对于给定的材料体系,所有可选用的混合工艺路径的空间也非常庞大;混合工艺允许人们使用所有可用制备选项的任何一个序列。

[446] 　而要建立健全的 SPP 关系,一个主要的挑战就是缺乏一个可以普遍接受的统计框架,来实现微观组织严格的量化。"微观组织"尽管作为材料工程师和科学家的常用词之一,但在数学上迄今还没有一个严格的定义。通常,我们期望捕获材料内部结构的所有重要属性,而这些属性决定着我们所感兴趣的材料性能。由于微观组织属性通常跨长度尺度(微观组织中的前缀"微观"在这里被理解为所有较小的长度尺度,而不仅仅是微米尺度),所以在对微观组织进行严格的定义方面,遇到困难是显而易见的(图 18.1)。对于先进技术中新材料的设计、开发和加速实施,微观组织严格定义的缺失已经给其带来了一些障碍,例如,由于不能严格地量化微观组织,所以只能继续严重依赖于实验来建立大量重要的微观组织–工艺–性能之间的关联关系。在许多这样的关联关系中,采用极其不合适的微观组织表示形式是造成相对较大不确定性的主要因素,并且方差大多也与它们相关,这反过来就使得不同研究组的研究人员不得不进行多次重复测量。这种需要进行重复测量,且严重依赖于直接实验观测的特点已经显著降低了材料团队积累和共享新知识的速度,同时严重弱化了将积累的知识传递给未来材料从业者的能力。近年来,集成计算材料工程(Committee on Integrated Computational Materials Engineering,ICME,2008)的新模式的出现,有望解决上述的关键难题。而统一的微观组织数学描述是实现 ICME 蓝图的关键。

　同样重要的是要认识到,微观组织空间是一个更高维度的空间。在这个空间里,可以对结构–性能–工艺之间的关联关系进行更加有效的表达、管理和交流(Kalidindi 等,2011)。鉴于大多数材料研发中宏观和介观尺度之间的巨大差别,应该清楚地认识到,将任何特定微观组织数据集理解为一个随机过程的实验结果更为恰当。我们的研究小组(Niezgoda 等,2011)基于 n 点空间相关性的概念,成功地制定了一个材料微观组织严格的随机量化框架(也被简称为 n 点统计;Brown,1955;Fullwood 等,2008a,2010;Kalidindi 等,2011;Niezgoda 等,2008,2010,2011;Torquato,2002)。虽然对微观组织的空间相关性可能有多种不同的度量[如线性路径函数(Manwart 等,2000;Niezgoda 和 Kalidindi,2009;Singh 等,[447] 2008;Yeong 和 Torquato,1998;Zeman 等,2010)和弦长分布(Torquato 和 Lu,1993;Gille 等,2002)等],但只有 n 点空间相关性才能提供最完整的度量集合,这是随着微观组织信息量的增加而自动形成的,例如,n 点统计最基本的子集是 1 点统计,它反映了在微观组织中任何一个点(或体素)处找到某一特定局部状态的概率密度,换句话说,主要捕获材料系统中的各种不同局部状态的体积分数。下一个最高水平的微观组织信息包含在 2 点统计中,它是在微观组织中随机放置一个特定的向量 r,捕获在该向量的尾部和头部处分别找到局部状态 h 和 h' 的概率密度。应当注意,与 1 点统计相比,2 点统计所包含的微观组织信息量有巨大的飞跃。以完全类似的方式定义更高阶的相关性(3 点和更高)。

对于大多数感兴趣的材料体系而言,n 点统计的集合非常庞大而且难以处理,即使对于 n = 2 的情况。只有应用数据分析工具,才能严格的分析大型微观组织数据集和高效地挖掘结构–工艺–性能之间的关联关系。例如,已经证明,主成分分析(principal component analysis,PCA)等技术可用来获得 2 点统计客观的、低维度的表达(Kalidindi 等,2011;Niezgoda 等,2011)。n 点统计的 PCA 已经证明,可以促进整体微观组织的自动分类和结构–性能关联关系的数据驱动模式(Kalidindi 等,2011)。

微观组织信息学专注于新型算法和高效计算协议的开发,从而能够从大型微观组织数据集中挖掘出关键信息,并建立一个可以为更广泛的材料群体方便地访问、搜索和共享的强大知识系统。在本章中,主要总结了我们近期为构建微观组织信息学新框架所做的努力。此外,我们通过示范案例论证了这些新工具的功能。

2. 应用高阶空间相关性进行微观组织定量化 [448]

微观组织函数(Adams 等,2005;Niezgoda 等,2011)的概念是本文所提出方法的核心。在数学上,微观组织函数 $m(x,h)$ 可以被定义为在空间位置 x 处找到局部状态 h 的概率密度,通过对位置空间域和局部状态空间进行面元划分(用一个恒定的度量来统一划分),可以对微观组织函数进行离散化(Adams 等,2005)。令 $s = 1,2,\cdots,S$ 和 $h = 1,2,\cdots,H$,分别列举位置空间域和局部状态空间中的各个组元。通过使用这些规定,离散的微观组织函数可以被表示为 m_s^h,代表着空间域 s 中所有局部状态域 h 的总体积分数。根据该定义,微观组织函数受到以下的约束:

$$\sum_{h=1}^{H} m_s^h = 1, 0 \leqslant m_s^h \leqslant 1 \tag{18.1}$$

在离散化的表示中,2 点相关性表示为

$$f_r^{hh'} = \frac{1}{S} \sum_{s=1}^{S} m_s^h m_{s+r}^{h'} \tag{18.2}$$

371

其中, r 是空间离散化向量,使用与位置空间域相同的划分方案来进行(Adams 等,2005)。

需要指出的是,上述描述微观组织的框架是比较通用的,并且可以通过简单地增加局部状态的空间维度来容纳材料特征的任意组合;而且也不限于任何特定的长度或时间尺度。微观组织的离散化在以下方面提供了许多优势(Fullwood 等,2010;Torquato,2002):微观组织测量/度量上的快速计算、大型数据集合中微观组织主要特征的自动识别(Niezgoda 和 Kalidindi,2009)、从整体数据集中提取有代表性的体积单元(Niezgoda 等,2010)、从测量和统计数据中重构微观组织(Fullwood 等,2008a,2008b)、建立实时可搜索的微观组织数据库(Kalidindi 等,2011)、基于物理模型挖掘高保真多尺度的结构–性能–结构关联关系的演化(Fast 和 Kalidindi,2011;Fast 等,2011;Kalidindi 等,2010;Landi 和 Kalidindi,2010;Landi 等,2010)。

对于在先进科技中使用的大多数材料而言,即使对于 $n=2$ 的情况, n 点统计的集合也非常庞大且难以处理。我们已知的是,完整的 2 点统计集合表现出许多相关性。Gokhale 等(2005)表明,最多有 $H(H-1)/2$ 个 2 点相关性是独立的,其中 H 表示局部状态空间的大小(即在所选择的材料系统中,可能的不同局部状态的数量)。Niezgoda 等(2008)通过离散傅里叶变换(discrete Fourier transform,DFT),证明实际上只有 $(H-1)$ 个 2 点相关性是独立的。然而,对于大多数感兴趣的材料体系,即使仅跟踪 $(H-1)$ 的空间相关性也是一个艰巨的任务。还要注意到,为了对局部邻域信息做出阐述,局部状态的高阶描述将产生额外的冗余信息(Fast 和 Kalidindi,2011)。

作为一个具体的例子,考虑一个简单的两相微观组织。该微观组织只有一个独立的 2 点空间相关函数。换句话说,组成相之一的一个自相关性足以捕获所有四种不同的 2 点空间相关性,这四种不同的 2 点空间相关性是在组成相之间定义的。即使我们将注意力集中在一个相对较小的立方体邻域上,其三个正交方向的每侧都有五个空间面元覆盖,那么来自该截断邻域的离散向量的数量将是 1 331($=11^3$)。换句话说,在这样一个简单的示例中,表示 2 点相关性的截断集将需要使用 1 331 维空间。这仍然需要极大空间去建立结构–性能–工艺之间的关联。这个简单的例子清楚地表明了微观组织的目标性降维是十分必要的。这将在后面讨论。

我们开发并验证了一个快速估计 2 点和 3 点微观组织相关性的高效计算程序,使用的是快速傅里叶变换(fast Fourier transform,FFT)技术(Fullwood 等,2008a,2008b;Niezgoda 等,2008,2011),证明了对于某一类微观组织的解读和反演而言,2 点相关性已经包含了足够的信息来准确地重构原始微观组织数据集,并且,整体平均的微观组织统计数据不太可能和某一有限空间内的具体事物或

[449]

显微图片相对应。因此,当利用整体统计数据进行微观组织重构时,误差是在所 [450]
难免的(有时误差是十分大的)。2 点相关性和许多常用的微观组织标识符之间
存在明确的关系,例如平均弦长、界面面积、平均晶粒形状以及对邻域的描述等,
很容易在文献中获得(Fullwood 等,2010)。

3. 微观组织的目标性降维表达

建立所有微观组织完整空间的降维表达似乎是不太可能的(理论上所有可
能的微观组织的集合),因为这是难以想象的庞大。因此,关注点应限定于特定
应用所感兴趣的微观组织。换句话说,这里描述的方法是一种数据驱动方式,其
仅关注从所研究的微观组织中挑选出的内容。

本章的一个中心前提是,现代数据科学工具非常适合应对上述挑战。例如,
主成分分析(PCA)等技术可用于获得 2 点统计的目标性低维表达(Kalidindi 等,
2011;Niezgoda 等,2011)。n 点统计的 PCA 表达可实现微观组织整体的自动分
类,并且在对结构-性能-工艺之间的具体规划上表现出的巨大潜力。

令 f_r 表示在特定应用中所选取的独立 2 点统计的截断集,用于建立结构-性
能联系。R 表示 f_r 的维数,即 $r=1,2,\cdots,R$。假设我们正在研究一套微观组织,
其元素被列举为 $i=1,2,\cdots,I$,通常 $I \leqslant R$。在这种情况下,PCA 能识别出 R 维空
间中 $(I-1)$ 个正交方向上的最大值,并以方差递减的顺序来排序。换句话说,第
一方向显示出给定的微观组织中的最高方差,第二方向显示出第二高方差,同时
与第一方向正交,以此类推。令 φ_{ri} 表示由 PCA 识别出的正交方向集合的分量。 [451]
需要注意的是,这些分量取决于所选系统中的特定微观组织。如果 $I>R$,由 PCA
识别的正交方向的最大数目将是 R。

在数学上,所选系统(微观组织的)中任何元素的 PCA 表达,可以通过标记
上标(k)来表示为

$$f_r^{(k)} = \sum_{i=1}^{\min[(I-1),R]} \alpha_i^{(k)} m_s^h \varphi_{ri} + \overline{f_r} \qquad (18.3)$$

其中,$\overline{f_r}$ 是整个系统中 2 点统计的平均值。$\alpha_i^{(k)}$(称为 PCA 权重)提供了特定微
观组织的目标性表达,该微观组织在由 φ_{ri} 定义的正交参考系中可以通过标签 k
来识别。

PCA 的一个重要输出是获得每个主成分 b_i 的重要性,这可以由 PCA 中的特
征值分解来实现。b_i 的值给微观组织系统中组元之间的固有方差提供了重要的
度量(Niezgoda 等,2011),更为重要的是,通过只保留与最高(或最重要的)特征
值相关联的组元,极有可能用少数参数来获得微观组织的目标性降维(Kalidindi
等,2011;Niezgoda 等,2011)。在数学上,这种降维可以表示为

$$f_r^{(k)} \approx \sum_{i=1}^{R^*} \alpha_i^{(k)} \varphi_{ir} + \overline{f_r} \tag{18.4}$$

其中,$R^* \leqslant \min[(I-1), R]$。$R^*$ 的选择将取决于具体的应用。注意,上述概念可以扩展到微观组织的更高阶统计(例如,3 点空间相关性)。

4. 数据科学——结构–性能–工艺(SPP)关联关系的实施框架

[452]　　图 18.2 中椭圆区域描绘了一个微观组织的高维空间(被称为微观组织壳),该空间中的每个点对应 n 点统计所选子集的 PCA 权重集合。这可以想象为一个数据驱动的过程,从 2 点统计开始,然后增加应用所需要的更高阶统计。微观组织的表征维数(即 PCA 权重的数量)也是基于可用数据集来确定的,并且在增加更多数据时进行动态调整。然后将每个微观组织与所选的性能度量值相关联(通常是选取宏观性能),该性能度量值可以直接测量获得,也可以从模型模拟中获得,或者两者皆有。微观组织数据和相关的性能数据可以使用各种数据工具来彼此关联,这些数据科学工具包括:① 额外降维技术,如 Kernel PCA、Isomap、局部线性嵌入(LLE)、Hessian LLE;② 多种回归方法(包括贝叶斯回归法)(Kalidindi 等,2011)。图 18.2 显示出在从右(高性能)到左(低性能)的微观组织空间中,结构–性能之间的高效计算且可逆的关联关系[其他例子请参考 Fullwood 等(2010)]。需要注意的是,图中高维椭圆体内某一颜色的超平面[453] 等值线确定了不同微观组织的完整集合(由它们的更高阶统计数据来定义),这些不同的微观组织有望提供出指定的性能度量。

　　当把选定的制备方法应用于具体材料上时,微观组织的重要特征将发生改变。在高维微观组织空间中,微观组织的演变可以通过路径的方式(沿着图 18.2 中的黑色箭头方向)展现出来。不同的制备路线以不同的方式改变微观组织,在微观组织空间中将其描绘为相交的路径。在微观组织壳中,所有路径的识别(从实验或者模型模拟)可以与所有可用的制备选项相对应,这将会产生一个称之为工艺网络的大型数据库(Shaffer 等,2010)。一旦建成了这样的数据库,我们就可以判别出混合工艺路线(基于一些判据来选择,如最小成本判据),能够将任何初选微观组织转变为具有预期优异性能的微观组织。已有研究(Shaffer 等,2010)通过配合使用迭代改进法和后续最大化算法(Russell 和 Norvig,2002),证明了在 12 维微观组织空间中建立大型工艺网络的可行性,并使用 Dijkstra 的(1959)单源最短路径算法从网络拓扑中获得了工艺设计问题的逆向解。

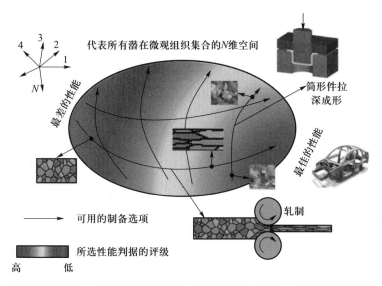

图 18.2 利用显微组织 n 点统计的降维表示,建立可逆结构-性能-工艺关联关系的路径示意图

通过一个多孔微观组织及其弹性模量的研究(通过有限元模型数值预测),我们对前面提到的主要概念进行了简单的演示(Kalidindi 等,2011)。该案例使用多项式和标准线性回归的方法将微观组织的 PCA 权重与弹性模量进行了关联。图 18.3 显示了在假想的多孔固体中,在 2 点相关性中计算获得的最重要的两个 PCA 方向和弹性模量之间的关系。

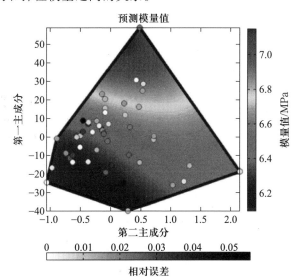

图 18.3 前两个主成分的弹性模量云图。每个圆圈代表一个微观组织的具体实现,而圆圈的颜色表示真实的(FE 预测)模量值和基于数据科学的预测值之间的相对误差(Kalidindi 等,2011)

5. 多尺度材料建模中的高效跨尺度桥接

　　目前业已开发的能够满足先进技术严格要求的大多数材料基本上都呈现出复杂的跨多个长度尺度的内部结构。尽管有许多基于物理的多尺度材料建模和仿真工具,但它们在计算上通常非常昂贵并且还没有被工业界广泛应用。近年来,为了高效地实现跨尺度桥接,我们制定了一个新的数据科学框架,可以解决这一关键问题。这种新方法有一个显著的特征,就是可以在不同的长度尺度上获得所研究场变量的不均匀性。在这种方法中,宏观尺度的场变量控制方程使用成熟的数值工具来求解(例如用于模拟机械响应的有限元模型),而介观尺度的计算则使用一种叫做材料知识系统(materials knowledge system, MKS)的新颖数据科学方法。在模拟许多不同的多尺度材料现象中,MKS 方法为了实现局部化(举个例子,宏观外场在材料介观尺度上的空间分布,比如应力场或者应变速率场)成功地建立了高精确和高效率的元模型。对于感兴趣的物理现象,MKS 会将其结果与先前建立的数值模型结果进行校核来保证其准确性,同时使用快速傅里叶变换来保证计算效率。

　　在多尺度分层次建模过程中(例如 Choi 等,2008a;Fullwood 等,2010;Luscher 等,2010;McDowell 等,2007;Olson,1997),可以使用代表性体积单元(representative volume element,RVE)的概念,在统计框架下进行各长度尺度之间的信息交互。迄今为止,几乎所有的多尺度材料设计所选择的方法都是分层次建模(Campbell 和 Olson,2001a,2001b;Choi 等,2008a,2008b;Hao 等,2003;McDowell 等,2009;Nicholas 等,2003;Olson,1997)。目前分层次建模方法一个主要缺点,就是常采用各种简化假设,以降低精度为代价来换取计算速度的提升。而分层次建模中使用的跨尺度桥接关系,在计算上更适合于获得所选微观组织参数对材料宏观响应的具体定量影响。这些信息都是材料设计工作的重点(Choi 等,2008a;Fullwood 等,2010;McDowell 等,2007;Olson,1997)。

　　迄今为止,在大多数分层次建模方法中,大家一直关注把等效性能传递到更高的长度尺度上,即均质化(如本章前面部分所讨论的内容),而相反方向,即局部化,却只有很少的信息。举个例子,对于一个宏观尺度上施加载荷的情况,局部化可能包括微观尺度下各响应场的空间分布(如应力或应变速率场),对于完全耦合的多尺度模拟,局部化必须通过较低尺度的控制场方程来完成。在一些材料设计问题中(例如,在模拟材料的热加工过程中,微观组织演化存在宏观的不均匀性),局部化与均质化同样重要甚至会更重要,而且,如果能以足够的精度解决局部化问题,它会隐性的提高均质化的精度。

　　通过应用现代数据科学方法,在分层次多尺度建模中可以显著地提高均质化和局部化之间关联关系的准确度,这是 MKS 框架的核心思想(Fast 和 Kalidindi,2011;Fast 等,2011;Kalidindi 等,2010;Landi 和 Kalidindi,2010;Landi 等,2010)。基于 Kroner(1977,1986)提出的统计连续理论,MKS 建立了高准确度的微观组织–性能–工艺之间的关联关系,适用于各层次尺度之间的双向信息交互。在 MKS 框架中,通过采取简单的代数序列,将感兴趣的局部关系表示为 [456] 标准的元模型形式,其中的项来自各层次局部微观组织标识符的独立贡献。该代数序列中的每个项可以表示为局部微观组织描述符与其在相应微观尺度上影响力的卷积。MKS 框架中的序列展开式与从 Kroner(1977,1986)开发的统计连续体理论中获得的序列展开式完全一致。然而,通过将这些表达式中的卷积核函数与先前验证的基于物理学模型的结果相校核,MKS 方法显著地提高了表达式的准确性。在 Fast 等的工作中(Fast 和 Kalidindi,2011),通过使用局部关联关系中的高阶项,MKS 方法在具有相对较高对比度的复合材料体系中成功捕获到显微应力和应变分布的踪迹,研究还表明 MKS 方法可用于涉及非线性材料行为的问题,如调幅分解(Fast 等,2011)和刚塑性变形(Kalidindi 等,2010)。

MKS 框架来源于广义复合理论(Adams 和 Olson,1998;Beran 等,1996;Kroner,1977,1986;Milton,2002),用于获得非均质材料的有效响应。这些理论的本质是局部跨尺度桥接张量的概念,将介观尺度上的局部场与宏观尺度上的场相关联(通常是平均值)。例如,用于复合材料弹性变形的四阶局部张量 a 将微观组织中任意位置处的局部弹性应变 $\varepsilon(x)$ 与施加在复合材料上的宏观应变 $<\varepsilon(x)>$ 相关联:

$$\varepsilon(x) = a(x)<\varepsilon(x)> \tag{18.5}$$

$$a(x) = (I - <\Gamma^r(x,x')C'(x')> + <\Gamma^r(x,x')C'(x')\Gamma^r(x,x'')C'(x'')> - \cdots) \tag{18.6}$$

在方程(18.5)和(18.6)中,I 是四阶单位张量,$C'(x)$ 是空间位置 x 处的局部弹性刚度与所选参考介质之间的偏差,Γ^r 是格林函数的对称导数,由所选参考介质的弹性性质来定义,$<\cdots>$ 为代表性体积单元(RVE)上的整体平均值。应该注意,方程(18.5)和(18.6)在介观尺度上自动满足平衡控制方程(Kroner,1977, [457] 1986),但方程(18.6)中序列的截断却会引入误差。

如果想对方程(18.6)里面的序列展开式中的项进行估值,需要知道微观组织中局部状态的高阶空间相关性(与本章前面部分中描述的微观组织的 n 点统计相关)。方程(18.6)中的右边第一个 $<\cdots>$ 项表示在材料中 x' 位置处的局部状态对局部张量 $a(x)$ 的贡献,类似的,方程(18.6)中第二个 $<\cdots>$ 项表示 x' 和 x'' 两个位置处的局部状态对 $a(x)$ 的贡献。

在方程(18.6)中,局部张量的计算主要存在两个难点。第一个来自对整体平均值的评估,它实际上是一个卷积积分问题,被积函数有很多的奇异值(也被称为主值问题）。第二个难点是方程解的精度对于参考介质的选择非常敏感（Kalidindi 等,2006）。注意,方程(18.6)中局部张量的表达并不适用于这样一种情况,即把对一个微观组织执行的计算转移到其他不同的微观组织上去,换句话说,微观组织的任何变化将要求人们必须重新评估所有序列展开式中的项。

方程(18.6)中的卷积表达式可以方便地投影到离散傅里叶变换（DFT）空间（Michel 等,1999;Moulinec 和 Suquet,1998）,使得人们可以利用快速傅里叶变换（FFT）来寻求局部化关系的解（也称为 Lippmann-Schwinger 方程）。实际上,许多作者已经研究了这种方法（例如,Brisard 和 Dormieux,2010;Lebensohn,2001;Lebensohn 等,2012;Lee 等,2011;Zeman 等,2010）,然而,由于在求解过程中使用了迭代,这些方法仍需要相对较高的计算资源。虽然对于在单个代表体积元中捕获微观响应的复杂细节方面,文献中描述的方法非常有用,但它们既不能很好地解决材料设计中的逆向问题（需要评估和筛选非常大量的微观组织）,也不能进行每个宏观材料点都与三维微观组织表达相关联的实际情况下的多尺度模拟。在 Fast 等（Fast 和 Kalidindi,2011;Fast 等,2011;Kalidindi 等,2010;Landi 和 Kalidindi,2010;Landi 等,2010）的研究中,提出了一个新的数学框架,将方程(18.6)转换成一个计算高效、潜在可逆的跨尺度桥接关系,该关系特别适合于复合材料微观组织的多尺度设计和分析。这个新框架的核心是将方程(18.6)转换成一个高效的频谱（傅里叶）形式,它能将捕获物理信息的项（称为影响函数）与捕获微观组织拓扑信息的项区分开。

用 <p> 来表示在宏观尺度上施加的变量（例如局部应力、应变或应变速率张量）,这些变量在微观组织中是空间分布的,p_s 就表示具有 s 标志的每一个空间单元。到目前为止,在 MKS 框架中完成的所有示范性案例中,所选择的物理量 <p> 确实等于 p_s 在整个微观尺度上的体积平均值。在 MKS 框架中,局部化关系是由 Kroner(1977,1986)的统计连续体理论扩展而来。在微观组织中,采用一系列的核函数及其与局部微观组织（即局部邻域）高阶标识符之间的卷积来获得局部的响应场。局部化关系可以表示为一系列的求和（Fast 和 Kalidindi,2011;Fast 等,2011;Kalidindi 等,2010;Landi 和 Kalidindi,2010;Landi 等,2010）:

$$p_s = \Big(\sum_{h=1}^{H} \sum_{t \in S} \alpha_t^h m_{s+t}^h + \sum_{h=1}^{H} \sum_{h'=1}^{H} \sum_{t \in S} \sum_{t' \in S} \alpha_{tt'}^{hh'} m_{s+t}^h m_{s+t+t'}^{h'} + \cdots \Big) <p> \qquad (18.7)$$

其中,核函数 α_t^h 和 $\alpha_{tt'}^{hh'}$ 分别是一阶和二阶的影响系数,假设它们完全独立于微观组织标识符 m_s^h。对于涉及弹性的多尺度问题,这些影响系数是四阶张量,如方程(18.7)所示[与方程(18.6)进行比较]。对于空间点 s,影响系数能够捕获其邻域内各种微观组织特征对该位置处局部响应场的贡献。一阶影响系数 α_t^h 主要捕获在空间某位置处放置局部状态 h 的影响,该位置与 s 点的距离为 t。同

[**459**]

样,二阶影响系数 $\alpha_{tt'}^{hh'}$ 捕获在两位置处放置局部状态 h 和 h' 的组合影响,这两个位置与 s 点的距离分别为 t 和 t'。在这个标记方法中,t 穷举了向量空间中的所有单元,用于定义感兴趣的邻域单元(Adams 等,2005),这种细分方法与材料内部结构的空间域采用了相同的方案(也就是说 $t \in S$)。应当注意的是,局部化关系[方程(18.7)]中的影响系数与格林函数密切相关[准确的关系可以通过对比方程(18.6)和(18.7)来建立]。

局部化表达式中的高阶项可以系统地捕获体系中的非线性特征,换句话说,所获得的非线性的精度在很大程度上依赖于保留在局部化关系中的特定高阶项。鉴于整个系统在空间上是恒定不变的,所以影响系数预期与微观组织也是相互独立的(Fast 和 Kalidindi,2011;Fast 等,2011;Kalidindi 等,2010;Landi 和 Kalidindi,2010;Landi 等,2010)。

几个关于 MKS 方法(Fast 等,2011;Kalidindi 等,2010;Landi 和 Kalidindi,2010;Landi 等,2010)的初步探索,仅使用了序列展开式(18.7)中的一阶项。我们通常观察到,只要微观组织中可能的局部状态之间的对比度低到一定的数值,序列展开式中的一阶项就足以精确地捕获响应场在介观尺度上的分布。值得特别注意的是,对于具有中、高对比度的材料体系,为了在 MKS 框架中提高局部化关系的精度,高阶项是必须要保留的。

前期工作(Fast 和 Kalidindi,2011;Landi 等,2010)已经证明,通过与已有数值方法所获得的结果进行校核,可以估计方程(18.7)中影响系数的数值。例如,在处理复合材料的弹性变形问题时,可以利用细观力学有限元模型的结果来进行校对,从而获得影响系数的值。注意,在数值弱解方面,细观力学有限元模型的计算结果隐性地满足介观尺度上的控制方程。因此,MKS 的元模型的预测结果也要尽量与它们保持一致。我们还证明了,当转变到离散傅里叶变换(DFT)空间时,方程(18.7)能够有一个更简单的形式,可以被重新表示为

[**460**]

$$P_k = \left[\left(\sum_{h=1}^{H} \left(\beta_k^h \right)^* M_k^h \right) \right] <p>,$$

$$\beta_k^h = \mathfrak{J}_k \left(\alpha_s^h \right), P_k = \mathfrak{J}_k(p_s), M_k^h = \mathfrak{J}_k \left(m_s^h \right) \qquad (18.8)$$

其中,$\mathfrak{J}_k( )$ 表示关于空间变量 s 或 t 的 DFT 运算,星号上标表示复共轭。注意,方程(18.8)中耦合的一阶系数的个数仅为 H,但是总的一阶系数的数量仍保持为 $|S|^* H$。这种简化是 DFT 卷积属性的直接结果(Oppenheim 等,1999)。由于影响系数大量解耦为更小的集合,此时用数值模型的结果来估算影响系数 β_k^h 的值将变得意义不大。需要强调一下,对于选定的复合材料体系和物理现象,影响系数 β_k^h 的确定是一次性的计算工作。

确定影响系数的流程在其他论文中有详细的讨论(Fast 和 Kalidindi,2011;

Fast 等,2011;Kalidindi 等,2010;Landi 和 Kalidindi,2010;Landi 等,2010)。简而言之,在满足周期性边界条件的介观体积上,使用指定的"delta"微观组织(某一局部状态下的单个体积元,被不同局部状态的体积元所环绕)来校准一阶影响系数。而对于高阶影响系数,需要有一个数量更大的校准数据集。需要指出的是,在多尺度问题中判别正确的边界条件是该领域中的一个重点问题[参见 Mesarovic 和 Padbidri(2005)对于这个问题的讨论]。我们遵循了文献中最常用的方法,即周期性边界条件,因为它特别适合于 DFT 表征。还要注意的是,微观体积元(microscale volume element,MVE)尺寸的选取对影响系数的校准有显著影响,因为影响系数将会随着 t 的增加衰减到零,所以方程(18.7)获得的局部化将与一定限度的交互区域和一定限度的存储器相关。为了准确地获得局部化的空间特征,用于生成校准数据集的 MVE 的大小至少是交互区域的两倍。由于交互区域的尺寸事先是不知道的,对于特定的材料体系和物理现象,我们需要一些

典型的实验来确定恰当的 MVE 尺寸。总的来说,MVE 的尺寸将随着局部性能对比度的增大而增加。最后,非常重要的一点,就是要确保 MVE 的尺寸足够大,使得边界条件不会对校准值有显著的影响。

在较小空间域(MVE)上建立的影响系数可以扩展并应用于相对较大的空间域上(Fast 和 Kalidindi,2011;Fast 等,2011)。如前所述,影响函数预期会随着 t 的增加而急剧衰减(就像格林函数一样),我们可以给 t 值较大区域的影响函数赋予零值,如此可以把影响函数扩展到更大的空间。Fast 等的工作已经证明了这个简单概念的可行性(Fast 和 Kalidindi,2011;Fast 等,2011;Kalidindi 等,2010)。值得说明的是,如此简单扩展的影响系数能够精确地再现较大 MVE 上目标场的介观空间分布,并且获得了与较小 MVE 大致相同的精度。

图 18.4 显示了用 MKS 方法对局部弹性响应的预测精度,在这个例子里面,弹性模量的局部状态值之间的对比度为 10。值得注意的是,对于这个问题,MKS 方法的计算成本要比有限元方法低几个数量级,例如,对于图 18.4 所讨论的案例,在超级计算机上进行有限元模拟需要 45 min,而在台式计算机上 15 s 内即可获得 MKS 的预测结果(3.2 GHz 和 3 GB RAM;Fast 和 Kalidindi,2011)。MKS 方法已经成功应用在下述几个方面:复合材料中的热弹性应力(或者应变)分布、复合材料中的刚黏塑性变形场、二元合金调幅分解过程中成分场的演变(Fast 和 Kalidindi,2011;Fast 等,2011;Kalidindi 等,2009;Landi 等,2009;Landi 和 Kalidindi,2010)。说明一下,在后两个研究案例中涉及对高度非线性本构模型的描述,因此,虽然 Kroner(1977,1986)最开始研究的是复合材料的弹性响应,但是 MKS 的应用不仅仅局限于线性控制方程。

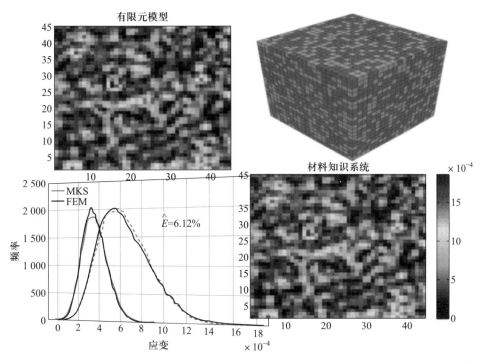

图 18.4　在一个组成相的弹性模量值相差 10 倍的两相复合材料中,展示了用 MKS 方法预测局部弹性场的精度。三维复合材料微观组织中间截面上的应变分布,整个三维体积中每个相的应变分布在图中一并进行了展示。可以看出,MKS 方法能够获得很好的预测结果,但它的计算成本却是限元方法(Fast 和 Kalidindi,2011)的很小一部分(见文后彩图)

　　我们将 MKS 方法首次植入到有限元工具中,以实现多尺度材料建模(Al-Harbi 等,2012)。更具体地说,通过用户材料子程序,成功地将 MKS 框架与商业有限元软件 ABAQUS 结合起来。在这种新的 MKS-FE 方法中,信息在介观和宏观之间以完全耦合的方式不断地进行着交换,通过一个由复合材料制成的元件的弹性变形研究案例,可以证明 MKS-FE 方法的可行性和计算优势。研究表明,MKS-FE 方法可以精确地捕获宏观有限元模型中每个材料点的应力或应变场的介观尺度空间分布,同时大大节省了计算成本。 [462]

6. 深入阅读 [463]

　　这里的例子说明了在新兴的微观组织信息学领域探索现代数据科学方法的优势和好处。由于这是一个新兴的领域,在文献中肯定会出现描述该领域其他新型应用的研究报告。本章前面已经有一些相关文献,但只有这些还不够完整和全面。鼓励读者仔细阅读相关文献,对这些研究报告进行确定,并熟悉可用于其微观组织数据集的丰富的数据分析工具。学习这些东西会使那些在材料领域接受教育和训练的研究人员离开舒适区,给他们带来挑战。当然,这种大胆的跨学科学习方法也存在很多的潜在好处,比如能更容易地解决在学习新术语和科学语言时遇到的初级困难。

致 谢

作者感谢 ONR 基金(N00014-11-1-0759)的支持(Dr William M. Mullins,项目经理)。本章的内容来自作者课题组的几篇博士论文,包括 Stephen Niezgoda,Giacomo Landi,Tony Fast 和 Hamad Al-Harbi。

参 考 文 献

Adams,B. L. ,Olson,T. ,1998. Mesostructure–properties linkage in polycrystals. Prog. Mater. Sci. 43(1),1–88.

Adams,B. L. , Gao, X. , Kalidindi, S. R. , 2005. Finite approximations to the second – order properties closure in single phase polycrystals. Acta. Mater. 53(13),3563–3577.

Al-Harbi,H. F. ,Landi,G. ,Kalidindi,S. R. ,2012. Multi–scale modeling of the elastic response of a structural component made from a composite material using the materials knowledge system. Model. Simul. Mater. Sci. Eng. 20,055001.

Arslan,I. ,Marquis,E. A. ,Homer,M. ,Hekmaty,M. A. ,Bartelt,N. C. ,2008. Towards better 3 – D reconstructions by combining electron tomography and atom – probe tomography. Ultramicroscopy 108(12),1579–1585.

Beran,M. J. ,Mason,T. A. ,Adams,B. L. ,Olsen,T. ,1996. Bounding elastic constants of an orthotropic polycrystal using measurements of the microstructure. J. Mech. Phys. Solids 44 (9),1543–1563.

Brisard,S. ,Dormicux,L. ,2010. FFT–based methods for the mechanics of composites:a general variational framework. Comput. Mater. Sci. 49(3),663–671.

Brown,W. F. ,1955. Solid mixture permittivities. J. Chem. Phys. 23(8),1514–1517.

Campbell,C. E. ,Olson,G. B. ,2001a. Systems design of high performance stainless steels I. Conceptual and computational design. J. Comput. –Aided Mater. Des. 7,145–170.

Campbell,C. E. ,Olson,G. B. ,2001b. Systems design of high performance stainless steels II. Prototype characterization. J. Comput. –Aided Mater. Des. 7,171–194.

Choi,H. J. ,McDowell,D. L. ,Allen,J. K. ,Mistree,F. ,2008a. An inductive design exploration method for hierarchical systems design under uncertainty. Eng. Optim. 40(4),287–307.

[464–466]

Choi, H. J., McDowell, D. L., Allen, J. K., Rosen, D., Mistree, F., 2008b. An inductive design exploration method for robust multiscale materials design. J. Mech. Des. 130(3),031402−1− 13.

Committee on Integrated Computational Materials Engineering, 2008. Integrated Computational Materials Engineering: A Transformational Discipline for Improved Competitiveness and National Security. The National Acamedies Press, Washington, DC.

Dijkstra, E. W., 1959. A note on two problems in connexion with graphs. Numerische Mathematik 1(1),269−271.

Fast, T., Kalidindi, S. R., 2011. Formulation and calibration of higher−order elastic localization relationships using the MKS approach. Acta. Mater. 59,4595−4605.

Fast, T., Niezgoda, S. R., Kalidindi, S. R., 2011. A new framework for computationally efficient structure−structure evolution linkages to facilitate high−fidelity scale bridging in multi−scale materials models. Acta. Mater. 59(2),699−707.

Fullwood, D. T., Niezgoda, S. R., Kalidindi, S. R., 2008a. Microstructure reconstructions from 2−point statistics using phase−recovery algorithms. Acta. Mater. 56(5),942−948.

Fullwood, D. T., Kalidindi, S. R., Niezgoda, S. R., Fast, A., Hampson, N., 2008b. Gradient− based microstructure reconstructions from distributions using fast Fourier transforms. Mater. Sci. Eng. A Struct. Mater. 494(1−2),68−72.

Fullwood, D. T., Niezgoda, S. R., Adams, B. L., Kalidindi, S. R., 2010. Microstructure sensitive design for performance optimization. Prog. Mater. Sci. 55(6),477−562.

Gille, W., Enke, D., Janowski, F., 2002. Pore size distribution and chord length distribution of porous VYCOR glass(PVG). J. Porous Mat. 9(3),221−230.

Gokhale, A. M., Tewari, A., Garmestani, H., 2005. Constraints on microstructural twopoint correlation functions. Scr. Mater. 53,989−993.

Hao, S., Moran, B., Liu, W. K., Olson, G. B., 2003. A hierarchical multi−physics model for design of high toughness steels. J. Comput. −Aided Mater. Des. 10,99−142.

Kalidindi, S. R., Bhattacharya, A., Doherty, R., 2004. Detailed analysis of plastic deformation in columnar polycrystalline aluminum using orientation image mapping and crystal plasticity models. Proc. R. Soc. Lond. Math. Phys. Sci. 460(2047),1935−1956.

Kalidindi, S. R., Binci, M., Fullwood, D., Adams, B. L., 2006. Elastic properties closures using second − order homogenization theories: case studies in composites of two isotropic constituents. Acta. Mater. 54(11),3117−3126.

Kalidindi, S. R., Niezgoda, S. R., Landi, G., Vachhani, S., Fast, A., 2009. A novel framework for building materials knowledge systems. Comput. Mater. Continua 17(2),103−126.

Kalidindi, S. R., Niezgoda, S. R., Landi, G., Vachhani, S., Fast, T., 2010. A novel framework for building materials knowledge systems. Comput. Mater. Continua 17(2),103−125.

Kalidindi, S. R., Niezgoda, S. R., Salem, A. A., 2011. Microstructure informatics using higher− order statistics and efficient data−mining protocols. JOM 63(4),34−41.

Kirane, K., Ghosh, S., Groeber, M., Bhattacharjee, A., 2009. Grain level dwell fatigue crack nucleation model for Ti alloys using crystal plasticity finite element analysis. J. Eng. Mater. Technol. Trans. ASME 131(2), 021003.

Kroner, E., 1977. Bounds for effective elastic moduli of disordered materials. J. Mech. Phys. Solids 25(2), 137-155.

Kroner, E., 1986. In: Gittus, J., Zarka, J. (Eds.), Statistical Modelling in Modelling Small Deformations of Polycrystals. Elsevier Science, London, pp. 229-291.

Landi, G., Kalidindi, S. R., 2010. Thermo-elastic localization relationships for multi-phase composites. CMC-Comput. Mater. Continua 16(3), 273-293.

Landi, G., Niezgoda, S. R., Kalidindi, S. R., 2010. Multi-scale modeling of elastic response of three-dimensional voxel-based microstructure datasets using novel DFT-based knowledge systems. Acta. Mater. 58(7), 2716-2725.

Lebensohn, R. A., 2001. N-site modeling of a 3D viscoplastic polycrystal using fast Fourier transform. Acta. Mater. 49(14), 2723-2737.

Lebensohn, R. A., Kanjarla, A. K., Eisenlohr, P., 2012. An elasto-viscoplastic formulation based on fast Fourier transforms for the prediction of micromechanical fields in polycrystalline materials. Int. J. Plast. 32-33, 59-69.

Lee, S. B., Lebensohn, R. A., Rollett, A. D., 2011. Modeling the viscoplastic micromechanical response of two-phase materials using Fast Fourier Transforms. Int. J. Plast. 27(5), 707-727.

Luscher, D. J., McDowell, D. L., Bronkhorst, C. A., 2010. A second gradient theoretical framework for hierarchical multiscale modeling of materials. Int. J. Plast. 26(8), 1248-1275.

Manwart, C., Torquato, S., Hilfer, R., 2000. Stochastic reconstruction of sandstones. Phys. Rev. E 62(1), 893.

McDowell, D. L., Dunne, F. P. E., 2010. Microstructure-sensitive computational modeling of fatigue crack formation. Int. J. Fatigue, Spec. Issues Emerg. Frontiers in Fatigue 32(9), 1521-1542.

McDowell, D. L., Choi, H. J., Panchal, J., Austin, R., Allen, J., Mistree, F., 2007. Plasticity-related microstructure-property relations for materials design. Key Eng. Mat. 340-341, 21-30.

McDowell, D. L., Panchal, J. H., Choi, H. -J., Seepersad, C. C., Allen, J. K., Mistree, F., 2009. Integrated Design of Multiscale, Multifunctional Materials and Products. Elsevier.

Mesarovic, S. D., Padbidri, J., 2005. Minimal kinematic boundary conditions for simulations of disordered microstructures. Philos. Mag. 85(1), 65-78.

Michel, J. C., Moulinec, H., Suquet, P., 1999. Effective properties of composite materials with periodic microstructure: a computational approach. Comp. Methods Appl. Mech. Eng. 172(1-4), 109-143.

Miller, M. K. , Forbes, R. G. , 2009. Atom probe tomography. Mater. Charact. 60(6) ,461−469.

Milton, G. W. , 2002. The theory of composites. In: Ciarlet, P. G. , et al. , (Eds.) , Cambridge Monographs on Applied and Computational Mathematics. Cambridge University Press, Cambridge.

Moulinec, H. , Suquet, P. , 1998. A numerical method for computing the overall response of nonlinear composites with complex microstructure. Comp. Methods Appl. Mech. Eng. 157(1−2) ,69−94.

Nicholas, T. , Hutson, A. , John, R. , Olson, S. , 2003. A fracture mechanics methodology assessment for fretting fatigue. Int. J. Fatigue 25(9−11) ,1069−1077.

Niezgoda, S. R. , Kalidindi, S. R. , 2009. Applications of the phase−coded generalized Hough transform to feature detection, analysis, and segmentation of digital microstructures. CMC−Comput. Mater. Continua 14(2) ,79−97.

Niezgoda, S. R. , Fullwood, D. T. , Kalidindi, S. R. , 2008. Delineation of the space of 2−point correlations in a composite material system. Acta Mater. 56(18) ,5285−5292.

Niezgoda, S. R. , Turner, D. M. , Fullwood, D. T. , Kalidindi, S. R. , 2010. Optimized structure based representative volume element sets reflecting the ensemble averaged 2−point statistics. Acta Mater. 58 ,4432−4445.

Niezgoda, S. R. , Yabansu, Y. C. , Kalidindi, S. R. , 2011. Understanding and visualizing microstructure and microstructure variance as a stochastic process. Acta Mater. 59 ,6387−6400.

Olson, G. B. , 1997. Computational design of hierarchically structured materials. Science 277 (29) ,1237−1242.

Oppenheim, A. V. , Schafer, R. W. , Buck, J. R. , 1999. Discrete Time Signal Processing. Prentice Hall, Englewood Cliffs, NJ.

Proudhon, H. , Buffière, J. Y. , Fouvry, S. , 2007. Three−dimensional study of a fretting crack using synchrotron X−ray micro−tomography. Eng. Fract. Mech. 74(5) ,782−793.

Przybyla, C. P. , McDowell, D. L. , 2012. Simulated microstructure−sensitive extreme value probabilities for high cycle fatigue of duplex Ti−6Al−4V. Int. J. Plast. Special Issue in Honor or Nobutada Ohno.

Qidwai, S. M. , Turner, D. M. , Niezgoda, S. R. , Lewis, A. C. , Geltmacher, A. B. , Rowenhorst, D. J. , Kalidindi, S. R. , 2012. Estimating response of polycrystalline materials using sets of weighted statistical volume elements(WSVEs). Acta Mater. 60 ,5284−5299.

Rowenhorst, D. J. , Lewis, A. C. , Spanos, G. , 2010. Three−dimensional analysis of grain topology and interface curvature in a β−titanium alloy. Acta Mater. 58(16) ,5511−5519.

Russell, S. , Norvig, P. , 2002. Artificial Intelligence: A Modern Approach, second ed. Prentice Hall.

Shaffer, J. B. , Knezevic, M. , Kalidindi, S. R. , 2010. Building texture evolution networks for deformation processing of polycrystalline fcc metals using spectral approaches: applications to process design for targeted performance. Int. J. Plast. 26(8),1183–1194.

Singh, H., Gokhale, A. M., Lieberman, S. I., Tamirisakandala, S., 2008. Image based computations of lineal path probability distributions for microstructure representation. Mater. Sci. Eng. A 474(1–2),104–111.

Spowart, J. E.,2006. Automated serial sectioning for 3–D analysis of microstructure. Scr. Mater. 5,5–10.

Spowart, J. E., Mullens, H. M., Puchala, B. T.,2003. Collecting and analyzing microstructures in three dimensions: a fully automated approach. J. Miner. Met. Mater.,35–37.

Stiénon, A., Fazekas, A., Buffière, J. Y., Vincent, A., Daguier, P., Merchi, F.,2009. A new methodology based on X–ray micro–tomography to estimate stress concentrations around inclusions in high strength steels. Mater. Sci. Eng. A 513–514,376–383.

Tiseanu, I., Craciunescu, T., Petrisor, T., Corte, A. D.,2007. 3D X–ray micro–tomography for modeling of NB3SN multifilamentary superconducting wires. Fusion Eng. Des. 82(5–14), 1447–1453.

Torquato, S.,2002. Random Heterogeneous Materials. Springer, New York.

Torquato, S., Lu, B.,1993. Chord–length distribution function for two–phase random media. Phys. Rev. E 47(4),2950.

Wang, B. L., Wen, Y. H., Simmons, J., Wang, Y. Z., 2008. Systematic approach to microstructure design of Ni–base alloys using classical nucleation and growth relations coupled with phase field modeling. Metall. Mater. Trans. A, phys. Metall. Mater. Trans. 39 A (5),984–993.

Wen, Y. H., Simmons, J. P., Shen, C., Woodward, C., Wang, Y.,2003. Phase–field modeling of bimodal particle size distributions during continuous cooling. Acta Mater. 51(4),1123–1132.

Yeong, C. L. Y., Torquato, S.,1998. Reconstructing random media II. Three–dimensional media from two–dimensional cuts. Phys. Rev. E 58(1),224–233.

Zeman, J., Vondřejc, J., Novák, J., Marek, I.,2010. Accelerating a FFT–based solver for numerical homogenization of periodic media by conjugate gradients. J. Comput. Phys. 229 (21),8065–8071.

第 19 章
艺术与文化遗产材料：
用多元分析方法回答保护问题

Deborah Lau [*], **Erick Ramanaidou** [†], **Petronella Nel** [‡], **Peter Kappen** [§], **Carl Villis** [**]

[*]CSIRO, Materials Science and Engineering, Clayton South MDC, Victoria, Australia

[†]CSIRO, Earth Science and Resource Engineering, Australian Resources Research Centre, Bentley, West Australia, Australia

[‡]The Centre for Cultural Materials Conservation, University of Melbourne, Parkville Campus, Victoria, Australia

[§]Department of Physics, Centre for Materials and Surface Science, Bundoora, Victoria, Australia

[**]Paintings Conservation Department, National Gallery of Victoria, South Melbourne, Victoria, Australia

1. 基于反射近红外光谱和主成分分析的岩石艺术岩画的研究   [467]

位于澳大利亚西北偏远地区的巴鲁普半岛，是澳大利亚最大和最重要的土著岩画的集聚地，具有独特的文化和考古学意义。伴随着四周分布的岩画阵列，巴鲁普半岛还是铁矿石、液化天然气、盐和化肥生产的大工业区。该地区也是澳大利亚最大的港口之一。由于一些岩画毗邻工业区，公众非常关注的问题是，岩画可能被日益增长的工业排放污染物所损坏。

巴鲁普半岛的岩画是通过啄凿、刮削和雕刻岩层表面 $1 \sim 20 \ \mu m$ 厚的棕红色岩锈，露出表面以下的颜色创作而成的。为了研究方便，本文中，岩石表面的棕红色我们称为背景。组成岩画的乳白色雕刻线条我们称为雕刻表面。这个区域

[468]

的内部的岩石多为辉长岩和花斑岩,在刚裸露在外,风化作用还不是很明显之前的这段时间里,呈现灰色或者灰黑色。

在巴鲁普半岛土著长老和巴鲁普岩石艺术监测管理委员会(Burrup Rock Art Monitoring Management Committee,BRAMMC)的引导下,我们在七个特定的地点采集了实验所用的岩画。BRAMMC 成立于 2002 年,是由西澳大利亚州政府创办的,目的是审查岩画保护的专业知识和监督有关工业排放污染物对岩画影响的研究工作。

从 2004 年到 2011 年,每年野外旅行中我们都收集这些岩画的无损原位可见-近红外反射(VNIR)光谱。为了做比较,七个地点中五个地点(编号 4 ~ 8)是接近工业区的南部地区,两个是远离工业区的北部偏远地区(编号 1 和 2)。图 19.1 是使用近红外光纤反射光谱分析仪测量的雕刻表面的三个点和背景的三个点。本文使用的光谱分析设备 FieldSpec Pro 覆盖光谱范围为 380 ~ 2 500 nm,700 nm 的光谱分辨率为 3 nm,使用三个探测器:一个是 512 像素的硅光电二极管阵列,光谱范围为 400 ~ 1 000 nm,其他两个是分立的热电制冷的渐变折射率砷化铟镓光电二极管,光谱范围为 1 000 ~ 2 500 nm。通过一个 1.4 m 的光纤探头输入图像。获取光谱的平均扫描时间为 1 s。

[469]

从 2004 年到 2011 年,每年在巴鲁普半岛的七个地点对原始岩石进行测量。这七个岩画,每一个岩画测量六个点,三个在雕刻表面,三个在岩石表面的背景。图 19.1 描述了一个示例。每个点取七个光谱的平均值作为该测量点的单个光谱。

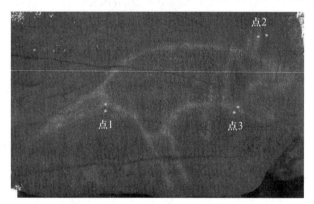

图 19.1　7 号岩画的六个测量点位置图

雕刻表面的光谱与背景的光谱有很多不同。在雕刻表面中检测到的矿物质包括亚氯酸盐和绿帘石,以及少量的赤铁矿和高岭石。在这八年,岩石的矿物质没有改变,与 2004 年第一次发现时吸收特征保持相似。背景表面的矿物质由赤铁矿、极少的高岭石、亚氯酸盐组成,还含有较少量的针铁矿和锰氧化物。光谱如图 19.2 所示。

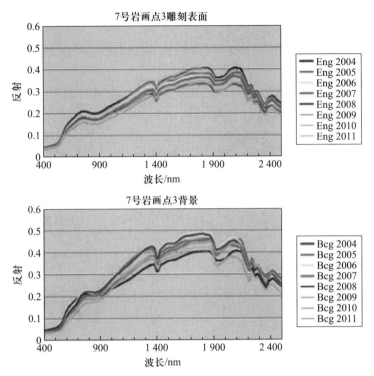

图 19.2　7 号岩画点 3 的近红外光谱（2004—2011 年每年采集一次）（见文后彩图）

　　在测量中观察到一些年际差异。这是光谱的总反射率方面的差异，而不是矿物质频带位置的差异，因此这些差异可以部分归因于水分含量的差别影响了亮度和反射率。 ［470］

　　还可以认识到，在这一点上，连续八年时间每年对这七个岩画每个岩画的六个点进行测量得到的数据很庞大，在没有复杂的可视化方法的帮助下很难在瞬间看出规律。尤其像这些主要的差异体现在什么地方以及导致这些差异的成因是什么这些有意义的问题。

　　光谱数据归一化后，使用 Unscrambler X，10.0 版本（Camo 公司，挪威）做主成分分析（PCA）投影。第一主成分（PC1）表示数据分布的最大方差方向，主成分占总体方差的 79%，第二主成分（PC2）占到 10%，二者相加占 89%。图 19.3 按照采样点在每个岩画中的位置给出了雕刻表面和背景的所有光谱数据的分析图。总体看，两个区域之间分界明显，不一致的光谱数据较少。6 号岩画的背景光谱和 7 号岩画的雕刻表面光谱反映了雕刻表面和背景各自的矿物构成。 ［471］

　　图 19.4 给出了不同位置岩画的光谱差异。这表明单个岩石或者单个岩画内部的光谱数据分布的差异。5 号岩画和 6 号岩画的数据聚集表明光谱数据分布的方差较小，而 2 号岩画和 7 号岩画则显示出较大程度的分散。因此，不同位

置的岩画存在可以观察到的矿物成分的差异,一些情况下差异较大,而其他情况下差异较小。

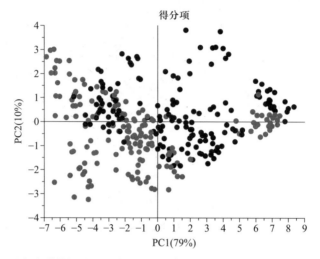

图 19.3　所有光谱数据的 PCA 投影,浅色代表背景光谱,深色代表雕刻表面光谱

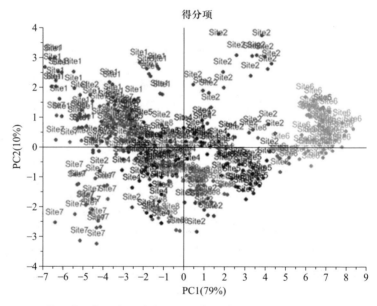

图 19.4　按照位置标记的所有岩画近红外光谱数据的 PCA 投影(见文后彩图)

　　按照测量年份标记的光谱数据如图 19.5 所示。在 2004—2011 年这段时间里光谱数据没有明显的年际趋势。如果光谱数据与年份呈细微的线性相关关系,那么这些数据应该从 2004 年到 2011 年有一个线性位移。但是这张图上并没有看出有这种趋势,不对称的散点仅是测量过程中实验误差的随机反应。

得分项

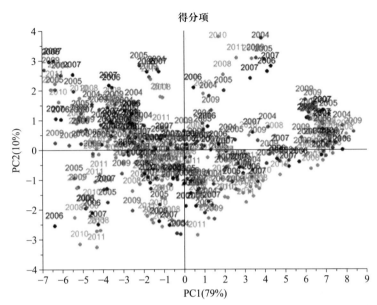

图 19.5 按照年份标记的所有岩画近红外光谱数据的 PCA 投影(见文后彩图)

数据的变化趋势和结论以前是通过光谱覆盖的方法得出的。显然,表征 [472] 336 个近红外光谱测量值,对于传统的光谱解释方法是一个挑战。本文所给的案例是,利用 PCA 对数据降维,而后对样本数据分组,给出不同分类下的数据投影,这种方法能够实现复杂数据的可视化。显然,PCA 有助于评价不同属性和变量,例如对于矿物质,可以依据光谱数据是来自雕刻表面还是背景、位置对光谱方差的影响有多少,以及光谱数据是否随时间变化等方面做出评估。

2. 基于傅里叶变换红外光谱和主成分分析的塞浦路斯陶器收藏品黏合剂研究

在古迹保护和考古学领域,经常遇到用当时市场易买到的黏合剂修护的艺术品。保护级别的黏合剂是专业工作者才使用的。但是,为了评估所用黏合剂 [473] 的潜在性能和寿命,对于保护者来说,了解历史上和非职业修护方法的本质是非常重要的。收藏品的管理者在制定一件收藏品的保护、存放和展示的优先策略时,通常要考虑这类信息。

这项研究是对墨尔本大学塞浦路斯陶器收藏品所用黏合剂样本的详细分析。目前收藏品包括约 382 件物品,大部分是陶器(约 350 件),如图 19.6 所示,跨越两千多年的塞浦路斯文化,从青铜时代早期到罗马时代。这些收藏品收购于两个时期(1972 年和 1987 年),陈列在伊恩·波特艺术博物馆(Salter,2008)。1972 年收购的物品来自 Ayai Paraskevi(1955-6)、Lapatsa(1960-1)和 Palealona

（1960-1）。1987 年收购的物品主要来自 Vounous（1937-8）和 Stephania（1951），还有一些从其他四个小一点的洞址挖出的容器和一些不知来源的容器。

把艺术品从收藏地点搬到实验室进行研究和分析会带来很大的损坏风险。因此，所做的分析工作是在收藏品的储藏室里进行的。

使用配有金刚石衰减全反射（attenuated total reflectance，ATR）窗的手持式傅里叶变换红外（Fourier transform infrared，FTIR）光谱仪收集 FTIR 光谱，并用浸润丙酮的棉毛拭子进行微量取样（在某些情况下，当聚合物膜不溶时有必要进行物理表层的清除）。以熟知的商用考古陶器修复黏合剂的光谱为参考，完成分析和识别工作（Nel 等，2010a）。样本收集、测量和即时比对光谱数据的结果是，大多数黏合剂样本被识别为以下物质之一：动物胶（PTN）、硝酸纤维素（CN）、聚酯纤维（乙酸乙烯酯）（PVA）、丙烯酸（ACR）、丙烯酸硝酸纤维素（ACCN）或聚苯乙烯（PS）。更进一步的分析将基于黏合剂类型、黏合剂外观和原始考古挖掘位置进行比较。有意思的是 CN 的广泛使用，所分析的三分之二的黏合剂样本和四分之三的修复陶器所用的黏合剂均是 CN。这需要对 111 个 CN 样本进行更详细的调查（Nel 等，2011）。

[474]   硝酸纤维素（CN）是第一个半合成的聚合物，发现于 1833 年，在十九世纪四十年代发展起来。通常添加樟脑或邻苯二甲酸二丁酯（DBP，图 19.7）作为增塑剂（Friedel，1983；Horie，1987；Mills 和 White，1994）。由于易于使用和较高的约 50 ℃的玻璃化转变温度（T_g），增塑的 CN 适合在高温天气中使用（Elston，1990），因此受到考古陶器保存者的欢迎。

为了分析主成分（PC），采用的波数范围为 650 ~ 1 800 cm^{-1}，其他波数范围因含有系统噪声和不重要的光谱信息而排除。光谱数据经过归一化、基线校正和七点 Savitzky-Golay 平滑滤波等预处理。对塞浦路斯陶器研究和控制中的样本的所有 CN 光谱重新做主成分分析，并绘制主成分的得分图。第一主成分（PC1）代表了数据中的大部分（57%）方差的方向，而第二主成分（PC2）代表了数据内的方差的 21%。在 PC1 与 PC2 的得分图中没有发现差别（未显示）。然而，第三主成分（PC3）（9%）与第四主成分（PC4）（4%）的得分图将 CN 样本分成了两个不同的组，即组 1 和组 2（图 19.6①）。

[475]   在图 19.8 上，为什么相同的黏合剂却分为两个不同的组呢？因为所有样本都是使用丙酮溶剂拭子得到的，所以采样方法不是造成这种情况的原因。尽管开始没有意识到，当比对两组样本和对应的容器收购编号时，发现有趣的关系，得分图上的两个聚类与两个收购时期强相关，组 1 对应的是 1987 年而组 2 是 1972 年。

---

① 原书似有误，应为图 19.8。——译者注

接下来必须表征和理解区分 CN 样本的光谱基础。仔细研究 PC3 和 PC4 的载荷图。PC3 的载荷向量在 1 653 cm^{-1} 和 1 277 cm^{-1} 之间是负值,正好对应的是 CN 的主频带。如图 19.8[①] 所示,载荷图与 DBP 的红外(IR)光谱的重叠表明 PC4 的载荷向量的负值与 DBP 的红外带宽之间的相关性,表明这种增塑剂是两组 CN 样本分离的原因。

[476]

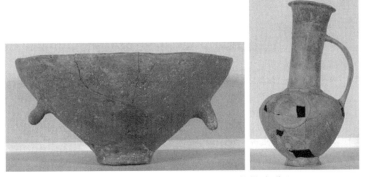

图 19.6 塞浦路斯收藏品中的两个容器:从 Vounous 挖出的抛光盆(MU No.1987.0259)(左) 和从 Stephania 挖出的圆底罐(MU No.1987.0308)(右)

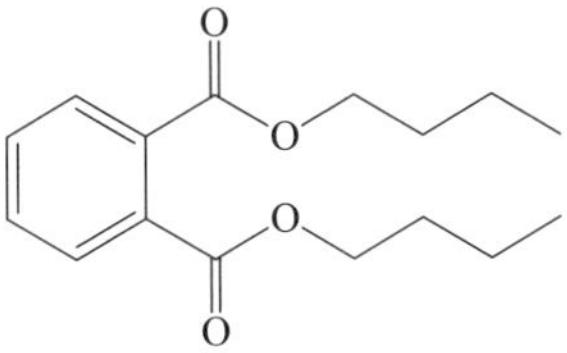

图 19.7 邻苯二甲酸二丁酯(DBP),分子式 $C_{16}H_{22}O_4$,一种常用的硝酸纤维素黏合剂的增塑剂

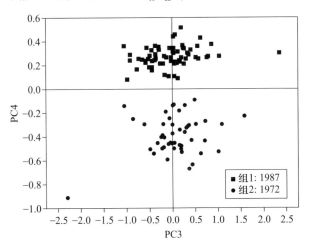

图 19.8 所有硝酸聚酯纤维素 FTIR 光谱的得分图

① 原书似有误,应为图 19.9。——译者注

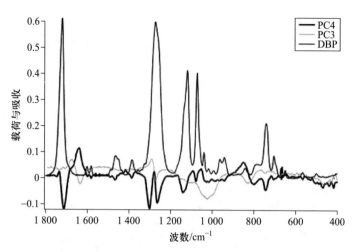

图 19.9　PC3 和 PC4 载荷图与 DBP 的 FTIR 光谱重叠

　　因为 IR 光谱的主成分分析（PCA）识别了两组不同收购时期（1972 年和 1987 年）的样本，IR 光谱峰值强度的微小差异被发现与 DBP 增塑剂的羰基有关。用气相色谱–质谱进一步研究分析差异的范围。对收藏集中的约 100 个 CN 样本做定量气相色谱–质谱分析证实，增塑剂就是 DBP，并且 1972 年收购的样本 DBP 的含量约为 15wt%，而 1987 年收购的样本 DBP 的含量为约 2wt%。因此，对 CN 数据的 IR 光谱做主成分分析的结果与使用定量气相色谱–质谱分析（gas chromatography with mass spectroscopy，GC-MS）的结果一致，都识别出两组不同收购时期收藏品 DBP 含量的一个明显的区别。

　　已知增塑的 CN 比纯 CN 更稳定（Shashoua 等，1992）。因此，比起 1972 年早期收购的约含 15wt% DBP 增塑剂的容器，1987 年收购的约含 2wt% DBP 增塑剂的收藏品应给予更高的保护优先级。增塑剂含量越低，CN 黏合剂变得越脆，并且容器黏结处越容易由于机械损伤而损坏和变质。因此，比起 1972 年收购的陶器，在相关的使用 CN 黏合剂的容器中，1987 年收购的两个来自 Vounous 和 Stephania 的容器，因为较低的 DBP 含量，都应具有同样高的保护优先级。

　　这项工作表明了 FTIR、PCA 和 GC-MS 使用的互补性，三者的共同使用提供了无价的定性和定量数据，引导了 CN 样本增塑剂的验证和定量，从而赋予 1987 年收购的塞浦路斯陶器保护的优先级。

3. 基于 ToF–SIMS、XANES 和 PCA 的埃及石棺的研究

　　Tjeseb［可以追溯到第三中间期到晚期（公元前 747—公元前 600 年）］的内

［**477**］

部类人石棺和木乃伊于 1890 年到达墨尔本,并于 1938 年进入维多利亚国家美术馆。石棺由木头和水泥填充物等制成,上面覆盖着一层白色的泥土,然后是一层纺织物,之后是一层装饰性绘画层。虽然破损严重,但石棺残件在一个纯净的条件下保存,没有明显的早期干预的痕迹,如修复、采取保护措施或使用清漆(图 19.10)。因为国际上的大部分埃及石棺收藏品都极易被这些变化污染材料,所以本文的案例提供了一个很珍贵的机会,可以研究古埃及时期没有被污染的原始材料。

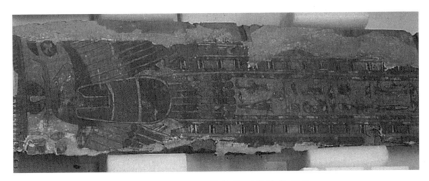

图 19.10　Tjeseb 的内部石棺棺盖碎片

现在已知,含有黏合剂的古埃及颜料包括动物胶、干性油、蛋(蛋清、蛋黄或两者都有)、蜡和植物树脂等成分。色谱分析发现,对罗马-埃及石棺的木制底层和油漆使用热解 GC 和薄层色谱法(thin-layer chromatography,TLC)分析可知其中包含的黏合剂是动物胶,使用高效液相色谱(high-performance liquid chromatography,HPLC)法对来自波士顿美术博物馆的许多木制艺术品的油漆和底层样本进行分析发现黏合剂也是动物胶。使用 GC 法发现四世纪的一个木乃伊画像所用的颜料黏合剂是蛋黄。使用 TLC 和 HPLC 法分析发现,在底比斯第十九王朝王后 Nefertari 的陵墓的壁画上使用的颜料黏合剂是植物胶,使用微化学检测发现,几个底层油漆以及法尤母地区的木乃伊画像使用的颜料黏合剂也是植物胶。使用热解 GC 分析发现,一到四世纪法尤姆地区的木乃伊画像使用的黏合剂是蜂蜡。使用傅里叶变换红外光谱仪识别出罗马时期一木乃伊使用了阿拉伯胶,GC-MS 随后也验证了这个结论(Scott 等,2004)。因此,可以想见,许多材料可以充当工艺品中的颜料黏合剂。

[478]

这些鉴别黏合剂的报道大多依据这样一个基本事实,即比较现有的标准,老化材料的化学组成显示出高度的完整性。因此,尽管在某些情况下老化引起褪色——相关的颜色发生改变,但是用于分辨主要特点的黏合剂的化学性质可以认为能够长久地保持。

在鉴别和设计储存、处理、展示的策略方面,颜料黏合剂的识别是非常重要的,也有助于建立一件艺术品或者一位艺术家的个体知识。由于许多艺术品的社会和货币价值,样本尺寸仅限于几百微米,这限制了识别样本材料的能力。飞行时间二次离子质谱(time-of-flight secondary ion mass spectroscopy,ToF-SIMS)具有化学上的特异性,并且有适合于微小样本的超高的空间分辨率,非常适用于这类任务。然而,每个质谱具有数十万个数据点,因此比较多个光谱的方法很难适合作为化学测量聚类识别技术。主成分分析数据分类有助于数据管理和依照光谱和结构关系把黏合介质分成不同的组别。

[**479**]

本文研究了已用于艺术品的黏合剂(蛋、亚麻籽油和动物胶),使用 PCA 得到训练集,并用于后续的分类。亚麻籽油和兔皮胶的新样本使用黄色赭石颜料混合以评估颜料对黏合剂的影响。使用手术刀和针将直径小于 1 mm 的干燥薄膜微小碎移到双面碳胶带上用于 ToF-SIMS 分析(图 19.11)。石棺绘画层的样本是一个绘画薄片(直径约 1 mm),粘在双面碳胶带上,最上面暴露。在 100 μm^2 目标区域做分析。得到 ToF-SIMS 阳离子质谱,校正后是 CH_3^+、$C_2H_3^+$、$C_3H_5^+$、$C_5H_7^+$ 和 Fe 峰值。

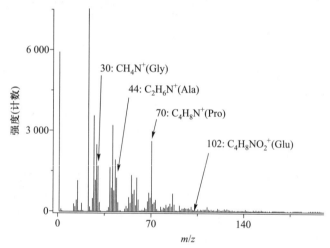

图 19.11　含有黄色赭石颜料的兔皮胶的 ToF-SIMS 阳离子质谱

每个正质谱由近 50 万个数据点组成,取平均到 $0.05m/z$,数据点减少到 17 420 个。以峰值将数据归一化,使用软件 Unscrambler v.9.2 进行 PCA 建模。采用无监督学习方式,没有观察到异常值。

以前的 GC 研究表明,动物胶的总蛋白含量随老化的变化很小,这是因为动物胶含有相对高百分比(70%)的稳定氨基酸(Schilling 和 Khanjian,1996)。因此,有必要与新鲜的材料老化进行比较。

蛋白质材料的特征可以用 ToF-SIMS 峰值强度与指定的质量片段的峰值强度的比表示。然而,因为还要研究一系列非蛋白质材料,所以这里不用这种方法。这里使用特定光谱范围的整个质量谱表示特征,这种方法具有非零的强度值,防止模型的偏离。

如图 19.12 所示,ToF-SIMS 光谱的 PCA 排序表明石棺样本与所制备的动物胶和氧化铁混合物比较接近,而离蛋、油或油/蛋混合物氧化铁样本较远。

[480]

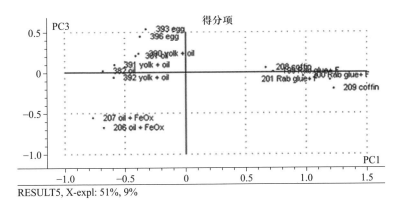

RESULT5, X-expl: 51%, 9%

图 19.12 所有黏合剂样本的 PC1 和 PC3 的 PCA 得分图,
石棺样本与右侧动物胶和氧化铁混合物一致

这项研究利用了一种优异的材料鉴定手段 ToF-SIMS。ToF-SIMS 与 PCA 结合之后,对许多样本和它们的光谱关系的解释和比较就变得更加简单。在黏合剂类型识别上的应用清楚地表明,二者组合的方法能够有效地识别艺术品上有机材料的微量样本的类别。

3.1 X 射线吸收近边结构光谱(XANES)

理解化学成分对历史文物的材料保护很有帮助。然而,分析者们在采样和识别时需要采用非破坏的方法,这些理想化的要求为化学鉴定增加了不少约束。在对石棺进行初步检查期间,X 射线衍射和拉曼光谱的标准技术可用于颜料板内除了绿色之外大多数单色颜料的鉴定。蓝色是埃及蓝,白色是白垩,红色是赤铁矿,黄色是针铁矿。

使用实验室技术从埃及工艺品中识别绿色一直是具有挑战性的工作,并且常常不能成功。非破坏性 X 射线吸收近边结构光谱(X-ray absorption near-edge structure spectroscopy,XANES)提供了分析机会,因为它对形态非常敏感,并且是其他技术不成功时的替代方法。但其有一个缺点,XANES 需要使用同步加速器设施。

[481]

为了分析绿色颜料的成分,本研究采用与参照集进行比较的方法。X 射线荧光反射确定绿色颜料是含铜的材料,因此从维多利亚国家美术馆得到含铜的矿物质做成的可能产生铜降解的样本(使用 X 射线衍射预先验证它们的组成)。

对含铜绿色矿物质和其他实验室参考化合物的参照集进行 XANES,其光谱如图 19.13 所示。

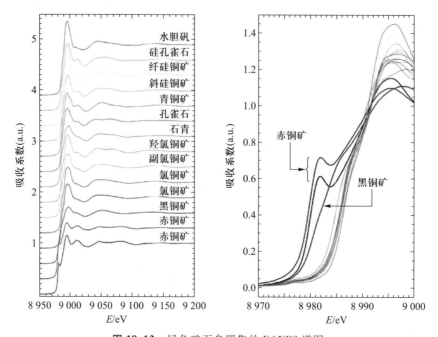

图 19.13　绿色矿石参照集的 XANES 谱图

利用 PCA 将数据投影在主成分空间可以挖掘质谱数据之间的关系,显示出样本光谱与铜元素光谱的联系。这需要一个参考材料的训练集标定。训练集的样本点用来与埃及石棺的样本进行比较,并用来表示目前绿色的形态。

[482]　　PCA 投影结果表明,具有不同结构环境的铜基矿物质,在主成分得分图中充分分离:(a)氧化铜(Ⅰ),(b)氧化铜(Ⅱ),(c)羟基氯化铜,(d)碳酸铜,(e)羟基硅酸铜和氢氧化铜。

图 19.14 给出了包含绿色参考颜料光谱的主成分分析。为了分离得更远,
[483]　训练矩阵不包含氧化铜(Ⅰ)的光谱。前三个主成分占到方差的 77%(PC1:48%;PC2:18%;PC3:11%)。加入铜钛合金的光谱后前三个主成分占到方差的 81%(PC1:61%;PC2:13%;PC3:8%),表明具有突出特征的光谱能够减少主成分的个数。

扩充训练集表明天然来源的材料蕴含着自然变化的程度。而相同来源的多个样本的分布表征了一种样本类型内部的差异程度。识别数据集内的组[如上文所列的(a)~(e)]采用了加入对训练集矿物学的先验知识后的启发式方法。在这个分类中,一些组比另一些组更好地被定义。虽然羟基硅酸铜分布较宽,但羟基氯化铜的类分布很紧密。

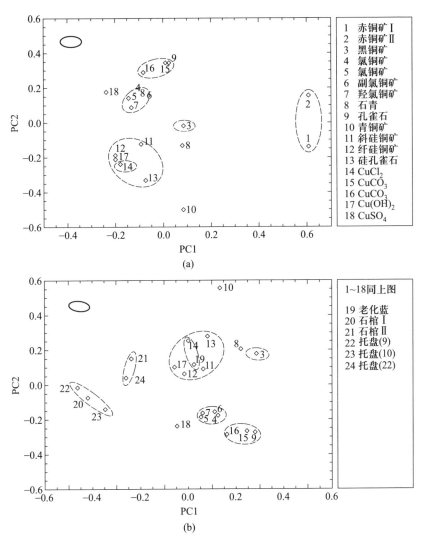

图 19.14 矿物质和实验室化学品的 PCA 得分图(PC1 和 PC2)(a),加入赤铜矿I和II及黑铜矿后 PC1 和 PC2 的 PCA 得分图(b)。左上角的椭圆表示与单个得分值有关的实验不确定性

不同材料的 XANES 有时仅表现出微妙的光谱差异,这使得对这些光谱可视化后难以解释。PCA 可以对数据集内的所有结构关系同时可视化。利用这种方法可以识别如埃及发现的那些颜料中的铜。PCA 极大地辅助了 XANES 分析。利用与铜有关的化学先验知识建立化学成分的类别,可以识别以前不能识别的埃及工艺品中含铜的颜料。

3.2 多元成分图像

依靠分析技术,成分图像可以是与一表面上每组 x 轴和 y 轴坐标对应的单个值,或者是如全光谱的一组数据。对于后一种情况,数据可以在高光谱数据立方体中排列,每个坐标(x_n, y_n)与一个光谱对应,光谱的大小沿着z轴方向表示。每个z轴上的谱强度是多元数据集中的一个成员变量,因此可以使用多元分析技术来得到样本的化学组成。

[484]

正如本章所用,主成分分析(PCA)是最为常见的多元谱分析技术之一。PCA 建立在线性代数的基础之上,分析多元变量中的每一个变量对观察样本的贡献,降低数据的维数。聚类技术是比较图像中的每一个样本与其他样本点谱特征来划分数据。这样模式或者聚类就来自数据本身,表征了相近成分的面积。因此通过分配给同一组内每个(x, y)像素相同的颜色,所得到的图像就可以用来描述成分的空间分布。

光谱成像起源于地理空间或遥测传感领域,其中像素尺寸(栅格间距)可以是米甚至光年。光谱成像的原理是相同的,不考虑映射的尺度,并且宏观尺度(具有毫米或厘米范围内的像素)的光谱成像已经成功地应用于许多保护和历史的领域,例如分析涂漆表面和文件,以及识别材料和数字(Fischer 和 Kakoulli,2006)。采用非专业方法处理来自一系列工具输入的数据集,开辟了一个新的研究领域,以研究这些数据,用以下两个例子来说明。

4. 基于环境扫描电镜(ESEM)图像的意大利文艺复兴时期绘画作品归因研究

在十五和十六世纪的大部分时间里,城市国家费拉拉(Ferrara)被认为是文化、学习和艺术的最大中心之一。多索(Dosso Dossi)被认为是十六世纪费拉拉最重要的画家,也是最大的谜之一。经常与他的弟弟巴蒂斯塔(Battista)合作的多索主要是寓言、历史或宗教主题的画家,虽然我们知道他也画肖像,但是目前认为属于他的肖像画作品几乎没有。维多利亚国家美术馆的一幅肖像作品(1515 年左右,1558 年登记)被认为来自一位佚名的意大利北方的画家,这幅作品于 1966 年抵达墨尔本,如图 19.15 所示。然而,一次对这幅画的重要检查的结果显示,其使用的材料和技术与多索和巴蒂斯塔著名的工作方法和材料之间有很大相似性,其中一个最重要的发现是在绘画作品的石膏基底层和油漆层之

[485]

间存在一个灰棕色的底色层。这种颜色的底色在十六世纪早期意大利绘画作品中并不普遍(直到十六世纪晚期深色调的底色层才广泛使用)。从目前的研究看,似乎当时只有多索和他的工厂使用这种类型的打底漆。而且,多索其他绘画作品研究表明底色层含有硅土(Berrie 和 Fisher,1993;Berrie,1994)。这项研究是为了识别位于画作下面的油漆预备薄层。本文的目的是利用实验室的技术手段检验该肖像画的底色层的特征与多索其他绘画作品是否一致。

图 19.15 被鉴定的肖像绘画作品,该作品现在被命名为 Lucrezia Borgia,费拉拉的公爵夫人
(1519—1530 年),藏于维多利亚国家美术馆,获取号 1587-5

谱分析通过对元素的分布扫描,即采用无损环境扫描电子显微镜/能量色散 X
射线谱(ESEM-EDS)来实现。在低真空环境下操作 ESEM,无需给样本表面喷导
电涂层,而导电涂层会对后续与其他技术结合的分析带来不利影响。现在收集了
颜料层各交界处的元素谱图,包括 Al、Ca、Cu、Fe、K、Mg、Mn、O、S、Si、Sn 和 Ti(铅 [486]
Pb-L 和 Pb-M),使用的分辨率为 1 024 像素×3 800 像素(图 19.16)。

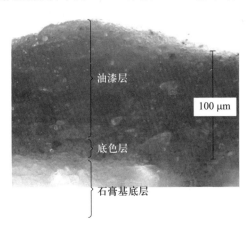

图 19.16 颜料层交界处的图像。底色层是一层很薄的棕色层,厚度约 20 μm

使用软件程序 ENVI 4.2(ITT 信息可视化解决方案,Boulder,CO),将 ESEM-
EDS 元素谱图数据编译成一个 3D 的数据立方体,x 轴和 y 轴表示像素的位置坐
标,z 轴表示具体每一个元素谱图的元素信号相对强度值。这里使用了两种方法:

主成分分析(PCA)和之后针对同一组数据的聚类分析方法。数据首先使用相关矩阵进行 PCA 处理,得到的一系列从 1 到 n 的主成分特征图像,对应前 6 ~ 10 个最大特征值的特征图像包含了重要的视觉细节,而排列在后面的较小的特征值对应的特征图像则主要是噪声引起的。

[487]

图 19.17 是由前三个特征图像合成的伪彩色图像。伪彩色的颜色分配是任意的,因为图像反映的是原始图像中颜色变化的主要部分,最大的特征值对应的特征图像反映的是数据变化中最大的部分。可以看出,图像中的橙色表示包含了高含量的铜和氧。图像顶端边缘的三个大的橙色区域在谱图像中是高含量的铜和氧。因为在光学显微镜的白光下这些区域看起来是蓝色的,而在十六世纪早期艺术家们使用的蓝色只含铜元素的颜料是石青,因此推断这些颜料是石青。

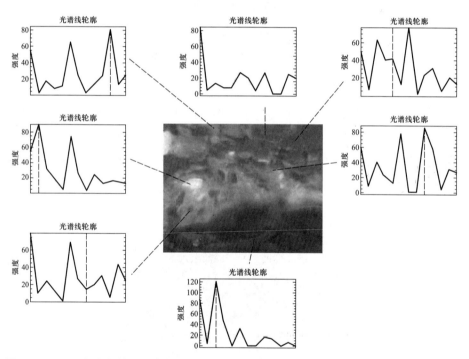

图 19.17 PCA 得出的前三个特征图像合成的 RGB 图像,根据 X 射线衍射响应,相同颜色的区域表示相同的化学成分。单色图来表示每一像素的谱强度图,这样就形成了化学成分分布图(见文后彩图)

图 19.17 中沿着颜料层底部边缘的紫红或淡紫色的部分看上去与单个元素谱图中的铅元素的位置相同,归为铅白。在底色层的灰绿色的部分与颜料层顶端边缘大的绿色部分的色调略有不同。这两种绿色类型都含有高含量的钙,只是成分有微小差别,深绿色部分的元素组成与白垩(方解石,$CaCO_3$)相似。钙和

镁元素的共存表明 PCA 图像中的亮灰绿色部分可能是白云石($CaMgCO_3$)。白色区域对应单个元素谱图中的硅和氧元素,可能是二氧化硅(SiO_2)。

图 19.17 中基底层表征为均匀分布的蓝色,表明其组成是均匀的。通过检查单个元素的谱图或该区域中的这种像素的聚集程度,可以看出,基底层具有高浓度的钙、硫和氧。元素谱图显示钙分布在所有三个颜料层的大片区域,但是仅在基底层钙与硫同时存在,这表明基底层包括石膏($CaSO_4 \cdot 2H_2O$)或无水石膏($CaSO_4$)。随后的拉曼光谱检查也证实了两种类型矿物质的存在。 [488]

除了上述之外,还进行了无监督分类方法的 10 类 Iso 聚类。无监督分类使用迭代的以平均值为中心的方法将像素分成指定数量的类。聚类的数学基础的详细讨论可以在许多文章(Brereton,2003;Esbensen,2001;Geladi 和 Grahn,1996)中找到。

PCA 得到的显著特征值的个数指示了引起数据分布主要变化的成分的个数。图 19.18 是 Iso 聚类的结果和背散射电子显微镜图像的比较。虽然分成 10 [489]

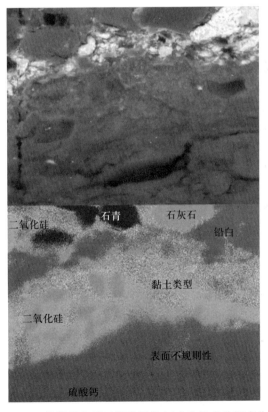

图 19.18 背散射电子显微镜图像(上)和具有分配成分的
10 类 Iso 聚类(无监督分类)图像(下)

类可能是"过分类",但是生成的均匀的类分布可以指明性质接近的区域。成分的分布图与图 19.17 中使用 PCA 特征图像得到的 RGB 图像非常相似。石青、铅白和基底层分界明显,但是富含硅元素的部分(可能是二氧化硅)在分类图像中并没有被分开。图 19.18 中,底色层的片状部分所代表的类在某些程度上也在颜料层,尤其接近石青颜料部分。这些区域的颜色响应也是相近的,与特征图像一致。

数据挖掘和 ESEM-EDS 图像研究非常适用于工艺品的微观截面,且能够从小样本中提取最多的信息。这项工作表明由特征图像合成的 RGB 伪彩色图像在显示化学成分分布方面是成功的。我们还使用 Raman 光谱作为补充技术对十六世纪绘画作品(图 19.15)的颜料层、底色层和基底层交界处进行了验证。底色层包含的元素和矿物质表明其黏土的成分,基底层识别出是夹杂大块石膏的硬石膏。三层化学成分的识别有力支持了这幅画对于多索和/或巴蒂斯塔的归属权,这些化学成分与他的那些无归属争议的作品的组成一致。

5. 采用同步辐射 X 射线荧光光谱分析的赭石颜料

赭石颜料是颜料中历史最久远的。从史前时期就已经使用,今天的许多现代材料仍然在使用它。这些颜料提供了褐色、红色和黄色,以及扩展至橙色、粉色和紫罗兰等色调的光谱。虽然这些颜色的人工合成的产品可以从商业中得到,但是自然界的赭石仍然占有接近 20% 的世界市场(Elias 等,2006)。

赭石的颜色归因于氧化物中的三价铁离子 Fe^{3+},更确切地说是 Fe^{3+} 与它的配体 O^{2+} 或 OH^- 之间的电荷转移。赭石含有不同数量的八面体氧化铁,即赤铁矿(αFe_2O_3)、针铁矿($\alpha Fe—OOH$)。因为赭石来自自然,所以还含有许多其他相的铁氧化物和氢氧化物及混合矿物如白色铝硅酸盐(通常为高岭石或伊利石)、石英、含钙化合物(例如方解石、无水石膏、石膏或白云石),以及许多其他矿物质和重金属。当主要的氧化铁是赤铁矿时,赭石颜色是红色的,当针铁矿占优势时,其显示黄色。磁铁矿(Fe_3O_4)是一种黑色形式的氧化铁,很少用在颜料里。

[490]

由于越来越多的报道显示,市场上出现具有伪造归属或可疑真实性的绘画,识别和追踪澳大利亚土著艺术品中使用的天然赭色颜料变得越来越重要。在所有的艺术市场份额中,土著艺术市场的市场价值出现了最大的增长。在 1989 年市场价值为 1 850 万美元,到了 2002 年市场价值估计增加到 3 亿美元(Nel 等,2010b)。

许多分析技术和方法用于赭石颜料的识别,并且还在不断发展新的技术和方法。然而,这些方法多数仍然依赖于取样。X 射线荧光光谱(XRF)-PCA 成像方法是无损检测方法,不需要微量取样,分析是在原位进行的,因此具有非常大的优势。而且,由于自然出现的赭石材料的各向异质的特性,用微小的样本代表整个画作的化学组成具有较大的风险。因此,从宏观分析具有减少这种潜在实验错误的优点。接下来的三个验证练习研究了三种赭石样本,两种黄色赭石和一种红色氧化物。这些样本都是市场上可以购买到的艺术家使用的颜料,混合一种专门的有机黏合剂,用画刷刷到一张商用的展平的帆布上,如图 19.19 所示。

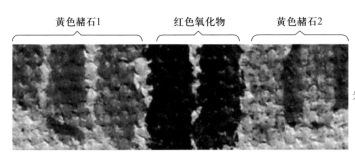

图 19.19 帆布底上的赭石涂层的区域

使用 X 射线衍射(X-ray diffraction,XRD)对两种黄色赭石样本进行初步检查,发现其主要是针铁矿,两种颜色彼此之间不能分辨,而红色氧化物主要是赤铁矿。

用 X 射线衍射光谱仪对两种黄色赭石样本做初步检测,使用澳大利亚同步加速器沿着 x-y 两个方向做 XANES 光束线的光谱图,使用单元素 Vortex 探头进行数据采集。样本上的栅格尺寸设为 0.1 mm 间隔。基本谱图采集时间接近 12 h,光谱分析的区域约 3 cm 宽。产生了五种元素的光谱图:Zn、Ti、Mn、Fe 和 Ca。这种分析可以用来分析许多元素,这里我们使用最少的光谱信息来显示该分析方法的效用。单个 XRF 元素谱图编译成一个 3D 数据立方体,这里使用的软件是 ENVI 4.2(ITT 可视化信息解决方案,Boulder,CO),x 轴和 y 轴表示像素的位置坐标,z 轴表示每一个具体元素光谱图中导出的元素谱强度,如前一节所述。 [491]

图 19.20 展示了 RGB 图像以及背景和三种颜料的光谱图。正如所预期的,在背景白色油漆载体中发现钛元素含量很高,因为它是一种现代的白色颜料,而且当代的白色颜料普遍含有 TiO_2。根据这几种颜色的 RGB 伪彩色图像,两种黄色赭石颜料样本彼此相似,比红色氧化物含有更多的锌元素。虽然这两种黄色赭石颜料不好区分彼此,但是无论从谱图还是视觉上都与红色氧化物明显不同。 [492]

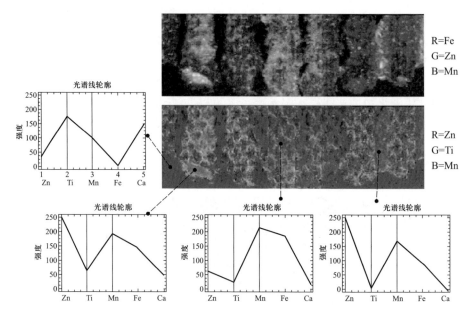

图 19.20　三种元素谱图的 RGB 图像：Fe、Zn、Mn（上）；Zn、Ti、Mn（下）

　　进一步的研究包括对光谱数据集进行 PCA 变换和最小噪声分离（MNF）变换。MNF 可以简单地描述为级联的两步 PCA 变换。将前三个最大特征值对应的特征图像与三色图中的 RGB 对应起来，生成如图 19.21 所示的图像。现在不仅可以区分红色赭石与黄色赭石颜料，两种黄色赭石也可以区分彼此。

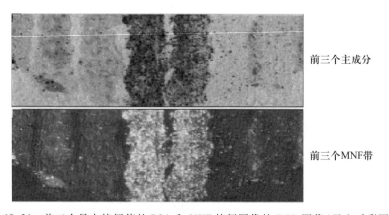

图 19.21　前三个最大特征值的 PCA 和 MNF 特征图像的 RGB 图像（见文后彩图）

　　实际上，这种技术可以可视化油画表面整个颜料的分布。使用传统技术的澳大利亚土著艺术品倾向于使用不加混合的颜料和颜色。如果油漆混合或者被污染损坏，这种技术，和其他油画颜料指纹分析技术一样，就会变得复杂。但是，谱分离算法有潜力被挖掘成为分析混合颜料或者更多复杂颜料化合物的方法。

本实验表明在分辨单个颜料成分方面多元合成图像的卓越能力。报道表明采集 XRF 元素图像的同步加速实验装置的采集速度在快速发展,非常有希望研发这种易于为广泛理解的分析方法。此外,市场上已经有许多用于实验室的手持 x-y XRF 成像仪器,可以不需搬离储藏或展览地点就可以完成对艺术品的鉴定。

[493]

6. 一般性总结和结论

材料科学家越来越依赖于产生更大量数据的分析仪器的技术提升。只有使用用于数据分析的多元统计分析方法,我们才能有希望克服正在提出的化学成分分析和化学物理方面的挑战。

已经有许多免费软件或专用工具,管理、研究、挖掘数据和从数据中提取信息。尽管我们很幸运地面对多种光谱和 X 射线分析方法和选择,能够分析材料组成,但是应该牢记还有许多数据挖掘分析方法,有时有必要使用多种策略,在不同的阶段需要不同的方法。

艺术品或者文化遗迹的稀有材料的鉴定会遇到许多限制。理想情况下,分析应该是对于要保护的文物不能具有破坏性的,因此为了保护艺术品的完整性,有必要使用无损或者微创分析技术。因此,对于解决社会或历史方面不可替代的物品的相关问题,化学测量学和信息学的方法可能变得具有越来越重要的价值。

参考文献

Adriaens, A., 2005. Non-destructive analysis and testing of museum objects: an overview of 5 years of research. Spectrochim. Acta Part B At. Spectrosc. 60(12), 1503-1516.

Berrie, B. H., 1994. A note on the imprimatura in two of Dosso Dossi's paintings. J. Am. Inst. Conserv. 33(3), 307-313.

Berrie, B. H., Fisher, S. L., 1993. A technical investigation of the materials and methods of Dosso Dossi. In: Preprints of the Tenth Triennial Meeting of the ICOM Committee for Conservation, Washington.

Brereton, R. G., 2003. Chemometrics: Data Analysis for the Laboratory and Chemical Plant. John Wiley, Chichester.

Elias, M., Chartier, C., Prévot, G., Garay, H., Vignaud, C., 2006. The colour of ochres explained by their composition. Mater. Sci. Eng. B 127(1), 70-80.

Elston, M., 1990. Technical and aesthetic considerations in the conservation of ancient ceramic and terracotta objects in the J. Paul Getty Museum:Five case studies. Stud. Conserv. 35,69 – 80.

Esbensen,K. ,2001. Multivariate Data Analysis,Practice,fifth ed. CAMO ASA.

[494] Fischer, C. , Kakoulli, I. , 2006. Multispectral and hyperspectral imaging technologies in conservation:current research and potential applications. Rev. Conserv. 7,3 – 16.

Friedel,R. ,1983. Pioneer Plastic:The Making and Selling of Celluloid. University of Wisconsin Press,Madison.

Geladi,P. ,Grahn,H. ,1996. Multivariate Image Analysis. John Wiley,Chichester.

Horie,C. V. ,1987. Materials for Conservation:Organic Consolidants,Adhesives and Coatings. Butterworth-Heinemann,Oxford.

Howard,D. L. ,de Jonge, M. D. ,Lau,D. ,Hay,D. ,Varcoe-Cocks, M. ,Ryan,C. G. ,et al. , 2012. High-definition X-ray fluorescence elemental mapping of paintings. Anal. Chem. 84 (7),3278 – 3286.

Mills, J. S. , White, R. , 1994. The Organic Chemistry of Museum Objects. Butterworth – Heinemann,Oxford.

Nel,P. , Lonetti, C. , Lau, D. , Tam, K. , Sagona, A. G. , Sloggett, R. J. , 2010a. Analysis of adhesives used on the Melbourne University Cypriot Pottery Collection using a portable FTIR-ATR analyser. Vib. Spectrosc. 53,64 – 70.

Nel,P. ,Lynch,P. A. ,Laird,J. S. ,Casey, H. M. ,Goodall,L. J. ,Ryan,C. G. ,et al. ,2010b. Elemental and mineralogical study of earth-based pigments using particle induced X-ray emission and X-ray diffraction. Nucl. Instrum. Methods Phys. Res. A 619(1–3),306 – 310.

Nel,P. ,Lau,D. ,Braybrook,C. ,2011. A closer analysis of old cellulose nitrate repairs obtained from a Cypriot pottery collection. In:Adhesives and Consolidants for Conservation. Ottawa, Canada.

Salter,S. ,2008. Cypriot Antiquities at the University of Melbourne. Macmillan,Melbourne.

Schilling,M. R. ,Khanjian, H. P. ,1996. Gas chromatographic analysis of amino acids as ethyl chloroformate derivatives. J. Am. Inst. Conserv. 35(2),123 – 144.

Scott,D. A. ,Dodd,L. S. ,Furihata,J. ,Tanimoto,S. ,Keeney,J. ,Schilling,M. R. ,et al. ,2004. An Ancient Egyptian cartonnage broad collar-Technical examination of pigments and binding media. Stud. Conserv. 49(3),177 – 192.

Shashoua,Y. ,Bradley,S. M. ,Daniels,V. D. ,1992. Degradation of cellulose nitrate adhesive. Stud. Conserv. 37,105 – 112.

第 20 章

数据图像增强和显微成像：
多维数据的挑战

Krishna Rajan

Department of Materials Science & Engineering and Bioinformatics
& Computational Biology Program, Iowa State University, Ames, IA, USA

1. 简介

　　成像和光谱学问题归根结底都是属于数据科学范畴的问题，最终都是依据衬度检测来解读出图像所反映的信息。理解这些衬度的成因以及对比区域间清晰的界面是我们解读显微结构图的科学依据。与光谱类似，我们首先需对关键点（如波数、散射角）和光谱分布形状有一个透彻的理解，才能进一步解读光谱学与材料的性能、化学成分、结构之间的关系。数据分析方法普遍存在于成像学和光谱学中（例如，图像处理中的边缘检测法、背景减除法和光谱分析中的峰值去卷积方法）。这些数据分析方法可以被集成到相关物理模型中，而这些模型是根据相关散射过程的物理学知识和各类仪器中检测器的效率所建立起来的。这些模型解释了造成最终图像衬度或光谱的所有因素之间的相互影响机制，包括仪器的影响在内。在本章中，我们从另外一个角度讨论数据分析的作用，即在假设没有明确的可用于分析成像或光谱的先验物理模型存在的情况下，对成像（体素）和光谱（谱线轮廓）数据进行分析。

　　在生物成像的发展过程中，Herold 等（2011）和 *Nature Methods*（2012）对成像中的信息学问题做出了简明扼要的描述，该描述也同样适用于材料科学中的成像问题。他们指出：在成像过程中，几乎任意变量的数值变化，都与所呈现的每个像素相关联，例如不同时间点、不同光谱波段、不同成像参数、不同成像模式等引起的信号值大小。因此，每个像素或体素（在三维中）都对应于一个信号向量（信号向量与化学成分、结构、物理性质中的一个或多个相关,并且反馈为成像信号),而相应的图像数据被称为多元图像(multivariate image,MVI)。MVI 从两个不同的域描述了结构:一种是空间结构(例如形态)在空间域中的表示,另一种是由 n 维信号域所表示的结构,例如,晶体学和化学分布(比如在化学成像领域的情况)。对于二维(2D)成像,MVI 可以解释为 n 个图像或波段的堆叠,而对于三维(3D)MVI,是由不同的连续截面堆叠而成的,如图 20.1 所示。MVI 可以从多种成像装置中得到,例如多谱段或多模式成像[如电子能量损失谱(electron energy loss spectroscopy,EELS)、X 射线、阴极射线发光(cathodoluminescence,CL)成像]。这些成像技术各用于观察样本的不同特征,因此可借助这些技术研究分析不同的材料科学问题。

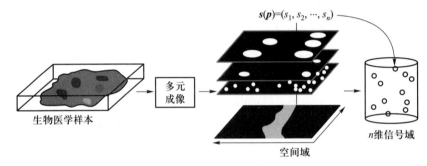

图 20.1　生物医学样本的多元图像采集示意图。多元信号向量 $s(p)=(s_1,s_2,\cdots,s_n)$ 与空间域中的每个像素 p 相关联,其在空间域中通常是一个规则网格。信号向量 s 在 n 维信号域中被表示为数据点(来自 Herold 等,2011)

　　Herold 等强调要将信号域和空间域(如显微结构方面)中收集的知识联系起来,这种将两个层面的知识相互链接的方法,通常被称为可视化数据挖掘(图 20.2)。在许多材料科学的应用中,可视化数据挖掘是从材料体系的已有的和/或预期的知识中得到启发,并借助适当的图像或光谱处理技术来辅助完成。

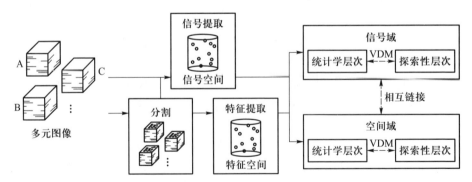

图 20.2　多元图像分析示意图。图右半部分为将信号域和空间域相互链接用于探索复杂知识的过程。对每个域的分析可以进一步细分为统计学分析层次和探索性分析层次(来自 Herold 等,2011)

在本章中,我们用 EELS 和 CL 成像作为两个示例,很好地展示了数据挖掘方法在链接信号域和空间域中的应用。

除了在成像和光谱信号中将不同信号域和空间域链接起来,信息学在材料表征中的另一个重要应用是"对比挖掘",其描述和量化了不同数据集在衍生模型或所含模式方面的差异。正如 Boetcher(2011)总结的那样,由对比挖掘可以得到事物的变化以及变化程度方面的知识。广泛应用于商业和经济领域的这类数据挖掘方法,在材料科学领域也得到广泛应用,特别是在跟踪图像衬度以及光谱特征的变化方面。该挖掘方法首先从数据集中学习它所反映的模式或模型,然后将其相互比较。该方法具有以下优点:在原始数据所包含的大部分信息得到保留的情况下,数据集的复杂性和大小得到降低。第二组案例围绕对比挖掘的概念展开研究,以跟踪光谱的变化,从而深入了解由工艺变化导致材料在化学成分和分子尺度的变化。 [497]

2. 材料科学中的化学成像:链接信号域与空间域

Gendrin 等(2008)对信息学方法及其在众多化学成像问题中的广泛应用进行了综述。我们应当认识到,依据成像模式的不同,单次采集可能跨越多个波数或能量频道而记录数千个图像。所以在目前的讨论中,我们将化学成像看成数据降维方面的难题。它得到的图像堆叠形成一个三维矩阵或数据立方体,跨越了两个空间维度,并且系列的波长数据构成了第三轴(光谱轴;图 20.3)。 [498]

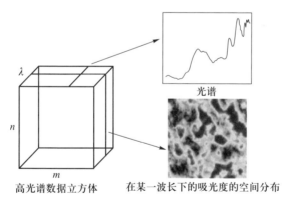

光谱

高光谱数据立方体　　在某一波长下的吸光度的空间分布

图 20.3　在化学成像实验中记录的三维数据立方体[经许可转载自 Gendrin 等,2008,版权所有(2008)Elsevier]

考虑到大多数材料化学问题都具有多组分的特点,以及在仪器操作和数据采集方面存在大量的变量和参数,该数据立方体实际上是 n 维超立方体。因此,挑战在于如何剖析高维数据矩阵并识别化学图像中的关键或主要特征,而这些特征能够反映出化学图像中的关键空间关系。数据立方体的剖析可以通过多种方法来实现(图 20.4)。

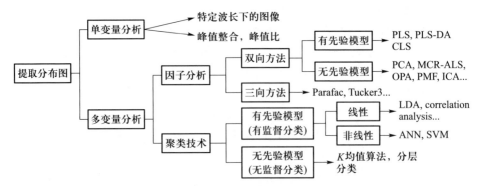

图 20.4　提取分布图的方法分类和一些例子。ANN：人工神经网络；CLS：经典最小二乘法；LDA：线性判别分析；MCR-ALS：多元曲线分辨-交替最小二乘法；OPA：正交投影分析；PCA：主成分分析；PLS：偏最小二乘法；PMF：正定矩阵分解；SVM：支持向量机［经许可转载自 Gendrin 等,2008,版权所有(2008)Elsevier］

　　关于将实验数据立方体展开到光谱数据矩阵 D 方面,Duponchel 等(2003)对多组分化学和成像分析的处理可以作为阐述性的模板(图 20.5)。尽管光谱数据集是三维($x{\times}y{\times}\lambda$)的,但由于其具有双向特征,因此第一步展开过程是有必要的。与分析区域的前 x 个像素对应的前 x 个光谱沿着矩阵 D 的前 x 行放置,并以此类推。随后,有必要用统计工具估计矩阵 D 的秩,即存在于整个数据集 D 中的独立变量的数量。最后,应用曲线分辨技术以同时提取纯化合物浓度矩阵 C(n 列和 $x{\times}y$

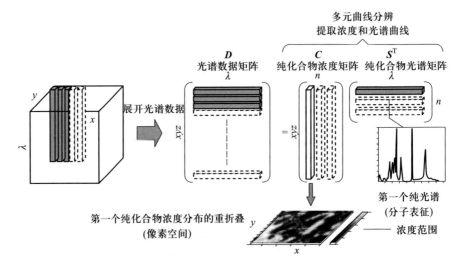

图 20.5　链接光谱域和成像域以获取化学成像中空间相关性的代数方法示意图［经许可转载自 Duponchel 等,2003,版权所有(2003)美国化学会］

［499］

行)和纯化合物光谱矩阵 $\boldsymbol{S}^{\mathrm{T}}$(n 行和 λ 列)。光谱数据用于识别,而浓度数据则被重新聚合以恢复像素空间,以此来得到样本中每个元素的分布图。

　　高能电子束辐照下的材料会发射光线,这种现象叫做阴极射线发光(CL),是信息学用来提高化学成像中检测灵敏度的良好实例。Edwards 等(2012)指出,与其他类似的光致发光和电致发光等相比,阴极射线发光的主要优点在于,其基本上能够将电荷载流子的注入控制在亚毫米级的尺寸范围内,能使测量的空间分辨率远远低于任何远场集光器的衍射极限。要提高扫描电子显微镜中 CL 的空间分辨率,可采用低的加速电压以及在样本上使用较小尺寸的光斑,来最小化光束变宽的影响。空间分辨率的提高会影响到 CL 的强度,即低光束电流和光输出量的同时减少,会造成 CL 的强度降低。如果光也被谱线般地分散到多个波段中,如 CL 高光谱成像中所要求的那样,要提高 CL 的空间分辨率将变得更加困难。经 Edwards 等处理后,这些光谱波段定义了一个多维空间,其中由 n 个波段组成的每个光谱可以被描述为 n 维空间中的一个点。首先,高光谱图像中的每一个 m 维的像素点可以通过 n 个单色波长的线性组合来描述,最终这个 m 维像素空间可被表示为由每个光谱波段所组成的 n 维空间内的一系列 m 个点的集合。在主成分分析(PCA)之后,同样的数据将被表示为一个新的 n 维正交轴内的坐标点(主基准向量;图 20.6)。

[500]

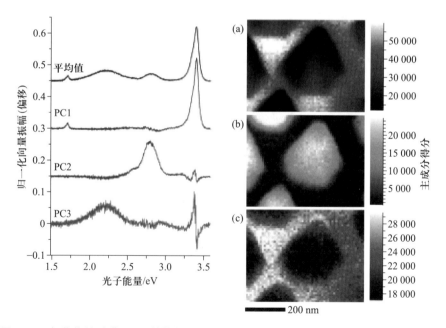

图 20.6　氮化物量子阱(QW)结构的 CL 成像。(a~c)图像分别以 3.4eV GaN 近带边缘、2.8eV InGaN QW 峰和 2.2eV 黄色带为主(来自 Edwards 等,2012)

[501]　　尽管 PCA 很强大,但处理原始数据时仍有其局限性。在确定 EELS 谱线的确切形状时,确定其构成背景是很困难的,并且它对大量的仪器参数非常敏感。因此,Cueva 等(2012)提出,有时最好进行一下预处理。他们指出,尽管 PCA 在峰值与背景比值很高的光谱上执行得非常好,但是它会产生严重且难以识别的 EELS 伪像。他们开发出了在使用 PCA 之前的背景消减方法。如图 20.7 所示,应用这种方法可以显著提高化学界面的探测能力。

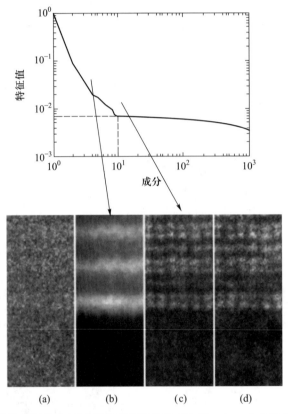

图 20.7　不同数量特征组分的 PCA 简化光谱的效果对比图。(a~c)分别为原始图像(a),来自 EELS 图像的 4 个主成分对比度增强图(b)和 10 个主成分对比度增强图(c)(确保没有信息损失的最小数量)。(d)在预处理后的光谱上的 PCA 结果,取得了与选用 10 个主成分时的等效结果(来自 Cueva 等,2012)

　　Kelton 等(2003)采取了另一种方法来应对 EELS 谱线轮廓的问题,他们直接在原始光谱中使用 PCA,通过探索 EELS 谱线轮廓随着数据收集条件而变化[502]的系统性来解决噪声问题。通过使用 PCA 来筛选出使信噪比最大化的最佳参数,他们避免了为消减背景而开发一套单独的数据建模工具(图 20.8)。

　　Pfannmöller 等(2011)提出其他方法,包括应用局部线性嵌入(LLE)方法来解决 EELS 问题。LLE 可实现非线性流形的低维表示。使用这些非线性的数据降维方法，他们能够从等离子体和带间激发的光谱来探测材料的差异。这可用于聚合物体系中，在纳米尺度上识别和匹配不同材料域内的物相（图 20.9）。 [503]

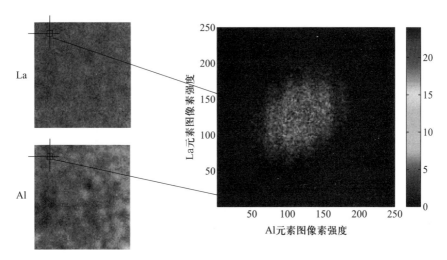

图 20.8　基于散射图的化学相图，显示了能量过滤铁损 TEM 图中 Al 和 La 的相对强度的统计性分布。与 Al 相比而言，通过散点图检测到的 La 的相对富集区与发生相分离的位置一致（见文后彩图）[经许可转载自 Kelton 等，2003，版权所有（2003）Elsevier]

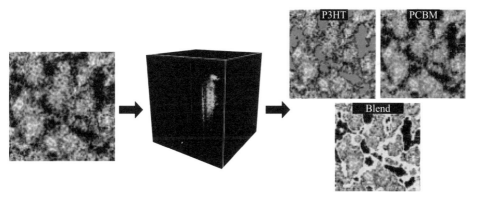

图 20.9　应用非线性的数据降维方法，将 EELS 图像反卷积为其化学光谱分量[经许可转载自 Pfannmöller 等，2011，版权所有（2011）美国化学会]

3. 光谱学中的对比数据挖掘：追踪工艺−性能关系 [504]

除了揭示高光谱图像中的信息外，在本节中我们将评述如何使用数据挖掘来寻找材料特性的变化,并以此类推到对比数据挖掘。我们引用的实例为采用红外光谱法追踪与工艺参数相关的光谱变化,主要集中在薄膜(Broderick 等,2011)和聚合物方面(Broderick 等,2010;Suh 等,2007;Mathiowitz 等,1993;Vogel等,2005)。读者可以参考这些论文了解相关问题的处理细节,但在本章中,我们将重点介绍将对比挖掘技术应用于光谱数据的操作流程。整体的策略如图 20.10 所示。

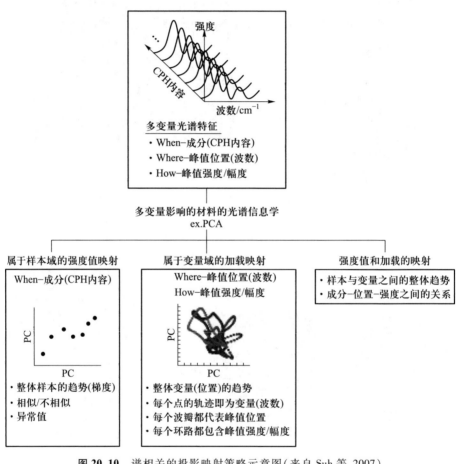

图 20.10 谱相关的投影映射策略示意图(来自 Suh 等,2007)

这种情况下的数据"超立方体"是一组光谱,这组光谱与一些工艺参数(如化学)的系统性变化相关联。数据挖掘的目的就是揭示光谱在何时、何处能够反映出与工艺参数相关的变化。信息学的目的在于揭示出一些细微的变化,而这些变化通过单独检查每个光谱图不能轻易发现。对这些变化的探测涉及通过投影来研究各个光谱的全形轮廓间的相关性。完成投影的方法有很多,在下面的

[505]

例子中采用的方法为基于 PCA 方法的线性流形投影(Eriksson 等,2001)。如下所示,得分和载荷图可以追踪相关性的变化,并且识别出那些相关性的确切变化(即对比)是何时发生的(图 20.11)。

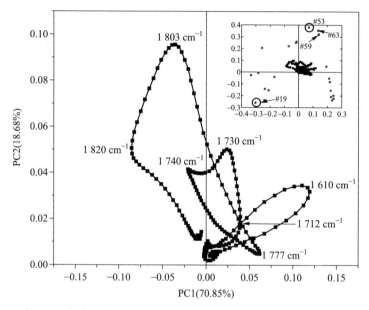

图 20.11 与 FITR 光谱相关性分析相关联的载荷轨迹图。每个波瓣都与给定的波数相关联。该轨迹图描述了给定波数下,光谱分布中的每个分量如何对应着所有其他强度而改变。距离原点的径向距离与强度的大小有关。这些变化可以由组合阵列中的组合目标直接跟踪。插图是双标图(即强度和载荷图在同一个平面上)。载荷图中的轨迹表示波数的变化。每个波瓣都代表一个峰值位置,每个环路的大小对应于强度(吸光度)
(来自 Suh 等,2007)

如图 20.11 所示,图线的形貌基本上映射了光谱轮廓之间的相关性轨迹,可以通过以下简单的演示来了解如何映射两个光谱之间的相关性(图 20.12)。当 **[506-507]** 要处理上百个光谱时,工作量不可避免地要增加。考虑两种不同化学物质在相同波数下的两个峰之间的比较。假设峰值强度和峰值位置发生变化,我们则需要映射出不同峰值变化之间的这些特征的相关性。该图实际上是不同波数下,每个光谱中强度的变化轨迹,其中:

1)图中的轴代表两种化学物质 c1 和 c2 的峰值强度。

2)图中的两个坐标都必须是(0,0),因为两个峰值都始于背景且终于背景。

3)轨迹中必须具有两个"最大值",其中一个与每个峰值都相关联。

因此,我们是通过化学变化来追踪相关性的,而不是监测波数。然后,那些通过观察筛选实验结果而无法看出的微妙的化学变化,我们可以将其联系起来。

由于得分图中只包含每个光谱(样本)的信息,因此应用得分和载荷可以很好地了解得分图中轨迹的来源。换句话说,当同时考虑到得分和载荷时,我们可以探索到样本(不同化学/工艺条件下的光谱)和变量(波数、峰值位置)之间的关系。通过解读这些图,我们将提供一个说明性示例,介绍使用这些映射过程来跟踪FTIR 光谱和工艺条件之间的相关性。

[508]

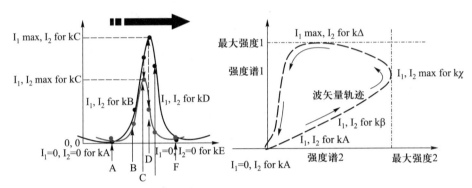

图 20.12 跟踪谱峰相关性的双变量问题示意图。图 20.11 的 PCA 得分图是一个 n 维相关图,但其仍保留了许多双变量情况下的定性特征。该曲线实际上是跟踪每个光谱逐渐通过不同的波数的强度的变化轨迹。PCA 得分图同时捕获所有峰值所反映的逻辑关系,而不是仅仅对这些得分图的复杂形状有贡献的两个峰值(来自 Suh 等,2007)

　　如图 20.13 所示,在此案例中(Broderick 等,2011),收集了经过不同化学工艺和后处理条件的 SiC 薄膜的 FTIR 光谱。通过设计多种组合序列的实验,来寻找能够产生所需的光学性质的最佳工艺条件。

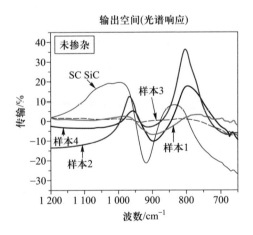

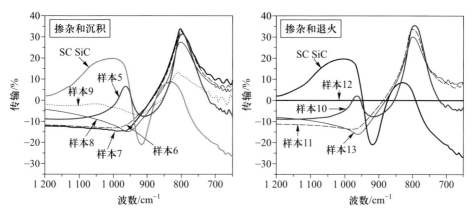

图 20.13 一系列与工艺和化学参数相关的 SiC 光谱库(来自 Broderick 等,2011)

图 20.14 显示了基于图 20.13 中所示的光谱的主成分投影之一(PC4 与 PC3)。通过无监督学习过程来论证该图,并借助化学条件对 SiC 的 FTIR 光谱的现有已知效应,我们可以建立起一个系统,通过该系统能够解释哪些光谱波数有助于解读结构-性质关系。例如,在这个例子中,我们发现 PC4 主要捕捉掺杂与未掺杂样本引起的差异,而 PC3 主要捕捉掺杂样本中的氮含量引起的差异。尽管 PC4 仅可分辨掺杂和未掺杂样本之间的大体差异,但 PC3 和 PC4 的综合应用,可获取由化学掺杂剂引起的差异,其中 -PC3/-PC4 的方向(即朝向第三象

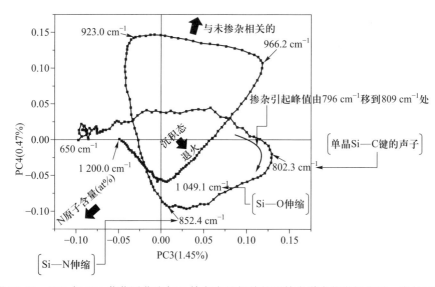

图 20.14 PC3 与 PC4 载荷图获取与 N 掺杂含量相关的原始光谱中的微妙差异。当与 PC1-PC2 图相结合考察时,开发出了与 SiC 化学计量、化学掺杂剂和后处理有关的光谱的完整描述。图中对应于位置 802.3 cm⁻¹、852.4 cm⁻¹ 和 1 049.1 cm⁻¹ 处的结合特征是从文献中得到的(来自 Broderick 等,2011)

限）即对应于氮含量的增加。对应于 Si—N 键伸缩模式的 852.4 cm^{-1} 处峰值的存在证实了 N 掺杂的效果。类似地，可明显观察到第二象限中 923.0 cm^{-1} 和 966.2 cm^{-1} 之间的区域与未掺杂样本相关（即其透射率比 N 掺杂样本高）。在动态信息方面，从 802.3 cm^{-1} 附近曲线的偏转可以看出，N 掺杂的峰值从 796 cm^{-1} 提升到 809 cm^{-1}。依据实验中的经验可知，该峰的移动与退火过程相关，退火过程有助于微观组织向单晶转变。1 049.1 cm^{-1} 处的点对应于主要的 Si—O 键的伸缩模式，并且也与退火过程相关。这强化了前期实验研究中关于 Ar 退火过程中氧污染的观点。

从衰减全反射（ATR）光谱中，在给定的光学响应模式里面可以确定化学计量、化学掺杂剂和后处理对于多晶 SiC 薄膜的关键作用。通过使用 PCA 降维技术，我们可以筛选光谱数据以识别化学计量（即薄膜化学）、化学掺杂剂和后处理在区分光谱上的作用。此外，我们可以利用此类分析将各条件对 ATR 光谱的影响大小进行排序，排序结果为结构>化学掺杂剂>后处理（退火）>化学计量。我们还可以根据受控效应为 ATR 光谱的特征指定含义，并确定由不同工艺和化学掺杂剂引起的化学键的具体变化。

4. 进一步阅读

本章的重点是列举出两个例子，以展示材料表征中信息学的功能价值。一个涉及揭示图像中的新细节并建立起在原始数据中不容易获得的化学空间相关性。另一个示例则使用数据挖掘技术来揭示材料中结构变化之间的联系，并作为各个光谱目测不易完成的处理函数。这两个例子所展示的方法的重点在于，数据降维方法可以与其他在化学光谱学和化学成像中应用的方法并列使用（例如参见 Hasegawa，1999；Pate 等，2004；Steinbock 等，1997；Shin 等，2005；Uy 和 O'Neill，

2005）。读者可参考 Lau 在本书中所著的章节，其中精彩地描述了在不同类型的无损化学成像和材料光谱学研究中使用的数据挖掘和聚类分类方法。

尽管成像和光谱学中的数据分析过程不是一个新的领域，但读者也需了解 Bonnet 及其同事的工作，他们的工作开始于二十多年前，提供了一些使用数据挖掘方法的早期研究（Bonnet，1998；Bonnet 等，1992，1999；Cutrona 等，2005）。Bonnet（1998）对针对材料科学问题的多元统计方法做出了良好的概述。关于在包括表面分析技术在内的广泛的材料表征方法中使用的多元统计方法的更新发表于 *Surface and Interface Analysis*（2009a，2009b）的两个特刊中。从教学的角度看，Geladi（2003）、Geladi 等（2004）、Gendrin 等（2008）、Rajalahti 和 Kvalheim（2011）、Wichern 和 Johnson（2002）等提供了在成像和光谱学中使用信息学方法的计算机制。最后，*Nature Methods*（2012）的一期期刊上强调了在成像中使用信

息学方法的更广泛的重要性。虽然文章是从生物医学成像的角度来论述这个主题，但也同样适合于材料科学。

参考文献

Boetcher,M. ,2011. Contrast and change mining. WIRES Data Min. Knowl. Discov. 1,215−230.

Bonnet,N. ,1998. Multivariate statistical methods for the analysis of microscope image series: applications in materials science. J. Microscopy 190(1/2),2−18.

Bonnet,N. , Simova, E. , Lebonvallet, S. , Kaplan, H. , 1992. New applications of multivariate statistical analysis in spectroscopy and microscopy. Ultramicroscopy 40,1−11.

Bonnet,N. , Brun, N. , Colliex, C. , 1999. Extracting information from sequences of spatially resolved EELS spectra using multivariate statistical analysis. Ultramicroscopy 77(3−4),97−112.

Broderick,S. R. ,Nowers,J. R. ,Narasimhan,B. ,Rajan, K. ,2010. Tracking chemical processing pathways in combinatorial polymer libraries via data mining. J. Comb. Chem. 12,270−277.

Broderick,S. ,Suh,C. ,Provine,J. ,Roper,C. S. ,Maboudian, R. ,Howe, R. T. , et al. ,2011. Application of principal component analysis to a full profile correlative analysis of FTIR spectra. Surf. Interface Anal. 44(3),365−371.

Cueva,P. , Hovden, R. , Mundy, J. A. , Xin, H. L. , Muller, D. A. , 2012. Data processing for atomic resolution electron energy loss spectroscopy. Microsc. Microanal. 18,667−675.

Cutrona,J. ,Bonnet,N. ,Herbin,M. ,Hofer,F. ,2005. Advances in the segmentation of multi−[511−512] component microanalytical images. Ultramicroscopy 103,141−152.

Duponchel,L. , Elmi − Rayaleh, W. , Ruckebusch, C. , Huvenne, J. P. , 2003. Multivariate curve resolution methods in imaging spectroscopy:influence of extraction methods and instrumental perturbations. J. Chem. Inf. Comput. Sci. 43,2057−2067.

Edwards,P. R. ,Jagadamma,L. K. ,Bruckbauer,J. ,Liu,C. ,Shields,P. ,Allsopp,D. , et al. , 2012. High−resolution cathodoluminescence hyperspectral imaging of nitride nanostructures. Microsc. Microanal. 18(6),1212−1219.

Eriksson,L. ,Johansson,E. ,Kettaneh−Wold,N. ,Wold,S. ,2001. Multi−and megavariate data analysis/principles and applications. Umetrics Academy,Umetrics AB,Umeå,Sweden.

Geladi,P. ,2003. Chemometrics in spectroscopy. Part 1. Classical chemometrics. Spectrochim. Acta Part B 58,767−782.

Geladi, P. , Sethsonb, B. , Nystrfmb, J. , Lillhongad, T. , Lestandera, T. , Burgera, J. , 2004. Chemometrics in spectroscopy. Part 2. Examples. Spectrochim. Acta Part B 59,1347−1357.

Gendrin,C. ,Roggoa,Y. ,Collet,C. ,2008. Pharmaceutical applications of vibrational chemical imaging and chemometrics:a review. J. Pharm. Biomed. Anal. 48,533−553.

Hasegawa,T. ,1999. Detection of minute chemical species by principal−component analysis. Anal. Chem. 71,3085−3091.

421

Herold, J. , Loyek, C. , Nattkemper, T. W. , 2011. Multivariate image mining. WIRES Data Min. Knowl. Discov. 1, 2–13.

Kelton, K. F. , Croat, T. K. , Gangopadhyay, A. K. , Xing, L. –Q. , Greer, A. L. , Weyland, M. , et al. , 2003. Mechanisms for nanocrystal formation in metallic glasses. J. Non – Crystalline Solids 317, 71–77.

Mathiowitz, E. , Kreitz, M. , Rekarek, K. , 1993. Morphological characterization of bioerodible polymers. 2. Characterization of polyanhydrides by fourier–transform infrared spectroscopy. Macromolecules 26, 6749–6755.

Nature Methods, 2012. The quest for quantitative microscopy–commentary. Nat. Methods 9(7), 627.

Pfannmöller, M. , Flügge, H. , Benner, G. , Wacker, I. , Sommer, C. , Hanselmann, M. , et al. , 2011. Visualizing a homogeneous blend in bulk heterojunction polymer solar cells by analytical electron microscopy. Nano Lett. 11(8), 3099–3107.

Pate, M. E. , Turner, M. K. , Thornhill, N. F. , Titchener – Hooker, N. J. , 2004. Principal component analysis of nonlinear chromatography. Biotechnol. Prog. 20, 215–222.

Rajalahti, T. , Kvalheim, O. M. , 2011. Multivariate data analysis in pharmaceutics: a tutorial review. Int. J. Pharm. 417, 280–290.

Shin, H. S. , Lee, H. , Jun, C. , Jung, Y. M. , Kim, S. B. , 2005. Transition temperatures and molecular structures of poly (methyl methacrylate) thin films by principal component analysis: comparison of isotactic and syndiotactic poly(methyl methacrylate). Vib. Spectrosc. 37, 69–76.

Steinbock, O. , Neumann, B. , Cage, B. , Saltiel, J. , Müller, S. C. , Dalal, N. S. , 1997. A demonstration of principal component analysis for EPR spectroscopy: identifying pure component spectra from complex spectra. Anal. Chem. 69, 3708–3713.

Suh, C. , Rajan, K. , Vogel, B. M. , Narasimhan, B. , Mallapragada, S. K. , 2007. Informatics methods for combinatorial materials science. In: Narasimhan, B. , Mallapragada, S. K. , Porter, M. D. (Eds.), Combinatorial Materials Science. Wiley, pp. 109–120.

Surface and Interface Analysis, 2009a. Special Issue on Multivariate Analysis 41(2), 75–142, February.

Surface and Interface Analysis, 2009b. Special Issue on Multivariate Analysis II 41(8), 633–703, August.

Uy, D. , O'Neill, A. E. , 2005. Principal component analysis of Raman spectra from phosphorus-poisoned automotive exhaust–gas catalysts. J. Raman Spectrosc. 36, 988–995.

Vogel, B. M. , Cabral, J. T. , Eidelman, N. , Narasimhan, B. , Mallapragada, S. K. , 2005. Parallel synthesis and high throughput dissolution testing of biodegradable polyanhydride copolymers. J. Comb. Chem. 7, 921–928.

Wichern, D. , Johnson, R. A. , 2002. Applied Multivariate Statistical Analysis, fifth ed. Prentice-Hall, Englewood Cliffs, NJ.

英中对照索引

注意:索引页码为英文原著页码(已在本书切口处标注),后面的 *f* 和 *t* 分别指图片和表格。

2-D descriptors,393-395,2D/二维描述符

2D visualization of high-dimensional catalysis data,130,131*f*,高维催化数据的二维可视化

2-point and 3-point microstructure correlations,449-450,2 点和 3 点微观组织相关性

3-D descriptors,396-397,397*f*,3D/三维描述符

3D spatio-spectral SIMS data,135-136,具有空间-谱学特征的二次离子质谱(secondary ion mass spectrometry,SIMS)的三维数据

10,12-pentacosadiynoic acid(PCDA),281-282,10,12-二十五烷二炔羧酸

10,12-tricosadiynoic acid(TCDA),282,10,12-二十三碳二炔酸

A

AB_2 compounds,375-376,376*f*,380*f*,382*f*,AB_2 化合物

Adhesives study of cypriot pottery collection with FTIR spectroscopy and PCA,472-477,基于傅里叶变换红外光谱(Fourier transform infrared spectroscopy)和主成分分析(principal component analysis,PCA)的塞浦路斯陶器收藏品黏合剂研究

Agglomerative algorithm,60,凝聚算法

Agglomerative clustering,33,凝聚聚类

Agglomerative hierarchical clustering,60-61,凝聚层次聚类

AIM-derived descriptors,397-399,基于分子中原子(atoms in molecule,AIM)理论派生的描述符

Analytical spectral device(ASD)FieldSpec Pro,468,光谱分析设备/光谱分析仪 FieldSpec Pro

Anderson-Fisher Iris data set,44,费希尔鸢尾花数据集

Aniline-derived diacetylene(PCDA-AN),281-282,苯胺衍生的二乙炔

Anomaly detection,13,异常检测

P

Q

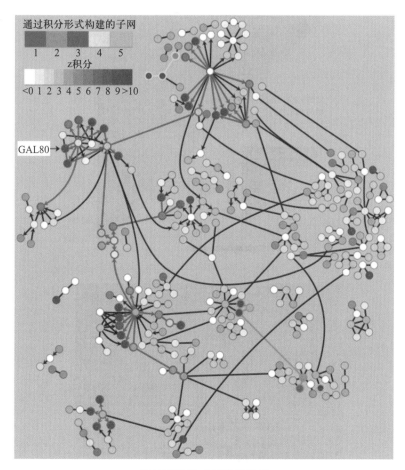

通过积分形式构建的子网

图 1.5 使用网络图形和模拟退火方法的调控路径的标识(Ideker 等,2002;Aitchison 和
Galitski,2003;牛津大学出版社授权使用)

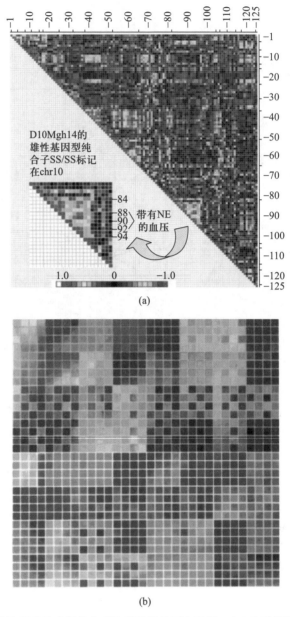

图 1.9　以微阵列的格式评估大型阵列数据的两个示例。（a）关系矩阵显示血压控制的影响（来自 Stoll 等，2001）；（b）薄膜化学实验阵列显示光学行为与化学之间的经验关系（来自 Liu 和 Schultz，1999）

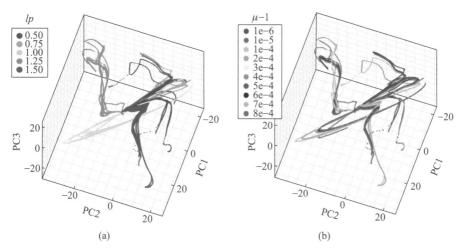

图 6.9 三个主成分下的形貌演变,颜色分别代表:(a)模式频率(lp);(b)模式强度(μ)

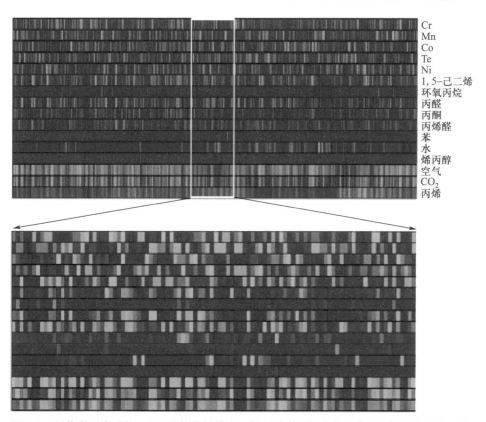

图 7.2 用热点图表示的 1 001 种催化剂样本。颜色对应于样本的成分和丙烯醛的活性。颜色编码从蓝色(低值)变为绿色再到红色(高值)。转载许可(Suh 等,2009)。版权所有 (2009)美国化学会

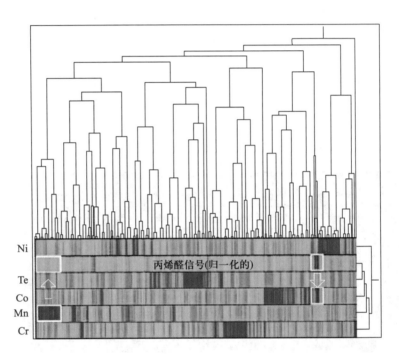

图 7.3 1 001 个催化剂的可视化热点图,该图显示的是用于丙烯醛制备的五组分催化剂成分和活性之间的关系。图中的层次聚类分析基于平均联动算法,并且使用了双向聚类方法(对催化剂和变量都进行聚类)。本图按照"由蓝到绿再到红"的框架进行颜色编码。因此,红色网格表示较高的值,而蓝色网格表示较低的值。丙烯醛的高活性区(右边的白框)与混合氧化物中的高 Co 含量有关。高含量的 Mn(左边的白框)导致丙烯醛活性降低。此论证过程也可以应用于其他元素含量与活性之间的关系。需要说明的是,行和列的顺序由聚类分析来确定。转载许可(Suh 等,2009)。版权所有(2009)美国化学会

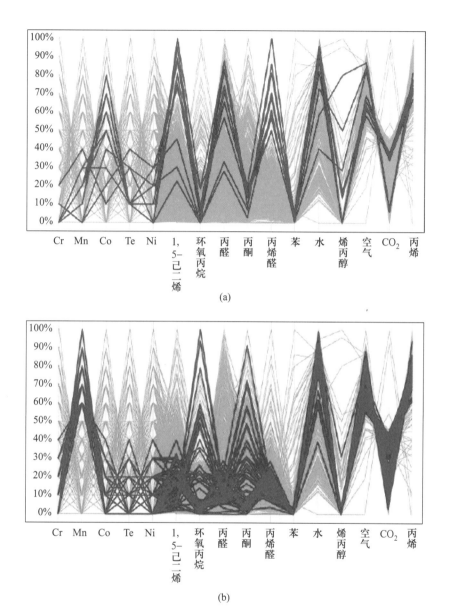

(a)

(b)

图 7.5 (a)对于高活性(50%以上)的丙烯醛,平行坐标涂刷成红色。(b)对于高含量的 Mn(60%以上),平行坐标也涂刷成红色。平行坐标的涂刷技术使得影响因素之间的关联 和响应得以可视化。转载许可(Suh 等,2009)。版权所有(2009)美国化学会

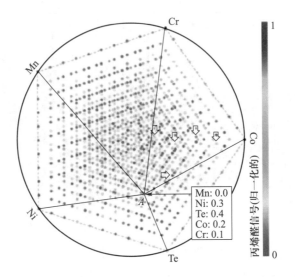

图 7.7 径向可视化中五组分的二维数据可视化。颜色代码对应于丙烯醛的活性值。虽然 A 点是丙烯醛的活性最高点，但是空心箭头也是丙烯醛的高活性点。转载许可（Suh 等，2009）。版权所有（2009）美国化学会

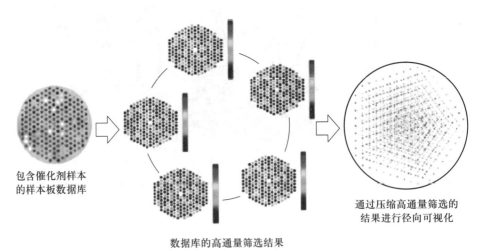

图 7.8 径向可视化和高通量实验的关联示意图。在理想情况下，样本板数据和五组分径向可视化有着相同的形状，它直接将高通量实验和可视化联系起来

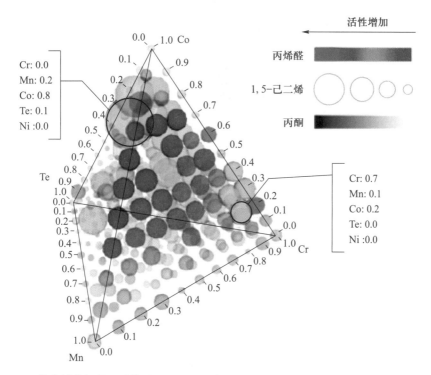

图 7.10 催化剂数据的三维符号图。四个元素（Cr、Mn、Co 和 Te）绘制在三维的四元混合物图上,而三种物质的活性分别对应于球体的三个图形属性:球的颜色对应于丙烯醛的活性,球的大小对应于 1,5-己二烯的活性,球的强度对应于丙酮的活性。通过球体强度的变化来突出丙酮的水平。转载许可(Suh 等,2009)。版权所有(2009)美国化学会

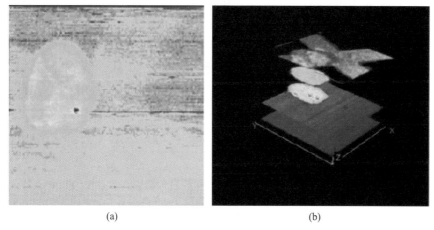

(a)   (b)

图 7.11 空间质荷比的三维数据集的可视化。(a)数据进行空间切片,用颜色来显示质谱数据;(b)与(a)是相同的数据,但质谱数据是在三维空间中显示的(Reichenbach 等,2011)。获 John Wiley 转载许可

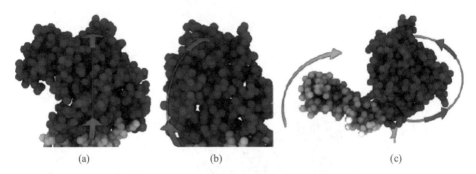

图 7.15 腺苷酸激酶(PDB:4ake)同一可能运动的三个不同视图。(a)以红色短箭头表示小移动量的最大协调原子团的前视图。(b)(a)中原子团的侧视图。(c)整个蛋白质的视图,可以看出三个不同的原子团沿着不同的路径移动。绿色原子团是蛋白质中移动量最大的部分,因为其箭头最长。红色原子团的运动由一条长带表示,较短的箭头表明和绿色原子团相比其运动较少

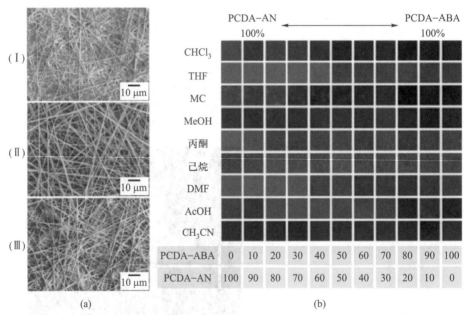

图 12.4 基于共轭的聚合物嵌入的静电纺丝纤维的有机溶剂比色分化的组合芯片方法。(a)嵌入(Ⅰ)PCDA-ABA、(Ⅱ)PCDA-AN、(Ⅲ)1:1(物质的量之比)的 PCDA-ABA 和 PCDA-AN 的静电纺丝纤维毡经紫外线照射后的 SEM 图像;(b)聚合的 PDA 嵌入的静电纺丝纤维毡暴露在 25 ℃的有机溶剂中 30 s 的照片(获得 Yoon 等,2009,Wiley-VCH 的转载许可)

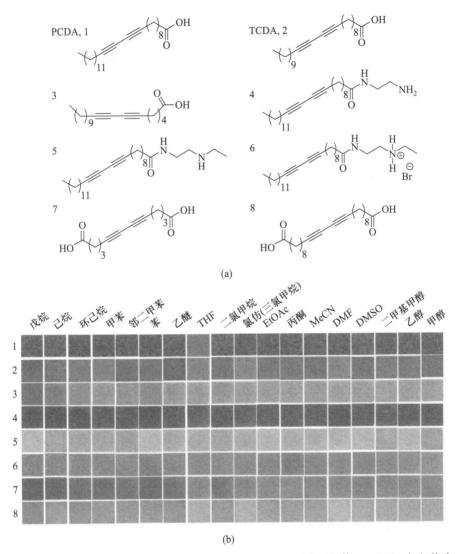

(a)

(b)

图 12.5 采用基于纸张的 PDA 比色传感器阵列来鉴定不同溶剂气体。(a)用于气相传感的八个 PCDA 和 TCDA 二乙炔单体;(b)通过单体 1 至 8 暴露于各种饱和气体制得的传感器区域形貌

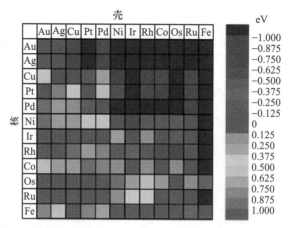

图 14.1 利用 DFT 计算得到的由 55 个原子构成的杂质纳米颗粒 ΔE_{segr}。其负（正）值表示杂质喜欢（讨厌）在"壳"的位置。ΔE_{segr} 值按照"组"（E_{coh} 从最小到最大）和"原子大小"（R_{ws} 从最大到最小）排列（Wang 和 Johnson，2009）

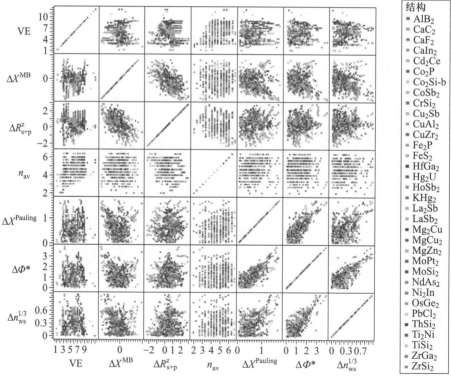

图 15.5 AB₂ 无机化合物的二维特征空间分布图。每个图的坐标取自于组成元素的原子和化合物的物理参数。图上的点表示 840 个 AB₂ 化合物分为 34 种不同的晶体结构类型。每个子图表征七个参数中的两个来构造的二维结构图的特征空间。至于每个参数的定义，请参见表 15.1 中的说明［转载获得 Kong 等许可，版权所有（2012b）美国化学会］

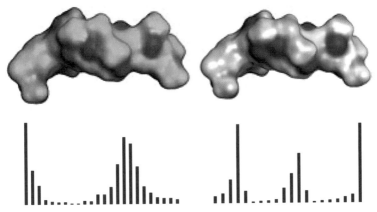

图 16.4 3D 表面性能描述符的例子,用颜色映射活性孤对(左,与亲油性相关)和静电势(右)。用十六个颜色码在每个表面上的分布得到的概率密度直方图成为描述符。显示的是一个 10 单体的聚甲基丙烯酸甲酯表面和直方图

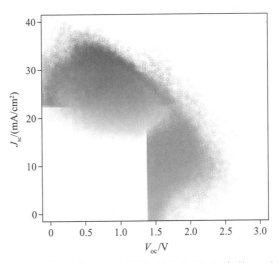

图 17.8 具有最高预测值的前 10% 的分子,绿色是 V_{oc},蓝色是 J_{sc},红色是 V_{oc} 和 J_{sc} 的乘积。每一点的强度对应于给定分子的 V_{oc} 和 J_{sc} 的乘积的大小。根据目前的研究,最好的分子位于左上方区域

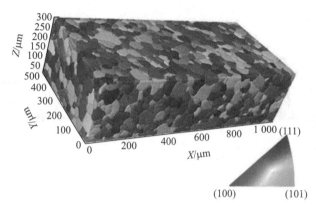

图 18.1 含有 4 300 个晶体取向(或晶粒)的 β 稳定多晶钛的介观尺度内部结构(即微观组织)(Qidwai 等,2012;Rowenhorst 等,2010)。样本大小是 1.115 mm×0.516 mm×0.3 mm(1 670 像素×770 像素×200 像素)。该实验数据集包括了每个像素点的三维晶体取向

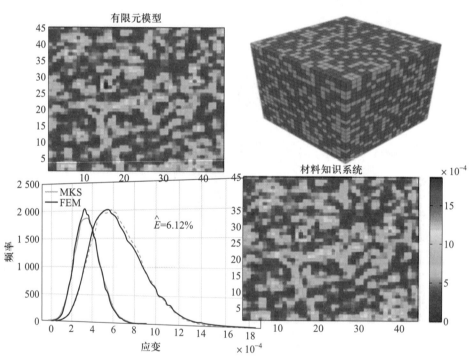

图 18.4 在一个组成相的弹性模量值相差 10 倍的两相复合材料中,展示了用 MKS 方法预测局部弹性场的精度。三维复合材料微观组织中间截面上的应变分布,整个三维体积中每个相的应变分布在图中一并进行了展示。可以看出,MKS 方法能够获得很好的预测结果,但它的计算成本却是限元方法(Fast 和 Kalidindi,2011)的很小一部分

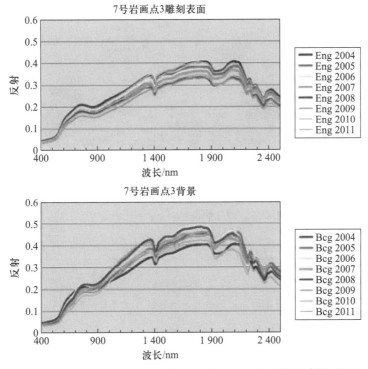

图 19.2　7 号岩画点 3 的近红外光谱（2004—2011 年每年采集一次）

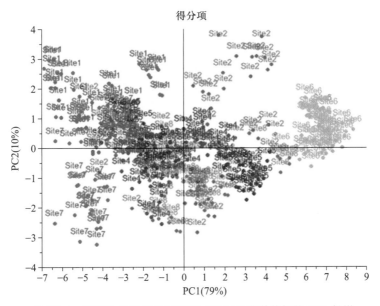

图 19.4　按照位置标记的所有岩画近红外光谱数据的 PCA 投影

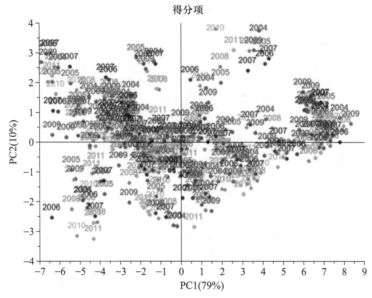

图 19.5 按照年份标记的所有岩画近红外光谱数据的 PCA 投影

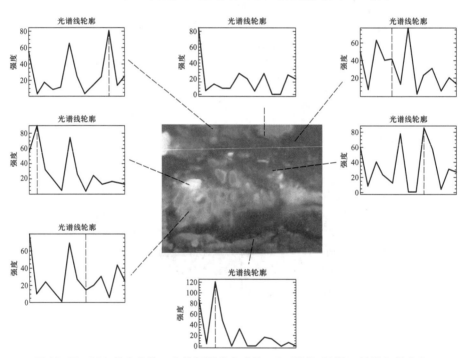

图 19.17 PCA 得出的前三个特征图像合成的 RGB 图像,根据 X 射线衍射响应,
相同颜色的区域表示相同的化学成分。单色图来表示每一像素的谱强度图,
这样就形成了化学成分分布图

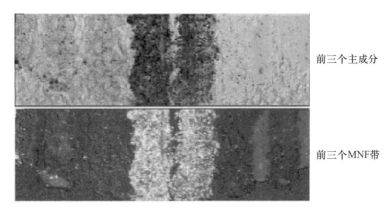

前三个主成分

前三个MNF带

图 19.21 前三个最大特征值的 PCA 和 MNF 特征图像的 RGB 图像

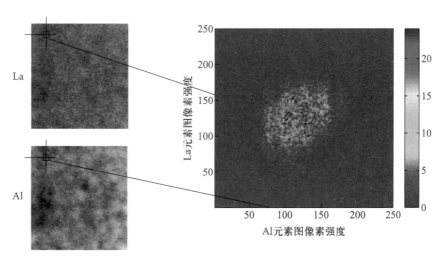

图 20.8 基于散射图的化学相图,显示了能量过滤铁损 TEM 图中 Al 和 La 的相对强度的统计性分布。与 Al 相比而言,通过散点图检测到的 La 的相对富集区与发生相分离的位置一致[经许可转载自 Kelton 等,2003,版权所有(2003)Elsevier]

材料基因组工程丛书

> 已出书目

□ 化学键的弛豫
孙长庆　黄勇力　王艳　著

ISBN 978-7-04-047750-4

□ 氢键规则六十条
孙长庆　黄勇力　张希　著

ISBN 978-7-04-051928-0

■ 材料信息学——数据驱动的发现加速实验与应用
Krishna Rajan　等　著
尹海清　张瑞杰　何飞　姜雪　张聪　董冀媛　译

ISBN 978-7-04-056221-7

即将出版

□ 水合反应动力学——电荷注入理论
孙长庆　黄勇力　王彪　著

□ 固体变形与破坏多尺度分析导论
范镜泓　徐硕志　著